Stefan Knittel

BMW Motorräder
75 Jahre
Tradition und Innovation

Einbandgestaltung: agw GmbH, München

Eine Haftung des Autors oder des Verlages und seiner Beauftragten für
Personen-, Sach- und Vermögensschäden ist ausgeschlossen.

ISBN 3-613-01829-2

Copyright © by Motorbuch Verlag, Postfach 103743, 70032 Stuttgart.
Ein Unternehmen der Paul Pietsch Verlage GmbH + Co.

1. Auflage 1997

Nachdruck, auch einzelner Teile, ist verboten. Das Urheberrecht und sämtliche weiteren Rechte
sind dem Verlag vorbehalten. Übersetzung, Speicherung, Vervielfältigung und Verbreitung
einschließlich Übernahme auf elektronische Datenträger wie CD-Rom, Bildplatte usw.
sowie Einspeicherung in elektronische Medien wie Bildschirmtext, Internet usw. ist ohne vorherige
schriftliche Genehmigung des Verlages unzulässig und strafbar.

Lektorat: Joachim Kuch
Innengestaltung: Katharina Jüssen
Druck: Maisch & Queck, 70839 Gerlingen
Bindung: K. Dieringer, 70839 Gerlingen
Printed in Germany

BMW

Stefan Knittel

BMW Motorräder
75 Jahre
Tradition und Innovation

Vielen Dank!

All jenen, die Anteil an der Realisierung dieser Chronik der Motorräder mit dem weißblauen Signet hatten, möchte ich hiermit meine Verbundenheit zum Ausdruck bringen:
Für die großzügige Unterstützung mit Informationsmaterial aller Art
Hans Sautter, Franz Geisenhofer, Rüdiger Gutsche und Klaus Volker Gevert von der BMW Motorrad GmbH.
Für Berichte, Erzählungen und Anekdoten aus ihrem BMW-Leben
Schorsch Meier, Wiggerl Kraus, Walter Zeller
Ernst Henne, Sebastian Nachtmann, Karl Ibscher
Sepp Hopf, Max Klankermeier, Alfred Böning
weiterhin Helene Rühmer, Siegfried Rauch, Rudi Mannetstetter, Hermann Schimkat sowie Herbert Studtrucker und Manfred Schweiger vom Deutschen Museum München.
Einen ganz besonderen Beitrag leisteten Rudolf Schleicher, Alexander von Falkenhausen und Josef Achatz, die für alle technischen und BMW-historischen Fragen zur Verfügung standen und die Manuskripte gegengelesen haben.
Ohne die Arbeit des früheren Archivars Max Ernst und meiner Freunde Hans Fleischmann und Peter Zollner, die heute das Historische Archiv der Bayerischen Motoren Werke betreuen, wäre dieses Buch nicht zustandegekommen. Dies gilt ebenso für Heinz M. Bleicher und Thomas Bleicher, denen das Projekt von Anfang an zusagte und die nicht die Geduld mit mir verloren.

Stefan Knittel

Die Fotos für dieses Buch stammten von:
Automobilwerk Eisenach (2), Donghai GmbH, Rüsselsheim (2), Heidenwag & Krautter, Schorndorf (1), Krauser, Mering (1), Robert Kroeschel, München (2 + Werksfotografie), Deutsches Museum München (6), Siegfried Rauch, Hiltpoltstein (2), Strobel & Söhne, München (1), Zündapp-Archiv, Nürnberg (1) und Stefan Knittel, Dietramszell (22). Alle anderen Fotografien und Zeichnungen wurden vom Historischen Archiv der Bayerischen Motoren Werke AG in München zur Verfügung gestellt, welche im Besitz sämtlicher Veröffentlichungsrechte ist. Das Umschlagfoto stammt von Robert Kroeschel.

Inhalt

	Seite
Vorwort	6

BMW Motorrad-Geschichte

	Seite
München als Wiege der deutschen Motorrad-Industrie	8
Vom Flugmotor zum Motorrad: Die BMW-Anfangsjahre	12
Die R 32 als Grundstein des BMW-Erfolgs	22
BMW etabliert sich auf dem Markt	30
Die zweite Modell-Generation	41
Große technische Fortschritte sichern BMW eine Spitzenstellung	54
BMW-Motorräder im Militärdienst	62
Wiederaufbau mit bewährten Motorrad-Konstruktionen	69
Beständigkeit und Pflege im BMW-Modellprogramm	78
BMW hält zum Motorrad	88
Der Weg in die Motorrad-Zukunft	98
Weiterentwicklungen und neue Wege	110
BMW-Motorräder in Farbe	121

BMW Motorrad-Typologie

	Seite
BMW R 32	130
BMW R 37	134
BMW R 39	136
BMW R 42, R 47	138
BMW R 52, R 57, R 62, R 63	140
BMW R 11, R 16	144
BMW R 2	148
BMW R 4, R 3	150
BMW R 12, R 17	154
BMW R 5, R 6	158
BMW R 35	162
BMW R 20, R 23	164
BMW R 51, R 66, R 61, R 71	166
BMW R 75	170
BMW R 24, R 25, R 25/2, R 25/3	174
BMW R 51/2	178
BMW R 51/3, R 67	180
BMW R 68	184
BMW RS 54	186
BMW R 50, R 69, R 60, R 60/2	188
BMW R 26, R 27	192
BMW R 50 S, R 69 S	196
BMW R 50/5, R 60/5, R 75/5	198
BMW R 90/6, R 90 S	202
BMW R 60/6, R 75/6, R 60/7, R 75/7, R 80/7	204
BMW R 100/7, R 100 S, R 100 RS, R 100 RT, R 100 T, R 100 CS	206
BMW R 45, R 65, R 65 LS	210
BMW R 80 G/S, R 80 ST, R 80 RT	212
BMW K 100, K 100 RS, K 100 RT, K 100 LT	214
BMW K 75, K 75 C, K 75 S, K 75 RT	218
BMW R 65, R 80, R 80 RT, R 100 RS, R 100 RT	222
BMW R 65 GS, R 80 GS, R 100 GS, R 100 GS Paris-Dakar	226
BMW K 1, K 100 RS	230
BMW R 100 R, R 80 R	232
BMW K 1100 LT, K 1100 RS	234
BMW R 1100 RS	236
BMW F 650	240
BMW-Seitenwagen	242
BMW-Verwandte	246
BMW-Motorräder in Farbe	249

BMW Motorrad-Sport

	Seite
Sporterfahrungen bringen Fortschritt	272
Rennsport als Prestigeangelegenheit	288
Neukonstruktion mit bewährtem Konzept	306
Große Erfolge auf drei Rädern	318
Ein Mann und seine Idee	338
Harte Beanspruchungen für zuverlässige Motorräder	346

BMW Motorrad-Entwicklung

	Seite
	368
Alle BMW-Motorräder 1923-1993	385
Motorrad-Jahresproduktion 1923-1993	387
Literatur-Verzeichnis	388
Register	388

Vorwort

Als ich 1923 als frischgebackener Dipl.-Ing. von der Münchner Hochschule zu BMW kam, wurde ich gleich vom Technischen Direktor Max Friz als Konstrukteur auf die Detaillierung der in Entwicklung befindlichen R 32 angesetzt. Den Entwurf hatte Max Friz höchstpersönlich auf das Reißbrett gelegt, nachdem er den in Serienfertigung befindlichen BMW Boxer M 2 B 15 nicht mehr an Victoria in Nürnberg verkaufen konnte. Sein ehemaliger Mitarbeiter Martin Stolle hatte nämlich inzwischen für Victoria einen eigenen Boxermotor mit obengesteuerten Ventilen geschaffen. Und mit diesem sogenannten Stolle-Motor waren die Victoria-Maschinen unserer R 32 weit überlegen. Nun entwarf Max Friz schnell einen obengesteuerten Stahlzylinder mit Zylinderkopf aus einem Stück und rüstete die Maschinen für das Solitude-Bergrennen des Jahres 1923 damit aus. Sie überhitzten dort jedoch allesamt und BMW wurde von Victoria schwer geschlagen. Ich selbst bestritt mit einem solchen Motor im Februar 1924 die ADAC Winterfahrt München – Garmisch und am nächsten Tag das Bergrennen auf der Mittenwalder Steige. Bei Eis und Schnee fuhr ich Bestzeit.
Für die weiteren Einsätze durfte ich dann als Konstrukteur einen neuen Zylinderkopf aus Leichtmetall entwerfen. Diesen legte ich mit voll in Öl gekapselten Ventilen und Schwinghebeln aus, im Gegensatz zur offenliegenden Steuerung an den Victoria-Köpfen. Beim 2. Solitude-Bergrennen zeigte sich 1924, daß die neuen BMW-Motoren leistungsmäßig weit überlegen waren. Wir erzielten mit unseren Maschinen, die nun R 37 hießen, Bestzeiten in drei Klassen. Seitdem wurden die BMW-Leichtmetallköpfe von mir ständig weiterentwickelt und verbessert, so daß diese Konstruktion heute noch verwendet werden kann. Von diesem Jahr 1924 an war BMW mit seinen Sportmaschinen den englischen Modellen einigermaßen gewachsen, aber von einer Überlegenheit konnte man noch nicht sprechen. Triumph hatte schon einen Einzylinder mit vier Ventilen und Norton schickte kurze Zeit später einen Einzylinder mit obenliegender Nockenwelle ins Rennen.

1926 konnte ich mit der R 37 noch die erste Goldmedaille bei einer Sechstagefahrt erzielen, Fritz Roth holte die Silberne. Doch der technische Vorsprung der Engländer und auch der Guzzi-Maschinen aus Italien war bald so groß, daß ich keine Möglichkeiten sah, diesen Abstand mit bekannten Mitteln für BMW aufzuholen.
Ab 1931 war ich als Chefkonstrukteur alleine für die Weiterentwicklung zuständig und begann mit meinem Mitarbeiter Sepp Hopf die Aufladung von Motorradmotoren intensiv zu studieren. Zuerst konnte ich die bereits von Max Friz mit Zoller-Kompressor ausgerüstete Maschine entscheidend verbessern. Ein neuentwickelter Sternkolben-Kompressor mit Kettenantrieb brachte einen besseren Wirkungsgrad und verhalf Ernst Henne zu neuen Weltrekorden.
Im weiteren Verlauf entwickelte ich dann mit Alfred Böning und der gut geschulten Mannschaft den lange Zeit unschlagbaren 500 ccm-Kompressormotor mit direkt angetriebenem Kompressor auf der Kurbelwelle und zwei obenliegenden Nockenwellen pro Zylinder. Neben vielen anderen Rennen konnte Schorsch Meier 1939 damit die TT gewinnen und Jock West hinter ihm den zweiten Platz belegen. Ich hatte mein Ziel erreicht, die englischen Rennmaschinen mußten sich der BMW geschlagen geben.

Dipl.-Ing. Rudolf Schleicher, Thanning, 9. Juli 1984

BMW MOTORRAD GESCHICHTE

»Das neueste im alles erobernden Radfahrsport ist nunmehr die
definitive und in glänzender Weise gelungene Lösung des grossen
Problems: Ein Zweirad durch Motorbetrieb in Bewegung zu setzen und
dieses Motorzweirad zum Gebrauch auf ebenen wie bergigen Strassen,
für geringe und grosse Geschwindigkeiten in gleich verlässlicher
Weise dienstbar zu machen.«
Radfahr-Chronik, München 18. April 1894

München als Wiege der deutschen Motorrad-Industrie

In der zweiten Hälfte des 19. Jahrhunderts entstanden in vielen Ländern neue Konzepte und Versuchs-Konstruktionen für ein motorisiertes Straßenfahrzeug, wobei sich die Antriebsquelle stets als das größte Problem erwies. Dampfwagen und Dampf-Zweiräder waren zwar zufriedenstellend gelaufen, doch erforderte der Betrieb der Dampfmaschinen einen großen Aufwand, und ihr größter Nachteil lag im hohen Gewicht. Die gerade aufgekommenen Gasmotoren waren ebenfalls noch sehr gewichtig, aber in Deutschland war ein Mann namens Nicolaus August Otto mit zahlreichen Weiterentwicklungen in dieser Richtung beschäftigt. Sein Viertakt-Verbrennungsmotor von 1876 stellte eine vielversprechende Ausgangsbasis dar. Sein Ziel war, ein möglichst kompaktes, leistungsfähiges Aggregat zu schaffen, das für einen Fahrzeugantrieb geeignet war. Carl Benz sowie Gottlieb Daimler und Wilhelm Maybach arbeiteten in den folgenden Jahren auf dieser Grundlage weiter und verbesserten ihre Motorenkonstruktionen dabei fortlaufend.

Mit ihrem 90 kg schweren 460-ccm-Einzylinder hatten Daimler und Maybach 1885 einen weiten Schritt nach vorne getan, Kurbeltrieb und Schwungrad waren öl- und staubdicht in einem Gehäuse verkapselt, der Zylinder war stehend, nicht wie bisher liegend angeordnet und die Ventilanordnung im Verbrennungsraum sowie Oberflächenvergaser und Glührohrzündung erwiesen sich als richtungsweisend. In einer auf 264 ccm Hubraum verkleinerten und im Gewicht wesentlich leichter gehaltenen zweiten Version dieses Motors sahen die beiden Konstrukteure das geeignete Versuchsobjekt zum Einbau in ein einfaches Fahrgestell. Aber nur bei einem Zweirad war der direkte Antrieb per Flachriemen auf das Hinterrad ohne weitere Vorkehrungen möglich, und so fertigte man ein hölzernes Fahrgestell an, in das man den Motor setzte. Die beiden Räder bestanden ebenfalls aus Holz, versehen mit Eisenreifen, und als Vorsichtsmaßnahme wurden noch zwei seitliche Stützräder montiert, da sich nämlich keiner der beiden Erbauer auf die Kunst des Radfahrens verstand. Wegen der Sitzposition nannte man das Fahrzeug »Reitwagen« und meldete es unter diesem Namen am 29. August 1885 zum Patent an. Die Fahrversuche verliefen recht erfolgreich, wenngleich die 0,5 PS des mit 600/min dahintuckernden Motors auch nur eine Höchstgeschwindigkeit von 12 km/h zuließen. Immerhin war der Beweis erbracht, daß der Benzinmotor trotz der Torturen in dem ungefederten, holpernden Gefährt seine Arbeit zuverlässig verrichten konnte. Diese Erkenntnis genügte Daimler und Maybach, um sich nun voll und ganz dem Aufbau eines Motorwagens zu widmen; das Zweirad interessierte sie nicht weiter. Das Motorrad war also bereits vor dem Automobil erfunden worden, doch es war zunächst kaum bekannt geworden und mußte deshalb vor der ersten weiteren Verbreitung eigentlich noch einmal erfunden werden.

Heinrich Hildebrand war in München als Einkäufer eines großen Fahrradhauses tätig und hatte in seiner Begeisterung für dieses sportliche Fahrzeug auch eine eigene Gazette, die *Radfahr-Chronik* ins Leben gerufen. Aufgeschlossen für die Fortschritte der Technik, war er nach dem Zusammentreffen mit Carl Benz und dessen »Patent-Motorwagen« im September 1888 davon überzeugt, daß auch die Zukunft des Fahrrads in seiner Motorisierung zu suchen sein müsse. Nach einem Versuch in eigener Regie mit einem Dampf-Zweirad versuchte er die deutsche Fahrradindustrie für seine Ideen zu gewinnen, stieß jedoch überall auf Ablehnung. Das Hauptproblem war ein geeigneter Antriebsmotor.

Alois Wolfmüller aus Landsberg am Lech beschäftigte sich, wie auch Otto Lilienthal zur gleichen Zeit in Berlin, mit der Nachahmung des Vogelflugs, von dem er wußte, daß die Muskelkraft eines Menschen dazu nicht ausreichen würde. So war auch Wolfmüller auf der Suche nach einem leichten, aber möglichst leistungsfähigen Antrieb; er verdingte sich als Techniker zunächst ab 1887 bei der Maschinen-, Gasmotoren- & Fahrradfabrik Dürkopp & Cie. in Bielefeld, um 1892 nach Mannheim zur Rheinischen Gasmotorenfabrik Benz & Cie. zu gehen. Doch bei beiden Firmen kam es nicht zur Realisierung der Wolfmüllerschen Ideen, und so nahm er erfreut ein Jahr später das Angebot Heinrich Hildebrands an, sich mit dessen finanzieller Unterstützung selbst an den Bau des von beiden gleichermaßen benötigten Antriebsaggregats zu machen.

Die Sache zog sich über einige Monate hin, denn Wolfmüller und sein Jugendfreund und Mitarbeiter Hans Geisenhof hielten die bisher kennengelernten Motorkonstruktionen nicht für geeignet und arbeiteten ein eigenständiges Konzept aus. Am 10. Januar 1894 war es dann soweit: der kompakte Zweizylinder-Viertaktmotor lief erstmals zufriedenstellend und wurde daraufhin sofort in das bereitstehende Fahrgestell eingebaut. In den folgenden acht Tagen wurde der Prototyp ausgiebig getestet, um dann schließlich dem ungeduldigen Heinrich Hildebrand vorgeführt zu werden. Am 20. Januar erfolgte die Patent-Anmeldung beim Kaiserlichen Patentamt, wo es unter der Nummer

78553 unter dem Titel »Zweirad mit Petroleum- oder Benzinmotorenbetrieb« geführt wurde.

Das elegante Fahrzeug wirkte mit seinen offenen Treibstangen (die Pleuel trieben beidseitig über Kurbeln das Hinterrad direkt an) in der Technik so vertrauenswürdig wie eine Dampflokomotive, und bei den öffentlichen Vorführungen konnte man sich vom guten Funktionieren der Neukonstruktion überzeugen. Hildebrand registrierte das allgemeine Interesse mit Genugtuung, hatte er doch damit ein gutes Argument für seine kommenden Verhandlungen. Er wollte diese Konstruktion an ein potentes Unternehmen der Fahrradbranche verkaufen, denn nur dort sah er die Möglichkeit zur Produktion gegeben. Aber er stieß weder bei Dürkopp noch bei Adler in Frankfurt auf Gegenliebe und sah sich somit gezwungen, die Herstellung des Motorzweirades selbst in die Hand zu nehmen. Gespräche mit Maschinen-Lieferanten sowie verschiedenen Mechanischen Werkstätten, die für eine Zulieferung von Einzelteilen in Frage kamen, ließen Hildebrand optimistisch in die Zukunft blicken. Anscheinend versprach man sich in München etwas von der Wolfmüllerschen Konstruktion. So wurde nun in der Kolosseumstraße ein geeignetes Gebäude angemietet, wo die gesamte Organisation und auch die Auslieferung der Fahrzeuge der neugegründeten »Hildebrand & Wolfmüller, Motorfahrradfabrik München oHG« untergebracht werden sollte. In den schon bald verschickten Verkaufsprospekten war von zahlreichen weiteren »Filialen« im Stadtgebiet in München zu lesen; es handelte sich bei den Adressen in der Müller-, Baum-, Zenetti- und Landsberger Straße um angemietete Werkstätten und um unter Vertrag genommene Teilelieferanten. Aufgrund des großen Bestelleingangs avisierte man ab Sommer 1894 zunächst eine Produktion von 1000 Fahrzeugen, doch die Auslieferung der ersten Exemplare verzögerte sich noch bis in den Herbst hinein. Die Werbetrommel wurde weiter fleißig gerührt. Hildebrand und Wolfmüller vermochten auch eine Nachbau-Lizenz für 750000 Francs nach Frankreich zu verkaufen und in vielen anderen Ländern Interesse zu wecken.

Das erste Motorrad der Welt war der »Reitwagen«, den Gottlieb Daimler und Wilhelm Maybach im Jahre 1885 als Versuchsträger für die Entwicklung eines Fahrzeugmotors bauten und probefuhren.

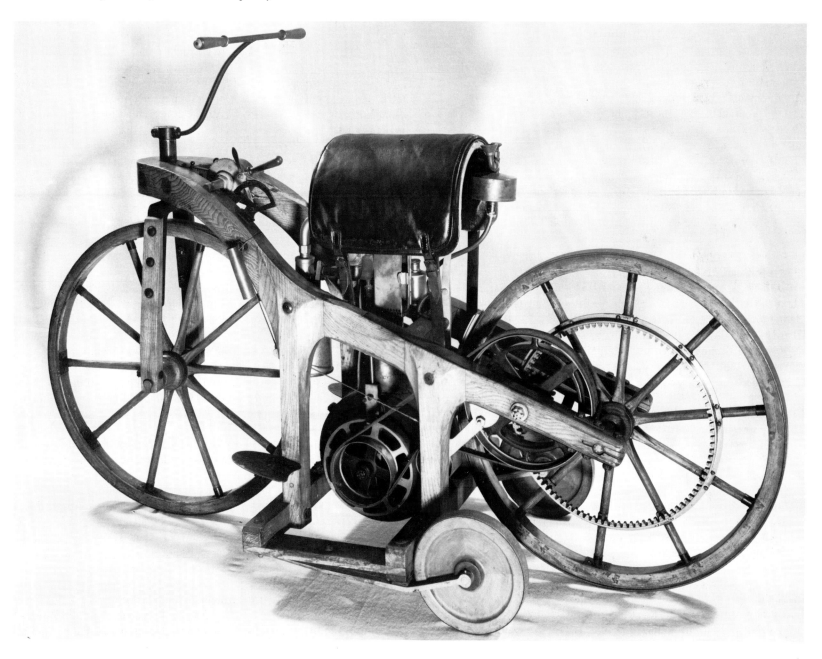

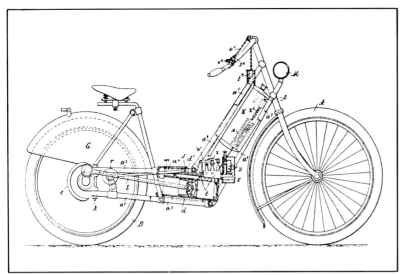
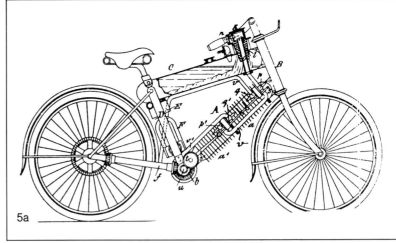

Oben links, die Patentzeichnung der Hildebrand & Wolfmüller von 1894. Darunter, das erste serienmäßig gebaute Motorrad der Welt kam aus München. Oben rechts, Ludwig Rübs Motorrad mit Tandemmotor. Rechts, Alfons Strobel mit seinem Eigenbau 1901.

Hatten die langen Lieferfristen bereits einigen Ärger gebracht, so gab es nach dem Anlaufen der Serienfertigung bald ernsthafte Probleme, denn es stellte sich heraus, daß nur die allerwenigsten Besitzer mit der Bedienung ihres Motorfahrrades zurechtkamen. Es gab Beschwerden über die Anfälligkeit des Motors, besonders über die Glührohrzündung, deren Brenner unten im Rahmen vor den Zylindern angebracht waren. Zu- und Abluft wurden durch die Rahmenrohre über die vor dem Steuerkopf stehende Dose geleitet, aber die Sache funktionierte nie richtig. So mußten viele Fahrzeuge kostenlos instandgesetzt oder gar gegen Rückerstattung des Kaufpreises zurückgenommen werden. Damit war natürlich der Geschäftsablauf der Firma in Mitleidenschaft gezogen, und man mußte sich schleunigst um konstruktive Verbesserungen bemühen. Doch auch diese brachten schließlich nicht den erhofften Erfolg. Im Gegenteil: im Sommer 1895 kam es zu den ersten Regreß-Prozessen. Die Fahrzeuge waren anfangs mit 850 Goldmark weit unter den Gestehungskosten verkauft worden, man hatte sich verkalkuliert, rechnete aber mit einer günstigeren Relation bei einem Ansteigen der Produktion. Aber auch nachdem man den Preis auf 1200 Goldmark erhöht hatte, arbeitete man angesichts der zahlreichen Nachbesserungs-Maßnahmen kaum rentabler. Im Oktober 1895 zogen Heinrich Hildebrand und Alois Wolfmüller dann die Konsequenz und meldeten für ihr Unternehmen Konkurs an. Dies bedeutete einen schweren Schlag für die mittlerweile auf einige hundert Leute angewachsene Mitarbeiter- und Zulieferer-Schar, ganz zu schweigen von den Folgen für die beiden Firmeninhaber. Man hatte bereits ein großes Areal zur Errichtung eines neuen Fabrikkomplexes angekauft, doch nun war alles zu Ende. Den finanziellen Ausgleich der aufgelaufenen Verbindlichkeiten erreichten die beiden Firmeninhaber durch die Verwertung des Grundstücks, die Einbringung sämtlicher Erlöse aus dem Lizenz-Verkauf und die Veräußerung der Firmeneinrichtung.

Alois Wolfmüller war sich über die Mängel seiner Konstruktion im klaren, und ebenso wußte er, daß man sie viel zu früh in die Produktion hatte gehen lassen und sie sich in den einigen hundert ausgelieferten Exemplaren kaum vom Prototyp unterschied. Er arbeitete zunächst an Verbesserungen für die in Kundenhand befindlichen Maschinen, denn die Firma lief noch einige Zeit als Reparaturbetrieb und Ersatzteil-Depot weiter. Man versuchte auch mehrmals mit dem Ausland ins Geschäft zu kommen, doch hätte es dazu eines neuen, weiterentwickelten Modells bedurft. Als Wolfmüller im Jahre 1897 seine Entwürfe für ein solches Fahrzeug präsentierte, schöpfte man wieder neuen Mut, und als erster Schritt in Richtung auf einen zweiten Anfang ließ man am 27. Juli ein besonderes Warenzeichen beim Kaiserlichen Patentamt eintragen, es trug die Bezeichnung »Motor-Rad«. Damit war der Begriff für die motorisierten Zweiräder endgültig festgelegt, und Hildebrand & Wolfmüller war nicht nur die erste Motorradfirma der Welt, sondern auch der Urheber des Namens Motorrad. Doch leider blieb dies das letzte Lebenszeichen des Münchner Unternehmens, denn es fehlte wieder einmal das Geld für die

Realisierung der zweiten Wolfmüllerschen Konstruktion. Schließlich wurde ihr auch die Patentierung – damals unerläßlich für einen größeren Verkaufserfolg – vorenthalten. Auch bei dieser Konstruktion hatte sich Wolfmüller wieder auf technisch komplizierte Ausführungen eingelassen, die er zwar im Sinne einer praktischen Bedienung verstand, sich aber in der Praxis den einfachen französischen Tricycles weit

Rechts, das 1897 für Hildebrand & Wolfmüller eingetragene Warenzeichen trug erstmals die Bezeichnung »Motorrad«.

Unten, Alois Wolfmüllers zweiter Motorrad-Entwurf von 1897 mit Kardanantrieb zum Hinterrad.

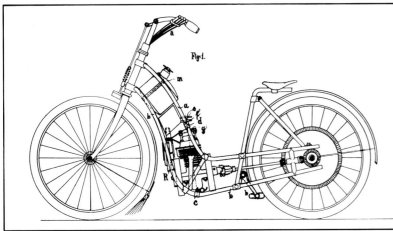

unterlegen zeigten. Diese De Dion- oder Bollée-Dreiräder stellten um die Jahrhundertwende die einzige akzeptierte Lösung eines leichten Motorfahrzeugs dar und verkauften sich in ganz Europa mit steigendem Erfolg.

In München blieb man angesichts des Hildebrand & Wolfmüller-Debakels skeptisch. Zwar hatte man dort innerhalb kurzer Zeit die technischen Voraussetzungen für die Herstellung der »Motor-Fahrräder« geschaffen, doch danach war das Interesse ebenso schnell wieder abgeklungen. Man gab dieser Fahrzeugart keine Zukunft. Das mußte in diesen Jahren auch Ludwig Rüb spüren, ein guter Bekannter und zeitweiliger Mitarbeiter Wolfmüllers, der sich zu jener Zeit ebenfalls mit solchen Entwicklungen beschäftigte. Als er 1896 sein »Motor-Fahrrad« mit dem anstelle eines unteren Rahmenrohrs montierten Tandem-Zweizylinder und modernen Details wie einer Niederspannungs-Abschnappzündung von Bosch und einem Wellenantrieb zum Hinterrad präsentierte, stieß er nur auf geringes Interesse. Der Wellenantrieb (es gab kein Gelenk, weshalb man strenggenommen nicht von einer Kardanwelle sprechen kann) war schon seit vielen Jahren im Fahrradbau bekannt; FN in Belgien zum Beispiel verwendete ihn seit 1889 serienmäßig. Doch Rüb benutzte dieses System erstmals bei einem Motorfahrzeug; als erstes Automobil mit Wellenantrieb sollte 1898 der kleine Renault folgen.

Ähnlich wie bei der gleichzeitig ablaufenden Weiterentwicklung auf dem Automobilsektor mußten auch die Münchner Pioniere erkennen, daß der Prophet im eigenen Lande nichts gilt, denn die großen Fortschritte wurden zunächst in Frankreich gemacht. Erst ab 1901 gab es dann auch in Deutschland – wieder – eine Motorradfabrikation. Die Aachener Stahlwarenfabrik Carl Schwanemeyer hatte unter dem Namen »Fafnir« Einbaumotoren auf den Markt gebracht, die es nun vor allem den Fahrrad-Herstellern erlaubten, eigene Motorräder zu bauen. In den folgenden Jahren gab es etwa 35 verschiedene Marken in der einheimischen Motorrad-Branche, eigenartigerweise jedoch blieben die Aktivitäten in München sehr beschränkt. Der junge Alfons Strobel, Sproß der Nähmaschinen-Fabrik Strobel und der parallel dazu betriebenen »Ersten Münchner Velozipedfabrik« in der Erzgießerei-Straße, machte 1901 erstmals mit einem selbstgebauten Motorrad mit französischem Einbaumotor auf sich aufmerksam. Zwei Jahre später hatte er erstmals eine Anfahrkupplung und Kettenantrieb zum Hinterrad eingebaut, wodurch er ein wesentlich komfortableres Fahrzeug als die üblichen Motorräder mit Riemen-Direktantrieb erhielt. Doch waren für seine Konstruktionen in München keine Interessenten zu finden, so daß er nach Dresden zur Firma Seidel & Naumann ging, um dort die »Germania«-Motorräder weiterzuentwickeln.

In den Münchner Annalen des Motorrads ist auch von der Maschinenfabrik Joos & Söhne in der Schöttlstraße die Rede, wo zwischen 1901 und 1907 einige Motorräder entstanden sein sollen. Doch kann es sich dabei nur um eine unbedeutende Kleinserie gehandelt haben; es fehlt jeder weitere Hinweis. Aber auch außerhalb Münchens war die Motorrad-Nachfrage bald wieder zurückgegangen. Bis 1907 war ein Großteil der Marken bereits wieder von der Bildfläche verschwunden, einzig NSU in Neckarsulm und Wanderer in Chemnitz betrieben eine kontinuierliche Weiterentwicklung. Den Neckarsulmern gelang es sogar, trotz großer Konkurrenz aus England weltweite Bedeutung zu erlangen; so wurden beispielsweise im Jahre 1911 sage und schreibe 24000 NSU-Motorräder verkauft, davon ein Großteil im Export. In Deutschland hatte das Motorrad bei weitem noch nicht jene Popularität erreicht wie etwa in England oder zu dieser Zeit in den USA, das sollte sich auch bei den Lieferungen für das Militär in den Jahren 1914-18 zeigen. Im Kaiserlichen Heer taten etwa 5000 Motorräder Dienst, Douglas und Triumph in England hingegen lieferten mehr als 50000 Exemplare an die Armee, hinzu kamen noch etwa 10000 Harley-Davidson und Indian aus den USA.

Nach dem Ende des Ersten Weltkriegs ergab sich in Deutschland ein anderes Bild auf dem Kraftfahrzeugmarkt. Es waren jetzt vor allem einfache und damit preisgünstige Fahrzeuge gefragt, und so schossen ab 1919 die Motorradmarken wie Pilze aus dem Boden. Viele Betriebe hatten damit die Umstellung auf eine Friedensproduktion vollzogen, und außerdem war die Technik so weit fortgeschritten, daß es für eine mittelmäßig eingerichtete Werkstatt unter Einschaltung einiger Zulieferer kein Problem mehr darstellte, ein primitives Motorrad herzustellen. Sehr bald schon hatte sich die Branche organisiert, und es kristallisierten sich zwei deutsche Städte heraus, in denen sich besonders viele Hersteller von solchen Fahrrädern mit Hilfsmotoren, Leichtmotorräder genannt, ansiedelten. Zum einen war dies die Reichshauptstadt Berlin und zum anderen überraschenderweise München, wo es plötzlich eine sehr rege kleine Motorrad-Industrie mit einem guten Dutzend Motorrad-Herstellern, zahlreichen kleinen Zulieferer-Werkstätten und vielen Händlern sowie Fabrik-Niederlassungen gab. In der Folgezeit sollte eine ganze Anzahl großartiger Konstruktionen von München aus ihren Weg in die Welt antreten, und es sollte ihnen weitaus mehr Erfolg beschieden sein als dem ersten Münchner Motorrad aus dem Jahre 1894.

Vom Flugmotor zum Motorrad: Die BMW-Anfangsjahre

Die Jahre von 1914 bis 1921 waren in Deutschland von wirtschaftlichen und politischen Turbulenzen gekennzeichnet. In der Entstehungsgeschichte der Bayerischen Motoren Werke spiegelt sich dies in aller Deutlichkeit wieder.

Wieder einmal war eine technische Entwicklung von Frankreich aus nach Deutschland gelangt, als sich ab etwa 1910 auch hier die Begeisterung für die Motorfliegerei breitzumachen begann. In diesem Jahr wurde in München Gustav Otto, Sohn des Benzinmotoren-Pioniers Nicolaus August Otto, auf diesem Gebiet aktiv. Er gründete eine Flugschule und gleich mehrere miteinander verbundene Firmen für den Bau von eigenen Flugzeugen. In der Schleißheimer Straße 135, am nördlichen Münchner Stadtrand, entstanden die Flugzeugwerke Gustav Otto, wo sich dann die Teilefertigung und auch eine kleine Motorenproduktion etablierte; als Konstrukteur und Betriebsleiter verpflichtete Otto den Ingenieur Hans Geisenhof, der 1894 an der Entstehung des Hildebrand & Wolfmüller-Motorrads maßgeblich beteiligt gewesen war. Etwas weiter nördlich, kurz vor dem Vorort Milbertshofen, lag der Exerzierplatz Oberwiesenfeld, dort durfte Otto ab 1911 seine Starts und Landungen durchführen und etwas später auch einen Hangar zur Endmontage seiner Flugzeuge errichten. Bald belieferte er die bayerische Armee mit seinen Aeroplanen, doch durch Rumpler, Albatros und andere verspürte Otto eine zunehmende Konkurrenz, und nach Beginn des Ersten Weltkriegs blieb der erwartete Auftragszuwachs schließlich aus. Ottos Unternehmen geriet bereits Ende 1915 in finanzielle Schwierigkeiten, es drohte der Konkurs. Ein Konsortium, bestehend aus der Bank für Handel und Industrie, der MAN und dem Ingenieur Bachstein, war indessen daran interessiert, Ottos Flugzeugfabrikation aufrechtzuerhalten und gründete am 20. Februar 1916 eine Auffanggesellschaft. Diese unter dem Namen »Bayerische Flugzeugwerke AG« am 7. März 1916 beim Amtsgericht München eingetragene Firma führte auf dem Oberwiesenfeld in den Hallen an der Neulerchenfeldstraße 76 den Montagebetrieb weiter und war bis zum Kriegsende vor allem auch mit Flugzeug-Reparaturen beschäftigt. Gustav Otto nannte seine Fabrik in der Schleißheimer Straße fortan »Neue Otto Werke GmbH« und stellte dort Flugzeug-Zubehör und Ersatzteile her.

In der Schleißheimer Straße gab es weiter stadtauswärts auf der Höhe des Oberwiesenfeldes, jedoch östlich davon und zu Milbertshofen gehörend, eine weitere Flugzeugfirma. Im Anwesen Nummer 288, wo die ehemaligen Fahrradwerke Riesenfeld mit ihren niedrigen, hölzernen Hallen (heute würde man wohl Baracken dazu sagen) lagen, hatten die Flugwerke Deutschland aus Aachen 1912 eine Filiale eröffnet. Der Konstrukteur Karl Rapp hatte seine Stellung bei der Daimler-Motoren-Gesellschaft in Stuttgart-Untertürkheim aufgegeben und war nun hier mit der Entwicklung eines neuen Flugmotors mit obenliegender Nockenwelle beschäftigt. Nach dem Scheitern dieses Projekts beim Kaiserpreis-Wettbewerb wurde die Firma liquidiert, doch Rapp übernahm zusammen mit einem Geldgeber die Werkstätten in der Schleißheimer Straße; die Firma hieß ab 28. Oktober 1913 Rapp Motorenwerke GmbH. Mit seinen sieben Mitarbeitern entwarf Rapp in der Folgezeit starke Flugmotoren mit acht und zwölf Zylindern. Als der Krieg ausbrach, erhielt er Aufträge von verschiedenen Militär-Dienststellen aus Deutschland und Österreich. Leider erwiesen sich die Rapp-Aggregate als sehr anfällig; die zahlreichen Reklamationen verhinderten denn auch eine Produktionsausweitung. Immerhin hatte man die Fabrikanlagen inzwischen vergrößern können, es gab nun 370 Beschäftigte. Ein Auftrag des k. u. k. Österreichischen Kriegsministeriums zur Lizenzfertigung des von Ferdinand Porsche konstruierten 350-PS-Austro-Daimler-Flugmotors war deshalb für den Fortbestand der Rapp-Werke von ausschlaggebender Bedeutung.

Der von Wien bei Austro-Daimler als Inspizient eingesetzte 30jährige Leutnant Franz-Josef Popp wurde nach München in Marsch gesetzt, um die Eignung der Rapp Werke für diesen 224 Motoren umfassenden Großauftrag zu überprüfen. Nach seinen Besuchen bei anderen Flugmotoren-Herstellern in Deutschland war er einigermaßen erstaunt über das, was er hier in München zu sehen bekam, denn die Rapp-Motorenwerke bestanden nach wie vor nur aus einigen hölzernen Baracken und einfachen Werkstätten, die sich hinter einem vielversprechenden Haupteingang in der Schleißheimer Straße 288 verbargen. Was dem gelernten Elektro-Bauingenieur aus Österreich jedoch bald

Oben, ein Blick in die Rapp-Motoren-Werke im Jahre 1916, als gerade eine Abteilung österreichischer Marineflieger Rapp-ohc-V 8-Motoren und Reihensechszylinder übernahm.

Rechts, die offizielle Verlautbarung der Rapp-Werke vom 23. Juli 1917, in der sie die Umbenennung in »Bayerische Motoren Werke« bekanntgaben.

auffiel, war die Loyalität der Belegschaft zu ihrem vom Pech verfolgten Chef. Zurück in Wien, befürwortete Popp die Auftragsvergabe nach München und kümmerte sich um die notwendigen Vorbereitungen. Er bekam schließlich die Bauaufsicht in München übertragen.

Nachdem sich Karl Rapp krankheitsbedingt – und wohl auch aufgrund von Depressionen über seine Erfolglosigkeit – mehr und mehr aus der Firma zurückgezogen hatte, übernahm Popp die Position des Technischen Direktors. Seine Gedanken galten dem zukünftigen Programm der Firma. Was gab es wohl nach Erledigung des österreichischen Auftrags zu tun? Vermutlich würde es auf eine Lizenzfertigung deutscher Aggregate für das preußische Kriegsministerium hinauslaufen. Popp hatte indessen am 2. Januar 1917 einen neuen Konstrukteur eingestellt, von dem er sich einiges versprach. Es handelte sich hierbei um einen früheren Kollegen Karl Rapps, als dieser noch bei Daimler in Stuttgart tätig war: Max Friz. Nach Meinungsverschiedenheiten mit seinem Chef Paul Daimler hatte Friz dort gekündigt und sich bereits im Herbst 1916 bei Rapp in München beworben; dieser hatte damals abgelehnt, weil er sich ja selbst um die Konstruktion von Flugmotoren kümmerte. Franz-Josef Popp hatte von der Beteiligung Friz' an dem erfolgreichen Vierventil-ohc-Rennmotor des 1914er Grand Prix-Mercedes und von seinem Projekt eines speziellen Höhenmotors für Jagdflugzeuge gehört und stellte jetzt den 33jährigen Ingenieur ein. Dessen erste Aufgaben lagen in Verbesserungen der Rapp-Motoren, doch fand er bald auch die Möglichkeit, sein eigenes Projekt vorantreiben zu können.

Franz-Josef Popp hatte auf seiner Suche nach neuen Aufträgen erkennen müssen, daß die Rapp-Motoren bei den deutschen Militär-Dienststellen einen denkbar schlechten Ruf besaßen. Abhilfe für die Zukunft war da nur durch einen Namenswechsel zu schaffen. Und so wurde am 20. Juli die Umbenennung in »Bayerische Motoren Werke GmbH« vorgenommen. Ein neues Firmenzeichen entstand ebenfalls. Das aus der Stilisierung eines drehenden Flugzeug-Propellers abgeleitete weißblaue Signet mit schwarzem Rand und den goldenen Lettern »BMW« ließ man am 5. Oktober 1917 beim Kaiserlichen Patentamt registrieren. Der von Max Friz konstruierte Sechszylinder-ohc-Motor lief im September bereits problemlos auf dem Prüfstand, und es gelang Popp, das Kriegsministerium von den Vorzügen dieses Aggregats zu überzeugen, so daß das Bauprogramm des ersten BMW-Motors nun voll in Angriff genommen werden konnte. Eine erste Lieferung an die Fliegertruppe erfolgte bereits im Mai 1918. Ein weiterer Grund, warum die nunmehr unter dem Namen BMW agierende ehemalige Firma Rapp wieder einen Aufschwung verzeichnen konnte, lag im Kriegseintritt der USA (April 1917), deren ungeheurer Materialeinsatz die deutsche Industrie zu vermehrten Anstrengungen zwang, nicht zuletzt auch die Flugzeugproduktion erheblich zu vergrößern. Franz-Josef Popp, nun Geschäftsführer der Firma BMW, wußte, daß er mit den beengten räumlichen Verhältnissen in der Schleißheimer Straße 288 bald Probleme bekommen würde und entschloß sich deshalb zum Ankauf eines 25 ha großen Geländes am nördlichen Rand des Oberwiesenfelds. Hier, an der Moosacher Straße, sollte bis zum Sommer 1918 eine weiträumige moderne Fabrikanlage entstehen; in Prospekten war schon vom »größten Flugzeugwerk Deutschlands« die Rede. Probleme mit der Zuteilung von Material und den zusätzlich benötigten Arbeitskräften sowie Anlaufschwierigkeiten mit den neuen Anlagen brachten die Firma allerdings bald in finanzielle Bedrängnis; damit sahen die staatlichen Dienststellen auch ihre bereits geleisteten Vorschüsse in der Region von 18 Millionen Mark in Gefahr. Die Lösung war nur in der Schaffung einer breiteren finanziellen Basis zu suchen, und so wurde die Firma BMW am 13. August 1918 in eine Aktiengesellschaft umge-

Oben links, Werbung für das Flottweg-Mofa der Otto-Werke 1919/20. Unten, die deutsche Flugzeugindustrie mußte 1919 die übriggebliebenen Ersatzteile vernichten.

Oben, die 1918 in Rekordzeit errichteten neuen Werksanlagen der Bayerischen Motoren Werke an der Moosacher Straße.

wandelt. Neben vier großen Banken beteiligten sich Fritz Neumeyer, der Besitzer der Firma Zünder- und Apparatebau Gesellschaft (Zündapp) in Nürnberg, sowie der Wiener Finanzier Camillo Castiglioni an der Gründung der BMW AG. Castiglioni war es gewesen, der schon 1916 den Rapp-Werken zu dem Austro-Daimler-Vertrag verholfen hatte, er war jedoch stets im Hintergrund geblieben.

Der BMW IIIa-Flugmotor hatte sich als das ideale Aggregat für Jagdflugzeuge erwiesen. Bei einem Hubraum von 19,1 Liter konnte der Sechszylinder mit einer Startleistung von 226 PS bei 1400/min aufwarten, und sein größter Vorteil lag in der Höhentauglichkeit bei 6000 m und mehr, womit er weit über der einheimischen Konkurrenz lag. Im Oktober 1918 erreichte der monatliche Ausstoß mit 150 Aggregaten endlich die vereinbarte Stückzahl. Es arbeiteten nun annähernd 3400 Menschen für BMW, und man bereitete weitere Motorentypen zur Erweiterung des Programms vor. Ebenso wurde eine Lizenzfertigung des BMW IIIa bei Opel in Rüsselsheim eingerichtet. Anfang November führte die nach Bekanntwerden der aussichtslosen Lage an der Front eingetretene politische Unsicherheit zu Unruhen in verschiedenen deutschen Städten wie Kiel, Berlin und München; es wurde offen von Revolution und Umsturz gesprochen. Die kaiserliche Regierung hatte schon vorher die Amtsgeschäfte an Prinz Max von Baden und Friedrich Eberts SPD übergeben. Seit dem 29. September hatte sich die Heeresleitung unter Ludendorff um eine Friedenslösung bemüht, die Kapitulation stand unmittelbar bevor. Am 8. November übernahm der Sozialist Kurt Eisner das Amt des bayerischen Ministerpräsidenten, einen Tag später wurde in Berlin die Republik ausgerufen und Ebert zum Kanzler erklärt. Am 11. November war es dann soweit: Bei Compiègne, nordöstlich von Paris, erschienen die deutschen Unterhändler im Hauptquartier der französischen Armee, um den Waffenstillstandsvertrag zu unterzeichnen. Es war vorgesehen, die Demobilisierung und die Rückführung der Truppen in geordneten Bahnen vonstatten gehen zu lassen, ebenso sollte die Rückkehr der

Martin Stolle (am Motorrad stehend) im Kreise seiner Mitarbeiter. In sein Douglas-Fahrgestell hat er den ersten Prototyp des BMW-Motorradaggregats M 2 B 15 eingebaut.

Wirtschaft zur Friedensproduktion staatlicherseits geregelt und gewährleistet werden. Aber zunächst waren politische Machtkämpfe, verbunden mit blutigen Auseinandersetzungen, an der Tagesordnung. Die Produktion der Flugmotoren wurde schon am 11. November eingestellt. Doch Franz-Josef Popp sah die Lage für BMW zunächst nicht als allzu problematisch an, hatte er doch schon vorher die Beteiligung an einer Schuhmaschinenfabrik arrangiert und auch den Lizenzbau großer Motorpflüge vereinbart, so daß nach einer Umstellung der Fertigungseinrichtungen der Betrieb wieder in Schwung kommen konnte. Da aber die nötigen finanziellen Mittel nicht zu beschaffen waren und sich in diesen Wochen der Ungewißheit in Deutschland teure Maschinen kaum verkaufen ließen, sah sich Popp gezwungen, die Bayerischen Motoren Werke am 6. Dezember für einige Zeit stillzulegen.

Im Gegensatz zu den Bürgerkriegs-Zuständen in der Reichshauptstadt hatte sich die Situation in München zur Jahreswende 1918/19 weitgehend beruhigt. Die durch das preußische Kriegsministerium zugesagten offenstehenden Beträge in Millionenhöhe waren inzwischen bei BMW eingetroffen, und so konnte Generaldirektor Popp wieder einigermaßen optimistisch in die Zukunft blicken. Am 1. Februar 1919 wurde das Werk wieder geöffnet, 350 Mitarbeiter zur Arbeit gerufen und Vorbereitungen für die Fortsetzung des Motorenbaus getroffen, denn leistungsfähige Antriebsaggregate für verschiedene Zwecke würden über kurz oder lang wieder gefragt sein. Doch da spitzte sich die politische Lage erneut gefährlich zu. Am 21. Februar wurde Kurt Eisner ermordet, und da sich der bayerische Ministerpräsident zu diesem Zeitpunkt schon einen Gutteil an Sympathie und Vertrauen vor allem in der Arbeiterschaft und der Landbevölkerung erworben hatte, brachen nun die Gegensätze erneut auf. Es folgten blutige Auseinandersetzungen, die Anfang April in offenen Bürgerkrieg und Terror mündeten und erst vier Wochen später nach Eingreifen der Reichsregierung zu Ende gingen.

Zur gleichen Zeit wurde im BMW-Werk an der Moosacher Straße (in der Schleißheimer Straße richtete man eine Auto-Werkstatt mit Ersatzteilfertigung ein) mehr oder weniger im Verborgenen weiter an den Flugmotoren gearbeitet, Popp und Friz waren der Meinung, daß sich in der im Aufbau befindlichen Zivilluftfahrt ein weites Betätigungsfeld für BMW ergeben würde. Man ließ Prospekte drucken, in denen man den BMW IIIa und den daraus entwickelten Typ IV für Post- und Verkehrsflugzeuge anpries. Am 9. Juni 1919 machte das Unternehmen Schlagzeilen, als der Testpilot Zeno Diemer in seiner DFW C IV mit BMW-Motor eine Höhe von 9620 m erreichte und damit einen neuen Weltrekord aufstellte. Kaum drei Wochen später jedoch schien alles mit einem Schlag zunichte gemacht. Der am 28. Juni 1919 im Schloß Versailles unterzeichnete Friedensvertrag untersagte dem besiegten Deutschland alle weiteren fliegerischen Aktivitäten, die Militärfliegerverbände mußten aufgelöst, alle Flugzeuge und Aggregate zerstört werden, und es durften keine Flugzeuge, Flugmotoren und Ausrüstungsgegenstände mehr hergestellt werden.

Nun schien das Schicksal der Firma BMW fürs erste besiegelt zu sein, vor allem, weil neben der Herausgabe aller Konstruktions-Unterlagen an die Siegermächte auch die Zerstörung aller wichtigen Einzelteile angeordnet wurde. Die Kontrollkommission überwachte die Arbeiten mit Schneidbrenner und Schrottpresse; dennoch gelang es einigen findigen Mitarbeitern, verschiedene Teile unversehrt zu erhalten. Und das war genau im Sinne von Popp, denn der unermüdliche Generaldirektor wollte keinesfalls aufgeben. Es würde sich schon noch eine Möglichkeit für den Fortbestand der Motorenwerke finden lassen. Vorerst hielt sich BMW wie viele andere Unternehmen mit Regieaufträgen über Wasser, wobei man bei BMW mit einer erstklassigen Aluminium-Gießerei zahlreiche kleinere Aufträge übernehmen konnte und auch den gut ausgestatteten Werkzeugbau oftmals einsetzte. Aber es handelte sich nur um Tropfen auf einen heißen Stein. Einer der modernsten Industriebetriebe in Deutschland konnte nur zu einem ganz geringen Teil genutzt werden.

Anläßlich einer Probefahrt mit einem instandgesetzten Direktionswagen nahm Franz-Josef Popp an einem Herbsttag des Jahres 1919 seinen Chefkonstrukteur Max Friz und den Werkmeister Martin Stolle auf einen Ausflug zum Walchensee mit. Er wollte sich mit den beiden Praktikern in aller Offenheit über die weiteren Geschicke der Firma aussprechen. Friz machte den Vorschlag, das Vierzylinder-Flugmotorenkonzept zu einem Lastwagen- und Bootsmotor abzuändern; angesichts der zahlreichen zurückbehaltenen Teile sollte es hierbei keine Schwierigkeiten geben. Stolle hingegen plädierte für den Bau von Motorrädern und untermauerte seinen Vorschlag mit detaillierten Angaben. Popp war zunächst erstaunt, konnte sich aber den Argumenten Stolles bezüglich einer preiswerten Art der Motorisierung und der aus Frankreich und England überschwappenden Motorradwelle nicht verschließen. Am Ende stimmte er beiden Vorschlägen zu, jedoch wollte man sich zunächst auf den Entwurf eines Motorradmotors beschränken, den man dann wie die anderen Aggregate interessierten Firmen anbieten würde.

Der Flugmotorenhersteller BMW beschäftigte sich nach dem ersten Weltkrieg mit Fahrzeugmotoren, das erfolgreichste Aggregat wurde der Motorradmotor M 2 B 15.

Martin Stolle, ein 34jähriger hochqualifizierter Motoren-Fachmann, hatte sein Handwerk von der Pike auf gelernt, seine Ausbildung bei der Motorenbau- und Automobilfirma Cudell in Aachen absolviert. Im Jahre 1913 hatte er in der Münchner Feilitzschstraße seine eigene Mechanische Werkstätte eröffnet und auch Kontakt mit den Fliegern vom Oberwiesenfeld bekommen. Drei Wochen nach Kriegsbeginn war er zum Militärdienst einberufen worden, und mit ihm auch seine 350-ccm-Zweizylinder-Douglas. Für das moderne englische Motorrad erhielt er immerhin 1100 Mark Entschädigung ausbezahlt. Nach einem ersten Einsatz im Felde war er nach München zurückgekehrt, wo er bei der bayerischen Fliegerersatzabteilung am Oberwiesenfeld für die Wartung der Flugzeuge verantwortlich war. Im Herbst 1917 wurde er dann von BMW zur Leitung der Abteilung Gesamtkontrolle angefordert und vom Militär in die Schleißheimer Straße abkommandiert. Stolles Vorgesetzte in der Firma erkannten bald seine Fähigkeiten, und so unterstellte man ihm auch den Reparaturdienst sowie die Einzelfabrikation, wo vor allem die Versuchsteile angefertigt wurden. Stolle

Max Friz auf einer Victoria KR I. Die Nürnberger Firma war der erste Kunde für den BMW-Einbaumotor und hatte mit diesem Modell einen Verkaufsschlager geschaffen.

gehörte also für Franz-Josef Popp zu den wichtigsten Mitarbeitern der BMW, und selbstverständlich war er auch beim Neubeginn Anfang 1919 wieder dabei.

In der tristen Zeit nach Kriegsende wußten viele Leute nicht, was sie nun tun sollten. Es gab wenig Arbeit in den Betrieben, die Versorgung der Bevölkerung warf große Probleme auf, und vielerorts schien die Zukunft aussichtslos. Im »Haus der Landwirte« in der Bayerstraße traf sich zu dieser Zeit an jedem Freitag eine gesellige Runde bestehend aus Fliegern, Technikern und Motorradfreunden zum Clubabend des Automobilclub München (der Motorradfahrer-Verein München von 1903 hatte sich 1912 in ACM umbenannt). Schnell hatte man wieder Verbindungen ins Ausland geschaffen, aus der englischen Fachzeitschrift *The Motor Cycle* war man über die dortige Motorradszene und über die technischen Fortschritte informiert. Hier an den Biertischen wurden zahlreiche neue Aktivitäten ausgetüftelt. Fritz Gockerell, ein ehemaliger Rapp-Mitarbeiter, konstruierte das unorthodoxe Pax-Motorrad mit einem dreizylindrigen Sternmotor im Hinterrad, das dann ab 1920 in der Firma Otto Landgraf in der Grünwalder Straße zur Megola weiterentwickelt wurde. Gustav Otto, der in seiner Fabrik nun aus Restbeständen Büromöbel produzierte, griff einen Versuch aus dem Jahre 1916 wieder auf und setzte einen 1-PS-Viertaktmotor an den Steuerkopf eines Fahrrads, um das Instrument 1920 als Flottweg-Motor-Fahrrad anzubieten. Der Jagdflieger Ernst Udet gründet mit Herbert Fränkel und Ludwig Bruckmayer die *Illustrierte Motorzeitung*, in der hauptsächlich von der Fliegerei und von Motorrädern die Rede sein sollte. Irgendwie hatten es auch bald einige Leute geschafft, sich neue Motorräder zu besorgen, wobei die englische 500er Douglas bevorzugt wurde; bei einer Clubausfahrt im Frühjahr 1920 waren sieben Exemplare vertreten, ergänzt durch Udets 1000-ccm-Indian. Diese sportliche Maschine mit dem seitengesteuerten Boxermotor war im Jahre 1919 in einer Umfrage in England zum „idealen Motorrad" gekürt worden, wobei man die günstige Schwerpunktlage mit dem tief eingebauten Motor, das daraus resultierende sichere Fahrverhalten und den ruhigen Lauf des Zweizylinders besonders hervorhob.

Max Friz und Martin Stolle gehörten natürlich ebenfalls zum ACM-Kreis. Stolle hatte sich in bester Erinnerung an sein 1913er Modell auch wieder eine Douglas besorgt, diesmal jedoch eine 500-ccm-Version Modell B vom Jahrgang 1914/15. Nachdem er von Direktor Popp grünes Licht zur Entwicklung eines eigenen Motorradmotors bekommen hatte, ging er zunächst daran, seinen Douglas-Motor zu zerlegen, denn in seinen Ausführungen vor Popp und Friz hatte er ausdrücklich auf die Vorteile des Boxermotors hingewiesen und dabei natürlich das 500er Douglas-Aggregat gepriesen. Die einzelnen Teile wurden geprüft und vermessen, um anschließend in langen Unterredungen mit dem Chefkonstrukteur Max Friz die Basis zu einem neuen Konstruktions-Konzept zu bilden. Friz als Schöpfer modernster Renn- und Flugmotoren mit vier Ventilen pro Zylinder und obenliegenden Nockenwellen blickte zunächst geringschätzig auf das einfache seitengesteuerte Motorrad-Aggregat herab, doch da diese Entwicklung nun mal von Popp in Auftrag gegeben war, mußte er seiner Aufgabe nachkommen und die Konstruktionszeichnungen dafür erstellen. Im Frühjahr 1920 begann Stolle, eine kleine Serie von sechs Versuchsmotoren zu montieren, wobei er sich vom englischen Vorbild nicht weit entfernte. Die Dimensionen für Zylinderbohrung und Kolbenhub blieben mit jeweils 68 mm gleich, die Ventile lagen auf der Oberseite der horizontal angeordneten Zylinder und wurden von einer stirnradgetriebenen zentralen Nockenwelle betätigt. In den Zylindern bewegten sich nun Aluminium-Kolben, was zu dieser Zeit im Motorradbau noch recht ungewöhnlich war, in der Flugmotoren-Praxis jedoch bereits zum Alltag gehörte. Ebenso hatte Stolle eine neue Druckschmierung eingeführt und die Ventilsteuerung staubdicht verkapselt. Erhalten blieb die einteilige geschmiedete Kurbelwelle, die auf der Steuerseite in einem einfachen Kugellager und auf der Antriebsseite in einem doppelreihigen Kugellager lief und außerhalb des Motorgehäuses ein großes Schwungrad trug. Ein Zweischieber-Vergaser eigener Konstruktion mit Ansaugluft-Vorwärmung saß auf Höhe des hinteren Zylinders und lieferte das Gemisch über einen langen Krümmer auch an den vorderen Zylinder. Die Leistungsausbeute des 494 ccm großen Motors belief sich auf 6,5 PS bei 3000/min, was auf eine Auslegung für verschiedenerlei Einsatzzwecke und eine lange Lebensdauer schließen ließ.

Den ersten fertiggestellten Motor versah Stolle mit der Nummer 25 001 und baute ihn in seine Douglas anstelle des Original-Aggregats ein, um damit Fahrversuche durchzuführen. Er verwendete dabei den Ketten-Primärtrieb auf das Douglas-Zweigang-Getriebe und den vorhandenen

Riemen-Hinterradantrieb. Nichteingeweihte vermochten keinen Unterschied festzustellen, und so fiel Stolle bei seinen zahlreichen Probefahrten, die sich über vier Wochen hinzogen, nie auf. Und das war auch gut so, denn inzwischen hatte sich für BMW eine völlig neue Situation ergeben.

Auf der Suche nach einem größeren Auftrag für die Überbrückungszeit bis zum Beginn einer neuen Motorenfabrikation hatte Franz-Josef Popp alte Geschäftskontakte aus seiner früheren Tätigkeit aufgefrischt und mit der Firma Knorr-Bremse AG in Berlin einen Lizenzvertrag ausgehandelt. Er wollte ab Anfang 1920 jährlich 10 000 Bremsgeräte für die Königlich Bayerische Staatsbahn herstellen, die nach dem Vorbild der preußischen Eisenbahnen ihren Fuhrpark auf Druckluftbremsen umzurüsten plante. Für das BMW-Werk in der Moosacher Straße bedeutete dies eine wesentlich höhere Auslastung als bisher. 1800 Mitarbeiter standen wieder unter Vertrag, womit der Fortbestand der Firma vorerst gesichert war. Popp war guter Dinge – er ahnte nichts von den sich hinter seinem Rücken anbahnenden einschneidenden Veränderungen. Der Direktor der Knorr-Bremse, Johann Philipp Vielmetter, hatte nämlich nicht nur eine Lizenzvergabe im Sinn gehabt. Er strebte danach, die hochmoderne Fabrik in München schrittweise ganz übernehmen zu können. Der Wiener Finanzier Camillo Castiglioni hatte sich schon im November 1918 durch Aufkäufe den gesamten Aktienbestand der BMW AG einverleibt und entschloß sich im Mai 1920, die Pläne Vielmetters zu akzeptieren.

Popp wollte die Motorenentwicklung jedoch nicht so schnell aufgeben, und so durften Friz und Stolle mit ihren Projekten fortfahren. Das Bremsenprogramm wurde dadurch ohnehin nicht beeinträchtigt. Mit den vorzeigbaren Prototypen galt es nun, Interessenten zu finden, die ihre Fahrzeuge mit BMW-Motoren ausrüsten wollten. Dies sollte sich als problematisch erweisen, besonders was den großen ohc-Vierzylinder anbetraf. Martin Stolle hatte mit seinem Motorradmotor mehr Glück: er wußte, daß man sich bei Victoria in Nürnberg wieder mit dem Bau von Motorrädern beschäftigte, eine Idee, die kurz nach der Jahrhundertwende entstanden war. Damals hatte die große Fahrradfabrik einige Jahre Motorräder, vornehmlich mit Fafnir-Einbaumotoren, hergestellt, aber nach 1907 wieder der Fahrräderproduktion den Vorzug eingeräumt. Stolle fuhr also mit seiner BMW-Douglas nach Nürnberg, um in der Ludwig-Feuerbach-Straße vorzusprechen. An seiner Konstruktion fand man sogleich Gefallen und vereinbarte den Bau eines Versuchsfahrzeugs.

Im Herbst 1920 war das Fahrgestell fertig und wurde mit einem von Stolles Vorserien-Motoren versehen, dessen technische Konzeption kaum verändert worden war; lediglich den Radstand der Maschine hatte man etwas verkürzt und das Vorderrad wurde nicht mehr in einer Druid-Parallelogrammgabel, sondern in einer Schwinggabel mit langen Federhülsen geführt. Nach einigen Testfahrten wurden die Nürnberger mit BMW bald handelseinig, womit in München die Serienfertigung gesichert war. Die Kapazität war in der Moosacher Straße durch die Bremsen-Produktion keineswegs ausgelastet, und so gab es auch von seiten des Aufsichtsrats keine Einwände, als im Winter 1920/21 die Fertigung von einigen hundert Motorradmotoren des Typs M 2 B 15 anlief. In geringerem Umfang begann gleichzeitig die Fertigung des »Bayernmotors« M 4 A 1; dieses Aggregat wurde an Bootswerften und Nutzfahrzeug-Firmen geliefert.

Die Victoria KR I erwies sich schon bald als eine hervorragende Konstruktion. In der Presse wurden das ausgezeichnete Fahrverhalten und die qualitativ hochwertige Ausführung gelobt; ebenso gute Kritiken erntete der BMW-Motor für seine Laufruhe und die Betriebssicherheit in bezug auf Schmierung und Verkapselung der Ventilsteuerung. Inzwischen waren in Deutschland die Einfuhrbeschränkungen und daraus resultierenden Rationierungen von Benzin aufgehoben worden, was nicht nur den Verkauf von Kraftfahrzeugen gehörig ankurbelte, sondern auch eine Wiederbelebung des Motorsports ermöglichte. Bei einem vom ACM organisierten »Bayerischen Motorrad Derby« am 28. März 1921, einer 370 km-Streckenfahrt, konnte die Victoria KR I den ersten sportlichen Lorbeer einheimsen. Es folgte im Herbst ein vielbewunderter Erfolg für Martin Stolle, der mit der Victoria bei der »Internationalen Reichsfahrt«, einer sechstägigen Großveranstaltung für Autos und Motorräder, zweimal die Tagesbestzeit herausfuhr. In der Folge verkauften zahlreiche Clubkameraden im ACM ihre englischen Motorräder und stiegen auf die Victoria mit BMW-Motor um.

Die Bayerischen Motoren Werke waren Ende September 1921 erstmals auf der Berliner Automobil-Ausstellung in der Halle am Kaiserdamm mit einem Stand vertreten. Sie zeigten dort neben einigen Gußteilen für

Ein BMW-Prospektblatt aus dem Jahr 1921, das die verschiedenen Anwendungsmöglichkeiten für die Lkw-(»Bayern-Motor«) und Motorrad-Aggregate zeigt.

die Automobil-Industrie den M 2 B 15 »Bayern-Kleinmotor« sowie das 45/60 PS-Aggregat für Lastwagen und Boote. Es gab darüber hinaus einen Prospekt über das BMW-Motorenprogramm, worunter sich überraschenderweise auch der bekannte Flugmotor befand, der jedoch zu diesem Zeitpunkt noch keineswegs produziert werden durfte. Die Fachzeitschriften waren voll des Lobes über die hochwertigen Produkte auf dem BMW-Stand, es war von »Meisterwerken deutscher Konstruktions- und Werkmannsarbeit« die Rede. Popp, Friz und Stolle sahen sich also in ihren Gedanken und Planungen vom Herbst 1919 bestätigt, die Zukunft der Firma schien tatsächlich in der Kraftfahrzeug-Branche zu liegen.

Eine Meinung, die vom Aufsichtsrat unter Vielmetter allerdings nicht geteilt wurde. Er verlangte vollste Konzentration auf den Bremsenbau und duldete gerade noch die Kleinserienfertigung der Motoren. Doch da trat plötzlich wieder Camillo Castiglioni auf den Plan. Er hatte sich nach Kriegsende zunehmend in der Automobilindustrie engagiert, demgemäß auch seine Beteiligungen dorthin verlagert. Jetzt wollte er Popps Meinung zu einem Kleinwagen-Projekt hören. Dieser nahm erstaunt zur Kenntnis, daß der rege Wiener Kommerzialrat offenbar gleiche Gedanken wie er selbst verfolgte und unterbreitete ihm deshalb einen gewagten Vorschlag. Die Serienfertigung eines Kleinwagens sei auf jeden Fall anzustreben, meinte er, doch so sehr man sich bei BMW auch dafür interessieren würde, sei es unter den augenblicklichen Umständen völlig ausgeschlossen, derartige Projekte in Angriff zu nehmen. Man könnte jedoch auf einem anderen Weg von der Bevormundung durch die Knorr-Bremse AG loskommen, indem man den

*Links, Franz Bieber vor dem Ruselbergrennen 1922. Als Clubkamerad von Martin Stolle und Max Friz hatte er für seine Victoria einen leistungsgesteigerten BMW-Motor mit Fallstrom-Zweischiebervergaser bekommen.
Unten, Karl Rühmers Flink-Prototyp von 1921 mit dem 118-ccm-DKW-Motor.*

Namen BMW zurückkaufte und das Unternehmen auf einem anderen Gelände neu ansiedelte. Castiglioni war von den Vorschlägen Popps beeindruckt, zumal dieser ihm den ganzen Schachzug schon nahezu beschlußfertig auf den Tisch legte. Er gab sein Einverständnis und brachte das Vorhaben noch im Herbst 1921 ins Rollen.

Noch bevor Popp seine Pläne der Geschäftsleitung der Knorr-Bremse übermittelte und mit dem entsprechenden finanziellen Angebot nach Berlin fuhr, hatte Castiglioni im November 1921 in aller Stille die Aktienmehrheit bei den Bayerischen Flugzeugwerken AG aufgekauft. Dort, in der Neulerchenfeldstraße 76, befanden sich noch immer die ab 1910 von Gustav Otto errichteten Hallen und Schuppen sowie die 1916 hinzugefügten Werksanlagen. Auch diese Firma hatte sich nach dem

Links, die Flink-Serienmaschine von 1921/22. Dieses Leichtmotorrad mit einem 143-ccm-Kurier-Einbaumotor wurde im Auftrag von Karl Rühmer bei den Bayerischen Flugzeugwerken in der Münchner Neulerchenfeldstraße gebaut.
Unten, der Helios-Prototyp vom Oktober 1921, hier noch mit Douglas-Motor. Dieses Motorrad wurde ebenfalls für Rühmer bei BFW gebaut und mit einem BMW M 2 B 15-Einbaumotor versehen.

Als die Bayerischen Motoren Werke im Sommer 1922 von der Moosacher Straße in die BFW-Gebäude in der Neulerchenfeldstraße umzogen, wurde die Motorradproduktion weitergeführt. Hier wird gerade eine Lieferung von 20 Helios und 20 Flink vor dem Verwaltungsgebäude zusammengestellt.

Krieg nur mit Mühe über Wasser halten können. Vom Flugzeugbau hatte man aber eine Menge Rohmaterial wie Sperrholz und Beschläge vorrätig, womit man zunächst einmal die Herstellung von Büromöbeln aufnehmen wollte; doch auf Dauer gesehen, plante man auch hier wieder zu einer rentablen Friedensproduktion zurückzufinden. Als Kommandeur der Fliegertechnischen Lehranstalt am Oberwiesenfeld hatte Dr. Ing. Karl Rühmer bereits mit der Firma zu tun gehabt, und er war es auch, der 1921 mit einer vielversprechenden Idee zum Weiterbestehen der BFW beitrug, als er die Entwicklung eines Leichtmotorrades anregte und auch gleich selbst die Konstruktionsarbeiten übernahm. Einfache motorisierte Zweiräder entstanden zu jener Zeit in großer Zahl; so gab es in München neben der wegbereitenden Flottweg aus den Otto-Werken noch eine ganze Reihe ähnlicher Fahrzeuge, die meist in kleinen Werkstätten unter Verwendung von Einbaumotoren spezialisierter Hersteller gebaut wurden. Auch Rühmer entschloß sich zum Ankauf von Einbaumotoren, griff jedoch dabei nicht auf ortsansässige Firmen wie Frimo, Hella oder Cockerell (neben der Megola-Unternehmung eine weitere Aktivität Fritz Gockerells) zurück, sondern bezog seine Aggregate von Carl Hanfland aus Berlin. Diesen 143-ccm-»Kurier«-Zweitakter installierte Rühmer in einen leichten Rohrrahmen, den er mit einer einfachen Pendel-Vordergabel versah. Der Motor saß hoch in einem geschlossenen Einrohrrahmen, darüber war ein flacher Tank zwischen den oberen Rahmenrohren montiert, der zusätzlich zum Kraftstoff auch in einem abgetrennten Fach das Schmieröl für die Getrenntschmierung aufnahm. Getriebe war keines vorhanden, das Hinterrad trieb man mittels eines Keilriemens direkt an. Fahrradpedale und -kette dienten zum Anfahren, zusätzlich gab es vorne am Rahmen verstellbare Trittbretter. Das 40 kg leichte Fahrzeug lief mit dem etwas über 1,5 PS starken Motor knapp 50 km/h und bekam bezeichnenderweise den Namen »Flink«.

Zusammen mit diesem »Gebrauchsrad« wurde am 20. Oktober 1921 in der *Illustrierten Motorzeitung* auch der Prototyp eines Sportmotorrads präsentiert: unter dem Namen »Helios« hatten die Bayerischen Flugzeugwerke ein Konkurrenzmodell zur erfolgreichen Victoria geschaffen. Optisch hatte man dieses Modell stark an die Flink angelehnt; so gab es neben der hellgrauen Farbgebung auch wieder die charakteristischen, weit heruntergezogenen Schutzbleche. In der Technik jedoch versuchte man mit einem Dreigang-Getriebe und Kettenantrieb zum Hinterrad einen Vorsprung zur Victoria KR I zu gewinnen. Zunächst war in der Helios ein 500er-Douglas-Motor eingebaut, doch für die Produktion hatte man die Verwendung des BMW-M 2 B 15 vorgesehen. Für den Vertrieb der Motorräder aus den Bayerischen Flugzeugwerken sorgte Karl Rühmer über sein »Technisches Büro Burg KG« in der Damenstiftstraße 5, und er konnte im Anschluß an die Leipziger Ausstellung mit einem sensationellen Geschäftsabschluß aufwarten. Nicht weniger als 500 Flink-Leichtmotorräder sollten nach Japan geliefert werden. So setzte man bei den Bayerischen Flugzeugwerken gewisse Erwartungen in die Motorradproduktion. Die Enttäuschung war um so größer, als sich nach dem Japan-Auftrag die Flink- und Helios-Motorräder nicht in den erhofften Stückzahlen verkaufen ließen, um für die Firma den bitter notwendigen Aufschwung zu bringen. Camillo Castiglioni nahm die Gelegenheit wahr, angesichts der wirtschaftlichen Schwierigkeiten die Bayerischen Flugzeugwerke zu einem günstigen Zeitpunkt zu erwerben. Sinn und Zweck dieser Aktion sollte indessen erst im Frühjahr 1922 sichtbar werden.

Die Bayerischen Motoren Werke in der Moosacher Straße hatten sich seit gut zwei Jahren in der Hauptsache zu einer Bremsen-Fabrik entwickelt. Und da sich unter Federführung der Knorr-Bremse AG an dieser Tatsache auch in Zukunft nichts ändern würde, lag es nahe, den Firmennamen zu ändern. Dies geschah am 6. Juli 1922 durch die neue Bezeichnung »Südbremse AG«. Dieser Vorgang stand indessen als Endpunkt eines beispiellosen Schachzuges des BMW-Generaldirektors Franz-Josef Popp und seines Geldgebers Camillo Castiglioni. Im Frühjahr war Popp nach Berlin gereist und hatte dem Aufsichtsratsvorsitzenden seiner Firma, dem Knorr-Bremse-Chef Vielmetter, ein ungewöhnliches Angebot unterbreitet. Er wollte den Firmennamen »Bayerische Motoren Werke« zurückkaufen, zusammen mit allen Konstruktionsrechten und einigen zur Bremsenproduktion nicht benötigten Einrichtungen. Auch an der Übernahme einiger Mitarbeiter war ihm gelegen. Mit diesem Vorschlag kam Popp Vielmetter sogar entgegen, denn dieser hatte von Anfang an nichts anderes im Sinn gehabt, als mit der Übernahme der Fabrik an der Moosacher Straße eine süddeutsche Niederlassung der Knorr-Bremse AG zu errichten. Vielmetter ging auf das Angebot ein. Dem Umzug in die Neulerchenfeldstraße stand damit nichts mehr im Wege. Selbstverständlich nahm Popp seine engsten Mitarbeiter Max Friz und Martin Stolle sowie einige Dutzend Fachleute mit, denn auf diese Mannschaft gründeten sich ja seine Zukunftspläne. Ebenso wurden verschiedene Betriebseinrichtungen der Gießerei und Schmiede sorgfältig ausgewählt, so daß man nahtlos mit der Motorenproduktion fortfahren konnte.

Am 5. Juni 1922 war es auch offiziell soweit: es erfolgte die Neugründung der Firma »Bayerische Motoren Werke Aktiengesellschaft« mit Sitz in der Neulerchenfeldstraße 76 (später in Lerchenauer Straße umbenannt). Camillo Castiglioni zeichnete zunächst als alleiniger Aktionär. Zusammen mit diesem Vorgang wurde auch die BMW-Vorgeschichte korrigiert, als erstes Gründungsdatum gab man ab jetzt den 7. März 1916 an, den Tag, an welchem die Bayerischen Flugzeugwerke AG als Nachfolgerin der Otto-Werke in das Handelsregister eingetragen worden war. Die Beziehung zur Flugzeug-Branche wollte man keinesfalls verleugnen, doch zunächst sollte BMW den Weg eines Motorradherstellers einschlagen.

Die R 32 als Grundstein des BMW-Erfolgs

Ein gelungenes Konzept und eine Schar begeisterter Männer verhalfen BMW zum endgültigen Durchbruch auf dem Motorradsektor. Obwohl zunächst nur als Übergangslösung gedacht, sollte das Motorrad für viele Jahre zum Hauptprodukt der Münchner Firma werden.

Im Sommer des Jahres 1922 waren die Bayerischen Motoren Werke mit ihrer Motorenfertigung und der Entwicklungsabteilung von dem erst vier Jahre zuvor bezogenen Werksanlagen an der Moosacher Straße in die vormaligen Bayerischen Flugzeugwerke an der Neulerchenfeldstraße übersiedelt. Mit diesem Vorgang hatten Castiglioni und Popp große Pläne für einen Neubeginn ihrer Firma verbunden. Die Übernahme einer Automobilproduktion (zur Diskussion stand Ferdinand Porsches »Sascha«-Konstruktion) war allerdings bereits vorher gescheitert. An eine eigene Entwicklung war zu diesem Zeitpunkt nicht zu denken. Dem Motorengeschäft räumte man Vorrang ein, und hier sollten erst einmal die Umsätze erheblich anwachsen. Erneut setzten Popp und Friz ihre Hoffnungen auch wieder auf die Flugzeug-Branche; die ursprüngliche Frist für das Bauverbot seitens der Alliierten war schließlich bereits um mehr als eineinhalb Jahre überschritten, und es gab sogar vom Ausland her eine rege Nachfrage für deutsche Verkehrsflugzeuge wie etwa die Junkers F 13. Am 5. Mai wurden schließlich die Bestimmungen wenigstens so weit gelockert, daß einer Flugmotoren-Herstellung nichts mehr im Wege stand. BMW machte sich sogleich an die Weiterentwicklung vorhandener Baumuster; bis zum Herbst konnte man bereits eine kleine Serie des erfolgreichen III a Sechszylinders ausliefern.

Die Nürnberger Victoria-Werke bezogen auch weiterhin den M 2 B 15-Boxermotor für ihre erfolgreiche KR I, BMW war aber mit der Übernahme der Bayerischen Flugzeugwerke nun ebenfalls zum vollwertigen Motorradhersteller geworden, da man die Produktion der Helios- und Flink-Motorräder weiterführte. Nach außen hin blieb jedoch alles beim alten. Auf den Typenschildern der Motorräder war als Hersteller weiter »Bayerische Flugzeugwerke AG« angegeben, und der Vertrieb blieb zunächst bei Karl Rühmers Agentur in der Damenstiftstraße. Als Rühmer jedoch noch im gleichen Jahr im Münchner Vorort Stockdorf eine eigene Motorradfirma aufzog und seine »Karü«-Modelle mit dem 350-ccm-Boxermotor aus der Bosch-Douglas-Lizenzfertigung auf den Markt brachte, lieferte BMW fortan direkt an die Händler aus.

Martin Stolle hatte im Jahre 1921 fleißig an der Weiterentwicklung des BMW M 2 B 15 gearbeitet. Durch Änderungen am Vergaser, den Nocken sowie der Verdichtung hatte er den Boxermotor auf eine Leistung von über 10 PS gebracht. Als nächsten Schritt gedachte er einen ohv-Zylinderkopf zu verwirklichen. Dies war jedoch nicht ganz im Sinne seiner Vorgesetzten; Popp und Friz sahen in der Motorradmotoren-Fertigung noch immer so etwas wie einen Übergang zu »seriösen« Projekten und wollten deshalb in dieser Richtung keinen zusätzlichen Aufwand treiben. Eine Spesenabrechnung für verschiedene Testfahrten war schließlich der Anlaß für einen handfesten Krach, und Stolle wurden alle weiteren Versuche untersagt. Diese Bevormundung, vor allem von seiten Max Friz', der darauf pochte, jegliche Konstruktionsarbeit allein durchzuführen, war für den tatendurstigen Stolle zuviel. Er verließ BMW und begann am 2. Januar 1922 bei der Firma Wilhelm Sedlbauer in der Tegernseer Landstraße 159 mit der Weiterführung seiner Projekte. Sein Boxermotor mit obengesteuerten Ventilen und abnehmbaren Zylinderköpfen lief bald ausgezeichnet, und auch diesmal trat er wieder mit Victoria zwecks einer eventuellen Übernahme in Kontakt. In Nürnberg war man von Stolles Motor überzeugt, und schon im Winter 1922/23 baute man die ersten WSM (Wilhelm Sedlbauer, München)-Motoren in das bewährte Fahrgestell ein und brachte diese erste ohv-Victoria unter der Typenbezeichnung KR II auf den Markt.

Hatte man im Sommer bei BMW noch recht unbeschwert in die Zukunft geblickt, so zeichneten sich im Herbst wieder ernsthafte Probleme ab. Die Neuetablierung als Flugmotorenhersteller war zwar das erklärte Ziel, doch bedurfte es hierzu natürlich eines gesicherten finanziellen Hintergrunds. Es fehlten Aufträge durch Militär-Dienststellen, denn in Deutschland gab es ja nur eine eingeschränkte Zivilluftfahrt. Die Produktion der Fahrzeugmotoren ließ sich auch nicht wie erhofft steigern, da sich keine neuen Kunden einfanden. Max Friz griff deshalb die Automobil-Idee wieder auf und bestellte ein komplettes Fahrgestell des neu auf den Markt gekommenen Tatra-Kleinwagens, in das er versuchsweise einen BMW-Motorradmotor einbauen ließ. Ähnlich wie bei Hans Ledwinkas Original-Konzept saß der Boxermotor quer am vorderen Ende des Zentralrohr-Chassis, wurde mit einem Kühlgebläse ausgestattet und lieferte seine Kraft auf ein direkt angeflanschtes Dreigang-Getriebe. Von hier wurden über Kreuzgelenke und Gelenkwellen die Vorderräder angetrieben. Mit diesem nur notdürftig karossierten Vehikel unternahm man im Winter 1922/23 zahlreiche Probefahrten in und um München, aber weder der leistungsschwache Motor noch die Frontantriebskonstruktion wirkten recht überzeugend auf die Beteiligten, weshalb man die Versuche bald wieder einstellte.

Schwierigkeiten traten bei den Motorrädern ebenfalls auf, von denen man anfangs angenommen hatte, sie würden sich so einfach nebenher verkaufen lassen und ein sicheres Einkommen garantieren. Beim Leichtmotorrad Flink traf das zwar in etwa zu, doch große Gewinne warf dieses in der untersten Preiskategorie angesiedelte Fahrzeug natürlich nicht ab. Die Helios hatte sich jedoch zunehmend zum Ladenhüter entwickelt; als Alternative zur Victoria gedacht, war sie in der Linienführung und ihrer blaugrauen Farbgebung ähnlich gehalten, aber mit Dreigang-Getriebe und Kettenantrieb zum Hinterrad besser ausgestattet worden. Trotz dieser Fortschritte stellte die Helios indessen keine Konkurrenz zur Victoria KR I dar, denn in ihren Fahreigenschaften war sie hoffnungslos unterlegen, vor allem die Pendel-Vordergabel verursachte erhebliche Fahrwerksunruhen. Max Friz meinte einmal spöttisch, daß nur ein Seiltänzer damit fahren könne. In seiner Gesprächsrunde am ACM-Stammtisch habe man da ganz andere Vorstellungen von einer modernen Motorrad-Konstruktion …

Im Hinblick auf die sich wieder belebende deutsche Flugzeugindustrie hatte man bei BMW mit der Modernisierung der Fabrikanlagen in der Neulerchenfeldstraße begonnen. Vorrang gab man dem Bau gemauerter Werkshallen anstelle der hölzernen Hangars. Doch die Mißerfolge auf dem Fahrzeugsektor beunruhigten Franz-Josef Popp, der Generaldirektor war sich über die Bedeutung dieses Produktionszweigs sehr wohl im klaren. So sprach er mit seinem Chefkonstrukteur Friz über die Verbesserungsmöglichkeiten an der unglücklichen Helios, womit er jedoch den Schwaben zutiefst in seiner Konstrukteurs-Ehre getroffen hatte. Popp kannte seinen wichtigsten Mitarbeiter nur allzu gut und machte ihm deshalb den Vorschlag, sich zunächst einmal der Helios anzunehmen, und wenn diese zufriedenstellend funktionierte, sollte er seine eigenen Konstruktionsvorschläge in die Tat umsetzen. Als geübter Touren-Motorradfahrer hatte Friz natürlich die Schwächen der Helios bereits selbst erkant, und aus diesem Grund dauerte es nicht lange, bis er seine Verbesserungsvorschläge zu Papier gebracht hatte. Zu ändern waren eigentlich nur Kleinigkeiten: der Steuerkopf wurde etwas steiler gestellt (die primitive Gabel jedoch beibehalten); den Werkzeugbehälter rückte man nach hinten als Verlängerung des Gepäckträgers. Der ausladende Tourenlenker wurde etwas verkürzt, so daß sich sowohl die Fahrerposition als auch die Gewichtsverteilung auf dem Motorrad veränderten. Aufgegeben hatte man auch die mit dem Fuß zu betätigende Doppel-Klotzbremse, dafür die beiden Klötze auf der Riemenscheibe im Hinterrad unabhängig voneinander mit dem Fußpedal und einem neu hinzugekommenen Handhebel am Lenker verbunden. Doch die optischen Retuschen mit dem kleineren hinteren Schutzblech und der neuen schwarzen Farbgebung vermochten verlorenes Terrain nicht wieder zu erobern. Was noch schlimmer war: die Helios hielt gegenüber der leistungsfähigen ohv-Victoria keinem Vergleich mehr stand, trotz deren Riemenantrieb und Zweigang-Getriebe. Und es war auch diese Victoria KR II, die noch vor Ablauf des Jahres 1922 Franz-Josef Popp zu einer folgenschweren Entscheidung zwang. Victoria hatte den Vertrag mit BMW aufgekündigt; man wollte sich dort ganz auf Stolles ohv-Motor konzentrieren und übernahm im Spätjahr 1923 die Firma Sedlbauer sogar als »Zweigwerk München«.

Oben, die traditionelle Frontansicht der 1922 bezogenen Werksanlagen der Bayerischen Motoren Werke AG an der Lerchenauer Straße in München-Milbertshofen.

Unten, die Flink in der veränderten BMW-Ausführung von 1922/23.

BMW hatte damit keinen potentiellen Abnehmer für den M2B15 mehr und konnte eigentlich nur noch die Flucht nach vorn antreten. So schnell wie möglich mußte ein neues und erfolgversprechendes Motorrad die Helios ablösen. Generaldirektor Popp gab Max Friz also grünes Licht für eine Neukonstruktion.

An sich galt Friz' Interesse in erster Linie der Fliegerei. Er hatte aber stets sein eigenes Motorrad besessen und fühlte sich im Kreise des ACM-Stammtischs recht wohl, wenngleich er sich auch nicht wie die meisten seiner Kameraden aktiv am Motorsport beteiligte. Die Aufgabe, für BMW ein neues Motorrad zu entwerfen, stellte jedoch auch für einen hochklassigen Konstrukteur wie Max Friz eine schwierige Aufgabe dar. Sollte doch zum einen etwas technisch Interessantes angeboten werden, zum anderen mußte sich aber der Produktionsaufwand in Grenzen halten. Im vollen Bewußtsein der Bedeutung einer Neukonstruktion für seine Firma zog sich Friz zur Ausarbeitung seiner Pläne in sein Privathaus zurück. In der Riesenfeldstraße 34, an der Ostseite des Werks, hatte er sich im Gästezimmer ein großes Zeichenbrett und angesichts der kalten Jahreszeit auch einen Ofen installieren lassen. Er konnte hier völlig ungestört arbeiten und ging mit Enthusiasmus an das Projekt heran.

hatte er nicht, wie die Engländer, eine Kegelrad-Umlenkung für den Kettentrieb zum Hinterrad vorgesehen, sondern den Antriebsstrang unter Verwendung einer Kardanwelle zum Hinterrad geradlinig weitergeführt. Diese Antriebsart hatte sich im Motorradbau bisher kaum durchsetzen können, lediglich die belgischen FN-Motorräder mit einem oder auch vier Zylindern waren seit 1904 mit Wellenantrieb versehen worden, und in Deutschland gab es seit 1919 einen Kardan-Einzylinder bei der Firma Krieger-Gnädig im thüringischen Suhl.

Das Vorderrad wurde in einer Gabel nach dem Vorbild der Indian aus USA geführt, wo die Radachse von Schwinghebeln hinter den Gabelholmen gezogen wurde und ein U-förmiger Bügel nach oben zu der vorne unter dem Steuerkopf befestigten Ausleger-Blattfeder reichte. Der Rahmen bestand aus zwei Rohrschleifen, die rechte war hinten offen, die Verbindung wurde dort durch das Tellerradgehäuse des Hin-

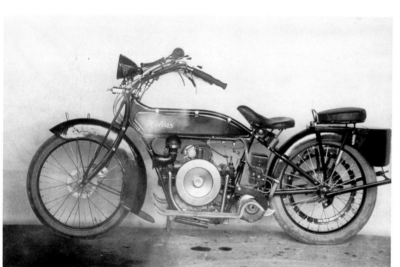
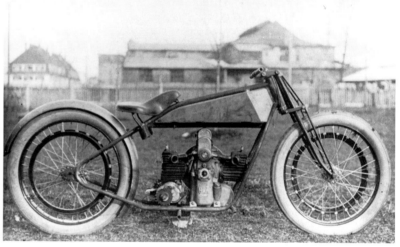

Links, die zweite Helios-Version von 1922/23. Max Friz hatte versucht, das erfolglose Modell in einigen Details zu verbessern.

Unten, Rudolf Schleichers Eigenbau von 1923 mit einem verschweißten Rohrrahmen um den BMW M2B15-Motor.

Noch im Dezember 1922, kaum mehr als vier Wochen nach der Auftragserteilung, hatte er sein Konzept fixiert. Bevor er jedoch seinen Vorschlag dem Generaldirektor vorlegte, ließ er seinen Clubkameraden Franz Bieber einen Blick darauf werfen, um das Urteil eines Fachmanns – Bieber war Fahrradgroßhändler und aktiver Motorradsportler – zu erfahren. Bieber staunte nicht schlecht, als er an dem großen Zeichenbrett eine Ausarbeitung im Original-Maßstab erblickte. Noch mehr überraschte es ihn, einige augenfällige Neuerungen zu entdecken, die man in Stammtisch-Gesprächen im ACM oft diskutiert und auf Bierdeckel skizziert hatte. Friz war zwar beim Zweizylinder-Boxermotor geblieben, doch saß dieser nun quer im Rahmen und die Zylinder lagen damit kühlungsgünstig direkt im Fahrtwind. Eine Anordnung, die von der englischen Flugzeugfirma Sopwith für ihre 400-ccm-ABC bereits im Jahre 1919 gewählt worden war. Diese Maschine hatte, als sie in der *Illustrierten Motorzeitung* Anfang 1920 ausführlich vorgestellt wurde, auf die ACM-Kameraden Eindruck gemacht. Friz war indessen einen Schritt weiter gegangen: er nutzte auch den Längseinbau der Kurbelwelle, um das an den Motor angeflanschte Getriebe direkt antreiben zu lassen, wie bereits am Auto-Versuch mit dem Tatra-Chassis erprobt, doch am Getriebeausgang

terradantriebs übernommen. Der dreieckige Benzintank war unter den beiden oberen Rahmenrohren befestigt. Das Motorrad mit seiner niedrigen Linie machte auf der Zeichnung einen eleganten Eindruck, alles wirkte aufgeräumt und kompakt.

Gemeinsam mit Franz-Josef Popp legte Max Friz dann die endgültige Ausführung fest. Im Januar 1923 begann die Konstruktionsabteilung mit der Detaillierung, also mit der Ausarbeitung der Konstruktionszeichnungen der zunächst im Versuchsbau anzufertigenden Einzelteile. Zur Freude seines Direktors war es Friz gelungen, den M2B15-Motor in seine Neuentwicklung zu integrieren; der Quer-Einbau erforderte lediglich ein neues Unterteil für das horizontal geteilte Motorgehäuse, bei welchem die Ölwanne wieder längs zur Fahrtrichtung angeordnet war und die Montage der Aluminium-Fußbretter direkt am Gehäuse erfolgen konnte. Die Schwungscheibe trug nun die Einscheiben-Trockenkupplung und verschwand unter einem Gehäuseanguß.

Im Frühjahr erfolgte der Aufbau der Versuchsmaschinen, so daß Friz am 5. Mai 1923 nach wenigen Probefahrten bei einer ACM-Clubausfahrt an den Start gehen konnte. Bei dieser »Fahrt durch Bayerns Berge« nach Bayrischzell wurde wenig Aufhebens um das neue Motorrad gemacht; man hatte ja gewußt, daß Friz mit einem solchen Projekt beschäftigt war. So absolvierte er die Wertung strafpunktfrei, und das bedeutete, daß seine Neukonstruktion mit den bewährten Motorrädern seiner Kameraden mitgehalten hatte.

Aber Friz schwebte noch ein ganz anderer Gedanke vor, und diese Ausfahrt gab ihm den nötigen Auftrieb, sein Vorhaben in die Tat umzusetzen. Es hatte ihn geärgert, daß Martin Stolle nach seinem Weggang im Vorjahr so schnell zu Erfolgen gekommen war, so zum Beispiel im Sommer 1922 zu einigen Rennsiegen mit seinem ohv-Motor auf der Avus. Friz wollte es seinen Herausforderern zeigen. Als Ort des Kräftemessens hatte er die Solitude-Bergstrecke vor den Toren seiner Heimatstadt Stuttgart ausgewählt, denn dort würde im Falle eines BMW-Erfolges auch sein Ansehen bei den früheren Freunden und Kollegen steigen. Es war ihm klar, daß er mit der serienmäßigen BMW-Konstruktion gegen die Stolle-Victoria nicht genügend konkurrieren konnte, deshalb ließ er spezielle Zylinder mit hängenden Ventilen anfertigen. Diese aus Stahlblöcken gefrästen Zylinder waren mit den Köpfen zu einer Einheit zusammengefaßt; die Ventile und die Kipphebel lagen ungeschützt im Freien. Für den 2. Juni wurden drei solche Motorräder vorbereitet. Eines erhielt Franz Bieber, der für Friz schon mehrfach als Versuchsfahrer eingesetzt worden war, das zweite fuhr Rudolf Reich, Ingenieur und BMW-Mitarbeiter, außerdem hatte man den österreichischen Bergspezialisten Rupert Karner verpflichtet. Leider kam es an jenem Sonntag nicht zu dem erhofften Erfolg, Friz' Stahlzylindermotoren wurden auf den kurvenreichen sechs Kilometern zu stark beansprucht – alle drei BMW fielen auf der Strecke aus, entweder mit Kolbenfresser oder defekten Ventilen. Die Victoria-Konkurrenz hatte nicht nur zuverlässigere, sondern, wie man nachher erfahren sollte, auch um 4 PS stärkere Motoren für die Siege von Josef Mayr und Kollegen zur Verfügung gehabt. Momentan bedeutete diese Niederlage zwar einen schweren Schlag für BMW, aber die Vorbereitung zur Serienherstellung des neuen Modells wurde dadurch nicht beeinträchtigt.

Die »adoptierte« Helios war zwar das erste Motorrad, das die Bayerischen Motoren Werke gebaut haben, jedoch nicht das erste BMW-Motorrad. Nach 1015 Exemplaren wurde sie am 10. November 1923 von der BMW R 32 abgelöst. Hinter der Maschine sieht man im Arbeitsmantel Rudolf Reich, Rennfahrer und BMW-Ingenieur, stehen.

Oben, R 32-Montage Ende 1923. Die ersten Maschinen wurden noch einzeln montiert, denn eine Fließbandfertigung gab es bei BMW erst später.

Links, der Ausstellungsraum im BMW-Hauptgebäude an der Lerchenauer Straße. Anfang 1924 wurden hier neben der R 32 auch noch die Flink und die großen Nutzfahrzeugmotoren angeboten. Auf der gegenüberliegenden Seite ist der R 32-Motor in seinen Einzelteilen zu sehen.

Im Jahre 1923 erreichten die politischen und wirtschaftlichen Konflikte in Deutschland einen weiteren Höhepunkt. Die französische Armee hatte im Januar das Ruhrgebiet besetzt, um die Reparationsleistungen sicherzustellen, in Sachsen hatte es kommunistische Aufstände und in München einen Putschversuch durch Adolf Hitler gegeben. Die Wirtschaft steuerte mit einer rapide zunehmenden Geldentwertung auf eine Katastrophe zu. Die Inflation dauerte zwar schon länger an und Männer wie Camillo Castiglioni profitierten enorm davon. Die Situation spitzte sich aber nun dramatisch zu, die täglichen Grundnahrungsmittel kosteten Millionen und Billionen von Mark, die täglich ausgezahlten Löhne der Arbeiter bemaßen sich bald nur noch im Gewicht wertloser Geldschein-Bündel. Erst im September gelang es der Reichsregierung unter Gustav Stresemann, durch eine Währungsumstellung auf »Rentenmark« wieder zu geordneten Verhältnissen zurückzukehren. Diese Umstellung zog zwar nun den lange ersehnten wirtschaftlichen Aufschwung nach sich, aber er war teuer erkauft. Hatten doch über Nacht sämtliche Sparguthaben, und das traf vor allem die sogenannten kleinen Leute, ihren Wert verloren.

Bei den Bayerischen Motoren Werken lief nun endlich das Flugmotorenprogramm an, neue Typen waren in Vorbereitung. Diese Entwicklungen wurden zunächst in der Motorradabteilung weitergeführt, weil die Kontrollbestimmungen der Alliierten noch nicht ganz aufgehoben worden waren und man überdies die Absicht hatte, der Motorradproduktion als sicherem Standbein für den Fortbestand der Firma zunächst Vorrang einzuräumen. Am 25. September wurde in der neuesten Ausgabe der *Illustrierten Motorzeitung* das neue »BMW-Rad« erstmals präsentiert, einer Abbildung der Serienversion folgte eine ausführliche technische Beschreibung. In diesem Artikel gab es keinerlei Bezug zur Helios, denn bei diesem Motorrad hatte sich BMW stets nur zum Motor bekannt, sogar auf den Prospekten für das überarbeitete 1923er Modell wurde der Kunde über den wirklichen Hersteller der Maschine im unklaren gelassen. Was sich aber Franz-Josef Popp von diesem ersten »echten« BMW-Motorrad versprach, konnte man aus der Wahl des geeigneten Ortes für die Premiere in der Öffentlichkeit ersehen. BMW hatte auf der Pariser Automobilausstellung in der ersten Oktoberwoche einen Stand bestellt und zielte somit offenbar auf ein internationales Publikum ab, dies war für das Debüt einer deutschen Motorrad-Konstruktion im Jahre 1923 recht ungewöhnlich – ob Popp und Friz dabei an den Erfolg der Hildebrand & Wolfmüller 29 Jahre vorher am gleichen Ort dachten? In Paris gab BMW auch die Typenbezeichnung bekannt. Friz' Konstruktion wurde BMW R 32 genannt, wobei das »R« vermutlich für »Rad« stand, die Bedeutung der Ziffernkombination »32« wurde jedoch nie erklärt.

Die Resonanz beim Publikum war zu Anfang unterschiedlich. Bei vielen Leuten stieß die Queranordnung des Motors auf Kritik; da würde ja bei einem Sturz nichts mehr heil bleiben, hieß es. Ernsthafteren Tadel erntete die mit 8,5 PS sehr niedrig angesetzte Motorleistung, weil man einen zu starken Leistungsverlust über den Wellenantrieb erwartete. Einhellige Bewunderung fand jedoch die glattflächige Gestaltung des Motor-Getriebe-Blocks, die damit ganz im Gegensatz zu den oft sehr zerklüfteten Aggregaten anderer Motorräder stand. Ebenso konnte der Aufbau des Fahrgestells mit seinem einteiligen und nicht aus verschiedenen Komponenten verschraubten Rohrrahmen die Fachleute überzeugen. Als noch vor Jahresende die ersten Maschinen ausgeliefert wurden, sprach sich der hohe Qualitätsstandard, den BMW als Flugmotorenfirma auch den Motorrädern angedeihen ließ, bald herum. Und von mangelnder Leistungsausbeute oder einem kräftezehrenden Kardanantrieb war auch nicht mehr die Rede, denn die

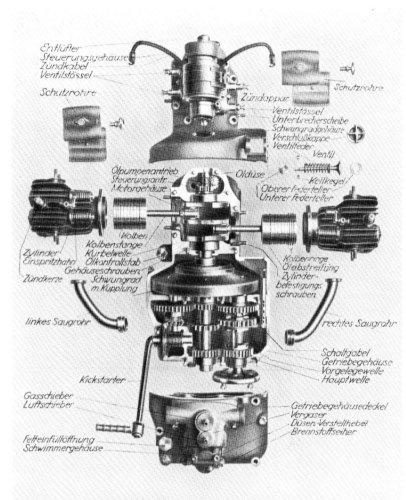

R 32 erwies sich als recht durchzugskräftig und lief mit ihrem verhältnismäßig niedrigen Gewicht von 120 kg gute 90 km/h, wobei diese Geschwindigkeit aufgrund des sehr sicheren Fahrverhaltens auch realisierbar war. Die Blattfedergabel ließ zwar nur geringe Federungsbewegungen zu, doch konnten die Federn mit einem gewissen Maß an Eigendämpfung aufwarten. Bei längerem Gebrauch stellte man einen weiteren gewichtigen Vorteil der BMW-Konstruktion fest, dies war der gegenüber anderen Motorrädern erheblich geringere Wartungsaufwand. Die Ventilsteuerung war verkapselt, es gab keine nachzuspannenden Ketten, und die hohe Verarbeitungsqualität gewährleistete ein hohes Maß an Zuverlässigkeit. Konkurrenz gab es zu jener Zeit mehr als genug, eine Statistik aus dem Jahre 1923 berichtet von nicht weniger als 132 Motorrad-Herstellern in 47 deutschen Städten, mitgerechnet waren hier allerdings sämtliche Kleinstserien-Produktionen begabter Handwerksmeister. Aber der Markt war auch entsprechend aufnahmefähig. Gab es 1922 erst 38 000 Motorräder auf Deutschlands Straßen, so waren es zwei Jahre später bereits 98 000, 1925 sogar 162 000. Franz-Josef Popp hatte also auf das richtige Pferd gesetzt, als er sich zur Motorradproduktion entschloß.

Anfang 1924 gab es einen ersten werbewirksamen Sporterfolg mit einem BMW-Motorrad, als Rudolf Schleicher bei der ADAC-Winterfahrt nach Garmisch-Partenkirchen die Streckenfahrt von München zum Zielort als schnellster Motorradfahrer bewältigte und beim Bergrennen auf der verschneiten Mittenwalder Steig sogar die absolute Tagesbestzeit erzielen konnte. Die Tatsache, daß diese Erfolge mit dem unglücklichen Stahlzylinder-Motor aus dem Vorjahr errungen wurden, sprachen für das Können des Fahrers. Schleicher war im Oktober 1923 als 26jähriger frischgebackener Diplom-Ingenieur direkt von der Technischen Hochschule München zu BMW gekommen, was auf die Bekanntschaft mit dem Chefkonstrukteur Max Friz aus dem Kameradenkreis des ACM zurückzuführen war. Rudolf Reich, ein Rennfahrer-Kollege Schleichers und ebenfalls als Ingenieur bei BMW beschäftigt, hatte ihn seinem Chef empfohlen, und so hatte man die Vereinbarung getroffen, daß der junge Mann nach Abschluß seiner Diplomarbeit sofort in der Entwicklungsabteilung anfangen könne. Als begeisterter Motorradsportler hatte er während seiner Studentenzeit schon mehrmals auf sich aufmerksam gemacht. Er gehörte zu den aktivsten Mitgliedern im ACM und hatte nach den guten Erfahrungen im Felde mit Beutemaschinen der englischen Marken Triumph, Douglas und BSA sich im Jahre 1919 eine der begehrten 500er Douglas-Boxer-Zweizylinder mit Dreigang-Getriebe sportlich zurechtgetrimmt. Mit dieser Maschine war er bei vielen Veranstaltungen am Start und zog das Augenmerk seiner Clubkameraden auf sich. Bei einer Clubausfahrt nach Landshut stellte ihm Karl Rühmer seine Helios zur Verfügung, doch endete das Rennen rund um Landshut mit einem Rahmenbruch. Seine bisherigen Erfahrungen ließ Schleicher 1923 in eine Eigenkonstruktion einfließen: er baute sich einen geschweißten Stahlrohrrahmen speziell für Rennzwecke und beschritt damit ganz neue Wege, denn es war damals üblich, feste Rahmenverbindungen durch Muffen und Hartlötungen herzustellen. Als Antriebsaggregat wählte er statt des Douglas-Motors einen bearbeiteten BMW M 2 B15 und verbuchte im September beim Bergrennen Hindelang-Oberjoch mit der absoluten Tagesbestzeit aller Fahrzeuge seinen größten Erfolg.

Max Friz war froh, daß er mit Rudolf Schleicher einen so vielseitigen Motorradspezialisten gefunden hatte. Er wollte ihm gleich nach seinem

Oben, Volksfeststimmung an einer Zeitkontrolle der Reichs-Alpenfahrt 1925. Der R 32-Fahrer tankt auf! Unten, eine ACM-Clubausfahrt im Jahre 1926. Vorne ist Franz Bieber mit der R 37 zu sehen, dahinter Max Friz mit der neuen R 42 und im Hintergrund Sepp Stelzer mit der R 39.

Eintritt in die Firma verschiedene Detailkonstruktionen übertragen, doch dazu mußte er ihm erst die Ausarbeitung gebrauchsfertiger Konstruktionszeichnungen beibringen, denn wie Schleicher sagte, lagen die Hochschul-Theorie und die Praxis einer Entwicklungsabteilung doch weit auseinander.

Da Friz sehr stark in der Vorbereitung des BMW VI-Zwölfzylinder-Flugmotors engagiert war, hatte Schleicher bald relativ freie Hand bei der Weiterentwicklung innerhalb der Motorradabteilung. Angespornt durch seine bisherigen Sporterfolge brannte er natürlich darauf, dem starken Victoria-Team beim Solitude-Bergrennen am 18. Mai 1924 Revanche zu bieten und beschäftigte sich deshalb eingehend mit einer Verbesserung der vorhandenen BMW-Rennmotoren. Er konstruierte einen völlig neuen Zylinderkopf mit im 90°-Winkel hängenden Ventilen, die unter einem großen Deckel verkapselt waren und deren Schmierung aus einem eigenen Ölvorrat durch Verwirbelung gesichert war. Die Zylinderköpfe wurden, angelehnt an die Erfahrungen auf dem Flugmotorenbau, aus Aluminium gegossen und auf aus Vollmaterial gedrehte Stahlzylinder aufgesetzt. Schleicher hatte ganze Arbeit geleistet. Die Aluköpfe in Verbindung mit den nunmehr längs verrippten Zylindern (bei der R 32 hatte man die M 2 B15-Zylinder beibehalten gehabt, die beim quergestellten Motor ihre Kühlrippen quer zur Fahrtrichtung trugen) verbesserten die Kühlung ganz erheblich. Damit hatte man sich auch an eine weitere Leistungssteigerung wagen können. Das Ergebnis dieser Arbeiten sollte das erfolgsgewohnte Victoria-Team an der Solitude nachhaltig zu spüren bekommen. Vor dem Rennen spotteten die Nürnberger Werksfahrer noch, da sich Bieber, Schleicher und Reich auf ihren neuen BMW von einem Fotografen ablichten ließen, doch das Endergebnis des Bergrennens belehrte sie eines Besseren. Die drei BMW-Fahrer waren jeweils in verschiedenen Klassen an den Start gegangen und konnten damit drei Siege erringen, Rudolf Reich hatte außerdem die absolute Tagesbestzeit gefahren. Eine Woche später trat Reich Kilometer-Lancé (1000 m Sprint) der Berliner Avus (damals noch ohne Steilkurve) an und übertraf mit einem Durchschnitt von 137,4 km/h sogar die schnellsten 1000-ccm-Motorräder – die Vermutungen der Konkurrenz über sagenhafte 20 PS der 500-ccm-BMW fanden sich bestätigt.

Diese Sporterfolge verhalfen der BMW R 32 schon im ersten Verkaufsjahr zu einem festen Platz im deutschen Motorrad-Angebot, wo sie als hochwertige Tourenmaschine der oberen Preisklasse mit den hubraumstärkeren V-Zweizylindern von NSU, Wanderer und Mabeco konkurrierte. In der 500-ccm-Kategorie waren in der Hauptsache Einzylinder-Modelle ausländischer Herkunft anzutreffen; deutsche Hersteller faßten hier erst in den kommenden Jahren Fuß, und dann auch nur mit Einbaumotoren von JAP aus England oder MAG aus der Schweiz. Für eine Halblitermaschine war die R 32 mit ihrem Preis von 2200 Mark sehr teuer, aber bei den großen Tourenmotorrädern lag sie in einem vergleichbaren Preisniveau und konnte zudem mit ihrem fast wartungsfreien Kardanantrieb, dem in vielen Fällen gegebenen Gewichtsvorteil und dem besseren Fahrverhalten einige Pluspunkte für sich verbuchen. Bis zum Jahresende 1924 hatten bereits knapp 1500 R 32 das Werk in München-Milbertshofen verlassen, die Bayerischen Motoren Werke konnten zu Recht auf ihr erstes Motorrad (die adoptierte Helios war offiziell stets ein Produkt der Bayerischen Flugzeugwerke geblieben) stolz sein. Max Friz hatte sein Können nun auch als Fahrzeugkonstrukteur unter Beweis gestellt, und die Firma BMW hatte mit großen Zuwachsraten endlich den lange erhofften Erfolg zu verzeichnen.

Der junge Diplom-Ingenieur Rudolf Schleicher auf seiner ersten großartigen BMW-Konstruktion, der R 37. Mit dieser 500-ccm-Sportmaschine bestritt er 1926 erfolgreich die Internationale Sechstagefahrt in England.

BMW etabliert sich auf dem Markt

*Die Werksanlagen in München-Milbertshofen
mußten ständig erweitert werden, der gute Ruf
der BMW-Motorräder ließ die Nachfrage
kräftig ansteigen. Mit neuen Modellen
und zahlreichen Sporterfolgen sicherten sich
die Bayerischen Motoren Werke schon bald
einen Platz unter den bedeutendsten
Motorrad-Herstellern der Welt.*

Der lang ersehnte wirtschaftliche Aufschwung setzte nach der Bewältigung der Inflation in ganz Deutschland große Aktivitäten frei. BMW hatte also die R 32 genau zum richtigen Zeitpunkt auf den Markt gebracht, außerdem gab es für die Flugmotoren wieder eine Zukunft. Die Motorradproduktion sollte eigentlich parallel zum bisherigen Motorenprogramm ablaufen, doch man tat sich nach wie vor schwer, sowohl die Lkw- als auch die Motorrad-Aggregate an den Mann zu bringen. Einer der treuesten BMW-Kunden war die Waggonfabrik Goossens, Lochner & Co. in Brand bei Aachen, die bis zu ihrer Betriebseinstellung im Jahre 1928 Lastwagenmotoren von BMW bezog. Auf dem Motorradsektor hatte man nach der Vertragskündigung durch die Victoria-Werke zunächst keinen Abnehmer für den M 2 B 15 mehr, was jedoch kein Grund zur Besorgnis zu sein schien, da die Nachfrage nach neuen Motorrädern in Deutschland ihren Höhepunkt noch keineswegs erreicht hatte und laufend neue Firmen ihr Glück auf diesem Markt versuchten. Die kleine Firma Heller in Nürnberg bot ebenfalls ein 500 ccm-Modell mit Boxermotor an, das Aggregat lieferte die Maschinenfabrik Immendingen. Es sah dem BMW-Motor zum Verwechseln gleich und veranlaßte die Münchner, per Gericht die Fertigungseinstellung zu erwirken. Die Pawi-Automobilwerke AG in Berlin-Reinickendorf wollten zusätzlich zu ihren in Kleinserie gefertigten Wagen das Programm mit Motorrädern erweitern und bestellten zu diesem Zweck bei BMW den M 2 B 15. Ein unorthodoxes Fahrgestell baute die Firma Scheid-Henninger in Karlsruhe um den BMW-Motor, nämlich ein zentrales Kastenprofil aus verschweißten Blechteilen als Rahmenhauptrohr, das zugleich auch den Kraftstofftank aufnahm; der Motor hing darunter an zwei Stahlrohrschleifen. Die von diesen drei Abnehmern georderten Stückzahlen blieben allerdings gering, und auch eine aufgrund einer persönlichen Bekanntschaft des BMW-Generaldirektors Franz-Josef Popp zustandegekommene Lieferung nach Österreich schlug kaum zu Buche. Der Ingenieur Oskar Hacker war mit Popp während seiner Zeit bei Austro-Daimler zusammengetroffen, und als er sich im Jahre 1924 mit der Bison-Motorradfabrik GmbH in Wien-Liesing selbständig machte, frischte er die alten Kontakte auf und bestellte den M 2 B 15 zum Einbau in seine fortschrittlichen Motorräder mit Hinterradfederung und der charakteristischen, hochgelegten Auspuffanlage.

Als sich die Produktion der Zweizylinder-Einbaumotoren im Laufe des Jahres 1924 nicht weiter erhöhen ließ – Versuche, ihn als Industriemotor anzubieten, waren ebenso erfolglos geblieben – und außerdem die Fertigungskapazität für die R 32 erweitert werden mußte, entschloß man sich zur Produktionseinstellung. Die vorhandenen Lagerbestände übernahm Karl Rühmer, um seine KR-Motorräder damit auszustatten, er lieferte auch Motoren an die vormaligen BMW-Kunden, doch die Aktivitäten wurden dort überall nach 1924 bald eingestellt. Bei Bison in Österreich wandte man sich bis 1926 noch einem ähnlichen Boxermotor der englischen Firma Coventry-Victor zu, und Rühmers Münchner Motorfahrzeuge GmbH verkaufte noch bis Ende 1926 die inzwischen der R 32 sehr ähnlich gewordene KR (das Fahrgestell war fast identisch, jedoch blieb der Motor längs eingebaut und trieb das Hinterrad mit einer Kette an). Im Verkaufsprospekt war dabei sogar von einer »überkomprimierten« Version des M 2 B 15 die Rede, wobei jedoch die Leistungsangabe von 12 bis 14 PS als sehr optimistisch angesehen werden darf.

In der Serienfertigung der R 32 hatte man zwar auch einige Modifikationen durchgeführt, doch eine Leistungssteigerung war nicht vorgesehen. Die wichtigste Änderung betraf die Bremsanlage, bei der ab 1924 eine Innenbacken-Trommelbremse am Vorderrad den mittels Lenkerhebel betätigten zweiten Bremsklotz an der Bremsfelge am Hinterrad ablöste. Die Klotzbremse blieb jedoch als Fußbremse weiterhin erhalten und konnte durch ihre wohlüberlegte Ausführung überzeugen, der Schleifklotz war hier nämlich zweiteilig und federbelastet, wodurch sich eine selbstverstärkende Bremswirkung ergab. Der Tachometer mit seinem Riemenantrieb am Vorderrad war fortan nur gegen Aufpreis lieferbar. An dem ansonsten unverändert gebliebenen Motor (Typenbezeichnung M 2 B 33) ließ man die Stahlpilze auf den Zylinderdeckeln weg, denn die Fußbretter weisen nun auch vorne seitlich eine höhere Kante auf, die bei einem Sturz den ersten Schlag aufnehmen konnten. Der Preis blieb mit 2200 Goldmark unverändert, bei kompletter Zusatzausstattung – Bosch-Lichtanlage C II (15 Watt), Tachometer, Bosch-Horn U/IV/6 und Soziussitz mit Fußrasten – erhöhte sich diese Summe auf 2610 Goldmark.

Neu im Programm war ein passender Seitenwagen für die R 32. Dieser von der Firma Bohnenberger & Wimmer in der Kaulbachstraße 63 angefertigte einsitzige Touren-Seitenwagen war mit den BMW-Zierlinien versehen und wurde für 750 Goldmark komplett mit allen Befestigungsteilen, einer Bremse für das Seitenwagenrad und einem Reservebenzinbehälter für das Motorrad angeboten. Unter dem Namen »Royal« wurden von dieser Firma auch andere Seitenwagen-Modelle, zum Beispiel mit einer eleganten Torpedo-Karosserie, angefertigt, und es ergab sich mit dem BMW-Auftrag eine enge Zusammenarbeit mit der dortigen Versuchs- und Entwicklungsabteilung. So ging die Verstärkung des ursprünglichen Dreiecksrahmens auf eine stabile Viereck-Konstruktion auf eine Anregung von BMW-Versuchsleiter Rudolf Schleicher zurück.

Eine große Überraschung bereitete BMW im Jahre 1925 den Freunden schneller Sportmotorräder, die sich ja bisher mit der »biederen« R 32 nicht anfreunden konnten und auf die rassigen ohv-Einzylinder englischer Produktion oder die schweren V-Twins von Harley-Davidson und Indian aus den USA schwörten. Die Rennerfolge der vergangenen Saison und die durch Franz Bieber errungene Deutsche Meisterschaft hatten die Motorradsportler in ganz Deutschland aufhorchen lassen, und genau dieses siegreiche BMW-Motorrad mit ohv-Motor und Leichtmetallzylinderköpfen sollte nun in Produktion gehen. Man dachte dabei allerdings nicht an eine größere Serie; vielmehr sollte die vorher nur den Werksfahrern vorbehaltene Maschine nun auch den Privatfahrern für den Sporteinsatz zugänglich gemacht werden.

Am 28. Juni 1924 wurde von der Direktion der Entschluß gefaßt, eine einmalige Kleinserie von 50 Exemplaren aufzulegen. Das Fahrwerk wurde unverändert von der R 32 übernommen, nur hatte man am Schwingengelenk an der Vordergabel einen Scherenstoßdämpfer angebracht. Der Motor – Typenbezeichnung M 2 B 36 – war von den Rennaggregaten mit Aluminium-Zylinderkopf und gekapselter Ventilsteuerung abgeleitet, und wegen der geringen Stückzahl behielt man sogar die gedrehten Stahlzylinder bei. Ein ganz besonderes Instrument stellt der Vergaser der ohv-Maschine dar; es handelte sich um einen Doppelvergaser mit jeweils einem Luftschieber pro Zylinder und einem gemeinsamen Gasschieber in der Mitte. Die exakte Abstimmung der drei Schieber im gemeinsamen Gehäuse erwies sich dabei stets als problematisch. Recht zurückhaltend verfuhr man bei den Leistungsangaben: es war von 16 PS bei 4000/min und einer Höchstgeschwindigkeit von 115 km/h die Rede, dies hätte bei gleicher Getriebe- und Hinterradübersetzung aber fast doppelter Leistung gegenüber der R 32 nur eine Steigerung um 20 km/h bedeutet. Für den reinen Rennbetrieb

Auf der vorangegangenen Seite ist die Titelseite zum BMW-Katalog für die 1926er Modelle zu sehen. Die große Neuheit stellte die oben links abgebildete R 42 als überarbeitete Tourenmaschine dar.

Oben rechts, Toni Bauhofer aus München, einer der populärsten deutschen Rennfahrer der zwanziger und dreißiger Jahre, auf der R 37-Werksrennmaschine der Saison 1925.

ließ sich da jedoch etwas nachhelfen...

Das erste Serienexemplar der R 37 war auf der Berliner Automobilausstellung Mitte Dezember 1924 zu sehen. Doch die Nachfrage nach einer sportlichen BMW war vorher schon so stark, daß man bereits im November die ursprünglich avisierte Stückzahl auf 100 Maschinen erhöhen mußte. Die Fachzeitschrift *Der Motor* bezeichnete die BMW R 37 als den Clou der Ausstellung, vor allem wurde das perfekte Finish der modernen Konstruktion bewundert. In den kommenden Jahren sollte diese erste ohv-BMW auf den deutschen Rennstrecken Furore machen, denn zusätzlich zur Werksmannschaft waren nun zahlreiche Privatfahrer auf BMW unterwegs, und so erklären sich auch so respektable Ergebnisse wie zwei Deutsche Meisterschaften und 91 Siege allein in der Saison 1925.

Ein Jahr später gab es sogar internationale Anerkennung für BMW. Rudolf Schleicher und Fritz Roth hatten sich zur Teilnahme an der Internationalen Sechstagefahrt im englischen Buxton entschlossen und waren auf den vom Werk zur Verfügung gestellten, völlig serienmäßigen R 37 nach Mittelengland gefahren. Trotz fehlender Geländereifen gelang es Schleicher, diese härteste Zuverlässigkeitsprüfung der Welt mit der Erringung einer Goldmedaille zu beenden. Tief beeindruckt von dieser Leistung mit dem auf den ersten Blick dafür ungeeigneten Motorrad schrieb der angesehene englische Fachmann Arthur Low in *The Motor Cycle*: »Die interessanteste Maschine während des ganzen Wettbewerbs war zweifellos die BMW aus Deutschland mit ihrem quer im Rahmen montierten Zweizylinder-Boxermotor, mit gänzlich verkapseltem Ventilmechanismus, glattflächiger Blockkonstruktion und Kardanantrieb. Auch nach den schwersten Etappen konnten wir nirgends Ölspritzer entdecken, die Maschine lief ohne störende Geräusche und schien noch eine große Kraftreserve zu besitzen. Sie ist, was die Konstruktion betrifft, jeder britischen Maschine meilenweit voraus.«

Etwas im Schatten der R 37 stand ein weiteres neues Modell von BMW, das ebenfalls in Berlin gezeigt worden war. Dabei hatte dieses Motorrad für die Branche eine größere Überraschung als die Sportmaschine dargestellt. Zur Erschließung weiterer Käuferschichten sollte nämlich auch eine »billige« BMW agenboten werden, ohne daß auf die inzwischen schon sprichwörtlich gewordene hohe BMW-Qualität verzichtet wurde. Im April 1924 war der Auftrag an die Entwicklungsabteilung ergangen, eine Einzylinder-Maschine zu entwerfen. Als Ergebnis wurde im Dezember indessen keine Spar-BMW präsentiert, sondern vielmehr eine vollkommene Neukonstruktion einer sportlichen 250-ccm-Maschine mit den bekannten Attributen der größeren Modelle: Doppelschleifenrahmen, längslaufende Kurbelwelle, angeblocktes Getriebe und Kardanantrieb. Technisches Neuland – zumindest bei den Motorradmotoren – betrat man mit der Ergänzung des von der R 37 übernommenen Aluminium-Zylinderkopfes durch einen Alu-Zylinder mit eingeschrumpfter Stahllaufbuchse, wobei der Zylinder einschließlich seiner Verrippung integriertes Bestandteil der oberen Kurbelgehäusehälfte war. Als Leistung gab man 6,5 PS bei 4000/min an, und das war eher vorsichtig gewählt, denn als Höchstgeschwindigkeit wurden erstaunliche 100 km/h genannt. Eine neue Bremse war an der R 39 ebenfalls zu entdecken; wie an den Rennmaschinen für die Saison 1925 war man auch hier von der Klotzbremse am Hinterrad zu einer Außenbackenbremse auf einer speziellen Trommel am vorderen Ende der Kardanwelle übergegangen, die Betätigung erfolgte über einen quer zur Fahrtrichtung angeordneten Hebel per Hacke.

Im Gegensatz zur Sportmaschine R 37 war die Einzylinder R 39 im Frühjahr 1925 noch nicht bei den Händlern zu finden, sie sollte erst einmal sportlichen Lorbeer ernten. Sepp Stelzer kam als neuer Werksfahrer mit der leichten Maschine auf Anhieb bestens zurecht und errang mit ihr zur großen Freude der BMW-Direktion auch die Deutsche Meisterschaft. Erst im September konnten dann die ersten Kunden die R 39 in Empfang nehmen.

Die Erwartungen waren bei diesem weitaus teuersten Motorrad der Viertelliter-Kategorie natürlich inzwischen recht hoch gesteckt. Der offizielle Listenpreis belief sich auf 1870 Mark, aber es wurden alle

Ein Blick in die Reparaturabteilung im BMW-Werk im Jahr 1928. Die Halle mit ihrer Holzbalken-Konstruktion stammt noch aus den Zeiten der Otto-Flugzeugwerke.

Maschinen mit Bosch-Zündlichtanlage und Tachometer ausgeliefert, wodurch der Endpreis auf 2150 Mark kletterte – für nur 50 Mark mehr erhielt man bereits eine R 32! Der Bestelleingang seitens der immer zahlreicher werdenden BMW-Händlerschaft im Deutschen Reich sowie der ersten ausländischen Vertretungen war überraschend groß. Die Verkäufe gingen im Jahre 1926 allerdings zurück: Der Grund hierfür lag bei einigen technischen Problemen, vor allem die schnelle Zylinderabnützung und der damit verbundene Anstieg des Ölverbrauchs bereitete einiges Kopfzerbrechen. BMW mußte zahlreiche Kulanzreparaturen durchführen. Eine verbesserte Härtung der Stahllaufbüchse brachte keinen entscheidenden Vorteil, und das Problem der Spielbildung zwischen Büchse und Aluminiumgehäuse ließ sich auch nicht endgültig lösen. Die Händler stornierten große Teile der bestellten Stückzahlen, womit die Produktion der R 39 schon Ende 1926 nach etwas mehr als einem Jahr eingestellt werden mußte. Aus Lagerbeständen blieb dieses Modell noch einige Monate lieferbar. Zwar stellt sich damit die R 39-Episode als ein Mißerfolg für BMW dar, in kaufmännischer wie in technischer Hinsicht, doch erwuchs dem Werk daraus kein Prestigeverlust. Ein Verriß in der Fachpresse war damals noch nicht üblich, und die Verkäufe blieben auch ohne das Einzylindermodell noch sehr gut.

Auf dem Flugmotorensektor lief nun endlich alles wieder so, wie es sich der Generaldirektor Popp und sein Chefkonstrukteur Friz seit langem erhofft hatten. Die Produktion der neuen und verbesserten Typen war gut in Gang gekommen, und es gab große Aufträge von Firmen wie Junkers in Dessau oder Dornier in Friedrichshafen. Außerdem beteiligte sich BMW an zahlreichen Rekord- und Langstreckenflügen, so daß der Ruf der BMW-Flugmotoren bald weltweite Beachtung fand. Ein anderes Vorhaben hatte sich dagegen noch immer nicht realisieren lassen: die Aufnahme des Automobilbaus. Franz-Josef Popp hatte im Dezember 1924 einen interessanten Artikel unter der Überschrift »Die Automobilisierung Deutschlands« veröffentlicht; in diesem Beitrag in der Zeitschrift *Motor* wies er auf die Wichtigkeit einer Massenproduktion nach amerikanischem Vorbild hin. Übertragen auf deutsche Verhältnisse, schlug Popp die Großserienherstellung eines Kleinwagens vor, und wenn die Verwirklichung dieser Idee durch BMW allein nicht möglich wäre, so doch im Verbund mit anderen Firmen. Popps Ausführungen wurden in der Folgezeit viel diskutiert, und das Ergebnis war schließlich im Sommer 1926 ein Vertragsabschluß mit den unmittelbar vor der Fusion stehenden Firmen Daimler in Stuttgart-Untertürkheim und Benz in Mannheim. Es war vorgesehen, einen schlagkräftigen süddeutschen Automobilkonzern zu bilden, und BMW sollte dabei zunächst für die Entwicklung eines Kleinwagenprojekts sorgen. Die Vorbereitungen gingen jedoch zäh voran, und bei allem Optimismus war man sich auch darüber im klaren, daß die anderen Produktionszweige der beteiligten Firmen nicht in ihrer Arbeit beeinträchtigt werden durften.

In der BMW-Motorrad-Versuchsabteilung herrschte zu jener Zeit Hochbetrieb. Die Entwicklung stand dort zu keinem Augenblick still, neue Modelle befanden sich in Vorbereitung. Rudolf Schleicher und seine Mannschaft betreuten darüber hinaus die Renneinsätze der Werksfahrer, denn eine eigene Rennabteilung gab es nicht. Ebenso wie die Versuchsmaschinen unterlagen die Werksrenner stetigen Änderungen und Verbesserungen, und da dies alles in ein und derselben Abteilung vonstatten ging, konnte man von einer direkten Beeinflussung der Sporterkenntnisse auf den Serienbau sprechen. Umgekehrt lag natürlich hier der Idealfall der harten Erprobung von Neuerungen für den Serienbau im vorherigen Sporteinsatz vor. Diese vielfältigen Aufgaben machten eine eingespielte Mannschaft erforderlich, und gerade hier spielte der Zufall eine große Rolle. Der engste Mitarbeiter des Versuchschefs, Rennleiters und Konstrukteurs Rudolf Schleicher erwies sich – wenn man das im Motorradbau überhaupt so sagen kann – als ein Naturtalent. Als gelernter Schuster war der 26jährige Sepp Hopf im Jahre 1920 zum erstenmal als Hilfsmechaniker bei BMW eingestellt worden; wißbegierig und aufnahmefähig wie er war, hatte er sich, seinem Interesse für Fliegerei und Motorentechnik folgend, seine

Oben, die Steilkurve der im Jahre 1928 auf dem Werksgelände errichteten Einfahrbahn. Alois Sitzberger, Chef der Einfahrer und zugleich erfolgreicher Gespann-Rennfahrer, führt mit seinen Kollegen Höchstgeschwindigkeitsversuche mit den R 57- und R 63-Gespannen durch.
Rechts, der R 39-Fahrer Schröder aus Haspe auf der Ostwest-Zuverlässigkeitsfahrt der Saison 1926. Die erste Einzylinder-BMW wartete mit sportlichen Qualitäten auf, litt jedoch unter einigen technischen Mängeln.

ersten Kenntnisse aus dem Studium einschlägiger Fortbildungshefte erworben. Bei BMW hatte er unter den schwierigen Verhältnissen der Firma zu leiden und wurde in den ersten Jahren nicht weniger als dreimal entlassen, konnte jedoch mit der Aufnahme des stärkeren Motorradengagements schließlich einen festen Platz finden. Ab Ende 1923 arbeitete er mit Schleicher zusammen, der Hopfs Talent erkannt hatte. Er förderte ihn nach Kräften. Die minutiöse Vorbereitung der Rennmaschinen und die stets ausgereift präsentierten neuen Serienmodelle waren auf diese gute Zusammenarbeit zurückzuführen.

Neben einem umfangreichen Rennprogramm – eine Aktivität, die gerade zu jener Zeit untrennbar mit den Verkaufserfolgen eines Motorradherstellers verknüpft war – galt 1925 die Hauptaufmerksamkeit einem weiterentwickelten Tourenmodell, das die R 32 im Programm ersetzen sollte. Immer noch wegen ihrer enormen Zuverlässigkeit und einem hohen Verarbeitungs- und Qualitätsstandard bewundert, war sie jedoch mittlerweile leistungsmäßig und auch in einigen Ausstattungsdetails ins Hintertreffen geraten. Am Konzept gab es nichts zu ändern, lediglich eine gewisse Weiterentwicklung war wünschenswert geworden, und das Ergebnis wurde schließlich Ende November auf der Berliner Automobilausstellung in Form der BMW R 42 vorgestellt.

Auf den ersten Blick waren an der Maschine kaum Neuerungen zu erkennen. Die Arbeit steckte im Detail. Augenfällig waren die neuen Zylinder, nunmehr mit den Kühlrippen in Fahrtrichtung und abnehmbaren Zylinderkopfdeckeln ausgestattet, wobei letztere aus Aluminium gegossen waren und durch ihre besondere Gestaltung in zwei Ebenen eine gute Kühlluftführung ermöglichten. Die Zylinderdimensionen waren gleich geblieben, doch hatte man nun etwas größere Ventile und einen geänderten Vergaser verwendet, womit sich eine Leistungssteigerung auf 12 PS bei 3400/min ergab. In der Reihenfolge nach dem R 39-Aggregat M 40 bekam der neue sv-Motor die Bezeichnung M 43. Auch der Antriebsstrang hatte einige Änderungen erfahren: die Einscheiben-Trockenkupplung zwischen Motor und Getriebe war verstärkt worden, dabei hatte man auch gleich die Übersetzungen der einzelnen Gänge geändert. Der Hinterradantrieb hatte eine Spiralverzahnung bekommen und wurde nun nicht mehr durch eine Fettfüllung, sondern mit Getriebeöl geschmiert. Der Gehäusedeckel trug nun einen Anguß für die Seitenwagenbefestigung, und für die Gespannkunden war auf Bestellung auch eine andere Getriebeübersetzung lieferbar. Am Fahrwerk war eigentlich nur die Vordergabel unverändert geblieben. Die Rahmen-Abmessungen waren zwar gleich geblieben, doch verliefen die Frontrohre nun geradlinig und nicht mehr konkav, dafür war das Sattelrohr nicht mehr gerade, sondern nach hinten gebogen. Damit war der Motorblock etwas weiter nach hinten gerückt, wodurch die Gewichtsverteilung zwischen Vorder- und Hinterrad ausgeglichener war. Das ergab eine Verbesserung des Fahrverhaltens. Von der R 39 hatte man die Kardanbremse übernommen, ebenso wie den vorne am Querrohr der hinteren Tankaufnahme befestigten Schwingsattel, der jedoch nun mit Druckfedern anstatt mit Zugfedern ausgerüstet war. Die Schutzbleche hatten keine heruntergezogenen Seitenteile mehr und verliehen der R 42 ein sportliches Aussehen. Ein weiteres Ausstellungsdetail, das mit der R 39 eingeführt worden war, stellte der vom Getriebe aus angetriebene Tachometer dar, das Instrument selbst saß nun in einer Aussparung im Tank oben vor dem Tankdeckel.

Zunächst wurde die R 32 noch weitergebaut, die Auslieferung des neuen Modells begann erst am 18. März 1926 mit der Übergabe der ersten R 42 aus der Serienfertigung an den Technischen Direktor der Bayerischen Motoren Werke, Max Friz. Nach den ursprünglichen Planungen hätten die beiden modernen Typen R 42 und R 39 für das 1926er-Verkaufsprogramm vollauf genügen sollen, doch die Nachfrage nach dem ohv-Sportmodell R 37 ließ nicht nach, so daß dieses Modell auch weiterhin in Einzelanfertigung entstand. Dies schien jedoch angesichts der Produktionssteigerung bei der R 42, die auf die außerordentlich gute Publikumsresonanz zurückzuführen war, auf die Dauer nicht mehr möglich, weshalb man sich entschloß, eine neue ohv-Maschine zu entwickeln, die ebenfalls in der Serienfertigung gebaut werden sollte. Wie zuvor bei der R 37, übernahm man auch hierfür wieder das unveränderte Fahrgestell des Tourenmodells und setzte den stärkeren Motor ein. Das überarbeitete Aggregat wies nun keine gedrehten Stahlzylinder mehr auf, diese waren einfacher herzustellenden Graugußzylindern gewichen. Die Alu-Köpfe blieben indessen erhalten, nur die Befestigung der Ventildeckel wurde auf eine zentral sitzende Schraube geändert. Nur noch auf Wunsch erhältlich war der komplizierte Dreischieber-Vergaser, man verwendete jetzt das normale Serieninstrument.

Das in der Leistungsangabe um 2 PS gegenüber der R 37 (16 PS) verbesserte Motorrad feierte auf der Berliner Ausstellung im Oktober 1926 Premiere und wurde im Frühjahr 1927 unter der Typenbezeichnung R 47 ausgeliefert. Die attraktive Sportmaschine erfreute sich alsbald größter Beliebtheit, sie war auch vom Preis her wesentlich interessanter geworden, nachdem sich durch den Wegfall der 15prozentigen Luxussteuer bei den Kraftfahrzeugen sowie durch die rationellere Produktion in größeren Stückzahlen gar nicht mehr so viel teurer als die R 42 war. Die Preise betrugen im Jahre 1927 1850 Mark beziehungsweise 1510 Mark.

Aus der ganzen Welt gingen Bestellungen ein; BMW lieferte nach England, USA, Argentinien, Südafrika und in viele andere Länder. Der größte Auslandsauftrag ging im Dezember 1927 vom österreichischen Importeur Skorpil in Wien ein, der gleich 107 Exemplare der R 47 orderte.

Die Wirtschaftslage im damaligen Deutschland hatte sich inzwischen erheblich verbessert. Die Tage der Geldentwertung waren vergessen, man war wieder zu Wohlstand und Ansehen gekommen. Die technische Entwicklung schritt rapide voran, ebenso erlebten Produktion und Handel einen kontinuierlichen Aufschwung. Die internationalen Beziehungen hatten sich weitgehend normalisiert, Deutschland war endlich auch in den Völkerbund – einer Vorgängerorganisation der heutigen UNO – aufgenommen worden. Lediglich die innenpolitische Situation blieb nach wie vor unsicher, immer wieder prallten die Gegensätze der einzelnen politischen Gruppierungen mit aller Härte aufeinander, die Bildung einer stabilen Regierung wurde dadurch beeinträchtigt. Die Industrie hatte darunter allerdings kaum zu leiden, das kräftige wirtschaftliche Wachstum beflügelte auch die Banken und Geldgeber. So hatte BMW in der Person des Aufsichtsrats-Vorsitzenden Dr. Emil Georg von Stauss, zugleich Direktor der Deutschen Bank, einen aufgeschlossenen Fürsprecher bei Investitionen und Kapazitätserweiterungen an der Firmenspitze. Im Jahre 1927 konnte man das 25000. BMW-Aggregat feiern, gleichzeitig gab es umfangreiche Baumaßnahmen zur Erweiterung der Werksanlagen zwischen der Lerchenauer- und der Riesenfeldstraße. Im Laufe des Jahres 1928 zeigte sich die Umwandlung recht deutlich: aus dem weitläufigen Areal der ehemaligen Otto-Flugzeugwerke mit seinen insgesamt 17 hölzernen Hallen und Schuppen war ein dicht bebautes modernes Industriegelände geworden. Hinter den zur Lerchenauer Straße ausgerichteten Verwaltungsgebäuden schlossen sich die neuen weiträumigen Bauten der Werkzeugmaschinenhalle, der Hauptmaschinenhalle mit ihrer Fließband-Fertigung der Teile für Motorräder und Flugmotoren sowie die Montagehallen an. Es gab nun eine eigene Versuchs- und Forschungsanstalt, die sich mit der Rohstoff- und Materialkontrolle befaßte; die Fahrversuchsabteilung arbeitete davon unabhängig. Die bisher auch als Einfahrplatz genützte Bereitstellungshalle diente nur noch als Versandhalle, denn am Nordende des Geländes war eine große Einfahrbahn, ein langgestrecktes Oval mit überhöhten Kurven, entstanden. Im Inneren des Ovals hatte man, halb unterirdisch, die Flugmotorenprüfstände eingebaut, diese waren von den Montagehallen aus auch unterirdisch zugänglich. Im Hinblick auf das zu diesem Zeitpunkt indessen noch nicht recht vorangekommene Kleinwagen-Projekt war zusätzlich eine große allgemeine Motorenbauhalle errichtet worden, wo später auch die Wagen-Produktion eingerichtet werden sollte. In den enorm vergrößerten Bayerischen Motoren Werken waren 1928 2400 Arbeiter und 400 Angestellte beschäftigt.

Der Technische Direktor Friz hatte mit seinem Motorradkonstrukteur Schleicher öfters Auseinandersetzungen über die Bedeutung der Versuchsabteilung. Friz hielt Schleichers Aufwand für übertrieben angesichts der erwiesenermaßen guten BMW-Motorradkonstruktionen. Er vertrat, wie damals bei der Helios, noch immer die Meinung, daß eine an sich nicht geglückte Maschine auch in der Versuchsarbeit nicht zu verbessern sei. Schleicher hingegen maß den praktischen Versuchen größte Bedeutung bei, ohne sie war in seinen Augen eine erfolgreiche Konstruktion gar nicht denkbar. Aus diesem Grunde trat er stets für eine bessere Ausrüstung dieser kleinen Abteilung ein und war deshalb überglücklich, als ihm endlich ein Motorprüfstand mit Leistungsbremse bewilligt wurde.

Damit stand natürlich auch das ideale Instrument für die Weiterentwicklung der Rennmotoren zur Verfügung. Gerade hier befürchtete man eine gewisse Stagnation, weil sich gezeigt hatte, daß die in Deutschland so erfolgreichen BMW-Motorräder im internationalen Vergleich vor allem den englischen Rennmaschinen gegenüber unterlegen waren. Schleicher und Hopf begannen deshalb mit der Kompressor-Auflagung zu experimentieren. Diesen Weg zur Leistungssteigerung hatten ein Jahr zuvor schon die Nürnberger Victoria-Werke beschritten, wo Gustav Steinlein, Schleichers Schwager, mit seinem Kompressor-Boxermotor auf Anhieb gut zurecht kam. Max Friz hingegen war kein Freund aufgeladener Motoren; schon bei der Daimler-Motoren-Gesellschaft hatte er Paul Daimlers Flugmotoren-Versuche kritisiert und mit seinem Höhenmotor einen anderen Weg beschritten. Jetzt bei BMW hielt er diese Arbeiten von Schleicher und Hopf ebenfalls für überflüssig, denn er meinte, die bisherigen Sporterfolge hätten genügt, um den Verkauf anzukurbeln und zu unterstützen. Größere Aufwendungen für das Rennprogramm sah er als Verschwendung an. Es mögen auch persönlicher Stolz und Konstrukteurs-Ehrgeiz mitgespielt haben, als er Anfang 1927 alle weiteren Versuche in dieser Richtung sogar strikt untersagte. Aber auch Rudolf Schleicher hatte seinen Stolz. Seine Erfolge seit seinem Eintritt in die Firma hatten ihm bisher immer recht gegeben, weshalb er die Konsequenzen zog und am 1. April 1927 die Bayerischen Motoren Werke verließ.

Sepp Hopf betreute also in der Saison 1927 die BMW-Rennmannschaft alleine. In diesem Jahr gab es erstmals eine 750-ccm-Rennmaschine, die äußerlich jedoch nicht von den Halblitermaschinen zu unterscheiden war. Toni Bauhofer gewann auf der großen BMW das Eröffnungsrennen auf dem Nürburgring am 18. Juni 1927, doch beim Großen Preis

Auch im Jahre 1929 war es keineswegs mehr ungewöhnlich, Frauen am Start zu Motorrad-Zuverlässigkeitsfahrten zu finden. Die Gattin des österreichischen BMW-Importeurs Skorpil aus Wien heimste auf ihrer schnellen R 47 viele schöne Erfolge ein.

Die BMW R 47 war 1927/28 wohl eine der begehrenswertesten Maschinen in Deutschland, sie kostete jedoch das Fünffache eines einfachen 200-ccm-Leichtmotorrades und blieb deshalb nur den wohlhabenderen Sportsmännern vorbehalten. Oben, Alois Sitzberger im eleganten Dreß, Unten, Rudi Ullmann aus Chemnitz, der eine Maschine des ortsansässigen BMW-Vertreters Theo Creutz fahren durfte.

Ganz oben, die Werksanlagen an der Lerchenauer Straße im Jahre 1928.
Darunter, zwei BMW-Enthusiasten aus Sachsen beim Ventileinschleifen an der R 52.

von Europa, zwei Wochen später auf derselben Strecke, bewahrheiteten sich Schleichers Befürchtungen: In der 500-ccm-Klasse konnte BMW mit den englischen Sunbeam, Norton und Rudge nicht mithalten. Diese Niederlage zeigten indessen auf die Popularität der BMW-Serienprodukte keine Auswirkungen, die R 42 und R 47 ließen sich nach wie vor bestens verkaufen. Die Stückzahlen der seitengesteuerten 500er übertrafen schon bald die bisherige Gesamtproduktion aller BMW-Motorräder.

Für den Modelljahrgang 1928 wurden wieder einige Neuheiten angekündigt, so auch die erwartete Programmerweiterung mit 750-ccm-Modellen. Um die Motorenfertigung rationeller zu gestalten, strebte man eine möglichst große Vereinheitlichung an und ordnete den sv- wie den ohv-Versionen jeweils eine einzige Kurbelwellen-Version zu. Die beiden ohv-Motoren bekamen 68 mm Hub, was beim 500er-Aggregat wieder das bekannte quadratische Bohrung-Hub-Verhältnis 68 × 68 mm ergab, der größere Motor wurde mit 83 mm Bohrung jedoch zum Kurzhuber. Bei den Seitenventilern legte man statt auf Drehfähigkeit mehr Wert auf Durchzug und gab ihnen einen Hub von 78 mm, das ergab eine langhubige 500er und eine quadratische 750er. Der Aufbau der aus Einzelteilen zusammengepreßten Kurbelwellen blieb gleich, nur waren die Pleuelfüße nun nicht mehr teilbar; sie wurden schon bei der Montage eingefügt und liefen auf einem doppelreihigen Rollenlager mit Käfig. Wegen der unterschiedlichen Zylinderbohrungen waren entsprechend veränderte Zylinderköpfe erforderlich geworden, bei den sv-Motoren hatte man dabei auch die Befestigung der Zylinderdeckel geändert. Die Verschraubung erfolgte an der Unterseite; bei der R 42 waren die Stehbolzen am Zylinder montiert

Eine Gruppe von Einfahrern lenkt auf R 62 und R 63 von der Einfahr- und Versandhalle auf die Einfahrbahn hinaus. Die Aufnahme ist gestellt, nur die erste Maschine hat eine Auspuffanlage!

und wurden außen am Zylinderdeckel verschraubt. Weitere Neuerungen waren die auf 200 mm vergrößerte Vorderradbremse, die Verlängerung der Auspuffrohre bis zum Hinterradgetriebe, wobei jedoch der Schalldämpfer nach wie vor unter den Trittbrettern lag, und ein geändertes Getriebe, erstmals mit dem Kickstarter quer zur Fahrtrichtung. Die überarbeiteten 500er-Modelle trugen jetzt die Typenbezeichnungen R 57 und R 52, die neuen 750er hießen R 63 und R 62. Die Leistungsangaben der größeren Motoren beliefen sich auf jeweils zusätzliche 6 PS gegenüber den unverändert gebliebenen 500ern; die R 62 leistete somit 18 PS wie die R 57, jedoch bei niedrigerer Drehzahl (3400 statt 4000/min). Angesichts der drehfreudigen Kurzhub-Auslegung der R 63 erschienen die angegebenen 24 PS bei 4000/min und die Höchstgeschwindigkeit von 120 km/h wieder einmal sehr bescheiden. Die Preise für die 750-ccm-Maschinen lagen um 140 respektive 250 Mark über den unverändert gebliebenen Angaben für die beiden 500er, wobei hier zu bemerken wäre, daß in den Preislisten Lichtanlage und Tachometer noch immer als Extraausstattung geführt wurden und erst ab 1928 zum serienmäßigen Lieferumfang gehörten. Die Verkaufspreise aller vier angebotenen BMW-Modelle erhöhten sich damit um 243 Mark.

In knapp zwei Jahren wurden von diesen BMW-Modellen über 10 500 Exemplare gebaut, genug, um innerhalb der Bayerischen Motoren Werke den bedeutendsten Produktionszweig darzustellen. Die gesamte Motorradproduktion der deutschen Industrie belief sich im Jahre 1929 auf 195 686 Einheiten, wobei die BMW-Stückzahl angesichts der Konzentration auf teure Modelle in den oberen Hubraumklassen sich gar nicht schlecht ausnahm. Die zu jener Zeit größte Motorradfabrik der Welt war DKW im sächsischen Zschopau, 1929 wurden dort über 60 000 Motorräder, vorwiegend Zweitaktmodelle bis 200 ccm, hergestellt. BMW-Motorräder gab es inzwischen verstärkt im Behörden-Einsatz; vielerorts wurden die D-Rad-Einzylinder und ähnliche Modelle im Polizei-Fuhrpark durch die R 52 abgelöst. Die Bayerische Postverwaltung hatte als schnelle Kuriermaschine bisher die Indian-Kopie der Berliner Firma Mabeco im Dienst, bestellte jedoch bald ebenfalls die ersten BMW-Motorräder. Auch die im Wiederaufbau befindliche Reichswehr lernte die Qualitäten der zuverlässigen Boxermotor-Maschinen aus München schätzen und orderte ab 1928 in immer größerem Umfang die R 62 in Solo- und hauptsächlich Gespann-Ausführung.

Nachlassende Rennerfolge hatten Sepp Hopf bewogen, bei Friz noch einmal um die Erlaubnis zur Weiterführung der Kompressor-Versuche an den Rennmotoren zu bitten. Doch erst als Ernst Henne, seit 1926 Werksrennfahrer bei BMW und zugleich ein erfolgreicher Auto- und Motorrad-Händler, dem Generaldirektor Franz-Josef Popp Vorschläge zur Eroberung des Motorrad-Geschwindigkeitsweltrekords unterbreitete, wurde Hopf schließlich die Erlaubnis gegeben. Max Friz wurde von Popp an den Rekordflug im Jahre 1919 erinnert: Ein Weltrekord würde angesichts der Bedeutung der Motorradproduktion für BMW auf jeden Fall den damit verbundenen Aufwand rechtfertigen. So entstand in Zusammenarbeit zwischen Friz und Hopf in der Versuchswerkstatt ein 750-ccm-BMW-Motor mit Cozette-Kompressor. In seiner Freizeit half der unermüdliche Sepp Hopf dann noch in Hennes Werkstatt bei der Vorbereitung des Fahrgestells. Am 19. September 1929 konnte man endlich nach erfolgreich abgeschlossenen Probefahrten zu einem offiziellen Rekordversuch antreten. Es galt, die von dem Engländer Bert Le Vack auf einer 1000-ccm-Brough Superior

gefahrenen 206,4 Stundenkilometer zu übertreffen, was Ernst Henne mit seinen 216,75 km/h auch in eindrucksvoller Manier schaffte. Angesichts der weltweiten Publizität dieses Ereignisses war die BMW-Mannschaft sehr stolz auf diese Leistung. Das Renommee der Motorräder mit dem weiß-blauen Markenzeichen war eindeutig gefestigt. Knapp sechs Jahre nach der Vorstellung der R 32 war BMW zu den wichtigsten Motorradfirmen der Welt zu rechnen.

Links, Ernst Henne gehörte vor seinen Weltrekordfahrten der Straßenrennmannschaft von BMW an und bestritt 1926–28 zahlreiche Rennen in ganz Europa. Angesichts der schlechten Fahrbahnverhältnisse wurden 1928 verschiedentlich Ersatzräder an den Rennmaschinen mitgeführt.

Unten, die Premiere der Preßstahlrahmen-BMW im November 1928 in London. Die Motorradausstellung in der Olympia-Halle (später in Earls Court) war lange Jahre der wichtigste Termin der europäischen Zweiradindustrie.

Die zweite Modell-Generation

Motorräder blieben auch nach der Einführung eines Automobilprogramms wichtigster Produktionszweig bei BMW. Ein hervorragender Ruf und moderne Weiterentwicklungen sicherten auch in den wirtschaftlichen Krisenzeiten den Bestand des Unternehmens. Dem BMW-Vorbild folgend, gab es bald eine »Deutsche Schule« im Motorradbau.

Im Winter 1928/29 konnten der BMW-Generaldirektor Franz-Josef Popp und seine Mitarbeiter auf eines der wichtigsten Jahre in der gesamten Firmengeschichte zurückblicken. Der Umsatz hatte sich mit 27,2 Millionen Mark seit 1926 verdreifacht. BMW war es gelungen, von der amerikanischen Firma Pratt & Whitney eine Lizenz zum Bau des Hornet-Flugmotors zu bekommen, und seit November befand man sich endlich auch im Kreis der deutschen Automobilhersteller.
Das gutgehende Motorradgeschäft hatte erst wenige Jahre zuvor die Basis für die Weiterentwicklung der Flugmotoren geschaffen, die wassergekühlten Sechs- und Zwölfzylinder-Aggregate wurden in immer größeren Stückzahlen im In- und Ausland eingebaut. Die Gründung einer deutschen Luftverkehrs-Linie, der Lufthansa, und auch die Aufbaupläne der Reichswehr ließen für die kommenden Jahre einen starken Bedarf an neuen Flugmotoren erkennen. Franz-Josef Popp hatte die internationale Entwicklung auf diesem Gebiet stets mitverfolgt und war zu der Überzeugung gelangt, daß die Zukunft bei den in den USA und England verstärkt zum Einsatz kommenden luftgekühlten Sternmotoren liegen würde. Er trat aus diesem Grund mit Pratt & Whitney in Hartford, Connecticut/USA, in Verbindung und besorgte sich die Nachbaulizenz für die Typen Wasp und Hornet. Die Produktion des BMW-Hornet wurde Anfang 1929 aufgenommen; der 27,7 Liter große Neunzylinder leistete 525 PS bei 1900/min und wurde bald in zahlreichen neuen Flugzeugen verwendet. Verbesserte Versionen erlangten später in den berühmten Verkehrsflugzeugen Junkers Ju 52 und Focke-Wulf Fw 200 »Condor« Weltruf.
Die erfolgversprechenden Perspektiven in den beiden angestammten BMW-Produktionszweigen veranlaßten die führenden Männer, den Generaldirektor und Vorstandsvorsitzenden Franz-Josef Popp, den Aufsichtsratsvorsitzenden Emil Georg von Stauss und den Hauptaktionär und »Präsidenten« Camillo Castiglioni zu einem mutigen Schritt im Hinblick auf das BMW-Automobilprojekt. Am 14. November 1928 übernahmen die Bayerischen Motoren Werke von der Gothaer Waggonfabrik aus dem Schapiro-Konzern die Fahrzeugfabrik Eisenach, den Hersteller der Dixi-Automobile. Dafür wurden zwar nur 200000 Mark in bar und dazu ein Aktienpaket im Nominalwert von 800000 Mark bezahlt, doch stand dem Buchwert der erworbenen Firma in der Höhe von knapp 5 Millionen Mark eine Schuldenlast von 11 Millionen Mark gegenüber. Anlaß für dieses gewagte Unterfangen hatte ein neues Modell der Eisenacher gegeben. Es handelte sich um einen bereits in über 6000 Exemplaren produzierten Kleinwagen, der Popps Ideal des Massenautomobils sehr nahe kam. Dieser Dixi 3/15 PS war in Eisenach kaum ein Jahr zuvor als Lizenzbau des seit 1922 in England erfolgreichen Austin Seven in Produktion gegangen und wurde nun bis Juli 1929 unverändert als BMW-Dixi weitergebaut. Das kleine Wägelchen mit dem wassergekühlten 748,5-ccm-Vierzylinder zählte neben dem Opel 4 PS zu den meistverkauften Wagen in Deutschland und wurde trotz einiger Verbesserungen von BMW für nur 2200 Mark angeboten, als Dixi war er 600 Mark teurer gewesen. Die Produktionszahlen kletterten empor.
Die Erholung der deutschen Wirtschaft in den zwanziger Jahren war stets von politischen Problemen begleitet gewesen. Auf der einen Seite strebte man nach der Wiederherstellung der internationalen Verbindungen, andererseits hatte Deutschland noch die Bürde ungeheurer Reparationszahlungen an die Siegermächte zu tragen, was zu immer größerer Verschuldung führte und die Lage der einheimischen Wirtschaft nicht gerade sicherer machte. Die Situation in den USA stellte das genaue Gegenteil dazu dar. Ein nicht enden wollender Aufschwung auf allen Gebieten hatte ein Klima des allgemeinen Optimismus geschaffen, und Produktion wie Investitionen wuchsen enorm. Die nötigen finanziellen Voraussetzungen dazu hatten spekulationsfreudige Banken und Geldanleger geschaffen, an den Effektenbörsen bot man immer neue Aktien an, die auch gekauft wurden. Niemand dachte mehr an ein Risiko. Als aber am 24. Oktober 1929, eigentlich mehr zufällig, in der New Yorker Wall Street, dem US-Börsenzentrum, ein gewisses Überangebot zustande kam, reichte dies aus, um eine Panik zu entfachen. Der folgende Tag ging als der »Schwarze

Freitag« in die Geschichte der Börse ein, denn die Massenverkäufe führten zu rapidem Kursverfall. Es brachen alle Spekulationspläne wie Kartenhäuser zusammen, zahlreiche Banken wurden an den Rand des Ruins getrieben, die verunsicherten Sparer wollten alle gleichzeitig ihre Einlagen zurückhaben und die Kredite an die Industrie mußten fälliggestellt werden. Das amerikanische Wirtschaftssystem war ins Wanken geraten. Die seit Kriegsende immer stärker gewordene Verflechtung mit den europäischen Staaten gab dort Anlaß zu den schlimmsten Befürchtungen, dies natürlich in erster Linie in Deutschland, wo die Lage ohnehin schon prekär war. Geschwächte Firmen fanden sich nun vielfach ohne Geldgeber, die Konkurse stiegen sprunghaft an und damit auch die Zahl der Arbeitslosen. Im Dezember 1929 hatten in Deutschland bereits weit über 3 Millionen Menschen ihre Arbeitsstelle verloren.

Die Bayerischen Motoren Werke hatten in ihrer noch relativ kurzen Geschichte schon mehrere Krisen durchgestanden. Das Jahr 1929 brachte ihnen keine Schwierigkeiten, trotz der nicht gerade günstigen allgemeinen Umstände. Weder die in Eisenach übernommene Schuldenlast noch der Zusammenbruch der Darmstädter und National-Bank (Danat) – einer der Hausbanken von BMW – vermochten die Firma in Verlegenheit zu bringen. Die neuesten BMW-Produkte verkauften sich ausgezeichnet, der Hornet-Sternmotor genauso wie der BMW-Dixi, von dem im Verlauf des Jahres 1929 nicht weniger als 8496 Stück die Fabrik in Eisenach verließen. Um die Motorräder brauchte man sich ohnehin keine Sorgen zu machen, vor allem nach Hennes Weltrekordfahrt. Etwas überraschend waren in der Preisliste für BMW-Motorräder vom Januar 1929 die beiden 750-ccm-Modelle auch in einer neuen Ausführung mit Preßstahlrahmen zu finden; die sv-R 11 und die ohv-Version R 16 sollten nur jeweils 100 Mark mehr kosten als die bisherigen Rohrrahmen-Varianten. Abgesehen von einigen wenigen – auch tatsächlich wie angekündigt im Frühjahr zur Auslieferung gelangten – Exemplaren sollte es indessen noch bis August 1930 dauern, ehe die neuen Modelle endgültig auf den Markt kamen. Sie lösten zu diesem Zeitpunkt die Rohrrahmen-Modelle ab, und die seitengesteuerte 500er R 52 wurde sogar ersatzlos gestrichen; die R 57 blieb als Sportmaschine für die 500-ccm-Klasse noch für einige Monate lieferbar.

Mit den Preßstahl-Modellen wurde bei BMW eine neue Motorradgeneration eingeführt, was allein schon am stark veränderten Aussehen der Maschinen zu erkennen war. Die 1923 begonnene Ära der grazilen Rohrrahmen mit den eingehängten Dreieckstanks war nun zu Ende gegangen. Über die Hintergründe, warum sich BMW ausgerechnet dieser Stahlblech-Bauweise zuwandte, gab es verschiedene Vermutungen; in der Hauptsache interessierte sich die englische Fachpresse dafür und hatte auch gleich eine einleuchtende Erklärung parat. Man sah einen Zusammenhang mit BMWs Einstieg in die Automobilbranche und vermutete, daß die neuen Rahmen wesentlich rationeller auf den Pressen der Eisenacher Automobilfertigung herzustellen seien und das entsprechende Wissen aus dem Bau der Wagen-Chassis mit eingeflossen sei. Rationalisierung und eine bessere Auslastung teurer Produktionsanlagen in Eisenach waren jedoch keineswegs die Gründe, die zur R 11 und R 16 geführt hatten. Vielmehr hatten sich Probleme mit den Rohrrahmen eingestellt, insbesondere seit in großer Stückzahl R 62-Gespanne in den Militäreinsatz gelangt waren. Im Gegensatz zur Mehrzahl der einheimischen Fabrikate wies die BMW einen geschlossenen Doppelschleifenrahmen auf, die rechtsseitigen Rohrenden wurden dabei durch das Gehäuse des Hinterachsgetriebes verbunden, die Sattelstütze mit zwei Querrohren als Versteifung eingesetzt, ebenso hatte man auch die Rohrkrümmungen unten an der Motorhalterung verstärkt. Am Steuerkopf liefen also vier Rohrenden zusammen und waren in langen Muffen mit Messinglot eingelötet. Und genau hier trat das Problem zutage. Die Lötungen hielten zwar, doch gab es immer wieder Rohrrisse an diesen Stellen, die vermutlich von der höheren Belastung der geschlossenen Rohrführung herrührten. Andere Motorräder wiesen zumeist aus Einzelrohren montierte Rahmen auf, die entweder verschraubt waren oder aber aus kürzeren geraden Rohren bestanden. Risse stellten sich auch an der Vordergabel ein, wo die beiden Holme in der unteren Gabelbrücke verlötet waren. Ab 1928 kamen – zunächst nur auf Wunsch erhältlich – verschraubte Gabeln zum Einsatz, und damit gab es kaum mehr Schwierigkeiten. Die neuen Rahmen waren von der Konzeption her gleich geblieben, aber anstelle der Rohre verwendete man U-Profile aus gepreßtem Stahlblech. Die beiden Rahmenschleifen wurden jeweils in einem Stück gepreßt und um das eingesetzte Steuerkopfrohr verbunden. Die verschiedenen Halterungen waren nicht mehr gelötet, sondern eingenietet. Die Vordergabel blieb in ihrer Konstruktion als Blattfeder-Schwinge ebenfalls unverändert, die Holme bestanden nun auch aus Blechpreßprofilen. Die blecherne untere Gabelbrücke war eingenietet, die obere verschraubt. Der Kraftstofftank lag oben zwischen den Rahmenholmen eingebettet. Auf den Rahmenprofilen, den Gabelholmen und dem nun wieder weit heruntergezogenen Vorderradschutzblech dienten die weißen Zierlinien als zusätzliche Stylingelemente, sie waren vor allem auf den weit herumgezogenen Versteifungsflächen am Steuerkopf notwendig. Hier war auch das Emailschild mit dem BMW-Emblem montiert.

Bei den ersten R 11- und R 16-Exemplaren für den Export im Frühjahr 1929 hatten Beschwerden über die Vordergabel zu einem einstweiligen Produktionsstopp geführt. Man hatte hier die Geometrie der Rohrrahmenmodelle unverändert übernommen und nur die Holme ersetzt, womit die Federung unerwartet steif wurde. Dies war zwar der Fahrstabilität zuträglich, doch waren die Käufer dabei nicht einer Meinung mit den Versuchsfahrern. Um mit vergrößertem Federweg zu einer komfortableren Auslegung zu kommen, verlängerte man die Blattfedern und entwarf auch gleich einen neuen Federbügel. Dieser war nun ebenfalls aus Preßstahl gefertigt und erstreckte sich über die Vorderachsaufnahme hinaus weiter nach unten, womit gleichzeitig die Bremsankerplatte fixiert werden konnte. Unverändert hatte man von den Vorgängermodellen die Motoren und das einheitliche Getriebe übernommen, so auch die Typenbezeichnungen mit M 56 für den sv-Motor, M 60 für das ohv-Aggregat und G 56 für das Getriebe.

Die neuen BMW-Modelle machten auf den ersten Blick einen ungeheuer wuchtigen Eindruck, doch sahen sie schwergewichtiger aus, als sie es in Wirklichkeit waren. Der Unterschied machte nur etwa 10 kg aus, und mit nunmehr 165 kg lag insbesondere die R 16 als leistungsfähige Zweizylindermaschine recht günstig. Zu welchen Fahrleistungen dieses Motorrad fähig war, berichtete im Jahre 1931 ein Artikel in *Motor und Sport*. Eine Streckenfahrt von Potsdam nach Frankfurt am Main hatte man mit einem Reisedurchschnitt von 60 km/h absolviert; für die 556 km benötigte der Fahrer einschließlich der Tankaufenthalte (Verbrauch 6,2 l/100 km) und kleiner Pausen 9¼ Stunden. Dabei wurde vor allem der laufruhige und sehr durchzugsstarke 750-ccm-Motor hervorgehoben. Die Höchstgeschwindigkeit wurde bei leicht gebückter Haltung des Fahrers mit erstaunlichen 142 km/h gemessen, die zurückhaltende Werksangabe damit um 22 Stundenkilometer übertroffen.

In November 1932 berichtete der erfahrene und sehr gewissenhaft zu Werke gehende Motorradjournalist Gustav Mueller in der Zeitschrift *Das Motorrad* über seine Erfahrungen mit einem R 11-Gespann. Er ging dabei sehr ins Detail und beschrieb auch seine Eindrücke als BMW-Neuling. Die Schaltvorgänge bei dem mit Motordrehzahl lau-

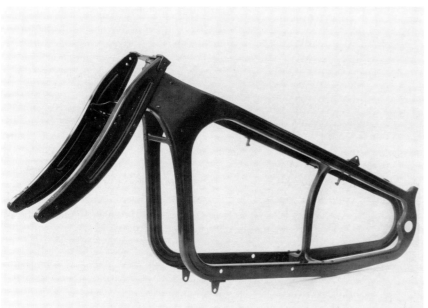

Oben links, der 1929 bei BMW eingeführte Rahmen aus Preßstahlprofilen. Er brachte eine verbesserte Steifigkeit des Fahrwerks und wurde zum signifikanten Erkennungszeichen der BMW-Modelle in den dreißiger Jahren. Rechts oben, eine Partie R 2 in der Versandhalle. Die kleine 200-ccm-BMW kam genau zur richtigen Zeit auf den Markt und entwickelte sich zum Verkaufsschlager. Unten, die R 11 in Vorserien-Ausführung mit kurzer Blattfeder und Rohrbügel. Ein deutliches Unterscheidungsmerkmal ist auch die eckige Zierlinie am BMW-Emblem, später verlief sie in einem Bogen.

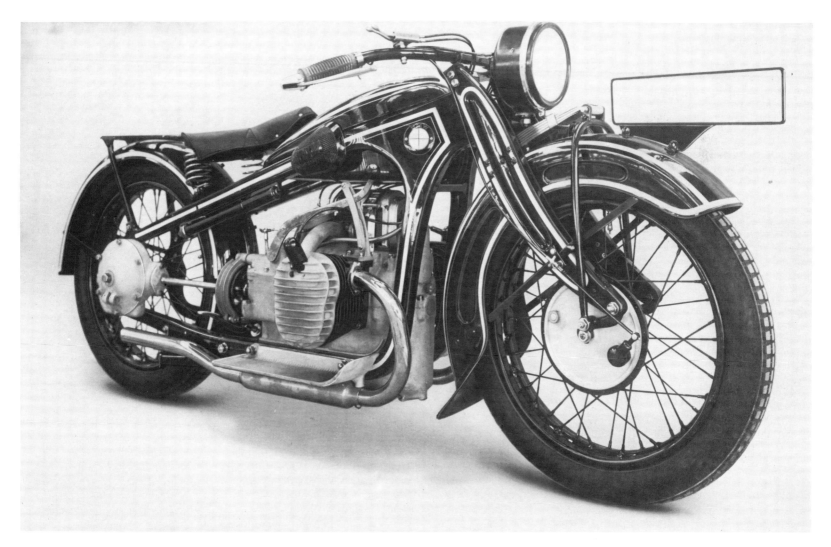

Verschiedene technische Details an den BMW-Modellen der frühen dreißiger Jahre: Links oben, die Kardanbremse, wie sie von 1925 bis 1935 verwendet wurde. Mit dem Hackenhebel wurden die beiden mit Bremsbelag versehenen Außenbacken auf die Trommel an der Kardanwelle angedrückt. Links, R 2-Aggregate der 1. Serie bei der Montage. Oben, die Preßstahl-Blattfedergabel der R 4. Die Holme stammten von der R 2 und wurden durch eingenietete Bleche verstärkt. Oben am Federbügel wurde ein Reibungsstoßdämpfer montiert.

fenden und sehr robust ausgelegten Getriebe bezeichnete er als sehr gewöhnungsbedürftig, sie waren oft von störenden Geräuschen begleitet – dieser Kritikpunkt sollte sich übrigens noch 50 Jahre lang in der Motorradpresse halten. Dem ebenfalls weit verbreiteten Vorurteil gegen den »harten« Kardanantrieb trat Mueller mit dem Hinweis auf die als Stoßdämpfer wirkende Hardyscheibe und auf die gegenüber einem Kettenantrieb wesentlich einfachere Wartung entgegen. Nach insgesamt 15 000 gefahrenen Kilometern wurde der Motor dieser Maschine zur Überprüfung aller Einzelteile zerlegt, wobei überhaupt kein Verschleiß festzustellen war. Am Kurbeltrieb ließen sich noch nicht einmal Laufspuren erkennen, dabei hatte Gustav Mueller die BMW R 11 mit dem Stoye-Seitenwagen hart gefordert. Der Benzinverbrauch belief sich auf knapp über 6 Liter, wobei auch ausgedehnte Paßfahrten in der Schweiz und in Südtirol zum Programm gehörten. Die Modelle R 11 und R 16 wurden in den folgenden Jahren einer ganzen Reihe von Modifikationen unterzogen, ohne daß man dabei jedoch die Typenbezeichnung änderte. Lediglich im firmeninternen Gebrauch sprach man von den Serien I bis V. Die Änderungen betrafen die Antriebsübersetzungen, die Kupplung, eine Verbreiterung der Kardanbremse und viele Ausstattungsdetails. An der Vordergabel wurde ab Juli 1932 (Serie III) ein Reibungsstoßdämpfer anstelle des bisherigen Rückprallblatts im Federpaket eingeführt, was auch eine andere Montage der Federstütze erforderte, die nun oben auf das Federpaket geschraubt wurde. Der ohv-Motor der R 16 wies im gleichen Jahr zwei Fischer-Amal-Vergaser auf und leistete damit stolze 33 PS. Bei der R 11 war man ebenfalls vom BMW-Vergaser abgekommen und verwendete zunächst einen Sum-Registervergaser, doch mit der Serie V wechselte man 1934 auch am sv-Motor zu zwei einzelnen jeweils an den Zylinderköpfen montierten Fischer-Amal-Kolbenschiebervergasern, dadurch ergab sich ebenfalls eine Leistungserhöhung auf 20 PS bei 4000/min.

Seit dem Weggang von Rudolf Schleicher hatte sich auch Dr. Ing. Franz Brenner um die Motorradentwicklung gekümmert. Er war seit 1922 als Prokurist zusammen mit Max Friz in der Firmenleitung und hatte in den letzten Jahren in Abstimmung mit Popp und Friz einige Umstellungen innerhalb der Motorrad-Mannschaft vorgenommen. Aber nach dem Debakel im Sommer 1930 beim Großen Preis von Deutschland auf den Nürburgring, als keine BMW-Werksmaschine das Ziel sah, wurde zum Saisonende der Rennstall aufgelöst. Die langjährigen Vertragsfahrer wie Karl Gall und Sepp Stelzer bekamen Aufgaben in den Entwicklungs- und Versuchsabteilungen übertragen, auch die Rennmechaniker wurden der Versuchsabteilung zugeteilt. Es gab viel zu tun, denn es befand sich eine wichtige Neuentwicklung in der Vorbereitung. Man hatte sich entschlossen, wieder eine Einzylinder-BMW auf den Markt zu bringen, und diesmal war der Schritt angesichts der sich immer deutlicher abzeichnenden Wirtschaftskrise recht mutig. Aus diesem Grunde hatte man sich auch einer zunehmend populären Kategorie zugewandt, der 200-ccm-Klasse. Motorräder bis zu diesem Hubraum waren seit dem 1. April 1928 von der Steuer- und Führerscheinpflicht befreit, und entsprechend wuchs die Nachfrage. BMW vermied es auch diesmal, mit einer »Billigausgabe« auf große Umsätze abzuzielen, die Qualitätsmaßstäbe der großen Zweizylindermodelle sollten beibehalten werden. Aber auch in den Konstruktionsmerkmalen hielt man sich an diese Vorbilder. Man verwendete wieder einen Preßstahlrahmen, die längs eingebaute Kurbelwelle mit direkt angeflanschtem Getriebe und Kardanantrieb zum Hinterrad. Selbstverständlich kam hier nicht das Fahrwerk der 750er BMW zum Einsatz, vielmehr eine etwas verkleinerte und leichtere Abwandlung davon. Neu war die Unterbringung des Hinterachsgetriebes (Gehäuse für Kegel- und Tellerrad) innerhalb der Rahmenschleife und, was noch viel wichtiger war, die Verwendung einer Innenbacken-Trommelbremse am Hinterrad und damit die Abkehr von der Kardanbremse. In der Konstruktion des 198-ccm-Einzylindermotors hatte man auf technische Novitäten verzichtet. Es handelte sich um ein zeitgemäßes ohv-Aggregat mit teilverkapselter Ventilsteuerung; die Ventile samt Ventilfedern und Betätigungshebel bewegten sich ungeschützt auf dem tief verrippten Aluminium-Zylinderkopf, die Kipphebelachsen und die Gegenhebel waren in einem separaten Gehäuse untergebracht. Sie

BMW-Werbung 1933.

*Links, das Chassis des Dreirad-Lieferwagens BMW F 76. Angetrieben wurde das Fahrzeug vom 6 PS starken Motor aus der R 2.
Unten, das Motoren-Fließband im Jahre 1928, zu sehen sind die 750 ccm-Aggregate der R 62.*

wurden dort von dem durch die Stoßstangen-Schutzrohre nach oben gelangten Sprühöl aus der Kurbelhausentlüfung geschmiert, das dritte Rohr in der Mitte diente zum Ölrücklauf in die Ölwanne. Wie bei den Zweizylindern war auch hier wieder der Hubzapfen in die beiden Kurbelwangen eingepreßt, das ungeteilte Pleuel lief jedoch auf einem Nadellager. Die Kurbelwelle wies hinten ein großdimensioniertes Kugellager, vorne indessen ein Gleitlager auf. Den Antrieb der Nockenwelle und der links unten am Gehäuse mit einem Spannband befestigten Lichtmaschine übernahm eine Rollenkette, welche durch das Justieren der exzentrisch gelagerten Lichtmaschine gespannt wurde. Erstmals wurde an einer BMW eine Batterie-Spulenzündung verwendet, der zugehörige Zündunterbrecher saß außen auf dem Stirndeckel und wurde vom Nockenwellen-Antriebsrad betätigt. Der Motor saß etwas nach rechts versetzt im Rahmen, denn dadurch bekam man im direkt übersetzten 3. Gang einen geradlinigen Kraftschluß von der Kurbelwelle über das Getriebe und die Kardanwelle zum Hinterrad. Das Gewicht lag mit 110 kg natürlich weit über den Werten der in dieser Klasse vorherrschenden leichten Zweitaktmodelle, doch die Motorleistung von 6 PS bei 3500/min sorgte für gute Fahrleistungen. Die Höchstgeschwindigkeit lag bei etwa 90 km/h.

Die neue Einzylinder-BMW, deren Typenbezeichnung R 2 nun erstmals auch mit der Hubraumkategorie in Zusammenhang gesetzt wurde, war im Dezember 1930 von Alexander Thusius in der *ADAC-Motorwelt* ausführlich vorgestellt worden und kam schließlich im Frühjahr 1931 auf den Markt. Der Verkaufspreis von 975 Reichsmark erschien zwar angesichts einer 200er DKW für 325 Reichsmark recht hoch, aber es gab ja neben diesem in allergrößten Stückzahlen produzierten einfachen Motorrad noch über 50 andere 200-ccm-Modelle im Angebot der deutschen Motorrad-Hersteller. Gegenüber vergleichbaren sportlichen ohv-Viertaktern war die komplett ausgestattete BMW R 2 nicht wesentlich teurer, und das verhalf ihr auch zum sofortigen Verkaufserfolg. Schon im ersten Produktionsjahr kam man auf über 4000 Stück. Wie schon bei R 11 und R 16 praktiziert, so führte man auch an der R 2 von Jahr zu Jahr weitere Verbesserungen ein. Der

Zylinderkopf wurde 1932 mit einem Ventildeckel versehen, ein Jahr darauf eine Druckschmierung hinzugefügt, 1934 gab es eine Leistungssteigerung auf 8 PS. Während der ganzen Zeit nahm BMW auch Veränderungen an der Ausstattung mit moderneren Scheinwerfern oder anderen Fahrersätteln vor. Mit diesem Motorrad war den Münchnern ein großer Wurf zur richtigen Zeit gelungen, denn aufgrund der allgemeinen Geldknappheit war 1931 der Absatz der Dixi-Automobile und auch der Flugmotoren zurückgegangen. BMW mußte wieder einmal die Hoffnungen auf ein sicheres Motorradgeschäft setzen.

Nach Einstellung der werksseitigen Rennsport-Aktivitäten hatte BMW in kleinem Rahmen einige Privatfahrer wie Ralph Roese und Ernst Zündorf weiter betreut, das heißt, ihre Motorräder wurden von Sepp Stelzer und einigen Monteuren im Werk vorbereitet. Volle Werksunterstützung genoß dagegen Ernst Henne bei seinen Weltrekordversuchen, denn diese Erfolge hatten sich stets direkt im Anstieg der Verkaufszahlen widergespiegelt. Im September 1930 hatte sich Henne den absoluten Geschwindigkeitsweltrekord nur mit einem sehr knappen Vorsprung von 0,6 km/h zurückerobern können und war sich deshalb über die auf BMW zukommenden Probleme im klaren. Der R 63-Motor mit Kompressor würde den englischen 1000-ccm-V-Zweizylindern (ebenfalls mit Kompressoraufladung) bald hoffnungslos unterlegen sein. Henne wußte als BMW-Händler selbst am besten, daß man angesichts der Wirtschaftskrise auf solche spektakulären Erfolge als Verkaufshilfe angewiesen war. Als ihn der BMW-Direktor Popp daraufhin nach Lösungsvorschlägen befragte, antwortete er: »Entweder Sie holen Le Vack aus England oder ich fahre nach Zwickau und bringe Ihnen den Schleicher zurück!« Dies kennzeichnete die Situation, in der man sich befand. Die Weiterentwicklung der Rekordmaschine hatte keine Fortschritte mehr ergeben. Der Engländer Bert Le Vack war zu diesem Zeitpunkt – Anfang 1931 – allerdings schon bei Motosacoche in der Schweiz als Motorenkonstrukteur angestellt, und so mußte Henne sein Glück bei Horch in Zwickau versuchen. Dort hatte Rudolf Schleicher 1927 eine Stelle als Entwicklungsingenieur unter dem Chefkonstrukteur Paul Daimler (ältester Sohn Gottlieb Daimlers) angetreten. Schleicher willigte ein, zu einem Gespräch mit Popp nach München zu kommen und fuhr im März 1931 nicht ohne Stolz in einem prächtigen offenen Horch-Achtzylinder bei BMW vor; er hatte eine Versuchsfahrt mit diesem Wagen mit der Reise nach München verbunden. Popp konnte mit Schleicher schnell einig werden, und die in großen Schwierigkeiten befindlichen Horch-Werke gaben ihn auch umgehend frei, so daß er noch im selben Monat nach München zurückkehrte. Zusammen mit Sepp Hopf ging er sogleich an die Überarbeitung des 750-ccm-ohv-Motors für Hennes Rekordmaschine, wobei er sein Hauptaugenmerk auf einen neuen Kompressor richtete. Im Herbst wurde man zwar durch eine neuerliche Rekordfahrt der Engländer überrascht, doch für das Jahr 1932 standen Henne schließlich statt der bisherigen 40 PS über ein Dutzend Pferdestärken mehr zur Verfügung.

Im Frühjahr 1932 brachte BMW wieder ein Mittelklasse-Modell heraus, das jedoch keinen neuentwickelten 500er-Zweizylinder-Boxermotor, sondern vielmehr einen 400-ccm-Einzylinder aufwies. Eine Neukonstruktion wäre in dieser Zeit zu teuer geworden, und so entschloß man sich, die R 2 als Ausgangsbasis zu wählen. Die beiden Maschinen ließen sich nur am größeren und höheren Zylinder, dem von den Zweizylinder-Modellen übernommenen größeren Vorderradschutz blech und dem neuen Schalldämpfer neben dem Hinterrad unterscheiden. Tatsächlich hatte man auch bei der R 4 den leichteren Rahmen verwendet und lediglich die Gabel durch eingenietete Flachprofile verstärkt. Am Motor hatte man natürlich die Zylinderdimensionen vergrößert (Bohrung und Hub: 78 × 84 mm) und zugleich auch Ventile und Kipphebel abgedeckt. Die Leistungsausbeute blieb auf 12 PS bei 3500/min beschränkt. Die R 4 war als anspruchsloses und langlebiges Gebrauchsrad konzipiert und nahm auch durch ihren Preis (1250 Reichsmark) eine Mittelstellung zwischen R 2 und R 11 ein. Nach den ersten 1100 Exemplaren wurden für 1933 einige von Rudolf Schleicher entwickelte Verbesserungen in die Serienfertigung eingeführt, zum einen war dies die wie bei der R 2 im Vorjahr eingeführte Druckschmierung zum Zylinderkopf (der bei der R 4 jedoch schon von Anfang an verkapselt war) und zum anderen ein Viergangetriebe. Der Kickstarter wurde nun wieder in Längsrichtung getreten und auf die Aluminium-Fußbretter zugunsten herkömmlicher Gummi-Fußrasten verzichtet. Die R 4 wirkte etwas kopflastig mit ihrem hohen Motor, dem massiven Rahmen und dem bauchigen Tank darüber, doch ließ sie sich sehr gut fahren und war mit 140 kg auch nicht übergewichtig.

Die rückläufige Auslastung des Eisenacher Werks hatte zu einer neuen Konstruktionsidee geführt. Man wollte ein einfaches Lastendreirad schaffen, eine Art Kombination aus Motorrad- und Autoteilen. Dabei ging man zunächst von der R 2 aus, denn ein solches Fahrzeug mit 200-

Nach dem Vorbild der R 16 fertigte die Seitenwagenfirma Royal eine Serie von Miniatur-Motorrädern für Jahrmarkts-Karussells an.

ccm-Motor war ebenfalls ohne Versteuerung und ohne Führerschein zu fahren. Mit dieser Entwicklungsaufgabe wurde im Winter 1931 Alfred Böning betraut, ein 24jähriger Ingenieur, der nach Abschluß seiner Ausbildung ein Jahr bei NSU in Neckarsulm in der Motorradentwicklung beschäftigt gewesen und von seinem schwäbischen Landsmann Max Friz im November 1931 zu BMW geholt worden war. Das Dreirad BMW F 76 kam Anfang 1932 auf den Markt, es hatte ein einzelnes über Kardanwelle von dem 200-ccm-Motorradmotor angetriebenes Hinterrad und lenkbare Vorderräder, hinten und vorne gab es Blattfedern. Das Fahrerabteil war offen, und vorne auf der Ladefläche konnte man 150 kg Zuladung befördern. Es gab einen offenen Kasten oder einen Kofferaufbau, ebenso kam später eine verstärkte Version mit dem 400-ccm-Aggregat aus der R 4 hinzu. Bis 1935 konnten jedoch insgesamt nur etwa 600 dieser Fahrzeuge an den Mann gebracht werden.

Inzwischen hatte die Weltwirtschaftskrise ihren Höhepunkt erreicht.

Links, die amtliche Kfz-Abnahme des Landes Baden in Karlsruhe im Jahr 1933. Zur Zulassung werden gerade eine R 11 und eine R 2 vorgeführt.
Unten, der BMW-Stand auf der Mailänder Motorradausstellung im Dezember 1933. Die Serienmodelle wurden durch Hennes 750-ccm-Weltrekordmaschine und ein Miniatur-Gespann von Royal ergänzt.

Links, BMW-Anzeigenwerbung zu Anfang der dreißiger Jahre. Abgebildet ist eine Werksrennmaschine mit dem charakteristischen Zusatztank.

Oben, Sepp Hopfs ganzer Stolz, der Leistungsprüfstand. Hier ist ein R 11-Motor an die Wasserwirbelbremse angeschlossen.

In Deutschland hatte die Zahl der Arbeitslosen ständig zugenommen, im Juli gerieten viele Banken in Zahlungsschwierigkeiten und wurden vorübergehend geschlossen, die Börsen stellten ihre Tätigkeit ein. Der endgültige Zusammenbruch konnte durch ein Stundungsabkommen bei den Reparationsverpflichtungen gerade noch umgangen werden. Es trat jedoch keine Besserung ein, die Regierung war fast handlungsunfähig. Erst im April 1932 wurden die Börsen wieder geöffnet, mit Überbrückungskrediten schützte man sich vor dem Staatsbankrott. Bei der Reichstagswahl wurde die NSDAP erstmals stärkste Fraktion im Parlament, die radikalen Parteien hatten in den letzten Jahren einen großen Zulauf gehabt. Aber es nahm auch die Zahl der Zusammenstöße und Straßenschlachten zu. Im Oktober erreichte die Arbeitslosenzahl mit 7,5 Millionen ihren absoluten Höchststand, gleichzeitig sah man sich zu einer erneuten Wahl gezwungen, da sich keine handlungsfähige Regierung bilden ließ; das Vorhaben mißlang indessen abermals. Es folgten Gespräche der einflußreichen Gruppierungen im Staat über die politische Zukunft, und schließlich wurde dem Reichspräsident Paul von Hindenburg vorgeschlagen, den Vorsitzenden der Nationalsozialistischen Partei (NSDAP) Adolf Hitler mit der Regierungsbildung zu betrauen. Dieser ließ am 5. März 1933 noch einmal wählen, wobei seine Partei mit 44,1% Stimmen als großer Sieger hervorging, am 31. März wurde dann das »Ermächtigungsgesetz« verabschiedet. Das »Gesetz zur Behebung der Not von Volk und Reich« gab der Regierung das Recht, für die Dauer von vorerst vier Jahren ohne das Parlament zu regieren. Dies bedeutete das Ende der Demokratie in Deutschland und ihre Ablösung durch eine Diktatur.

Der versprochene wirtschaftliche Aufschwung setzte tatsächlich ein, denn ganz Deutschland wurde von der NSDAP und ihren zahlreichen neu ins Leben gerufenen Unterorganisationen buchstäblich umorientiert. Auch und gerade für die Kraftfahrzeugindustrie eröffneten sich dabei günstige Zukunftsperspektiven. Die Kfz-Steuer für Motorräder und Personenwagen wurden aufgehoben, es sollten große Fernstraßen – »Autobahnen« – gebaut werden, und die einzelnen Parteiorganisationen sowie die Reichswehr hatten einen großen Fahrzeugbedarf anzumelden. Daß diese Produktionsanstrengungen auf allen Gebieten nicht nur zur Stärkung und Modernisierung Deutschlands dienen, sondern schließlich in eine ungeheure Kriegsmaschinerie münden sollten, ahnte zunächst noch kaum jemand.

Der große Erfolg und der Bekanntheitsgrad der BMW-Motorräder hatte in der Vergangenheit bereits mehrmals die Entwicklungen anderer Motorradhersteller beeinflußt. So gab es 1929 bei der Berliner Firma Windhoff ein sehr BMW-ähnliches Modell (jedoch mit einer interessanten Fahrwerkskonstruktion, bei der das Antriebsaggregat als mittragendes Teil integriert war) mit 1000-ccm-Boxermotor. Der Preßstahlrahmen war bereits öfter verwendet worden, so auch 1927 bei der direkt als BMW-Konkurrenz entworfenen Wanderer K 500; hier erstreckte sich die Ähnlichkeit auch auf die Blattfedergabel und den Kardanantrieb, der Motor war jedoch ein ohv-Einzylinder. Bei Zündapp in Nürnberg – einem der größten deutschen Hersteller von leichten Gebrauchsmotorrädern – wurde ab 1933 das gesamte Programm umgestaltet; die Brüder Richard und Xaver Küchen hatten ebenfalls ein Preßstahlfahrwerk, hier jedoch mit einer Parallelogrammgabel, entworfen, und ihr Motorenprogramm reichte von 200 bis

Oben, die Motorrad-Reparaturwerkstatt der Berliner BMW-Niederlassung in der Wiesbadener Straße in Friedenau.
Links unten, der Entwurf eines neuen Topmodells für 1934. Die R 7 wies einen Stahlblech-Schalenrahmen und erstmalig eine Teleskop-Vordergabel auf.
Rechts unten, einer der beiden Prototypen bevor die Entwicklungsarbeiten eingestellt wurden.

800 ccm. In den Hubraumkategorien 500 und 600 ccm hatte man bei Zündapp neu entwickelte Boxermotoren in sv- und ohv-Ausführung zur Wahl, als Spitzenmodell gab es einen Vierzylinder-Boxer mit 800 ccm. Diese Zündapp-Modelle sollten sich in den kommenden Jahren als eine große Konkurrenz für BMW erweisen, zumindest auf dem Inlandmarkt. Aber auch im Ausland orientierte man sich sowohl am Fahrwerksbau als auch am Boxermotor aus München, die »Deutsche Schule« wurde zu einem Begriff im Motorradbau. In Frankreich präsentierte Gnome-Rhône schon 1931 ein derartiges Modell mit einem seitengesteuerten 500-ccm-Boxermotor im Preßstahlrahmen, dem eine kopfgesteuerte Variante und eine 750er-Version folgte. Interessant war die Entwicklung bei Douglas in England. Die dort gebauten traditionellen Motorräder mit dem längs eingebauten Boxermotor hatten 1919 das Vorbild für den ersten BMW-Motorradmotor abgegeben, doch nun orientierte sich die Firma in Bristol an den deutschen Konstruktionen und brachte 1935 die »Endeavor« (wörtliche Übersetzung: Bemühung, Anstrengung...) mit quergestelltem Boxermotor

lungen von Polizei, Reichswehr und SA enorm angekurbelt, wobei man sich nicht nur für die großen Beiwagenmaschinen, sondern auch für die einzylindrige R 4 als Ausbildungsfahrzeug interessierte. Diese Maschine wurde verstärkt bei den aufkommenden Gelände-Zuverlässigkeitsfahrten zum Einsatz gebracht, was dann bei der neuen Viergang-Version im 1934er Katalog zur Zusatzbezeichnung »Geländesport« führte. Eine großartige Werbung für die Qualitäten der BMW-Motorräder stellten die Erfolge einer Abordnung der Bayerischen motorisierten Landespolizei bei Geländeprüfungen und Fernfahrten in ganz Deutschland dar, die drei Fahrer mit ihren BMW R 4 wurden bald nur noch die »Gußeisernen« genannt: Josef Forstner, Fritz Linhardt und Schorsch Meier. Und auch international ließ BMW 1933 erneut aufhorchen. Zur Sechstagefahrt im englisch-walisischen Llandrindod Wells hatte man erstmals eine Deutsche Nationalmannschaft entsandt. Sepp Stelzer, Ernst Henne sowie das Gespann Josef Mauermaier/Ludwig Kraus holten auf ihren BMW R 16 den Gesamtsieg und damit die riesige Trophäe zum erstenmal nach Deutschland. Dieser

Links oben, Sepp Stelzers R 16-Gespann bei der ADAC-Winterfahrt 1934. Erprobt wurde hier nicht nur die Telegabel, sondern auch der Antrieb des Seitenwagenrades.

Rechts oben, hoher Besuch bei BMW auf der Berliner Automobilausstellung im Frühjahr 1935: Reichskanzler Adolf Hitler, BMW-Chef Franz-Josef Popp, NSKK-Corpsführer Adolf Hühnlein, der Technische Direktor der BMW-Fahrzeugabteilung Rudolf Schleicher und ganz rechts der Weltrekordmann Ernst Henne.

und Kardanantrieb heraus. Erstaunlicherweise konnte sich dieses Modell nicht einmal auf dem heimischen englischen Markt gegen die auch dort hochgeschätzten BMW-Motorräder durchsetzen.
Bei BMW setzte 1933/34 ein großer Aufschwung ein. Hatte man im Vorjahr wegen des Produktionsrückgangs zunächst Mitarbeiter entlassen müssen, so wurde nun die Belegschaft um 1500 Leute auf insgesamt 4300 Arbeiter und Angestellte in München und Eisenach vergrößert. Mit dem BMW 303 war ein völlig neues Wagenmodell entstanden, dessen ohv-Sechszylindermotor eine Konstruktion Schleichers war, während das Chassis von seinem vormaligen Horch-Kollegen Fritz Fiedler stammte. Besonderer Stellenwert sollte jetzt auch wieder dem Flugmotorenbau zukommen, denn die Planungen für eine neue Luftflotte – zunächst für zivile Zwecke, bald zur Aufrüstung der Streitkräfte – sahen einen großen Bedarf für die kommenden Jahre voraus. Ab Mitte 1934 nahm man eine Ausgliederung dieses Unternehmensbereichs vor und gründete die »BMW Flugmotorenbau Gesellschaft m.b.H. München«. Der Motorradumsatz wurde durch große Bestel-

Überraschungserfolg veranlaßte die renommierte englische Motorrad-Zeitschrift *Motor Cycling* zu einem respektvollen Kommentar: »Welches ist das beste Motorrad der Welt? Kann es daran noch Zweifel geben? Es ist wohl einzigartig, daß der Geschwindigkeits-Weltrekrod und als Mannschaftsleistung die Zuverlässigkeits-Trophy von derselben Marke mit dem gleichen Modell gehalten werden.«
Aber auch das Serienprogramm wurde vorangetrieben. Die Konstruktionsabteilung unter Alfred Böning hatte den Auftrag bekommen, der 800er Zündapp ein neues BMW-Flaggschiff entgegenzustellen. So entstand mit der R 7 ein äußerst elegantes Motorrad mit einem 750-ccm-ohv-Motor in bewährter Bauweise und einem Blechschalenrahmen mit integriertem Kraftstoffbehälter und einer fließenden Linienführung vom Lenkkopf bis zum Hinterrad. Der Motor war bis auf die seitlich herausstehenden Zylinder ebenfalls vollkommen verkleidet, breite geschwungene Schutzbleche vervollständigten das Gesamtbild. Die an sich auch vom Generaldirektor Popp geförderte Konstruktion bewährte sich indessen im Versuchsstadium ganz und gar nicht. Es

*Links, ein Versuch des Konstrukteurs Riemerschmidt, die R 12 mit einem umlaufenden Gummistollen-Raupenband zum Schneemobil zu machen.
Unten links, ein R 12-Gespann im Dienst der Reichspost.
Unten, die R 12 als Feuerwehrgespann.*

fehlte an der notwendigen Chassis-Steifheit, denn der Motor war ohne zusätzliche Abstrebungen unten in die Blechkonstruktion eingehängt und verursachte zusätzliche Verwindungen. Es dürften vermutlich auch die hohen Produktionskosten dazu geführt haben, daß man es schließlich bei drei Prototypen beließ. Ein Bauteil dieser R 7 jedoch wurde eingehend weiter erprobt, nämlich die Teleskop-Vordergabel, die nun endlich die Blattfederschwinge an den BMW-Motorrädern ablösen sollte. Die Teleskop-Bauweise mit ineinandergeschobenen Gabelrohren hatte schon früher bei den Schwinggabeln von NSU, Victoria und Wanderer Verwendung gefunden. Eine reine Telegabel gab es bei den englischen Scott-Zweitakttwins von 1909 an, der Schwachpunkt all dieser Konstruktionen war jedoch immer die Dämpfungswirkung gewesen, daneben auch die Abdichtung und die Schmierung der stark beanspruchten Gleitstellen. Diese Probleme waren in der BMW-Gabel nun alle in hervorragender Weise durch eine durchdachte Konstruktion und präzise Fertigung gelöst worden, womit die Vorteile der sicheren Radführung und des größeren Federwegs zum Tragen kamen. Die hydraulische Dämpfung brachte überdies eine allgemeine Verbesserung des Fahrkomforts, somit war auch der wesentlich höhere Fertigungsaufwand gerechtfertigt. Die Teleskop-

Das teuerste deutsche Motorrad des Jahres 1937 war die 750-ccm-ohv-BMW R 17, doch dürfte sie mit ihren 33 PS auch die leistungsfähigste und schnellste Maschine im damaligen Angebot gewesen sein.

gabel (auch Tauchgabel genannt) wurde nun 1934 anstelle der bisherigen Vordergabel versuchsweise an der R 11 gefahren, womit sich ein spürbar verbessertes Fahrverhalten ergab.

In der Zwischenzeit hatte im Zuge der erheblichen Ausweitung aller BMW-Aktivitäten auch eine Neubesetzung wichtiger Positionen stattgefunden. Max Friz übernahm das neue Eisenacher Werk »Dürrerhof«, das ausschließlich zur Produktion von Flugmotoren errichtet worden war, während die nach wie vor in München verbliebene Flugmotoren-Entwicklungsabteilung von Martin Duckstein, einem Techniker aus den BMW-Anfangsjahren, übernommen wurde. Friz' Stelle nahm nun Rudolf Schleicher ein, der zum Technischen Direktor der Automobil- und Motorradabteilung ernannt wurde. Auf der Automobilseite arbeitete er in der Entwicklung mit Fritz Fiedler zusammen, dieser leitete die Konstruktionsabteilung, Schleicher den Versuch. Die Motorradentwicklung leitete der neue Technische Direktor jedoch auch weiterhin persönlich, dabei standen ihm in Konstruktion und Versuch mit den Ingenieuren Riedl, Böning, v. Falkenhausen, Hoffmann, Ischinger, Jardin, v. Rücker und Hopf hervorragende Spezialisten zur Seite. Diese wesentlich vergrößerte Mannschaft führte zunächst einmal die Weiterentwicklung vorhandener Modelle fort.

Das Programm für 1935 wartete mit einer Neuauflage der beiden 750er Modelle auf. Den Preßstahlrahmen hatte man beibehalten, doch konnte BMW als erste Motorradfabrik der Welt eine öldruckgedämpfte Teleskop-Vordergabel in einem Serienmotorrad präsentieren. Die weiteren Neuerungen an den nun R 12 und R 17 genannten großen BMW-Zweizylindern verblaßten etwas hinter dieser Pionierleistung im Fahrgestellbau; es gab eine verstärkte Kurbelwelle, ein Viergangetriebe, Batteriezündung sowie eine Trommelbremse am Hinterrad, womit man zugleich auch austauschbare Räder einführte. Die Motoren warteten mit unveränderten Leistungsangaben auf; besonders die R 12 mit ihrem seitengesteuerten Zweivergasermotor erfreute sich großer Beliebtheit als enorm ausgereiftes und unerreicht zuverlässiges Tourenmotorrad im Solo- wie im Seitenwagenbetrieb. Sie war mit 1630 Reichsmark auch vom Preis her interessant, denn der Abstand zur einzylindrigen R 4 war genauso groß wie zu der exklusiven R 17-Sportmaschine. Der Katalog führte weiterhin auch das um 2 PS schwächere Einvergasermodell zum gleichen Preis, doch wurde diese R 12-Ausführung mit der ausdrücklich verlangten Magnetzündung vornehmlich an das Militär geliefert. Die Behörden-Bestellungen für die R 12 und R 4 häuften sich und umfaßten im Jahre 1935 schon fast die Hälfte der gesamten BMW-Motorradproduktion. Zwar nahm BMW hinter DKW, NSU, Expreß (98-ccm-Sachs-Mofas) und Zündapp in der Produktionsstatistik mit 10 000 Motorrädern nur den fünften Rang ein, doch in den Klassen über 350 ccm lagen die Münchner weit voraus.

Große technische Fortschritte sichern BMW eine Spitzenstellung

BMW war mit großem Elan an die Erneuerung des Motorradprogramms gegangen: Neue Fahrwerke und Motoren sorgten wieder für eine sportliche Linie. Großartige internationale Erfolge bei den Rennen, Geländefahrten und Rekordversuchen rückten die BMW-Erzeugnisse in den Mittelpunkt des Interesses.

Das Motorradprogramm der Bayerischen Motoren Werke umfaßte für 1935 vier Modelle von 200 bis 750 ccm. Sie wiesen allesamt das charakteristisch gewordene Preßstahlfahrwerk auf und stellten beste Tourenmaschinen höchster Qualität dar.
Diesen Ansprüchen wurde auch eine ständige Weiterentwicklung im Detail gerecht; dennoch schien eine gewisse Stagnation eingetreten zu sein. Waren doch nach der Einführung der Einzylinder-Baureihen mit Ausnahme der Teleskopvordergabel keine Innovationen mehr sichtbar geworden.
Ganz anders stellte sich die Situation bei den BMW-Automobilen dar. Dem 1,2-Liter-Sechszylinder vom Typ 303 waren mit dem 315 und dem 319 zwei hubraumstärkere Varianten mit 1490 und 1911 ccm gefolgt, außerdem gab es ein neues ohv-Vierzylindermodell, den BMW 309. Die Auswahl wurde durch zahlreiche Karosserievarianten, Limousinen, Cabriolets mit zwei oder vier Sitzen sowie den Sportwagen 315/1 und 319/1 noch erweitert. Daß auch die Motorradabteilung einiges in Vorbereitung hatte, sollte sich noch im gleichen Jahr bei einigen Sportereignissen ankündigen.
Am 18. Mai 1935 feierte auf der Berliner Avus eine völlig neu konstruierte BMW-Rennmaschine Premiere. In einem eleganten Rohrrahmen mit Teleskopvordergabel hing ein 500-ccm-Zweizylinder-Boxermotor mit jeweils zwei obenliegenden Nockenwellen pro Zyliner, angetrieben durch Königswellen. Vervollständigt wurde dieses beeindruckende Rennaggregat durch einen vorne auf dem Gehäusestirndeckel montierten Kompressor.
Karl Gall trat gegen die schwedischen Husqvarnas sicherheitshalber mit der alten Maschine an; so war es dem bisher hauptsächlich als Gespann-Beifahrer in Erscheinung getretenen Versuchsmonteur Ludwig (»Wiggerl«) Kraus vorbehalten, an Stelle des erkrankten Sepp Stelzer Schleichers vielbestaunte Neukonstruktion zum Einsatz zu bringen. Gall mußte sich den Schweden zwar geschlagen geben, doch Kraus kam mit seinem ungewohnten Fahrzeug gut zurecht und belegte Platz Fünf. In den Rennberichten war nur von der neuen Maschine die Rede, sie hatte vor allem die englischen Fachleute in Erstaunen versetzt, sahen sie doch hier einen recht gefährlichen Gegner für die kommenden Grand Prix-Rennen entstehen.
Erst recht verblüfft war man in der Motorsportszene im Herbst, als die deutsche Mannschaft bei der diesmal in Oberstdorf stattfindenden Internationalen Sechstagefahrt mit ebendiesen Kompressor-Rennmaschinen in nur leicht modifizierter Form zur Geländezuverlässigkeitsprüfung antrat und die begehrte Trophy damit zum drittenmal hintereinander erringen konnte. In ihrer kompletten Straßenausrüstung und den an den Tanks montierten Chrom-Zierstreifen waren die Motorräder von Ernst Henne, Sepp Stelzer sowie das Gespann von Wiggerl Kraus und Sepp Müller schon bei der Mittelgebirgsfahrt vom 4. bis 6. Juni erprobt worden, so daß allgemein von den kommenden neuen BMW-Motorrädern die Rede war. Nur würden diese natürlich keinen Kompressormotor haben, denn die 160 km/h, die Wiggerl Kraus mit dem Gespann erzielt hatte, sollten doch lieber den erfahrenen Motorsportlern überlassen bleiben.
Am 15. Februar 1936 war es dann soweit. Mit der BMW R 5 hatte die Internationale Automobil- und Motorradausstellung (IAMA) in Berlin eine ihrer größten Attraktionen zu bieten. BMW war mit diesem Motorrad wieder zum Boxermotor in der Halbliterklasse und zum Rohrrahmen zurückgekehrt; bis auf die Königswellen und den Kompressor sah die R 5 den Werksrennmaschinen vom Vorjahr zum Verwechseln ähnlich. Der Rahmen war aus konisch gezogenen Stahlrohren mit elliptischem Querschnitt verschweißt, wobei hier mit dem neuentwickelten Prozeß der Elektro-Schutzgasschweißung – Arcaton-Schweißung genannt – keinerlei Probleme mehr auftauchten. Die Teleskop-Vordergabel hatte man weiter verbessert, der Federweg war von 80 auf 100 mm angewachsen, und die Dämpfungswirkung ließ sich oben an der Gabel mit einem Gestänge verstellen. Motor und Getriebe waren ebenfalls völlig neu konstruiert worden, beide wiesen nun stabile Tunnelgehäuse anstelle der horizontal geteilten Blöcke auf. Das Getriebegehäuse hatte man durch den Wegfall des Werkzeugfaches

Ausstellungs-Premiere der BMW R 5 (links vorne) in England auf der Olympia-Show im November 1936. Als Attraktion ist auch die Siegermaschine des Großen Preises von Schweden ausgestellt.

wesentlich verkleinern können, im Inneren bewegte sich ein überarbeiteter Viergang-Radsatz, doch gänzlich neu war die Ratschen-Fußschaltung mit dem stets wieder in die Ausgangsposition zurückfedernden Fußschalthebel auf der linken Seite. Rechts gab es weiterhin einen kurzen Schalthebel, der senkrecht nach oben ragte. Von einer kombinierten Schaltung konnte man jedoch dabei nicht sprechen.

Mit Ausnahme des Grundprinzips eines kopfgesteuerten Zweizylinder-Boxermotors war am neuen BMW-Aggregat mit der Typenbezeichnung 254/1 kaum ein Detail von den bisherigen ohv-Motoren übernommen worden. Die Kurbelwelle mit den montierten Pleueln mußte zusammen mit dem vorderen Lagerschild von vorne in das Gehäuse eingefädelt werden; als Steuertrieb fand eine Hülsenkette Verwendung, und diese bewegte nunmehr zwei Nockenwellen oben im Motorblock. Auf diese Weise konnten die Stoßstangen wesentlich verkürzt und der Ventiltrieb damit drehfester gestaltet werden, ebenfalls in diese Richtung zielte die Verwendung von doppelten Haarnadelfedern pro Ventil und die Ausführung des Kipphebellagerblocks als ein kräftiges Gußteil.

Vorne unter einem Stirndeckel verborgen, hatte man den Verteiler der Batterie-Zündanlage untergebracht, er saß auf einem Zwischendeckel und wurde vom linken (in Fahrtrichtung) Nockenwellenzahnrad aus angetrieben. Die Steuerkette trieb auch die oben auf dem Motorblock montierte Bosch-Lichtmaschine an, die zugleich auch durch Verdrehen für die korrekte Spannung der Kette zuständig war. Die Zahnrad-Ölpumpe in der Ölwanne auf der Gehäuseunterseite wurde auch weiterhin über eine lange Welle und Schneckenräder von der Nockenwelle (in diesem Fall der rechten) angetrieben.

Mit der sportlichen, immerhin 24 PS bei 5500 U/min leistenden R 5 hatte BMW nun wieder Anschluß zur Konkurrenz in der Halbliterkategorie gefunden. Man stieß mit dieser Maschine nicht nur in Deutschland auf große Begeisterung. In England hatte im Vorjahr die Firma Frazer Nash in Isleworth den Import der BMW-Fahrzeuge übernommen und auch entsprechend die Werbetrommel gerührt; die R 5 bot man als luxuriöses Tourensportmodell und als Alternative zu den heimischen Einzylindern an. In englischen Fachzeitschriften wurde die BMW ausführlich beschrieben und gelobt; es hieß, daß sie ihren hohen Preis auf jeden Fall wert sei, denn keine andere 500-ccm-Maschine mit einer Höchstgeschwindigkeit von 140 km/h könne mit einem derart ruhigen Motorlauf glänzen. Auf dem deutschen Markt war die R 5 mit ihrem Kaufpreis von 1550 Reichsmark recht günstig plaziert, hatte sie doch im Vergleich zu den 500er-Modellen von Ardie, DKW, NSU, Standard, Triumph, UT und Victoria mehr Leistung und wesentlich modernere Details zu bieten. Die Boxermotor-Zündapp KS 500, die ebenfalls 1936 Premiere hatte, war gleichstark und etwas niedriger im Preis, aber sie wies den herkömmlichen Preßstahlrahmen und eine Parallelogrammgabel auf. Ausländische Modelle wurden aufgrund der verhängten Importbeschränkungen ohnehin nur noch in verschwindend kleinen Stückzahlen verkauft, sie waren zudem auch wesentlich teurer. So stand also einem großen Erfolg der neuen BMW nichts im Wege, und es wurden bis Ende 1936 bereits 1500 Exemplare produziert.

Mit einem weiteren neuen Modell des 1936er Motorradprogramms wurde BMW indessen nicht so recht glücklich. Es handelte sich dabei um die R 3, eine 300-ccm-Maschine, die mehr oder weniger aus der Kombination von Teilen der Modelle R 2 und R 4 entstanden war und als etwas leichtgewichtigere Alternative zur R 4 dienen sollte. Das nicht nur in seinem Äußeren etwas veraltet wirkende Modell verkaufte sich nur schleppend und wurde deshalb noch vor Jahresfrist gründlich überarbeitet. Das Resultat präsentierte sich dann im neuen Modelljahr als BMW R 35, womit BMW sowohl die R 3 als auch die R 4 ablöste. Im harten Behördeneinsatz nach wie vor geschätzte Preßstahlrahmen wurde beibehalten, jedoch führte man das Vorderrad nun in einer Teleskopgabel, die allerdings ohne die aufwendige hydraulische Dämpfung der R 5-Gabel auskommen mußte. Motor und Getriebe hatte man nahezu unverändert aus der fünften Serie der R 4 übernommen. Im Zuge einer sinnvolleren Klasseneinteilung – gerade bei Geländesportveranstaltungen – war allerdings der Hubraum durch die Verringerung der Zylinderbohrung um 6 mm auf 342 ccm verkleinert worden. Diese neue 350er BMW ließ sich recht gut verkaufen, sie war zwar nicht leistungsfähiger oder leichter geworden, lag dafür aber im Preis um 155 Reichsmark unter dem Vorgängermodell R 4 und wirkte zudem moderner und attraktiver. Große Stückzahlen der Einzylindermaschinen gingen auch weiterhin an das Militär, so daß die R 35 in den Jahren 1937 und 1938 das meistgebaute BMW-Motorrad darstellte und es in diesem Zeitraum allein auf fast 9000 Exemplare brachte.

Die mit der R 5 begonnene neue Linie sportlicher Motorräder brachte den Bayerischen Motoren Werken einen weiteren Popularitätsaufschwung, der noch in der Saison 1936 durch eindrucksvolle Sporterfolge untermauert werden konnte. Die BMW-Werksfahrer Karl Gall und Otto Ley hatten auf den Königswellen-Kompressormaschinen erstmals mit der Konkurrenz aus England (Norton) und Italien (Moto Guzzi) mithalten können, bis beim Großen Preis von Schweden mit einem großartigen Doppelsieg das langerträumte Ziel eines internationalen Grand Prix-Sieges erreicht war. Und auch Ernst Henne hatte sich erneut an die Weltspitze setzen können, als er im Oktober 1936 mit einem vollverkleideten Stromlinienfahrzeug und dem neuen 500-ccm-Rennmotor auf 272 km/h kam. Mit der ohv-Serienmaschine beteiligten sich viele Privatfahrer erfolgreich an Sportveranstaltungen, insbesondere bei Geländefahrten war die R 5 ab 1936 immer häufiger zu sehen. Und hier machte sich auch bald ein Problem bemerkbar. Die beiden jeweils direkt an den Zylinderköpfen angeflanschten Fischer-Amal-Vergaser (Lizenzfertigung der englischen Amal-Nadeldüsenvergaser durch die Firma Fischer in Frankfurt-Oberrad) besaßen eigene kleine Luftfilter, die nach innen zum Getriebegehäuse hin gerichtet waren, die sogenannten »Ohren«. Da gab es des öfteren Schwierigkeiten mit hereinlaufendem Wasser oder zwischen Motorblock und Filtergehäuse klemmenden Schmutzbrocken, so daß eine Lösung nur in einem höhergelegten Luftfilter zu finden war. Diese Modifikation wurde dann auch in den Serienbau übernommen und die Gußform des Getriebegehäuses abgeändert, damit man einen zentralen Luftfilter oben auf dem Getriebe unterbringen konnte. Die Verbindung zu den Vergasern wurde mit Rohrkrümmern, ähnlich den früheren Ansaugleitungen bei den Einvergaser-Motoren, hergestellt.

Im Hinblick auf einen erfolgversprechenden Einsatz der ohv-BMW bei Straßenrennen entschloß man sich zur Bereitstellung einiger speziell vorbereiteter R 5 SS (Super-Sport) für talentierte Nachwuchsfahrer. Die unter der Leitung von Sepp Stelzer aufgebauten Maschinen unterschieden sich äußerlich kaum vom Serienpendant; natürlich wurden Lichtanlage und Schalldämpfer weggelassen, die Innenzughebel am Lenker wichen sportlichen Außenzughebeln, und an die Vergaser wurden kurze Trichter montiert. Durch einige Feinarbeiten am Motor standen etwa 28 bis 30 PS zur Verfügung, womit diese Sportmaschine 160 km/h schnell sein konnte.

Dies waren jedoch noch längst nicht alle Neuerungen für die Saison 1937. Die Rohrrahmen-Modellpalette wurde um zwei weitere neue Motorräder erweitert. Als erstes stellte BMW im Frühjahr der sportlichen R 5 eine zahmere Touren- und Seitenwagenmaschine zur Seite, wobei man wieder auf einen seitengesteuerten Motor zurückgegriffen hatte. Mit Ausnahme der an die R 42 erinnernden Zylinder der unter der Typenbezeichnung R 6 vorgestellten Maschine war die Ähnlichkeit zur R 5 recht groß; Getriebe und Fahrwerk waren ja ohnehin unverändert übernommen worden. Aber es handelte sich bei diesem langhubig ausgelegten 600-ccm-Aggregat um eine weitere Neukonstruktion. Man war wieder von der Verwendung einer Steuerkette abgekommen und setzte stattdessen auf einen geradverzahnten Stirnradtrieb für Nockenwelle, Zündverteiler und Lichtmaschine, außerdem konnte man bei dem nur 4800 U/min drehenden Motor auf den aufgrund der stehenden Ventile ohnehin kürzeren Stößeln auf die zweite Nockenwelle verzichten und kehrte somit wieder zur einzelnen, zentral angeordneten Welle zurück.

Die zweite Neuerung betraf die 200-ccm-Klasse, bei der nun ab April 1937 die altgediente R 2 nach dem Ausverkauf des letzten Restbestands aus sechs Jahren Bauzeit ihre Ablösung fand. Mit der neuen R 20 kehrte eine ganze Reihe von typischen Merkmalen aus der neuen Zweizylindergeneration auch in diese Klasse ein, so der Rohrrahmen mit Teleskop-Vordergabel und die Fußschaltung. Den Rahmen hatte man aus zwei vom Steuerkopf bis zur Hinterradhalterung durchgehenden Unterzügen und einem sich unter dem Sattel gabelnden Oberrohr zusammengeschraubt; vorne stellte der Steuerkopf die Verbindung her, hinten jeweils Flachprofile zur Aufnahme des Hinterachsgetriebes auf der einen Seite sowie der Achsverschraubung auf der anderen Seite. Die Telegabel übernahm man von der R 35, die Schutzbleche waren indessen etwas verkleinert worden.

Der Motor der R 20 besaß nur noch entfernte Verwandtschaft zu seinem Vorgänger. Die Zylinderdimensionen lauteten 60 × 68 mm für Bohrung und Hub (R 2: 63 × 64 mm), woraus sich ein Hubraum von 190 ccm ergab; die Leistung von 8 PS entsprach der Angabe der letzten R 2-Serie. Die Anbauteile waren nun allesamt an neue Positionen gerückt; die Bosch-Lichtbatteriezündung saß vorne auf dem Stirndeckel, die Batterie unter dem Trilastic-Schwingsattel, der Werkzeugkasten oben auf dem Tank. Mit ihrer modernen Linienführung wußte die neue 200er BMW auf Anhieb zu gefallen, und der Preis war mit zunächst 725 Reichsmark gegenüber der letzten R 2 sogar noch gesenkt worden. Die enorme Wirtschaftlichkeit dieses Motorrads war schon fast sprichwörtlich, der Benzinverbrauch lag in der Tat zwischen 2,5 und 3 Liter auf 100 km. Es erscheint daher kaum verwunderlich, daß allein im Jahr 1937 bereits 3153 Exemplare der BMW R 20 verkauft werden konnten, was genau einem Viertel der sechs Modelle umfassenden Gesamtproduktion entsprach.

Nun wurden aber im November 1937 neue Vorschriften erlassen. Diese erste deutsche Straßenverkehrs- und Straßenverkehrs-Zulassungs-Ordnung (StVO und StVZO) trat am 1. Januar 1938 in Kraft und brachte auch eine neue Führerschein-Regelung mit sich. Ohne Führerschein durfte man nur noch die 98-ccm-»Mofas« fahren, bis 250 ccm dagegen reichte die einfache Fahrerlaubnis der Klasse IV aus. So fiel also die attraktive, weil bisher führerscheinfreie 200-ccm-Kategorie für die deutschen Hersteller weg, und bei vielen Firmen wurden stattdessen 250er Modelle forciert, so auch bei BMW, wo im zweiten Halbjahr eine aufgebohrte Version der R 20 zur Verfügung stand. Diese BMW R 23 hatte 247 ccm und konnte mit einer Leistung von 10 PS aufwarten. Sie blieb bis auf den nun in die Tankoberseite eingelassenen Werkzeugbehälter – der Tankinhalt verringerte sich dabei von 12 auf 9,6 Liter – gegenüber dem Vormodell unverändert. Dieser zweiten 250er BMW nach der R 39 von 1925 war ein enormer Verkaufserfolg beschieden, 1939 kam sie gar auf eine Jahresproduktion von 6011 Stück und übertraf damit alle bisherigen BMW-Modelle.

Moderne Konstruktionen, leistungsfähige und qualitativ hochwertige Motorräder sicherten BMW nicht nur den Spitzenplatz der oberen Hubraumkategorien auf dem deutschen Markt, sondern machten das Münchner Unternehmen auch weltweit zunehmend konkurrenzfähig gegenüber so traditionellen Export-Größen wie Ariel und BSA aus England oder Harley-Davidson aus den USA. Die Sporterfolge, allen

Links oben, der neue Rohrrahmen der R 5 aus konisch gezogenen Stahlrohren mit elliptischem Querschnitt, die Einzelteile wurden verschweißt. Darunter, ein zufriedener Bauersmann mit seiner R 35. Das bewährte Einzylindermodell mit dem Preßstahlrahmen stattete man ab 1937 mit einer einfachen Telegabel ohne hydraulische Dämpfung aus.

Rechts oben, die Montage eines R 20/R 23-Rahmens in der Rahmenlehre, hier wurden die Hinterachsträger und der Steuerkopf mit den Rahmenrohren verschraubt.

voran Ernst Hennes neuester absoluter Geschwindigkeits-Weltrekord mit 279,503 km/h, trugen natürlich maßgeblich zum Weltruf der Firma BMW bei, wobei in der Popularität auch die BMW-Automobile und die Flugmotoren eine große Rolle spielten. Man sagte sich, wenn eine Firma neben diesen Produkten auch Motorräder herstellt, müssen diese schon etwas Besonderes sein.

Daß es sich indessen auch angesichts der rapide ansteigenden Absatzzahlen bei Flugmotoren und Automobilen bei den BMW-Motorrädern nicht um ein etwas zur Seite gedrängtes Nebenprodukt handelte, verdeutlichte die Produktionsstatistik auf eindrucksvolle Art und Weise. Ab 1934 lagen die Motorrad-Stückzahlen stets weit über jenen der Automobilproduktion; den Höhepunkt dieser Entwicklung markierte das Jahr 1939 mit 21 667 Motorrädern gegenüber 7610 Wagen.

Am 24. November 1938 war eine R 66 als 100 000. BMW-Motorrad vom Band gelaufen, mit der Jahresproduktion war man zu fünf Prozent an der Gesamtstückzahl aller in diesem Jahr in Deutschland hergestellten Motorräder – 1937 waren dies 327 580 Stück – beteiligt. Bei BMW lag dabei der Schwerpunkt nicht wie bei den anderen Firmen auf den kleineren Modellen: die Hälfte der Produktion umfaßte die Zweizylinder mit 500, 600 und 750 ccm Hubraum.

Die Beibehaltung des hohen Qualitätsstandards lag den Bayerischen Motoren Werken stets sehr am Herzen. Rudolf Schleicher sann als Technischer Direktor immer wieder nach neuen Möglichkeiten innerhalb der Fertigungskontrolle und setzte strenge Maßstäbe sowohl in der Teilefertigung als auch bei der Endmontage an. So wurde beispielsweise jeder 200. Motor aus der Produktion entnommen und in der

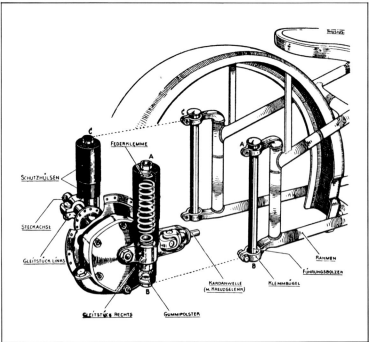

Oben, eine weitgereiste 250er BMW 1938 in Südwest-Afrika. Der Fahrer aus Hannover baute auf die Zuverlässigkeit des 10-PS-Motorrads.

Rechts, die Einzelteile der 1938 bei BMW eingeführten Hinterrad-Federung. Trotz des begrenzten Federwegs erhöhte sich der Fahrkomfort.

Versuchsabteilung zerlegt, um an ihm alle Einzelheiten, wie Passungen oder Laufspiele, nachzumessen. Aber auch das Entwicklungsprogramm wurde nach den zahlreichen Neuerungen der letzten Jahre keineswegs vernachlässigt. Es arbeiteten jetzt 15 Mann an neuen Konstruktionen und Detailverbesserungen, wobei man auch des öfteren Aufgaben aus der Automobilabteilung übernehmen mußte. Nach dem Weggang des bisherigen Konstruktionschefs Riedl leitete ab 1936 Alfred Böning diese Abteilung, seinen Aufgabenbereich – Fahrgestell und Getriebe – übernahm sein bisheriger Assistent Alexander Freiherr von Falkenhausen. Dieser hatte einige Jahre zuvor bereits die Aufmerksamkeit der BMW-Leute auf sich gelenkt, als er neben seinem Studium an der Münchner Technischen Hochschule mit großem Erfolg Zuverlässigkeitsfahrten und Geländeprüfungen bestritt und den BMW-Fahrern mit seiner englischen Calthorpe zu schaffen machte. Man bot ihm zunächst einen Fahrervertrag für die BMW-Geländemannschaft an, übernahm den 26jährigen frischgebackenen Diplom-Ingenieur jedoch schließlich am 1. Mai 1934 als Mitarbeiter der Konstruktionsabteilung.

Nach der Einführung der Telegabel, des Rohrrahmens und der fußgeschalteten Viergangetriebe galt v. Falkenhausens Hauptaugenmerk einer weiteren Steigerung des Fahrkomforts und vor allem der Fahrsicherheit. Den weiteren Weg in diese Richtung hatten die im internationalen Rennsport engagierten Firmen Moto Guzzi, Norton und Velocette mit der Einführung der Hinterradfederung an ihren Rennmaschinen gewiesen und im Gegensatz zu derartigen Konstruktionen aus der Zeit vor dem 1. Weltkrieg waren die Rohrrahmen nun so stabil ausgelegt, daß die Federungsvorrichtungen keine Unruhe mehr ins Fahrwerk brachten, sondern die Straßenlage verbesserten.

Das Bestreben des Konstrukteurs v. Falkenhausen lag darin, den gerade erst eingeführten Rohrrahmen der R 5 mit möglichst geringem Aufwand umzubauen. Er hatte die Idee, die Antriebsgehäuse-Halterung wegzulassen und den Rohrbogen auf der linken Seite auf gleicher Höhe abzutrennen; dort wurden vertikale Rohrverstärkungen angeschweißt und an Auslegern oben und unten die Hinterrad-Geradwegfederung befestigt. Diese Vorrichtung wurde zwar auch Teleskopfederung genannt, unterschied sich jedoch von der Teleskop-Vordergabel mit den Tauchrohren in wesentlichen Punkten: Die Steckachse war beidseitig in den Gleitstücken gelagert, und diese bewegten sich auf dem durchgehenden Führungsbolzen; abgefedert wurde die Einfederbewegung des Rades durch eine Schraubenfeder, eine Dämpfung gab es nur in Form eines Gummipolsters für die Rückschlagbewegung. Die Bezeichnung Teleskop war hier lediglich durch das Ineinanderschieben der Schutzhülsen gegeben.

Mit dieser Konstruktion stieß Alex von Falkenhausen zunächst auf eine gewisse Skepsis seitens seines Chefs Alfred Böning, doch Rudolf Schleicher veranlaßte den Bau von Versuchsmaschinen und sagte zu seinem jungen Ingenieur im Hinblick auf die bevorstehende Internationale Sechstagefahrt: »Jetzt fahren Sie mal, was sie da konstruiert haben!« Die Gelände-Etappen und Schotterwege im Schwarzwald rund um Freudenstadt bewältigte v. Falkenhausen als Mitglied der ADAC-Clubmannschaft mit seiner umgebauten BMW R 5 indessen wesentlich müheloser als die Konkurrenten mit den Starrahmen-Motorrädern. Er bewies somit auf eindrucksvolle Weise den Vorteil seiner Konstruktion. Eine verbesserte Fahrbahnhaftung und höherer Fahrkomfort, der einer frühzeitigen Ermüdung des Fahrers entgegenwirkte, bot natürlich auch im Kampf um immer schnellere Rundenzeiten auf den verschiedenen europäischen Rennstrecken ernstzunehmende Vorteile. Aus diesem Grund entschlossen sich Rudolf Schleicher und Sepp Hopf, bei der Vorbereitung der Kompressor-Werksrenner für die Saison 1937 auf v. Falkenhausens Hinterradfederungs-Konstruktion zurückzugreifen.

Gleichzeitig mit der Geradweg-Hinterradfederung durchliefen während des Jahres 1937 auch zwei neue Motoren das Erprobungsprogramm der BMW-Versuchsabteilung. Es sollten damit nun endlich die bereits seit 1928 fast unverändert gebauten 750-ccm-Aggregate abgelöst werden. Die seitengesteuerte Ausführung basierte auf dem R 6-Motor und war durch größere Zylinder (Bohrung 78 statt 70 mm) auf 745 ccm gebracht worden. Die Leistung lag mit 22 um 2 PS über der Zweivergaser-R 12, womit sich auch ein Drehzahlanstieg um 600 U/min verband. Eine ganz neue Variante stellte der ohv-Motor dar: Man hatte ihn im Hinblick auf die populäre Kategorie der sportlichen 600 ccm-Seitenwagengespanne konzipiert und somit auf die traditionelle Dreivierteliterklasse verzichtet. Mit diesem Aggregat hatte BMW nicht den erwarteten Weg einer Vergrößerung des R 5-Motors beschritten. Man wählte also nicht das Zweinockenwellen-Triebwerk, sondern vielmehr den zunächst als Seitenventiler ausgelegten Einnockenwellen-Motor der R 6 als Ausgangsbasis. Der Motorblock blieb dabei unverändert, auch die Kurbelwelle wurde beibehalten. Die Aluminium-Zylinderköpfe übernahm man geringfügig modifiziert von der R 5, die Zylinder waren jedoch neu. Der Zylinderfuß war wesentlich breiter geworden, er umfaßte wie bei der sv-Ausführung auch die Stößelführungen beziehungsweise hier die untere Halterung für die Schutzrohre. Außerdem wiesen die neuen Zylinder rosettenförmig ausgeschnittene Kühlrippen auf, womit eine bessere Wärmeabstrahlung erreicht werden sollte; in Motorradfahrerkreisen sprach man von »Igelzylindern«.

Die jeweils im Dezember übliche Neuheiten-Ankündigung betraf also diesmal vier Modelle, die dann vom 18. Februar bis zum 6. März 1938 in der Ausstellungshalle am Berliner Kaiserdamm erstmals zu besichtigen waren. Alle vier Zweizylindertypen wiesen den gleichen Rahmen mit Hinterradfederung auf, und auch die Getriebe waren identisch, wobei man gegenüber den Vorgängermodellen R 5 und R 6 den Schalthebel geändert hatte. Vorher hatte es ein Gestänge und einen vorne angeschlagenen Fußhebel gegeben, jetzt saß der Schalthebel direkt auf dem Schaltungsdeckel. Die Maschinen waren um durchschnittlich 17 kg schwerer geworden und brachten ein Leergewicht von 182 bis 187 kg auf die Waage.

Während R 51 und R 61 gegenüber R 5 und R 6 um 45 Reichsmark teurer geworden waren, sah es in der »Oberklasse« günstiger aus. Die neue seitengesteuerte 750er, die R 71, kostete 1595 Reichsmark und war damit um 35 Mark billiger als die nur noch für das Militär gebaute R 12. Die 30 PS starke und fast 150 km/h schnelle R 66 – im Katalog mit der Bezeichnung »Beiwagensport« versehen – war nur 100 Reichsmark teurer und lag damit um 280 Mark unter der R 17, von der 1937 ohnehin nur noch 134 Exemplare einen Käufer gefunden hatten. An der Ausstattung der Motorräder hatte sich nur wenig geändert; auf Wunsch konnte man eine Handschaltung mit einem Hebel im rechten Kniekissen am Tank bekommen, ebenso kürzere Hinterachs-Übersetzungen für Beiwagenbetrieb, wobei die R 66 und R 71 länger übersetzt waren als R 51 und R 61 (im Solobetrieb 1:3,6 gegenüber 1:3,89).

Das neue BMW-Fahrwerk erntete überall großes Lob. Graham Walker, der berühmte Chefredakteur der englischen Fachzeitschrift *Motor Cycling*, berichtete, daß eine Fahrt über holprige Straßen den selben Eindruck vermittelte, als ob man mit einem Starrrahmenmodell auf ebener Fahrbahn unterwegs wäre. Die Straßenlage wurde als perfekt bezeichnet, es gab kein Wackeln in den Kurven, man fühlte sich so sicher wie auf Schienen. Dabei blieb die BMW wendig und leicht zu fahren. Die Aussagen Walkers hatten nicht nur in England Gewicht; der frühere Rennfahrer, einer der erfahrensten Männer in der gesamten Branche, war dafür bekannt, daß er mit überschwenglichem Lob eher sparsam umging. Und gerade die Aussagen eines Testers wie Walker, der hervorragende englische Fahrwerke gewohnt war, rückten die Qualitäten der neuen BMW-Modelle in ein ganz besonderes Licht.

Im Oktober 1938 veröffentlichten auch die deutschen Fachblätter *Motor und Sport* und *Das Motorrad* ihre Erfahrungsberichte mit den hinterradgefederten BMW-Motorrädern. Detailliert schilderte der bekannte Fachjournalist Gustav Mueller seine Erlebnisse mit der R 71, die er seit dem Frühjahr auf insgesamt 11 000 km bewegt hatte. Er stellte dabei besonders den enormen Durchzug aus den unteren Dreh-

Links unten, die Draufsicht auf eine R 71, deutlich ist der für den Boxermotor typische Zylinder-Versatz zu erkennen.

Unten, eine R 51 als Werks-Geländemaschine. Außer der Ölwannen-Schutzplatte fällt die Verwendung der „Igel-Zylinder" auf.

zahlen heraus. Im Verein mit dem komfortablen Fahrverhalten ließen sich mit dieser seitengesteuerten 750er bei Langstreckenfahrten hohe Reiseschnitte erzielen, die Höchstgeschwindigkeit wurde mit 131 km/h gemessen, und der Kraftstoffverbrauch belief sich auf 4,5 bis 5,3 Liter pro 100 km, je nach Fahrweise.

Das Hauptinteresse der Motorradkäufer blieb indessen auch weiterhin auf das 500-ccm-Modell gerichtet. Die Tourenqualitäten der gleichteuren R 71 fanden nur wenig Beachtung, leistungsmäßig war dieses Motorrad der quicklebendigen R 51 auch etwas unterlegen. Die beiden seitengesteuerten Modelle wurden dagegen von den Behörden, insbesondere von der Polizei, bevorzugt. Ein etwas untergeordnetes Dasein fristete das stärkste Modell im Programm: Die R 66 wurde keineswegs als Topmodell angeboten, sondern als technisch aufwendige Gespannmaschine, was auch der damals üblichen Klasseneinteilung entsprach. Hubraumstarken Maschinen über 500 ccm haftete stets der Tourencharakter an, das sportliche Image blieb den 500ern und 350ern vorbehalten.

Die 500er BMW sorgte in den Jahren 1936 bis 1939 für viele Schlagzeilen, als es der Werksmannschaft endgültig gelang, mit den Kompressor-Rennmaschinen die Konkurrenz auf den europäischen Rennstrecken zu überflügeln. Maßgeblich daran beteiligt war der bisherige Geländespezialist Schorsch Meier, der in seiner ersten Saison als Straßenrennfahrer mit der über 200 km/h schnellen Maschine erstaunlich gut zurecht kam und nicht weniger als vier Grand Prix-Rennen gewann. Zusätzlich zu dem im Vorjahr erzielten absoluten Weltrekord hatte BMW den Europameistertitel im Straßenrennsport errungen. Für die ganz große Sensation sorgte Meier dann im Juni 1939, als er das schwerste und prestigeträchtigste Rennen der Welt gewann, die Senior-TT auf der Insel Man in der Irischen See. Vor ihm war es noch keinem Ausländer auf einer ausländischen Maschine gelungen, dieses Rennen der Halbliterklasse zu gewinnen. Dieser Sieg hinterließ einen nachhaltigen Eindruck in der gesamten Motorradwelt, insbesondere in England war man fassungslos angesichts der ungeheuren Leistung des deutschen Kompressormotors. Dabei lag Meiers BMW mit einer Leistung von 55 PS nur knapp über den kompressorlosen Einzylindern von Velocette und Norton (42 PS); das Zweizylindermotorrad war allerdings um etwa 20 kg leichter als jene und hatte darüber hinaus als einziges Modell eine hydraulisch gedämpfte Vordergabel.

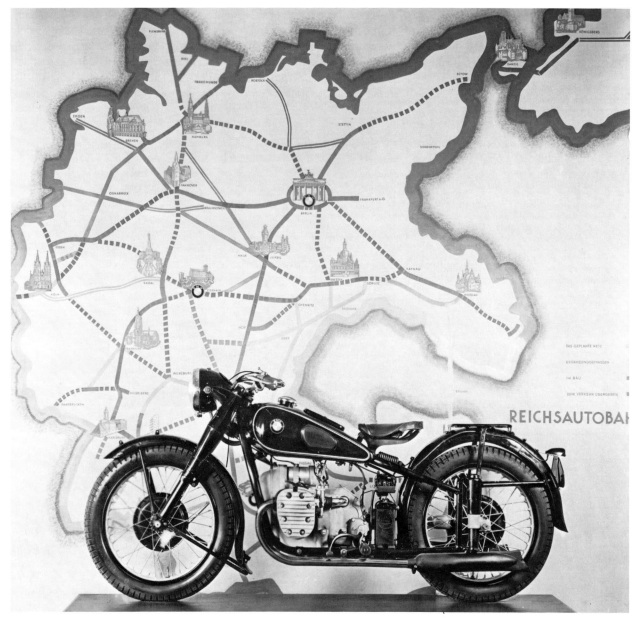

»Die BMW R 71, 750 ccm, 22-PS-Tourenmaschine, das ideale Fahrzeug für die Reichsautobahnen.« BMW-Pressetext vom 1. Februar 1939.

Während das Werksrennteam von Sieg zu Sieg eilte, vermehrten sich in der Saison 1939 zugleich auch die Erfolge der BMW-Privatfahrer, denen nun ein vielversprechendes Fahrzeug zur Verfügung stand. Im Vorjahr hatte es noch einmal eine Kleinserie einer leicht überarbeiteten Standard-500er gegeben; diese R 51 SS unterschied sich vom 1937er-Modell nur durch die neue Hinterradfederung. Die R 51 RS hingegen sah schon fast wie die Werksmaschinen aus, nur hatte sie natürlich keinen Königswellen-Kompressormotor, sondern vielmehr ein überarbeitetes ohv-Aggregat. Rahmen und Gabel stammten aus der Serienfertigung, es wurden jedoch größere Räder (Bereifung: 3,00 × 21 vorne, 3,25 × 20 hinten), ein 22 l-Renntank, ein flacher Rennlenker, schmale Schutzbleche, zurückverlegte Fußrasten und ein Rennsattel samt Sitzkissen („Rennbrötchen") montiert; auf die Bremstrommeln hatte man Kühl- und Versteifungsringe aufgezogen. Als Ausgangsbasis für den RS-Motor diente das R 51-Aggregat mit seinen zwei Nockenwellen, die Steuerkette machte jedoch einem Stirnradsatz Platz. Die Batteriezündung mit dem Verteiler unter dem Stirndeckel hatte einem Bosch-Rennmagneten weichen müssen, der oben in der Lichtmaschinen-Halterung Platz fand, und außerdem verwendete man „Igel-Zylinder", ähnlich jenen der R 66-Serie. Höhere Kolbenböden brachten ein erhöhtes Verdichtungsverhältnis, bearbeitete Kanäle und größere Ventile einen besseren Gasdurchsatz, womit die Leistung schließlich auf 36 PS gesteigert werden konnte. Mit einer geänderten Getriebeabstufung lief die 148 kg (Trockengewicht) schwere R 51 RS 175 bis 180 km/h. Sepp Stelzer zeichnete für den Aufbau dieser 20 Exemplare verantwortlich; sie wurden nur an ausgewählte und besonders erfolgversprechende Privatfahrer verkauft, auf die man während der Saison ein Auge haben würde, um sie vielleicht später in die Werksmannschaft aufzunehmen. Das Ganze lief ohne viel Aufhebens ab. BMW wollte jedes Aufsehen vermeiden und hätte weitere Anfragen nach RS-Modellen aus Kapazitätsgründen ohnehin nicht befriedigen können.

Im 16. Jahr ihrer Motorradproduktion konnten die Bayerischen Motoren Werke 1939 einen vorläufigen Höhepunkt verzeichnen. Die technische Weiterentwicklung war seit vier Jahren in mächtigen Schritten vorangetrieben worden, die Produktion hatte sich im gleichen Zeitraum verdoppelt. Der Anteil der Militärlieferungen war dabei ebenfalls stark angestiegen, und es befand sich nun auch ein speziell für die Wehrmacht konzipiertes Motorrad in der Entwicklung. Die Entwicklungskapazität für zivile Modelle war dadurch natürlich eingeschränkt, doch wurde das mittlerweile sechs Motorradtypen umfassende BMW-Programm ohnehin den meisten Ansprüchen gerecht, eine Erweiterung kam weder nach unten noch nach oben in Frage. Lediglich die R 35 fiel dabei etwas aus der Reihe: Mit ihrem Preßstahlrahmen und der einfachen Telegabel bildete sie das Schlußlicht unter den deutschen 350ern. Die Zündapp DS 350 oder die Victoria KR 35 konnten mit besseren Fahrleistungen und modernerem Äußeren aufwarten. Man war sich bei BMW über diese Situation im klaren und beschäftigte sich deshalb nicht nur mit dem Wehrmachtsmotorrad, sondern auch mit einer Neuentwicklung für die Mittelklasse.

Im Winter 1938/39 entstanden die ersten Versuchsmaschinen mit einem neu entworfenen Fahrwerk. Vorne fand die hydraulisch gedämpfte Telegabel aus dem Zweizylinderprogramm Verwendung, hinten die Geradwegfederung gleicher Herkunft. Der Rohrrahmen war indessen nicht verschweißt, sondern verschraubt, allerdings stärker dimensioniert als bei der R 23. Ebenfalls neu waren Radnaben und Bremsen, wobei vorne eine Bremsankerplatte aus Preßstahl Verwendung fand. Der Motorblock ähnelte dem der 250-ccm-Maschine, das Getriebe stellte allerdings eine neue Viergang-Ausführung mit Längs-Kickstarter dar. Recht ungewöhnlich sah der Zylinderkopf aus: Man hatte hier die Bauprinzipien der luftgekühlten Flugzeug-Sternmotoren übernommen, weshalb sowohl der Vergaser als auch der Auspuff an der Rückseite angeflanscht waren; zwischen den beiden Kanälen liefen die Stoßstangen, die Zündkerze saß auf der Vorderseite. Im Versuchsbetrieb ergaben sich mit dieser Motorenbauart keine besonderen Vorteile, im Gegenteil: Störend war die hochliegende Auspuffanlage. Man hatte diesen Einzylindermotor erstmals in Gummi gelagert, um die Vibrationen zu mindern, was zwar auch gelang, doch auf Kosten eines arg im Rahmen wackelnden Aggregats. Ungeachtet eines guten Verkaufserfolges, waren die BMW-Techniker mit den Einzylindern ohnehin nicht so recht glücklich, die Laufruhe der Boxermotoren konnte mit diesen Motoren niemals erreicht werden. Und so hatte man bei den Vorüberlegungen zur neuen 350er BMW auch einen neu zu konstruierenden Zweizylindermotor in Betracht gezogen, was nun nach den weniger befriedigenden Ergebnissen mit dem »Hornet«-Kopf (nach den BMW-Hornet-Flugmotoren benannt) in den R 36-Prototypen auch zum Tragen kommen sollte. Mit dem Kriegsausbruch am 1. September 1939 änderte sich jedoch die Situation ganz erheblich. Volle Konzentration auf das Militärmotorrad wurde verlangt, damit es schnellstmöglich in Produktion genommen werden konnte.

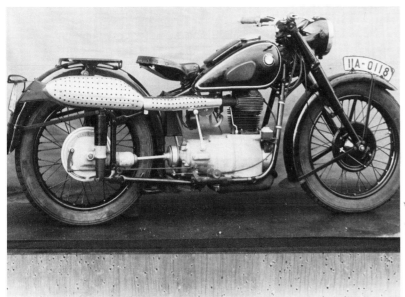

Links und unten, der R 36-Prototyp von 1939 mit einem aus der Flugmotoren-Entwicklung entlehnten Zylinderkopf und gummigelagertem Motor.

BMW-Motorräder im Militärdienst

An die Polizei- und Militärdienststellen hatte BMW seit jeher große Stückzahlen geliefert. Bei Kriegsbeginn stieg der Motorrad-Bedarf sprunghaft an, und es wurden besondere, ganz auf militärische Einsatzbedingungen zugeschnittene Fahrzeuge verlangt.
Die weitere Kriegsentwicklung und der Ausbau der Flugmotoren-Aktivitäten beschieden dem Motorradbau bei BMW jedoch ein vorzeitiges Ende.

Mit der R 42 und auch der sportlichen R 47 hatten im Jahre 1928 die ersten größeren Lieferungen von BMW-Motorrädern an die Behörden begonnen. Der österreichische Importeur Skorpil in Wien hatte allein 62 R 47 für die österreichische Polizei bestellt. Nach eingehenden Erprobungen der BMW-Motorräder entschloß sich im gleichen Jahr auch die deutsche Reichswehr zum Ankauf der inzwischen als Inbegriff der Zuverlässigkeit geltenden Motorräder aus München-Milbertshofen; man erhob die R 52 und kurz darauf die 750-ccm-Version R 62 zur Standardausrüstung und orderte in großen Beschaffungseinheiten von jeweils mehreren hundert Exemplaren, die mit bereits fertig montierten Seitenwagen ausgeliefert wurden. Dabei berücksichtigte man neben der BMW nahestehenden Firma Royal auch die Produkte von Steib in Nürnberg und Stoye in Leipzig. Mit diesen Gespannen sollte in der Armee in den kommenden Jahren eine ganz neue Abteilung geschaffen werden, die durch ihre Motorisierung enorm beweglichen Kradschützen, eine schnelle Eingreif-Truppe der Infanterie.
Darüberhinaus dienten die Motorräder natürlich auch als Verbindungsfahrzeuge für Kuriere und für die im Ersten Weltkrieg von den Engländern erstmals im großen Stil eingesetzten Kradmelder, eine willkommene Ergänzung der Aufklärungseinheiten. Zahlreiche Solomaschinen gingen auch an die Polizei, an Zoll und Reichspost, hier auch zum Telegraphendienst oder zur Fernmeldeanlagen-Instandhaltung als Streckenfahrzeuge. Sehr begrüßt wurden von den Militärdienststellen die 1929/30 eingeführten stabilen Preßstahlfahrwerke, die sich den harten Einsatzbedingungen besser gewachsen zeigten als die Rohrrahmen. Es waren jedoch schon sehr viele R 52 und R 62 im Betrieb, so daß vorerst nur noch Ergänzungen mit der neuen R 11 durchgeführt wurden. Die Situation änderte sich jedoch bald. Noch im Herbst 1933 hatte die neue Regierung die Wiederaufrüstung Deutschlands beschlossen, womit man zwar die Bedingungen des Friedensvertrages von Versailles eindeutig verletzte, jedoch auch vom Ausland nicht gehindert wurde. Die bisher auf eine Truppenstärke von 100 000 Soldaten beschränkte Reichswehr sollte stufenweise zu einer »Wehrmacht« ausgebaut werden; das damit verbundene Beschaffungsprogramm für Rüstungsmaterial lief im Jahre 1934 auf allen Gebieten an. Von den Bayerischen Motoren Werken sollten vorrangig Flugmotoren geliefert werden. Doch es wurden auch Automobile und Motorräder in die Erprobung der neuen Waffenämter genommen. Der erste Großauftrag über Motorradlieferungen bezog sich auf das Einzylindermodell R 4, das schon seit seinem Erscheinen im Jahre 1932 auf Gefallen bei verschiedenen Dienststellen, darunter vor allem der Polizei, gestoßen war; besonders positiv wurde die gegenüber den Konkurrenzfabrikaten erhöhte Geländetauglichkeit bewertet. Die BMW R 4 avancierte somit zur Standard-Ausbildungsmaschine der neuen deutschen Wehrmacht, der hohe Stand der Schulungen wurde mit der erfolgreichen Teilnahme der Heeres-Kradfahrer bei zahllosen Geländewettbewerben eindrucksvoll unter Beweis gestellt. Insgesamt dürften in den Jahren 1933 bis 1936 über 8000 R 4 an die Wehrmacht und andere Dienststellen geliefert worden sein.
Auf dem Sektor der Militär-Gespanne hatte BMW Konkurrenz durch die Firma Zündapp in Nürnberg bekommen, wo man seit 1933 ebenfalls Gespannmotorräder mit Boxermotoren und Preßstahl-Fahrwerken produzierte. Insbesondere das Modell K 500 hatte sich in den Erprobungen der BMW R 11 überlegen gezeigt, auch die K 800 mit ihrem seitengesteuerten Vierzylinder-Boxermotor wurde als schwere Gespannmaschine mit laufruhigem, kräftigem Motor in Dienst gestellt. Als dann BMW 1935 mit der R 12 und damit der neuen Teleskop-Vordergabel auf den Markt kam, nahmen auch bald die Bestellungen wieder zu, denn zum einen war nun der Bedarf an zusätzlicher Ausrüstung durch die am 16. März eingeführte allgemeine Wehrpflicht enorm gestiegen, und zum anderen wies dieses neue Modell eine ganze Reihe weiterer wichtiger Verbesserungen auf. Es gab eine verstärkte Kurbelwelle (für die Behördenausführung behielt man die Einvergaser-Ausführung und Magnetzündung im Gegensatz zum Zivilprogramm

auch weiterhin bei), das Getriebe hatte nun endlich vier Gänge bekommen, und durch die Verwendung einer Trommelbremse am Hinterrad waren die Räder untereinander auswechselbar. Somit war der Abstand zur Zündapp-Konstruktion wieder aufgeholt, und man konnte mit der zunächst skeptisch aufgenommenen, jedoch enorm zuverlässigen und vor allem bruchsicheren Teleskopgabel sogar einen neuen Vorteil für sich verbuchen. Das Leistungsmanko gegenüber der 750-ccm-BMW glich Zündapp zwei Jahre später mit einem obengesteuerten 600-ccm-Motor aus; die KS 600 leistete ganze 28 PS und wurde damit zur leistungsfähigsten Gespannmaschine der Wehrmacht. Aber auch dieses Motorrad war den gesteigerten Anforderungen nur bedingt gewachsen; für den universellen Einsatz der nunmehr forcierten Kradschützen-Einheiten wurde eine wesentlich bessere Geländetauglichkeit der Gespanne verlangt, ebenso eine höhere Zuladung. Dies konnten die bisher angeschafften Fahrzeuge nicht erfüllen, handelte es sich doch dabei um durchweg kaum veränderte Serienmodelle aus der Zivilproduktion.

Das Oberkommando des Heeres (OKH) sah sich im November 1937 veranlaßt, eigene Konstruktionsrichtlinien an die Motorradhersteller herauszugeben. Man hatte 500 kg Zuladung für das Gespann vorgesehen, eine Vereinheitlichung der 16-Zoll-Bereifung mit dem in Vorbereitung befindlichen Volkswagen, eine Mindest-Bodenfreiheit von 150 mm, eine Höchstgeschwindigkeit des voll beladenen Fahrzeugs von 95 km/h, eine Autobahn-Dauergeschwindigkeit von 80 km/h sowie ein Fahrbereich von 350 km. Nach der Vorstellung erster Versuchsmuster auf der Basis vorhandener Motorräder kamen im Sommer 1938 noch weitere Forderungen seitens der Wehrmacht hinzu: Man wollte ein angetriebenes Seitenwagenrad und einen Rückwärtsgang im Getriebe. Damit sah man sich bei BMW wie auch bei Zündapp gezwungen, ein spezielles schweres Heereskrad von Grund auf neu zu entwickeln.

Zur gleichen Zeit wurden jedoch auch die Militäraufträge für die bisherigen Modelle wesentlich erweitert. Die R 35 als Nachfolgerin der R 4 wurde weiterhin mit mehr als 3000 Stück pro Jahr als Ausbildungs- und Kuriermaschine ausgeliefert. Von der R 12, die seit Anfang 1938 nicht mehr im Zivilprogramm geführt wurde, verließen 1938/39 sogar knapp 9000 Exemplare die Milbertshofener Werkshallen; mit diesem Modell wurde übrigens nicht nur die deutsche Armee beliefert, sondern auch die Heeresverwaltungen Griechenlands und Rumäniens, Bulgariens und der Niederlande, kleinere Stückzahlen gingen sogar nach Südamerika und China.

Wenngleich diese Lieferungen einen wesentlichen Bestandteil der BMW-Motorradproduktion darstellten, so lag der Schwerpunkt der

Einen imposanten Anblick bietet diese Lieferung von 120 R 52 für die Reichswehr.

von der Rüstungsplanung den Bayerischen Motoren Werken zugedachten Aufgaben eindeutig auf dem Flugmotorensektor. Und hier hatte sich in der zweiten Hälfte der dreißiger Jahre eine ganz neue Entwicklung für das Unternehmen angebahnt. Der erste Schritt war mit der Ausgliederung der diesbezüglichen Aktivitäten in eine Tochtergesellschaft, der BMW Flugmotorenbau Gesellschaft m.b.H., schon im Jahre 1934 vollzogen worden. Nachfolgend wurden sowohl die Kapazitäten in Milbertshofen durch Erweiterungsbauten vergrößert als auch in Eisenach ein separates Flugmotorenwerk, genannt Dürrerhof, errichtet. Ein weiteres Werk entstand in München-Allach, am nordöstlichen Stadtrand gelegen; es diente zunächst als Reparaturwerk für Flugmotoren, um unmittelbar nach Kriegsbeginn zu einer riesigen Fabrikanlage erweitert zu werden. In den Hochwald hatte man zügig Halle um Halle gestellt und natürlich auch Prüfstände, Unterkünfte für die Arbeiter und alle weiteren Einrichtungen, die schließlich zu einer »Stadt« im Wald führten; im Jahre 1944 waren in Allach nicht weniger als 17313 Menschen beschäftigt. Vom September 1938 an arbeitete

Ganz oben, im Herbst 1941 lief die 35 000. R 12 vom Band, sie war von 1938 bis 1942 ausschließlich als Militärmodell gebaut worden.
Links, der Prototyp R 72 von 1939 mit Seitenwagenantrieb und Rückwärtsgang.
Unten, die Versuchsausführung des 750 ccm-ohv-Motors mit abgewandelten R 66-Zylindern und -Köpfen aus dem Jahre 1940.

BMW auch mit den Brandenburgischen Motorenwerken (Bramo) zusammen, um sie schließlich ein Jahr später ganz aus der Muttergesellschaft, der Siemens AG herauszulösen. So wurde also die BMW AG zu Kriegsbeginn den Anforderungen des Reichsluftfahrtministeriums gerecht, eine wesentliche Erweiterung des Flugmotorenbaus vorzunehmen. Generaldirektor Franz Josef Popp hatte man die Verantwortung über einen enorm vergrößerten Konzern übertragen.
Als einer der erfahrensten Männer der Flugmotorenindustrie versuchte Popp mit BMW seine eigenen Wege innerhalb der Rüstungsindustrie zu gehen. Da er bei technischen Entscheidungen schon oft Recht behalten hatte, wollte er sich nicht von den Behörden gängeln lassen. Er widersetze sich über lange Zeit hinweg mit aller Macht den Plänen, BMW vollkommen in die Flugmotorenbranche zu integrieren und ließ trotz Verbots die Fahrzeugentwicklung auch nach Kriegsbeginn weiterlaufen. Im Sommer 1942 kam es darüber zu einer letzten Auseinandersetzung mit dem Chef des RLM, Generalmajor Erhard Milch, mit

der Folge, daß Popp in Pension geschickt wurde. Schlimmeres hatte der BMW-Aufsichtsratsvorsitzende Emil Georg von Stauss gerade noch verhindern können.

Vor diesem Hintergrund war ab 1938 die Weiterentwicklung auf dem Automobil- und Motorradsektor bei BMW vor sich gegangen. Die Wagenpalette wurde mit einer vergrößerten Limousine und einem 3,5-Liter-Sechszylindermotor ergänzt, neue Motoren und Karosserien befanden sich im Konstruktionsstadium, und im April 1940 konnte man mit vier Sportwagen sogar noch einen internationalen Rennerfolg bei der Mille Miglia in Italien feiern. Nach einem ersten Auslieferungsstopp für Zivilfahrzeuge am 3. September 1939, also drei Tage nach Kriegsbeginn, wurde auf Bestellungen der Militärdienststellen hin in Eisenach bis ins Jahr 1941 in kleinen Stückzahlen weiterproduziert.

In Zusammenarbeit mit verschiedenen deutschen Firmen hatte man bereits vor dem Krieg einen Kübelwagen mit Allradantrieb und Allradlenkung hergestellt, der jedoch nicht in großem Umfang zum Einsatz kam. In der Motorradentwicklung setzte man nach Bekanntwerden einer engen Zusammenarbeit von Zündapp mit dem Heeres-Waffen-amt im Hinblick auf das gewünschte Wehrmachts-Motorrad alles daran, ein Konkurrenzmodell auf die Räder zu stellen. Die Arbeiten an der neuen 350-ccm-Maschine wurden eingestellt, die gesamte Konstruktionsabteilung um Alfred Böning und Alex von Falkenhausen befaßte sich ab Winter 1938/39 nur noch mit dem Militärmodell. Beim Entwurf des Rahmens behielt man das Grundkonzept aus dem 350er-Projekt bei, wobei jedoch dieser verschraubte Rohrrahmen ohne Hinterradfederung ausgeführt wurde. Man ging noch einen Schritt weiter und teilte die Unterzugsrohre vorne unter den Zylindern, sie ließen sich damit demontieren, und nach dem Lockern der Verschraubungen des Rahmenhecks unter dem Sattel konnte das untere Rahmenteil komplett abgesenkt werden, womit sich der Motor leicht ausbauen ließ. Der Motor wurde von der R 71 übernommen. Vollkommen neu entstand hingegen das Getriebe, das mit Rückwärtsgang ausgestattet werden mußte; ebenfalls neu gestaltet wurde der Hinterachsantrieb, dem man einen zuschaltbaren Seitenwagen-Antrieb hinzufügte. Eine solche Vorrichtung hatte Sepp Stelzer schon einmal im Februar 1933 bei einer Winterfahrt ausprobiert und die verschneiten Bergstraßen damit sehr gut bewältigt. Auch Ernst Hennes Seitenwagen-Rekordmaschine von 1934 hatte man mit einem Beiwagenantrieb versehen gehabt.

Erste Versuchsfahrzeuge standen im Sommer 1939 zur Verfügung. Doch bald zeigte sich ein gravierender Schwachpunkt an diesen R 72 genannten Prototypen. Ihr seitengesteuerter Motor bekam bei längerer niedertouriger Fahrt im Geländeeinsatz Hitzeprobleme, es begannen sich die Stößelführungen der Auslaßseite zu lockern. Aber es sollte noch schlimmer kommen. Bei den Versuchen der Erprobungsstelle 6 des Heeres-Waffenamts zeigte sich die BMW den Zündapp-Versuchsmodellen weit unterlegen, und es wurde BMW nahegelegt, die Zündapp-Konstruktion zu übernehmen. Damit war man in München natürlich ganz und gar nicht einverstanden und machte sich noch einmal an die Arbeit, wobei jedoch die Zeit drängte. Am Fahrwerk der BMW gab es nichts zu ändern. Im Vordergrund stand deshalb der Motor, der nicht nur in eine ohv-Ausführung umgebaut werden mußte, sondern auch in den Nebenaggregaten modifiziert werden sollte. Der Stirndeckel wurde geändert, es fiel die Abdeckhaube weg, und außen auf dem verschraubten Räderkastendeckel wurde die bei Zündapp ebenfalls verwendete Noris-6-Volt-Lichtmaschine montiert. Am früheren Platz der Lichtmaschine, oben auf dem Kurbelhaus, wurde der Noris-Zündmagnet untergebracht, dieser hatte erstmals eine automatische Fliehkraftverstellung des Zündzeitpunkts aufzuweisen, so daß der Handhebel am Lenker überflüssig war.

In der ersten Erprobungsphase des neuen Motors verwendete man Zylinder und Köpfe der R 66, doch eine neukonstruierte 750-ccm-Version befand sich in Vorbereitung, deren auffälligstes Unterscheidungsmerkmal die zweigeteilten Ventildeckel waren. Wichtiger war jedoch die Änderung unter den durch eine Spannpratze gehaltenen Deckeln: Die Schmierung des Ventilmechanismus war nun in den Ölkreislauf miteinbezogen. Wie bei den BMW-Einzylindern und der zweiten Serie der R 66 kam das Öl durch die Stoßstangen-Schutzrohre in die Zylinderköpfe und lief durch eine Rücklaufbohrung im Zylinder in das Kurbelhaus zurück. Die gesamte Motorenentwicklung wurde bei BMW in der kurzen Zeit von nur vier Monaten bewältigt, wobei als großes Problem schließlich noch die vom Heereswaffenamt geforderte Leistungsbegrenzung hinzugekommen war. Die im Versuchsbetrieb verwendeten Motoren hatten alle um die 30 PS, verlangt war jedoch eine Beschränkung auf 26 Pferdestärken, um mit dem dazugehörigen niedrigen Verdichtungsverhältnis im Bedarfsfall auch mit synthetisch erzeugtem Kraftstoff fahren zu können. Eine weitere Forderung lag in der Vereinheitlichung gewisser Bauelemente bei den Entwicklungen von BMW und Zündapp. So übernahm man in München den permanenten Seitenwagenantrieb mit Drehmomentausgleich über ein Planetengetriebe sowie die zuschaltbare Differentialsperre für starren Durchtrieb beider angetriebenen Räder. Am Seitenwagen und am Hinterrad wurde ferner die von Zündapp entworfene hydraulisch betätigte Trommelbremse übernommen; am Vorderrad erwies sich die Bowdenzug-Betätigung als ausreichend. Neben zahlreichen gemeinsamen Weiterentwicklungen kam die von BMW aus den Rennmaschinen her bekannte geradlinige Einspeichung mit ungekröpften Doppeldickend-Speichen zum Einsatz, zusammen mit den entsprechenden Naben wurden die Räder dadurch wesentlich stabiler.

Erneut wurden die Versuchsmaschinen vom Heereswaffenamt eingehend erprobt. Am 20. Juli 1940 lag dann endlich die Freigabe für die beiden Gespannmotorräder vor. Die Vorbereitungen für den Serienbau sollten sich indessen noch ein weiteres Jahr hinziehen, denn es galt, erneute Änderungswünsche der Militärs zu berücksichtigen. So mußte das Getriebe nun auch mit einer Geländeübersetzung versehen, eine Anhängerkupplung entworfen und zahlreiche weitere Testprogramme durchgeführt werden. Die Truppenschule des HWA in Wünsdorf schien in dieser Zeit oft zu einem Fahrerlager eines Straßenrennens umfunktioniert zu sein, denn einige der besten deutschen Fahrer taten dort ihren Dienst, unter ihnen Schorsch Meier und Wiggerl Kraus. Es entwickelte sich ein regelrechter Pendelverkehr zwischen Wünsdorf und München; im Einsatz standen mittlerweile schon sieben R 75-Prototypen. Der Krieg hatte sich in dieser Zeit bereits erheblich ausgeweitet, am 9. April 1940 waren die deutschen Truppen in Dänemark einmarschiert, es folgte der Angriff auf Norwegen, am 10. Mai auf die Niederlande, Luxemburg und Belgien mit Zielrichtung Frankreich. Wie schon zuvor in Polen wurden die gegnerischen Armeen förmlich überrannt, das zu Hilfe geeilte englische Expeditionscorps konnte sich am 4. Juni noch aus Dünkirchen über den Ärmelkanal retten, Frankreich kapitulierte am 22. Juni. Ein Jahr danach startete Hitler seinen Angriff auf die UdSSR.

Da bei BMW die Neuentwicklungen noch immer nicht in Produktion gegangen waren – eine Tatsache, die sich in der Rüstungsindustrie nicht nur auf Motorräder beschränkte –, hatten die Waffenämter bei der Aufstockung der militärischen Ausrüstung auf bisherige Motorradmodelle zurückgreifen müssen. In München-Milbertshofen lief die

Produktion des 1939er Modellprogramms weiter, man belieferte damit neben der Wehrmacht zunächst auch andere Behördenkunden, denn bei Polizei und Reichspost bestand weiterhin Bedarf an neuen Motorrädern. So gingen zwischen dem 12. und dem 16. März 1940 allein 66 R 71 an die Münchner Polizei. Vom Waffenamt wurde jedoch energisch eine Beschränkung auf das Wehrmachtsprogramm verlangt, und so konnten ab August nur noch vereinzelt Sonderbestellungen bewältigt werden, von denen einige indessen auch von verschiedenen Wehrmachtsdienststellen stammten. Absoluten Vorrang in der Produktion hatte die R 12, sie wurde in den ersten neun Monaten des Jahres 1940 in 8073 Exemplaren ohne Seitenwagen an die Wehrmacht zum Preis von 1270 Reichsmark ausgeliefert, danach jedoch wieder mit dem bei Royal gebauten Einheitsseitenwagen zum Gesamtpreis von 1610 Reichsmark. Schier endlos zogen sich zur gleichen Zeit die Erprobungsfahrten mit den neuen Gespann-Modellen hin. Es wurden Versuche unter tropischen Bedingungen in Griechenland gefahren, an den Sandstränden wurden die Fahreigenschaften für den Wüsteneinsatz erprobt, am Katschberg in Österreich wurde eine 32prozentige Steilstrecke mit voller Zuladung bewältigt, und das sogar 100 mal hintereinander. Den letzten Eignungstest führten schließlich in der Zeit vom 10. März bis zum 6. April 1941 die Angehörigen der Lehrabteilung für Heeresmotorisierung in Wünsdorf durch, und einen Monat später gab der Abschlußbericht endlich grünes Licht für die Serienfertigung. Mitte Juni nahm man bei BMW die Produktion der R 75 auf und hatte bis September bereits 1274 Gespanne an die Truppe ausgeliefert.

In kleinen Stückzahlen lief auch die R 12 weiter. Neben der Ersatzteilfertigung wurde im Frühjahr 1942 sogar noch eine Lieferung an die portugiesische Armee genehmigt, im Mai 1942 war jedoch nach einer Bauzeit von acht Jahren mit über 36000 Exemplaren das Ende für dieses auf der ganzen Welt für seine Zuverlässigkeit hoch geschätzte Motorrad gekommen. Und zwei Monate später sollte auch die Motorradproduktion im Münchner BMW-Werk zu Ende gehen.

Das im Februar 1942 errichtete Rüstungsministerium unter Albert Speer hatte eine erhebliche Steigerung der Flugmotorenproduktion sowie eine Beschleunigung der verschiedenen Entwicklungsvorhaben verlangt, das Reichsluftfahrtministerium ordnete deshalb einschneidende Maßnahmen im BMW-Konzern an. In Eisenach hatte sich BMW nach dem endgültigen Auslaufen der Automobilproduktion im Jahre 1941 mit dem Bau von Notstromaggregaten unter Verwendung der 2,0- und 3,5-Liter-Sechszylinder sowie der Fertigung von Triebwerksverkleidungen für die von BMW komplett einbaufertig gelieferten Flugzeug-Sternmotoren beschäftigt, doch nun sollte die gesamte Motorradfertigung nach Thüringen verlagert werden. Diesen Plänen widersetzte sich nicht nur Franz-Josef Popp, der daraufhin von seinem bisherigen Stellvertreter Fritz Hille auf Anordnung vom RLM als BMW-Generaldirektor abgelöst wurde; auch der Technische Direktor der Fahrzeugabteilung, Rudolf Schleicher, protestierte. »Das ist ja Wahnsinn!« hatte er gesagt. Und auch er wurde auf besondere Weise »zurechtgewiesen«: Man verbot ihm auf Weisung des RLM vom 13. April 1942 an für neun Monate den Zutritt zu den Werksanlagen. Die Zwangs-Pensionierung des Generaldirektors und der Zwangs-Urlaub des Technischen Direktors waren die spektakulären Folgen der vollkommenen Integration in den Rüstungsapparat der Partei- und Militär-Bürokratie. Die Bayerischen Motoren Werke hatten ihre firmenmäßige Eigenständigkeit eingebüßt.

Die Motorrad-Produktion in München war im Juli eingestellt worden. Nach der Verlagerung aller Anlagen in das alte Dixi-Werk in Eisenach lief dort das Fließband für die R 75 ab Oktober 1942 auf Hochtouren.

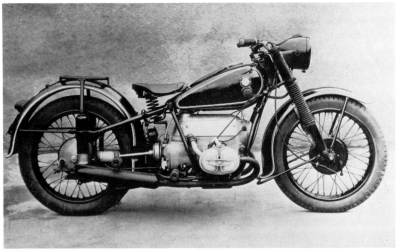

Ganz oben, Alex von Falkenhausen bei einer großangelegten Erprobungsfahrt mit dem R 75-Wehrmachtsgespann im September 1941 in Süd-Rußland.

Oben, der Prototyp einer 350-ccm-Zweizylindermaschine aus dem Jahre 1942, er trug die Bezeichnung R 31.

Es waren jedoch auch alle anderen Motorrad-Aktivitäten von Milbertshofen abgezogen worden, das Hauptlager für Ersatzteile kam ebenfalls nach Eisenach, die Motorradreparaturen wurden auf verschiedene Stützpunkte in den besetzten Ländern verteilt. Zur Teilefertigung wurden auch Zulieferbetriebe in Frankreich herangezogen. Von neuen Projekten, wie sie Alfred Böning noch im Mai auf dem Zeichenbrett hatte, konnte nicht mehr die Rede sein. Böning selbst wurde der Fertigungsoberleitung Flugmotoren überstellt und v. Falkenhausen beaufsichtigte zunächst die Qualitätskontrolle der neu angelaufenen Eisenacher R 75-Fertigung, wozu er einmal pro Woche zwischen München und Eisenach hin- und herfahren mußte.

Die enorm geländegängigen und hoch belastbaren R 75-Gespanne hatten in allen Einsatzgebieten bald größte Beliebtheit erzielt, und BMW stellte die Vorzüge dieser zweiradgetriebenen Fahrzeuge in aufwendig gestalteten Prospekten groß heraus. Man wollte damit bei den Militärdienststellen auf die Bedeutung der Motorrad-Gespanne hinweisen, um eventuellen neuerlichen Produktionsumstellungen vorzubeugen. Und diese Gefahr hatte sich aufgrund der immer umfangreicher werdenden Mängelberichte von der Ostfront bereits abzuzeichnen begonnen, weshalb sich Alexander von Falkenhausen zusammen mit Hans Sachs vom BMW-Kundendienst mit einem R 75-Gespann einer kleinen Expedition, bestehend aus Vertretern von Opel, Steyr, Bosch und anderen Zubehörherstellern in die frontnahen Gebiete Süd-Rußlands anschlossen. Am 21. August 1942 kam man nach einer achttägigen abenteuerlichen Bahnfahrt in Charkow an. Und hier konnte man schon die ersten Problem-Ursachen sehen. Die in ausreichender Zahl vorhandenen Ersatzteile fanden nur bedingt den Weg von den großen Versorgungsstellen hinaus zu den Instandsetzungstrupps im Kampfgebiet, Nachschub- und Kommunikationsschwierigkeiten legten somit schon einen Großteil der Fahrzeuge lahm. Die technischen Einzelheiten der Ausfallursachen lernten die Techniker aus der Heimat dann auf ihrer dreiwöchigen Fahrt bis hinunter zum Kaukasus-Gebirge kennen. Neben improvisierten Verstärkungen und Modifikationen fiel den Männern vor allem die ungenügende Luftfilteranlage auf. Dies hatte v. Falkenhausen bereits vor Antritt der Fahrt bedacht und seine Maschine mit einem auf dem Tank befestigten Filzbalg-Filter in einem helmartigen Blechdeckel ausgestattet. Der wunde Punkt war in der Tat die auf dem Getriebe untergebrachte Original-Anlage, die im tiefen Schlamm trotz Kapselung oft mit Schmutzwasser volllief.

Die Erfahrungen dieser Reise in die Einsatzgebiete fanden unmittelbar Eingang in die Serienproduktion, die nun in Eisenach erheblich aufgestockt wurde. In den folgenden Monaten führte die Entwicklungsabteilung in Rücksprache mit den Wehrmachtsdienststellen noch weitere Verbesserungen ein, so die Abdeckung des Gleitwegs an der Telegabel durch Gummimanschetten anstelle der Blechhülsen oder die Verwendung breiter, flacher Schutzbleche mit vergrößertem Zwischenraum über den Rädern, womit man ein besseres Vorwärtskommen im Morast erreichte.

Pro Tag liefen in Eisenach etwa 25 R 75 vom Fließband, wobei es sich hier um komplette Gespanne handelte, denn die Seitenwagen-Aufbauten wurden angeliefert. Das Bodenblech des Seitenwagenboots wurde bei Steib in Nürnberg auf einer 750-Tonnen-Presse hergestellt, die Montage teilte man zwischen Steib, Stoye in Leipzig und Royal in München auf; zu den traditionellen Seitenwagenfabriken kam noch der Werkzeugschränke-Lieferant Tabel in Creußen (bei Bayreuth) hinzu. Die Einsatzbedingungen für die offiziell als »Überschwere Wehrmachtskräder« bezeichneten Gespanne hatten sich mit der veränderten Kriegssituation gewandelt. Ab Winter 1942/43 war aus dem Angriffsfeldzug ein Verteidigungskrieg an mehreren Fronten geworden, der katastrophalen Niederlage in Stalingrad und dem damit verbundenen Rückzug an der Ostfront folgte im Sommer 1943 die erste Landung amerikanischer und englischer Verbände in Sizilien. Es wurden nun keine Motorräder mehr an die Kradschützen-Einheiten geliefert. Zunächst sollten diese aufwendigen Fahrzeuge von VW-Schwimmwagen (»Kradschützenwagen«) abgelöst werden, jedoch stattete man die Schützen zunehmend mit gepanzerten Fahrzeugen aus. Mit den verstärkt einsetzenden Bombenangriffen der Alliierten auf deutsche Städte und Industrieanlagen wurde auch die Fahrzeugproduktion mehr und mehr behindert, bis man sich schließlich im Frühjahr 1944 in Eisenach gezwungen sah, die vorhandenen Ersatzteilbestände zusammen mit den wertvollen Werkzeugmaschinen in ein Kali-Bergwerk zu verfrachten. Gleichzeitig konnte man jedoch in einem großen Reparaturwerk der Wehrmacht im rumänischen Hermannstadt durch einige ergänzende Teile-Nachfertigungen eine Montage weiterer R 75 in Gang bringen; hier wurden neben der Instandsetzung beschädigter Gespanne laufend neue Fahrzeuge hergestellt. Bis Anfang August 1944 konnte auf diese Weise auch die rumänische Armee noch 1000 R 75 übernehmen; ein Auftrag, den Wiggerl Kraus mit den rumänischen Behörden abwickelte.

Während die offizielle BMW-Motorradproduktion schließlich zum Erliegen gekommen war, entwickelte sich nur wenig später in Frankreich eine ganz neue Aktivität. Sie hatte zwar mit München und Eisenach nichts zu tun, betraf dennoch die berühmten Motorräder mit dem Boxer-Zweizylinder. Am 6. Juni 1944 hatte in der Normandie an der Küste des Ärmelkanals die Invasion der alliierten Streitkräfte begonnen. Nach einer deutschen Fehleinschätzung der Lage kam ein schneller Vormarsch in Frankreich zustande, und am 25. August wurde Paris befreit. Dort befand sich im Heeres-Kraftfahr-Park (HKP 503) eine der größten Instandsetzungswerkstätten der Wehrmacht mit einem Motorrad- und Ersatzteilbestand, dieser wurde nun zusammen mit den bei den BMW-Zulieferern vorgefundenen Teilen (R 12-Zylinder, Gabelstandrohre etc.) im Vorort Neuilly unter der Bezeichnung »Centre de Montage et de Réparation« zusammengefaßt, in der Absicht, für Armee und Polizei sofort Motorräder bereitstellen zu können. Den Franzosen gelang es schließlich auch, von Januar bis Juni 1945 etwa 300 R 12 zusammenzubauen, außerdem einige R 66 und R 71. Die Fahrzeuge bestanden komplett aus Originalteilen, man hatte lediglich das BMW-Emblem etwas verändert, ein blaues Feld war durch ein rotes ersetzt worden und um diese französische Trikolore war nun »BMW-CMR« zu lesen. Zur Neige gehende Teile-Vorräte ließen dann keine weitere Produktion mehr zu, und so wurde in Neuilly das komplette Fahrgestell der R 71 nachgefertigt, wobei man indessen keine konischen Ovalrohre verwendete, sondern herkömmliches Rundrohr. Damit ließen sich nun auch sämtliche R 75-Motorenteile aufbrauchen. An die 80 Motorräder des Typs BMW-CMR R 73 stellte man so auf die Räder. Die Franzosen hielten auch in den kommenden Jahren am Münchner Vorbild fest, und das Produkt der Nachfolgefirma CEMEC, das Modell L 7, basierte auf R 12 (Motor) und R 71 (Fahrgestell).

Parallel zur Produktionskontrolle in Eisenach und dem weiteren Versuchsbetrieb mit der R 75 beschäftigte sich Alex von Falkenhausen mit Rudolf Schleicher und der noch verbliebenen kleinen Mannschaft auch weiterhin mit neuen Motorradkonstruktionen. Zwar hatte man auch Militäraufträge, wie den Umbau eines BMW-Flugzeug-Sternmotors als Kampfpanzer-Antrieb oder die Entwicklung eines Einmann-Panzers auszuführen, aber im Verborgenen wurde dennoch laufend an Motorrädern gearbeitet. Sogar die Rennabteilung gab es noch, Sepp Hopf beschäftigte sich hier weiterhin mit seinen Messungen und Versuchsreihen. So hatte er einige Rennmaschinen ausländischer Konkurrenten zur Verfügung, die er selbst erprobte und in all ihren Einzelheiten genauestens untersuchte. Diese kleine Entwicklungsabteilung hatte inzwischen die Arbeit an dem 350-ccm-Zweizylinder-Konzept wieder aufgenommen, das man 1939 wegen der R 75 hatte einstellen müssen und konnte nun 1942/43 auf einige Neuerungen der 750er zurückgreifen. Man experimentierte mit Zylinderköpfen, die geteilte Ventildeckel und Umlaufschmierung aufwiesen. Der Motor-Getriebe-Block machte einen sehr aufgeräumten Eindruck, man war wieder zu einem zentral montierten Vergaser zurückgekehrt, und dieser saß ebenso wie Luftfilter und Lichtmaschine unter einer durchgehenden Abdeckhaube über Kurbelgehäuse und Getriebe. Der Rohrrahmen der Versuchsmaschine war ebenfalls wieder verschraubt ausgeführt, vorne verrichtete eine weiter verbesserte Teleskopgabel mit vorversetzten

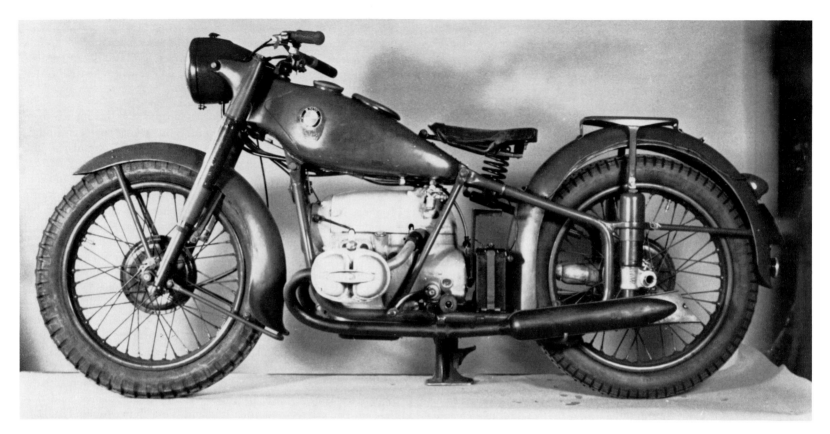

Eine interessante Weiterentwicklung am R 31-Prototyp stellte das zugleich als Benzintank ausgebildete selbsttragende Rahmen-Zentralprofil dar.

Achsklemmfäusten (wie später an der Rennmaschine), ihren Dienst, am Hinterrad gab es eine langhubigere Geradwegfederung.

Zusätzlich zu diesem Prototypen R 31 hatte man eine 500-ccm-Version gebaut, als Nachfolger zum technisch zu aufwendigen R 5/R 51-Triebwerk gedacht. Aber auch im Rahmenbau wurde eine Vereinfachung angestrebt. Nachdem die ersten beiden Versuchsfahrzeuge fertiggestellt waren, entschloß man sich, das R 75-Rahmenkonzept mit seinem kräftigen Zentralprofil unter dem Tank einer Weiterentwicklung zu unterziehen. Als Rahmen-Hauptteil sollte nun der Kraftstoffbehälter selbst dienen, die Materialstärke wurde erhöht und der Steuerkopf in die Form mit einbezogen. Die verbleibenden Rahmenrohre wurden angeschraubt, wobei die Abstrebungen, die seitlich am Motor vorbei nach oben führten, nunmehr unten verschweißt wurden, wodurch sie eine Entlastung brachten. Die Konstruktion erwies sich im Versuchsbetrieb als absolut stabil, und es konnte sogar noch ein weiterer Schritt gewagt werden, nämlich den Anschluß eines ebenfalls in selbsttragender Blechschalenbauweise ausgeführten Beiwagens. Brachte das selbsttragende Zentralelement des Motorradrahmens zusätzlich zur Fertigungsvereinfachung schon eine Gewichtsersparnis, so wog der Seitenwagen gar nur die Hälfte der vergleichbaren Normalausführung.

Bei den kriegswichtigen Abteilungen des Flugmotorenbereichs hatte man seit Kriegsbeginn nach und nach Verlagerungen in weniger gefährdete Gebiete vorgenommen, denn die Werksanlagen in Milbertshofen galten als bevorzugtes Ziel feindlicher Bomberverbände. Die Motorradleute fanden schließlich ab Mitte 1944 in Berg am Starnberger See eine neue Bleibe, wo man sich in Baracken beim Schloß Elsholz behelfsmäßig einrichten konnte. Obwohl offiziell weiterhin Fremdaufträge aus der Rüstungsindustrie zu bearbeiten waren, hatte man natürlich auch alles, was mit Motorrädern zu tun hatte, mitgenommen, darunter den gesamten Bestand an Werksrennmaschinen und Kompressormotoren sowie die Mille Miglia-Rennwagen. Die ländliche Abgeschiedenheit ließ auch eine Fortsetzung der Motorradversuche weniger riskant erscheinen, und so wurden die fünf Prototypen weiterhin fleißig gefahren. Vorsichtshalber hatte man sie feldgrau lackiert, um ihnen das Aussehen von Militärmaschinen zu geben. In aller Stille konnte die neue Modellreihe fast bis zur Serienreife entwickelt werden. Im Juli 1944 war das BMW-Stammwerk in Milbertshofen fünf schweren Luftangriffen ausgesetzt gewesen. Im Zuge der nachfolgenden Aufräumungsarbeiten wurden weitere Verlagerungen von Fertigungsbereichen vorgenommen. Die Kriegssituation begann sich zuzuspitzen, am 11. September 1944 hatten amerikanische Verbände bei Trier erstmals deutsches Gebiet betreten, und am 26. Januar 1945 war Ostpreußen von russischen Armeen eingeschlossen worden. Am 8. April gab es keine telefonische Verbindung mehr zum BMW-Werk Eisenach, die Amerikaner hatten die Stadt in Thüringen eingenommen. In Milbertshofen hatte der Werksleiter Kurt Donath versucht, die zu 30 Prozent zerstörten Anlagen einigermaßen aufzuräumen, als am 11. April der Hitler-Befehl »Verbrannte Erde« eintraf: Es sollte dem Feind nichts überlassen werden, und die Werksanlagen seien zu zerstören. Die BMW-Leute versuchten sich zu widersetzen und führten nur einige oberflächliche Maßnahmen durch, verteilten die übriggebliebenen Lebensmittelbestände an die Rest-Belegschaft und veranlaßten eine letzte Lohnzahlung, um dann das Werk zu schließen. Kurt Donath blieb zusammen mit den Ingenieuren Kurt Deby, Claus von Rücker und einigen anderen engen Mitarbeitern auf dem Gelände. Sie gedachten die Bayerischen Motoren Werke den Amerikanern zu übergeben, was auch beim Eintreffen der ersten Verbände am 29. April geschah.

Wiederaufbau mit bewährten Motorrad-Konstruktionen

Es hatte nicht einmal drei Jahrzehnte gedauert, bis Deutschland erneut das Ende eines schrecklichen Krieges erlebte. Für BMW war erneut die weitere Existenz in Frage gestellt. Die Ungewißheit zog sich über drei Jahre hin, bis Ende 1948 die Motorradproduktion wieder in Gang kam. Abermals hatte eine kleine Gruppe von Technikern mit großem Engagement die Bayerischen Motoren Werke vor dem Untergang bewahrt.

Als am 7. und 8. Mai 1945 die Kapitulationsurkunden unterzeichnet wurden, war Deutschland ein Trümmerfeld. Gedanken an die Zukunft wagte man kaum. Aber es mußte ja irgendwie weitergehen. Trotz der großen Not im Lande mußte eine Normalisierung so schnell wie möglich herbeigeführt werden, dies lag auch im Interesse der alliierten Militärs. Und wie in den Jahren 1918/19 gab es auch jetzt einige Männer, die über die augenblickliche Hungersnot und Obdachlosigkeit hinweg ihren Blick nach vorne richteten. Wie damals Franz-Josef Popp, so ging es diesmal dem Werksleiter Kurt Donath um die Erhaltung der Firma einerseits und um die Schaffung von Arbeitsplätzen andererseits, seine Ausgangsposition war indessen sehr viel schwieriger. Der Rüstungskonzern mit dem Namen Bayerische Motoren Werke hatte im Laufe der Kriegsjahre ungeheure Ausmaße angenommen, 1943/44 waren in den mittlerweile über ganz Europa verzweigten Betrieben mehr als 47000 Menschen beschäftigt gewesen. Übrig geblieben waren jetzt zum Teil zerstörte, auf jeden Fall aber von amerikanischen Soldaten besetzte Anlagen in Milbertshofen und Allach. Auf dem Gelände des modernen Flugmotorenwerks Allach richtete die US-Armee einen Reparaturbetrieb mit Ersatzteildepot für ihre Fahrzeuge ein, Aktivitäten in Milbertshofen blieben indessen untersagt. Da BMW auf der Liste der Rüstungsbetriebe bei den Amerikanern ganz oben stand, war eine komplette Demontage zu befürchten. Fieberhaft wurde nun nach Möglichkeiten gesucht, in kürzester Zeit eine einfache Fabrikation lebenswichtiger Artikel in Gang zu bringen, denn nur dadurch würde man den Betrieb eventuell aufrechterhalten können. Mit seinen ihm zugebilligten 30 Leuten versuchte Donath gegenüber den Militärbehörden den Eindruck geschäftigen Treibens auf dem Werksgelände zu erwecken, und es gelang schließlich auch, einige Fahrzeugreparatur-Aufträge zu bekommen. Es konnte also etwas Hoffnung geschöpft werden. Kurt Donath hatte schon am 15. Mai Kontakt mit dem Konstrukteur Alfred Böning aufgenommen und ihn gebeten, ein unabhängiges Konstruktionsbüro zu errichten und sich vorerst einmal mit landwirtschaftlichen Geräten und dergleichen zu befassen. Am 21. Juli erteilte die US-Militärbehörde die Erlaubnis zur Aufstockung der Belegschaft um weitere 60 Mann für die Reparaturdienste, gleichzeitig gestattete man auch offiziell die Entwicklung einfacher Landmaschinen.

Donaths Vorhaben schien zu gelingen. Man mußte zunächst mit keinen weiteren Schwierigkeiten rechnen. Mit dem 2. Oktober aber änderte sich die Situation schlagartig. Die Militärregierung hatte an diesem Tag einen endgültigen Beschlagnahmebefehl überbringen lassen, der den vormaligen BMW-Konzern zum Reparationsbetrieb erklärte und damit die Demontage aller Fabrikationseinrichtungen sowie die Schleifung der Gebäude verlangte. Die im russisch besetzten Gebiet gelegenen Flugmotorenwerke hatte man bereits ausgeräumt, die Anlagen der Automobilfabrik Eisenach übernahm die russische Fahrzeugbau-Organisation »Awtowelo«. In Milbertshofen wurde die Belegschaft entlassen und eine Demontage-Kommission eingesetzt, der Abtransport der gesamten Betriebseinrichtung sollte noch im November beginnen.

Hierbei mußte man jedoch wieder auf die Dienste Donaths zurückgreifen. Er sollte als freier Mitarbeiter der Kommission die Koordination der Arbeiten übernehmen. Das Zerlegen der großen Maschinen und die Verpackung und Verladung des gesamten beschlagnahmten Materials hatten die Amerikaner ehemaligen BMW-Leuten übertragen. Die aus zahlreichen Ländern stammenden Kommissions-Mitglieder waren nicht in der Lage, sich über den Umfang ihrer Beschlagnahme einen genauen Überblick zu verschaffen, ein Umstand, der von der eingeschworenen BMW-Mannschaft dazu genutzt werden konnte, im Glauben an eine Zukunft des Werks viele Geräte und wichtige Kleinigkeiten beiseitezuschaffen. Dennoch gingen tausende großer Kisten mit BMW-Gut in alle Welt.

Zur gleichen Zeit waren auch verschiedene Mitglieder aus dem ehemaligen BMW-Aufsichtsrat aktiv geworden. Ihnen ging es ebenfalls um

den Fortbestand der Firma, wenigstens jedoch um eine korrekte Abwicklung der Beteiligungsverhältnisse an dem beschlagnahmten Unternehmen. Dem Treuhänder der Deutschen Bank gelang es schließlich, das BMW-Vermögen aus der Beschlagnahme zu lösen. Damit war im Frühjahr 1946 fürs erste der Fortbestand der Firma mit ihrem Stammwerk in Milbertshofen gesichert. Die Demontage des Maschinenparks war zwar noch zu Ende geführt worden, auf weitere Maßnahmen verzichtete die Militärregierung aber.

Es lag nahe, daß Dr. Hans Karl von Mangoldt-Reiboldt nach dieser erfolgreichen Aktion nun zu seiner Treuhandschaft über die Deutsche Bank auch jene über die Bayerischen Motoren Werke bekam. Kurt Donath hatte schon heimlich eine Produktion von Aluminium-Kochtöpfen anlaufen lassen, dazu wurden Alugußteile von den Flugmotoren eingeschmolzen, von denen noch genügend vorhanden waren; anderweitige Materiallieferungen waren ja nicht zu bekommen. Für zusätzliche Aktivitäten hatte er nun auch offiziell grünes Licht bekommen, und so wurden in den Jahren 1946/47 Baubeschläge, in geringer Stückzahl Teigrührwerke für Bäckereien, Kartoffelacker-Kultivatoren und sogar, wie 25 Jahre zuvor, 225 Bremsluft-Kompressoren produziert.

Neuerliche Fahrzeugpläne mußte man natürlich sehr bescheiden angehen. Man befaßte sich zuerst einmal mit Fahrrädern, wobei man hier das Fahrgestell ebenfalls aus Aluguß fertigte. Eine Serienherstellung wäre von der amerikanischen Militärregierung sogar genehmigt worden, sie scheiterte jedoch an den benötigten Zulieferteilen, und so blieb es bei 11 Prototypen.

Ohne viel Aufhebens davon zu machen, hatte Kurt Donath am 3. Juni 1946 den nach wie vor unabhängig tätigen Konstrukteur Alfred Böning mit der Konzeption eines neuen Motorrads beauftragt. Man war in München etwas beunruhigt über Neuigkeiten aus Eisenach, denen zufolge im unter russischer Leitung wieder aufgebauten BMW-Werk die Produktion des Pkw-Typs 321 angelaufen war; nach der Bergung von Ersatzteilbeständen sollte die Motorradfertigung ebenfalls wieder aufgenommen werden. In einem stillgelegten Kalibergwerk waren die 1942 mit der Produktionsverlagerung nach Eisenach gebrachten 1000 Teilesätze der R 35 entdeckt worden, es mußten lediglich die Preßstahlrahmen nachgefertigt werden. Tatsächlich konnten ab Herbst 1945 monatlich etwa 50 BMW R 35 von der Firma Awtowelo in die UdSSR geliefert werden. Nachdem in Eisenach also alle Voraussetzungen zur Fortführung der BMW-Fahrzeugfabrikation gegeben waren, mußte man in München befürchten, daß Awtowelo auch auf dem sich in Europa allmählich wieder entwickelnden freien Markt Wagen und Motorräder unter der Marke BMW anbieten würde.

Im Frühjahr 1947 wurde der erste Prototyp der Böningschen Motorrad-Neukonstruktion zusammengebaut. Es handelte sich dabei um ein ungewöhnliches Fahrzeug, das aber noch immer die BMW-typischen Merkmale wie den quergestellten Boxermotor und Kardanantrieb aufwies. In einem leichten Doppelrohrrahmen mit Geradweg-Hinterradfederung und Teleskopgabel (zentrale Schraubenfeder vor dem Steuerkopf) saß ein 120 ccm großer Zweitakt-Boxer. Das kompakte Aggregat war von den Mitarbeitern Biefang und Behringer entworfen worden und wartete mit unkonventionellen Details auf. So war das Dreiganggetriebe oberhalb des Kurbelgehäuses untergebracht, und darüber wiederum saß unter einer Abdeckhaube der Vergaser. Dieser versorgte die beiden Zylinder über einen langen Ansaugkrümmer mit Verbrennungsgemisch, die Einlaßsteuerung wurde von einem Plattendrehschieber bewerkstelligt. Am vorderen Ende des Motors gab es eine Noris-Zündlichtmaschine, wie sie einheitlich an den meisten deutschen Vorkriegs-250ern verwendet worden war. Das Antriebsaggregat war ungewöhnlich weit hinten im Rahmen eingebaut, die Fahrerfußrasten befanden sich vor den Zylindern, der freie Raum unter dem Kraftstofftank wurde zum Teil von einem großen untergehängten Kasten aufgefüllt, welcher die Batterie und ein Werkzeugfach beherbergte. Das mit der Bezeichnung R 10 versehene Motorrad war ziemlich klein und niedrig, man hatte nämlich den Felgenhersteller Kronprinz und die Firma Metzeler zur Bereitstellung von 16-Zoll-Rädern und -Reifen bewegen können.

Mit ihren knapp 5 PS war die R 10 zwar konkurrenzfähig motorisiert, doch lief der kleine Zweitakt-Boxer sehr rauh, das ganze Fahrzeug hätte noch lange ausgiebig erprobt und weiterentwickelt werden müssen. Dafür aber hatte man weder die Mittel noch die Kapazität. Es erschien Kurt Donath vernünftiger, auf eine Lockerung der von den Militärregierungen der Besatzungsmächte verfügten Hubraumbegrenzungen zu spekulieren, er sah den einzig erfolgversprechenden Weg in der Weiterführung des Vorkriegs-Modellprogramms. Dem stand jedoch der Verlust der Motorrad-Produktionsanlagen durch die Verla-

*Gegenüberliegende Seite links, das Versuchsmodell eines BMW-Fahrrads aus Aluminium, es wurden 1946 11 Stück davon gebaut. Rechts daneben, ein Holzmodell der ersten Nachkriegs-Motorrad-Konstruktion von 1947.
Rechts, Alfred Bönings R 10-Entwurf mit einem 125-ccm-Zweitakt-Boxermotor und 16-Zoll-Rädern.
Unten, ein Prototyp der R 10 im Frühjahr 1947, die Fußrasten lagen vor den Zylindern.*

gerung von 1942 entgegen und natürlich auch das Fehlen einer Entwicklungsabteilung. Die nach Schloß Elsholz verbrachten Einrichtungen hatte unmittelbar vor dem Zusammenbruch Rudolf Schleicher privat übernommen, durch diesen Verkauf waren wenigstens die Maschinen vom Zugriff der Siegermächte gesichert. Die Konstruktionsunterlagen hatte Schleicher jedoch noch im Jahre 1945 an eine englische Abordnung der dortigen Industrie übergeben müssen; er beschäftigte sich daraufhin mit Autoreparaturen und begann nach und nach mit der Fertigung von Ersatzteilen, was schließlich in den folgenden Jahren in die Nockenwellenfabrik Schleicher münden sollte.

So blieb also Donath und Böning nichts anderes übrig, als sich nach Vorkriegsmotorrädern oder Teilen davon umzusehen. Fritz Trötzsch, vor dem Krieg im Verkauf und Export bei BMW tätig, klapperte einige ehemalige Händler ab und brachte auf diese Weise wichtige Bestandteile für das 250-ccm-Modell R 23 zusammen. Alfred Böning benutzte diese als Musterstücke, er mußte ja die Konstruktionsunterlagen noch einmal anfertigen. Alle Beteiligten waren mit großem Eifer bei der Sache, zeichneten sich doch damit wieder realistische Zukunftsaussichten ab. Und im Herbst 1947 stand das erste Handmuster auf den Rädern, dem zwar noch Kurbelwelle und Getriebe-Zahnräder fehlten (auch der Kraftstofftank war ein Holzmodell), doch man konnte sich ein Bild von dem zu erwartenden neuen BMW-Motorrad machen. Die zuständige Militärregierung der amerikanischen Besatzungszone erteilte daraufhin auch tatsächlich die Erlaubnis zum Bau dieser 250-ccm-Maschine.

Auf dem Genfer Salon wurde die neue BMW im März 1948 erstmals der Öffentlichkeit vorgestellt, und es liefen bald zahlreiche Händleranfragen ein. Doch war noch immer nicht an eine Serienfertigung zu denken, solange die Materialfrage nicht gelöst war. Da erklärten sich überraschenderweise Walter Egon Niegtsch von NSU und Hans Friedrich Neumeyer von Zündapp bereit, auf einen Teil ihrer Rohmaterial-Zuteilungen zu verzichten um damit BMW vorerst einmal weiterzuhelfen. Guten Mutes präsentierte man das mit der Typenbezeichnung R 24 versehene Motorrad auch am 2. Mai auf der ersten großen Nachkriegsausstellung in Deutschland, der Exportmesse in Hannover, wo sich bereits recht vielfältige Aktivitäten auch der anderen überlebenden

Motorradfirmen zeigten. Die vorliegenden Bestellungen beliefen sich bei BMW bald auf über 2500 Stück, aber bis zum endgültigen Produktionsbeginn sollte noch einige Zeit vergehen.

Die Versorgungslage war trotz der Anstrengungen der Besatzungsmächte im Jahre 1947 noch schlechter geworden. Im Winter 1947/48 stand in Deutschland der Hunger wieder auf der Tagesordnung, die Nahrungsmittellieferungen zur Ergänzung der geringen Inlandserzeugung reichten nicht aus. Man sah ein, daß die einzige Lösung in einer vehementen Ankurbelung der Wirtschaft in dem besiegten Land zu suchen war, und so gab es ab 1948 immer mehr Zugeständnisse seitens der Alliierten, um Deutschland auf lange Sicht wieder in die Eigenständigkeit zu entlassen.

Der 20. Juni 1948 wurde dabei zu einem ganz entscheidenden Termin. An diesem Tag wurde die Währungsreform durchgeführt, und in den drei westlichen Zonen (verwaltet von Amerikanern, Engländern und Franzosen) an jeden Bürger 40 DM ausgegeben; die bisherige Währung

»Reichsmark« wurde ungültig. Wie schon 25 Jahre zuvor bei der Bewältigung der Inflation bedeutete das eine Entwertung der Spareinlagen bei den Banken, offiziell wurde 10:1 getauscht, doch welche Auswirkung die Währungsreform auf die Wirtschaft haben sollte, konnte man noch an jenem Sonntag in aller Deutlichkeit sehen. Plötzlich waren die Schaufenster vieler Läden wieder mit lang vermißten Waren gefüllt. Gleichzeitig wurden auch Vorbereitungen für eine künftige politische Selbstverwaltung aufgenommen. Im August trat im Schloß Herrenchiemsee die Verfassungsgebende Versammlung zusammen, und am 1. September konstituierte sich in Bonn ein Parlamentarischer Rat. Ein Jahr später konnte am selben Ort dann der erste demokratisch gewählte Deutsche Bundestag zusammentreten. Diese Entwicklung betraf jedoch nur die Zonen der westlichen Besatzungsmächte; die Sowjetunion verwirklichte in Mittel- und Ostdeutschland eigene Pläne.

Bei BMW in München hatte man bis zum Herbst 1948 nun endlich alle Voraussetzungen zur Wiederaufnahme der Motorradproduktion geschaffen. Am 21. Oktober gab Fritz Trötzsch anläßlich einer Pressevorstellung alle Details der R 24 bekannt und händigte auch die ersten Vorserienexemplare zu Testzwecken an einige Journalisten aus. Auf den ersten Blick schien es sich hier um eine kaum veränderte R 23 der Baujahre 1938–40 zu handeln; der verschraubte Rohrrahmen mit einer einfachen Teleskopvordergabel war beibehalten worden, aber Motor und Getriebe hatte man neu entworfen (wobei das Viergangetriebe jedoch schon für 1940 geplant gewesen war). Der Motor basierte zwar auf dem R 23-Aggregat, die Zylinderkopfkonstruktion orientierte sich indessen an den R 75-Erfahrungen. Unter den getrennten Ventildeckeln waren die Kipphebellagerböcke nunmehr eingeschraubt, die Deckel selbst stark verrippt und die Stoßstangen direkt im Zylinderkopf geführt. Ein günstigerer Ventilwinkel und ein leicht angehobenes Verdichtungsverhältnis hatten eine Leistungssteigerung auf 12 PS ermöglicht.

Am 17. Dezember 1948 wurde mit einer Feierstunde im Milbertshofener Werk die erste Serien-R 24 montiert und anschließend unter den 1227 Mitarbeitern verlost. Unter schwierigen Bedingungen – Improvisation war immer noch ein wichtiger Bestandteil – versuchte man die bisher eingegangenen Bestellungen zu erfüllen. Immerhin: am 10. Mai 1949 wurde die 1000. R 24 vom behelfsmäßig eingerichteten Fließband gefahren. Die Nachfrage war sprunghaft angestiegen, wozu wohl auch der Testbericht von Helmut Werner Bönsch in der Fachzeitschrift *Das Auto* beigetragen hatte. Er beschrieb darin die R 24 in allen Einzelheiten und sprach den Erbauern ein großes Lob aus. Es sei ihnen gelungen, an die vielgerühmte Qualität der früheren BMW-Erzeugnisse nahtlos anzuschließen. Das sehr gut abgestimmte Getriebe ließ hohe Fahrtdurchschnitte zu und war mit der federnden Hauptwelle und einem vergrößerten Gummistoßdämpfer an der Kardanwelle noch weicher im Schaltvorgang und im Endantrieb gestaltet worden. Die Höchstgeschwindigkeit der neuen 250er BMW wurde mit 95–100 km/h gemessen und der Benzinverbrauch war enorm günstig, erst ab einer Dauergeschwindigkeit von über 70 km/h liefen mehr als 3 Liter/100 km durch den Bing-Vergaser. Der Verkaufspreis von 1750 DM lag zwar um mehr als 200 Mark über dem Preis der Konkurrenz, doch stammten die NSU 251 OSL, die Triumph BDG 250 und die Victoria KR 250 in ihrer Konstruktion noch aus dem Jahre 1939 und waren der modernen R 24 sowohl in der Leistung als auch im Fahrverhalten unterlegen. Dies bestätigte sich auch in dem 3000 km-Test von Gustav Mueller in *Das Motorrad*, wobei der Autor in seiner bekannten Manier gewisse Kleinigkeiten zu bemängeln hatte, aber zugleich auch das

Ende 1947 wurde das erste Handmuster der R 24 fertiggestellt, Motor- und Getriebegehäuse waren noch leer, der Tank bestand aus Holz.

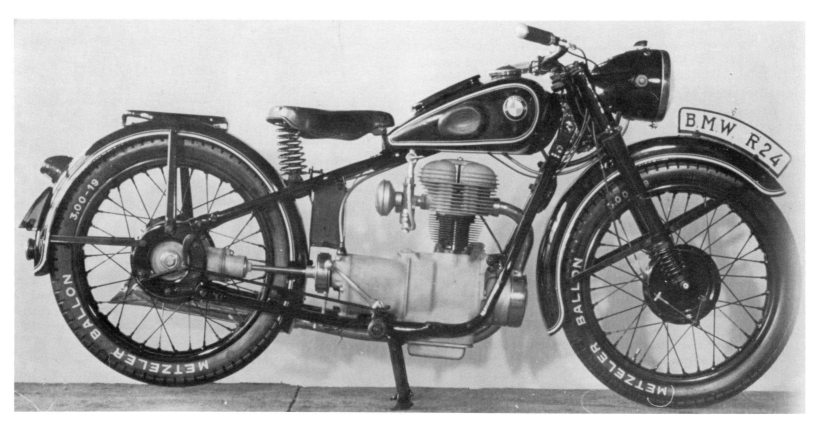

Getriebe als das beste seiner Art pries, die Telegabel als sehr gut ansprechend beschrieb und sich hocherfreut über die erzielbaren Reisedurchschnitte verbunden mit geringstem Benzinverbrauch äußerte. Und auch die Kunden wußten die neue BMW zu schätzen. Bis Ende 1949 hatte BMW bereits 8144 Maschinen ausgeliefert.

Der durchschlagende Erfolg der ersten Nachkriegs-BMW ermöglichte im Laufe des Jahres 1949 den dringend notwendigen Ausbau der zunächst noch primitiven Fabrikationsanlagen und damit eine sukzessive Steigerung der Produktion. Da bald auch wieder Werkzeugmaschinen in ausreichender Stückzahl zur Verfügung standen, konnte man den Gedanken an ein neues Zweizylindermodell ins Auge fassen. Eine große Nachfrage bestand auf jeden Fall, nicht zuletzt durch die Erfolge der beliebten Rennfahrer Schorsch Meier, Wiggerl Kraus, Max Klankermeier, Sepp Müller und Walter Zeller, die auf Vorkriegs-Kompressormaschinen und umgebauten R 51 und R 75 die seit 1946 immer zahlreicher gewordenen Straßenrennen in Deutschland bestritten.

Bisher hatte jedoch nur Horex in Bad Homburg eine Ausnahmegenehmigung zum Bau einer Maschine mit über 250 ccm Hubraum bekommen. Vermutlich, weil man dort nur auf den SB 350-Motor zurückgreifen konnte, den man bis kurz vor Kriegsende für Victoria hergestellt hatte. Aber noch im Sommer 1949 sollte die Hubraumbeschränkung aufgehoben werden, und Zündapp in Nürnberg brachte als erster deutscher Hersteller wieder ein großes Zweizylindermodell auf den Markt. Diese KS 600 aus dem Modelljahr 1938 veranlaßte BMW zum schnellen Handeln. Schon am 18. Oktober wurde im Hotel »Bayerischer Hof« in München mit der R 51/2 eine neue BMW-Zweizylindermaschine den geladenen Gästen aus Wirtschaft und Presse vorgestellt. Mehr noch als bei der 250-ccm-Maschine hatte man bei dieser neuen 500er BMW auf Bewährtes zurückgegriffen: Die R 51/2 unterschied sich nur in wenigen Details von der R 51 des Jahres 1938. Am Motor fielen die von der R 24 her bekannten Zylinderköpfe und schräg gestellte Vergaser auf, das Getriebe hatte einen Ruckdämpfer auf der Hauptwelle bekommen, die Teleskopgabel wies die bei der R 75 erstmals verwendete doppeltwirkende Öldruckdämpfung auf, und in der Ausstattung wurden seitlich weiter heruntergezogene Schutzbleche sowie ein neuer 22-mm-Lenker mit Außenzughebeln verwendet.

Die Auslieferung des neuen Boxermodells begann erst Anfang 1950. Auf der Titelseite des Weihnachtsheftes von *Das Motorrad* war die R 51/2 mit einer hoffnungsvollen Überschrift abgebildet: »Frohe Weihnachts-Botschaft für anspruchsvolle Fahrer!« Mit diesem Motor-

Rechts, die erste Serien-R 24 wurde am 17. Dezember 1948 montiert, bis zum Jahresende kamen noch weitere 58 Stück dazu.

Links, am 21. Oktober 1948 zeigte man die erste Nachkriegs-BMW den Fachjournalisten, Carl Hertweck, von 1950 bis 1959 Chefredakteur von Das Motorrad, beugt sich über die Motorräder.

rad hatten die Bayerischen Motoren Werke sowohl auf dem Genfer Salon als auch auf der ersten Frankfurter Motorradausstellung im März 1950 eine ganz besondere Publikumsattraktion zu bieten. Der Export konnte mit diesem Modell nun ebenfalls wieder angekurbelt werden. Es wurden auch Ausstellungen in Paris und Chicago beschickt, und die französische Militärpolizei bekam 1950/51 einige R 51/2 in feldgrauer Lackierung. In den USA erschien BMW gerade rechtzeitig zu einem neuen Motorrad-Boom. Die englische Fachzeitschrift *The Motor Cycle* brachte Arthur Bournes großes Lob über die R 51/2, der sie als die beste bisher gebaute BMW betrachtete. Seine Erfahrungen mit der deutschen Marke reichten immerhin zurück bis 1925. Helmut Werner Bönsch beschrieb seine Eindrücke von der neuen BMW im ersten April-Heft von *Das Motorrad:* Er erreichte eine Höchstgeschwindigkeit von 140 km/h. Der Benzinverbrauch war bei vergleich-

Ein zünftiger Mitarbeiter der wieder aufgebauten bayerischen Motorradfabrik stand 1949 in der kurzen Lederhose am Montageband. Können und Erfahrung waren bei der Montage der Gabelholme und des Vorderrads notwendig.

baren Geschwindigkeiten mit jenem der Einzylindermaschinen identisch. Eindrucksvoll wurden auch Leistungsfähigkeit und Zuverlässigkeit der BMW-Motorräder auf der über 1800 km vom 30. Mai bis zum 2. Juni durchgeführten ADAC-Deutschlandfahrt unter Beweis gestellt. Unter den 185 Teilnehmern befanden sich zahlreiche Fabrikmannschaften mit den bekanntesten deutschen Motorradsportlern der Vor- und Nachkriegszeit; das BMW-Team holte sich bei neun gestar-

Oben, die erste Polizei-Eskorte des Bundespräsidenten Theodor Heuss wurde im Jahre 1949 mit der BMW R 24 ausgestattet. Rechts, die R 51/2 wurden 1950 auch nach Frankreich geliefert, hier zwei Reporter bei der Tour de France.

Unten, ab Anfang 1950 liefen in München-Milbertshofen auch wieder Zweizylinder-BMWs vom Band.

Oben, eine R 51/2 war das 25 000. nach Kriegsende gefertigte BMW-Motorrad, zu diesem Ereignis hat sich die Firmenleitung in der Montagehalle versammelt (links, Kurt Donath).

Rechts, Benzintanks und auch die elegant geschwungenen Vorderrad-Schutzbleche wurden in der werkseigenen Hochdruckpresse gefertigt.

Unten, zur Feier des Tages wurde unter den Mitarbeitern eine R 25 verlost.

teten Fahrern acht Goldmedaillen und zwei Klassensiege. Erfolgreich waren unter anderem Wiggerl Kraus (R 24), Schorsch Meier, Walter Zeller und Fritz Linhardt (alle auf R 51/2) sowie Max Klankermeier (R 51/2-Gespann).

Die teure Zweizylindermaschine – sie kostete 2750 DM – verkaufte sich natürlich nicht in so hohen Stückzahlen wie die R 24, aber ihr Produktionsanteil machte im Jahre 1950 immerhin schon mehr als ein Viertel der Gesamtzahl von 17061 Motorrädern aus. Nicht ganz überraschend wurde im Mai 1950 in *Das Motorrad* eine weiterentwickelte 250-ccm-BMW vorgestellt, hatte doch anläßlich der Vorstellung der R 24 der BMW-Direktor Kurt Donath gesagt: »Wir sind uns der Grenzen, die wir uns mit diesem Typ gesetzt haben, durchaus bewußt, aber es ist ein Anfang.« Der nächste Schritt war nun mit einem neuen Fahrgestell vollzogen worden. Der Rahmen war nun nicht mehr verschraubt, sondern geschweißt, und es gab eine Geradweg-Hinterradfederung. Die Teleskopgabel erhielt einen längeren Federweg und sprach feiner an; weitere Verbesserungen ließen eine hydraulische Dämpfung nicht allzusehr vermissen. Der äußerlich unveränderte Motor hatte eine verstärkte, nunmehr einteilige Kurbelwelle bekommen, die Durchmesser des Einlaßventils und des Vergaser-Mischrohrs waren jeweils um 2 mm vergrößert worden, die Stößelführungen hatte man jetzt eingeschraubt statt eingesteckt. Die Leistungsangabe blieb mit 12 PS unverändert, die R 25 konnte jedoch mit einem besseren Durchzug aufwarten.

Im Verein mit dem neuen Rahmen waren damit auch die Voraussetzungen für den Beiwagenbetrieb geschaffen. Carl Hertweck, der neue Chefredakteur von *Das Motorrad*, fuhr eine R 25 über 8000 km im Test und hatte zeitweise einen Steib LS 200 angebaut. Über seine Eindrücke und Erfahrungen berichtete er im Augustheft und verheimlichte dabei in keiner Weise seinen harten Fahrstil, mit dem er so manches Fahrzeug zu strapazieren pflegte.

Die 250er BMW erwies sich jedoch als ausdauerndes Alltagsfahrzeug. Es wurde ab 1. September 1950 zum unveränderten Preis von 1750 DM angeboten und bald in noch höherer Stückzahl als das Vorgängermodell produziert. Der große Erfolg ließ die Techniker jedoch keineswegs untätig werden; sie arbeiteten auch weiterhin an zahlreichen Verbesserungen. Schon ein Jahr später löste die R 25/2 als überarbeitete Version die bisherige R 25 ab. Äußerlich kaum zu erkennen, waren wiederum zahlreiche Feinarbeiten geleistet worden. Im Zuge der allgemeinen Preiserhöhung kostete diese Maschine nun 1990 DM. Bereits am 29. November 1950 hatte man das 25 000. BMW-Motorrad der Nachkriegsfertigung feiern können, und der Aufschwung beschleunigte sich sogar noch, denn schon ein Jahr später kam man auf die doppelte Stückzahl. Stellten die 250er mit annähernd 40 000 Stück auch den Löwenanteil der Produktion dar, so hatte man in München doch weitergehende Pläne, als sich nur auf das Angebot von Gebrauchs-Motorrädern zu beschränken.

Mit nahezu serienmäßigen Fahrzeugen wurde auch in den frühen fünfziger Jahren noch Geländesport betrieben. Hier ist eine R 25/2 der Werksmannschaft in der Saison 1951 zu sehen.

Beständigkeit und Modellpflege im BMW-Motorradprogramm

Zu Anfang der fünfziger Jahre konnten die Bayerischen Motoren Werke mit ihren Motorrädern sowohl auf dem Markt als auch im Sportgeschehen wieder an frühere Erfolge anknüpfen. Die Weiterentwicklung verlangsamte sich jedoch mit dem bald folgenden Niedergang des Motorradgeschäfts, dennoch hielt man bei BMW auch vor dem Hintergrund wirtschaftlicher Schwierigkeiten am Motorrad fest, wenngleich die Bedeutung des Automobilbaus einen immer größeren Stellenwert einnahm.

Das Jahr 1950 war für die Bayerischen Motoren Werke in München-Milbertshofen zu einem ganz besonderen Erfolgsjahr geworden. Der Wiederaufbau konnte als abgeschlossen betrachtet werden, in dem nun gut ausgestatteten Werk waren über 17000 Motorräder vom Band gelaufen, und man hatte erstmals einen Überschuß in der Höhe von 1 Million DM erwirtschaftet. Die Belegschaft war auf 8720 Mitarbeiter vergrößert worden, was zugleich bedeutete, daß nun alle Abteilungen eines großen Fahrzeugherstellers wieder voll funktionsfähig waren und man auch wieder mit der Vorbereitung einer Automobilproduktion beschäftigt war.

Parallel dazu arbeitete auch die Motorrad-Entwicklungsabteilung an neuen Projekten. Chefkonstrukteur Alfred Böning und seine Leute, zu denen nun auch der Entwicklungsingenieur Eberhard Wolff gestoßen war, hatten einen neuen Zweizylinder-Boxermotor entwickelt. Versuchsfahrten unter bewährten Technikern wie Sepp Hopf und Max Klankermeier waren bis zum Jahresende bereits abgeschlossen.

Man war bei diesem neuen Motor wieder zum Vorbild der R 6/R 66 zurückgekehrt und hatte damit den Kettenantrieb für Nockenwellen, Zündung und Lichtmaschine endgültig ad acta gelegt. Die Nachteile dieser Bauart hatten zuletzt überwogen: der geringe Umschlingungswinkel der Kette auf den einzelnen Antriebsrädern, ein gewisses Schwingen der Kette beim Lastwechsel und einer bestimmten kritischen Drehzahl und natürlich auch der erhöhte Bauaufwand durch die Verwendung zweier Nockenwellen. Die nunmehr wieder zentral sitzende einzelne Nockenwelle wurde über schrägverzahnte Räder von der Kurbelwelle aus angetrieben, wobei man aus Gründen der Laufruhe und des Dehnungsausgleichs auf der Kurbelwelle ein Stahl-Zahnrad und auf der Nockenwelle ein solches aus Aluminium wählte. Die Geräuschunterdrückung erforderte hier langwierige Versuche. Mittels einer Verlängerung nach vorne trieb die Nockenwelle auch die neukonstruierte Magnet-Zündung an, bei der man sich besondere Mühe mit der Steuerung der automatischen Fliehkraft-Zündzeitpunktverstellung gegeben hatte; ihre drehzahlabhängige Verstellkurve bewirkte einen unerreicht sanften Motorlauf. Die 6-Volt-Lichtmaschine saß nun auf dem vorderen Kurbelwellenstumpf, und die gesamte Elektrik war damit gut geschützt unter dem Stirndeckel verborgen. Äußerlich wußte das neue BMW-Aggregat durch seine perfekte Glattflächigkeit zu gefallen, die Ventildeckel bestanden nun aus einem einzigen Gußteil mit quer verlaufenden Versteifungsrippen, die Ventilkammern blieben jedoch auch weiterhin getrennt.

Die neue 500er BMW war erstmals auf der Amsterdamer Automobil- und Motorradausstellung im Februar 1951 zu besichtigen. Zusätzlich zu diesem Modell mit der Bezeichnung R 51/3 hatte in Gestalt der R 67 auch eine 600-ccm-Version Premiere. Ein Vorserienexemplar der traditionsmäßig auf den Gespannbetrieb ausgelegten R 67 durfte Carl Hertweck einige Tage lang bewegen, er berichtete darüber in der Ausgabe 6/1951 des deutschen Motorradfahrer-Sprachrohrs *Das Motorrad*. Hertweck beleuchtete in gewohnt offener Ausdrucksweise Vorzüge und Schwächen der neuen BMW, konstatierte dem Triebwerk aber eine hervorragende Laufruhe, einen kraftvollen Durchzug (sogar mit dem schweren BMW-Steib-Schwingachsseitenwagen TR 500), verwies aber auch auf die nur noch knapp ausreichenden Bremsen – die 200-mm-Halbnaben-Trommeln hatte man nur mit einem Versteifungsring ausgestattet, ansonsten aber unverändert gelassen. Hertweck sprach auch deutlich aus, daß ein 600er-Gespann nur etwas für erfahrene Leute sei, die es aber dann entsprechend begeistern könne.

Das von BMW komplett lieferbare Gespann war mit 3625 DM Anfang 1951 preisgünstiger als ein VW Käfer. Die neue 500er Solomaschine wurde zum unveränderten Preis von 2750 DM angeboten, Helmut Werner Bönsch stellte sie im Juli in *Auto + Motor und Sport* vor

Oben, eine R 51/3 der ersten Serie von 1951 mitten in Afrika.
Unten, mehr als zwanzig Jahre lang gehörten die schwer beladenen Gespanne der Zeitungs-Lieferanten zum Pariser Straßenbild. Auch hier erwarben sich die BMW-Boxer den Ruf der Unzerstörbarkeit.

Rechts, bei der Stuttgarter Verkehrspolizei durften die Schäferhunde in den R 67/2-Gespannen mitfahren.

Rechts, der »Hundertmeilen-Renner« aus dem Jahre 1952, die R 68, von zarter Hand nicht eben vorsichtig bewegt...

Unten, in langwierigen Versuchsreihen wurden die thermischen Verhältnisse am Zylinderkopf der Einzylinder-Maschine untersucht, was schließlich zu einer Einfärbung mit schwarzem Zylinderlack an der R 25/3 führte.

und gab dabei auch einige Einblicke in die Entwicklungsarbeit der BMW-Techniker. Als herausragende Merkmale der über 135 km/h schnellen R 51/3 wurden der seidenweiche Motorlauf und die Handlichkeit im Fahrverhalten beschrieben.

Mit der Saison 1951 war den deutschen Motorsportlern endlich wieder die Teilnahme am internationalen Geschehen erlaubt. Westdeutschland war wieder in die Sportverbände aufgenommen worden. Bei BMW maßen die Direktoren Kurt Donath und Hanns Grewenig dem Motorradsport schon seit dem Wiederbeginn der Motorradaktivitäten größte Bedeutung bei. Was mit der Privatinitiative von Fahrern und Mechanikern in den Jahren 1946/47 begonnen hatte, konnte nun werksseitig weitergeführt werden. Eine Rennabteilung war schon im Vorjahr wieder ins Leben gerufen worden, und man war fieberhaft mit der Vorbereitung international konkurrenzfähiger Maschinen beschäftigt. Am 26. August 1951 fand auf der Stuttgarter Solitude erstmals ein deutscher Lauf zur Motorrad-Straßenweltmeisterschaft statt. Das BMW-Team konnte dabei jedoch nur einen Achtungserfolg gegen die Konkurrenten aus England und Italien erwarten, erfreute aber durch eine nette Geste am Rande. Die Beschlagnahme der Motorradkonstruktionsunterlagen im Jahre durch die Engländer war lange Zeit hindurch dem Norton-Rennleiter Joe Craig angelastet worden; daß die Angelegenheit inzwischen beigelegt war, unterstrich die BMW-Abordnung Schorsch Meier und Wiggerl Kraus, indem sie das Norton-Team vor dem Großen Preis von Deutschland vom Flugplatz abholten und ins Hotel geleiteten.

Freundlich aufgenommen wurden die Münchner Motorsportler auch im September im oberitalienischen Varese, wo die BMW-Werksmannschaft an der Internationalen Sechstagefahrt teilnahm. Eindrucksvoll ließ sich hier die Qualität der neuen Serienprodukte unter Beweis stellen, hatte man doch die R 25, R 51/3 und das R 67-Gespann weitgehend im Serienzustand belassen und lediglich hochgelegte Auspuffanlagen sowie schmalere Schutzbleche montiert. Ein solches »Sixdays«-Modell stellte vier Wochen später auch die ganz große Überraschung auf der Internationalen Fahrrad- und Motorrad-Austellung in Frankfurt am Main dar; es handelte sich indessen hier um das künftige Spitzenmodell der BMW-Palette, das ganz und gar nicht als Geländemaschine gedacht war und durch die gezeigte Aufmachung nur den sportlichen Charakter unterstreichen sollte. In der Serienversion beließ man es dann bei einem schmalen Vorderradschutzblech und verzichtete auf die hochgelegte Auspuffanlage.

Mit der 35 PS starken 600-ccm-Solomaschine zielte BMW auf eine neue Käuferschicht, die sich bisher auf englische Fabrikate wie Vincent oder Triumph (Coventry) beschränken mußte. Vor allem in den USA waren diese leistungsstarken und mindestens 160 km/h schnellen Straßenmaschinen in kürzester Zeit zum Verkaufsschlager geworden. Mit so schnellen Motorrädern war man nicht mehr im Alltagsverkehr unterwegs; die Beschäftigung mit ihnen wurde als sportliches Hobby betrachtet, nurmehr einen kleinen Schritt vom echten Rennsport entfernt. In England wurden diese »Hundert-Meilen-Renner« (100 mph entspricht 162 km/h) meist durch eine Hubraumerweiterung der ohne-

*Links, eine R 25/3 in Behörden-Ausführung.
Unten, das umfangreiche Bordwerkzeug
befand sich ab der R 25/3 seitlich in einem
Tankfach.
Ganz unten, die große IFMA-Attraktion des
Jahres 1953 stellte die BMW RS dar, der
»Production Racer« wurde jedoch 1954 mit
Vorderradschwinge ausgeliefert.*

hin schon sportlichen 500-ccm-Parallelzweizylindermotoren auf 650 ccm geschaffen; die BMW-Entwicklungsabteilung hatte sich bei der R 68 jedoch wesentlich mehr Mühe gegeben. Das Fahrwerk wurde von den anderen beiden Zweizylindermodellen übernommen, lediglich die Vorderradbremse wies nun zwei Bremsnocken auf und brachte somit als Duplex-Bremse bessere Verzögerungswerte. Der leistungsstärkere Motor war an den größeren Zylinderköpfen und deren neugestalteten Ventildeckel mit nurmehr zwei Querrippen zu erkennen. Die Zylinderdimensionen (73 × 72 mm für Bohrung und Hub) blieben gegenüber der R 67 unverändert, ebenso die Kurbelwellenmaße, jedoch lief der hintere Hauptzapfen hier nicht mehr in einem Kugellager, sondern vielmehr in einem Rollenlager mit tonnenförmigen Rollen, womit die Biegeschwingungen der Kurbelwelle bei den anfallenden höheren Drehzahlen in Grenzen gehalten werden konnte. Eine neue Nockenwelle ermöglichte wesentlich längere Öffnungszeiten der vergrößerten Ventile (Einlaß 38 statt 34 mm, Auslaß 34 statt 32 mm), zwei 26 mm-Bing-Vergaser (R 67: 24 mm) und ein auf 8:1 erhöhtes Verdichtungsverhältnis erlaubten schließlich eine Leistungsausbeute von 35 PS bei 7000 U/min.

Die Preisangabe für die R 68 belief sich auf 3950 DM, doch waren im Herbst auch alle anderen Modelle um durchschnittlich 250 DM teurer geworden. Es ist schon immer ein Teil des guten Rufes der BMW-Motorräder gewesen, daß der Kunde nur ein absolut ausgereiftes und qualitativ hochwertiges Produkt in die Hand bekommt, und dies war schließlich auch der Grund, warum die R 68 erst mit einiger Verspätung im Sommer 1952 ausgeliefert wurde. Trotz des umfangreichen Entwicklungs- und Versuchsprogrammes hatten sich doch noch einmal Schwierigkeiten mit dem hochdrehenden Aggregat ergeben, und selbst nach den ersten 300 Serienmaschinen wurde erneut eine wichtige Verbesserung vorgenommen. Das betraf zum einen die Kipphebel, die nunmehr auf Nadellagern liefen, zum anderen aber die Teleskopgabel, die mit einem weiter verfeinerten Tauchkolben für die hydraulische Dämpfung ausgestattet wurde, ein optischer Unterschied ließ sich an der Verwendung von Gummimanschetten anstelle der bisherigen Staubschutzhülsen über dem Gleitweg der Gabel erkennen. Die Testberichte in den Motorrad-Zeitschriften schilderten eindrucksvoll die Erlebnisse mit dem schnellsten deutschen Serienmotorrad, mit langliegendem Fahrer wurden sogar 164,5 km/h gemessen. Doch die schnellen Autobahnjagden warfen unter den Fachleuten die Frage auf, ob diese Geschwindigkeiten überhaupt noch außerhalb der Rennstrecken

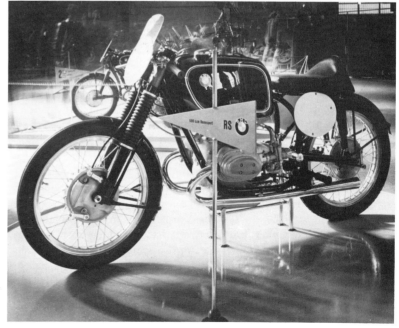

*Links, der erste BMW-Roller-Prototyp aus dem Jahre 1953 mit 16-Zoll-Rädern.
Unten, das Fahrgestell der zweiten BMW-Roller-Konstruktion von 1955 mit Einarm-Schwinge vorne und 200-ccm-Viertaktmotor.*

zu verantworten seien. Ein besonderes Vergnügen ließ die BMW-Presseabteilung den englischen Journalisten zuteil werden – wohl auch um dem neuen Modell gerade in England zur verstärkten Publicity zu verhelfen. Wiggerl Kraus fuhr Schorsch Meiers Sechstagefahrt-R 68 unmittelbar nach der Veranstaltung im österreichischen Bad Aussee nach London, um sie dort für einige Tage Graham Walker von *Motor Cycling* und seinen Kollegen von *The Motor Cycle* zu Testzwecken zur Verfügung zu stellen. In einhelliger Begeisterung sprach man von einer »ernsthaften Konkurrenz für unsere besten britischen Erzeugnisse« und mußte auch neidlos die in vielen Details wesentlich bessere Ausführung anerkennen. Aber mit dem doppelten Preis einer 650er-Triumph war die R 68 in England das bei weitem teuerste Motorrad auf dem Markt, womit die Verkaufsaussichten äußerst gering blieben. Insgesamt verkaufte sich diese Super-BMW während ihrer dreijährigen Laufzeit sehr schleppend, sie brachte es nur auf 1453 Exemplare. In Deutschland stellte sie ein »Traummotorrad« dar, doch die in der Presse angedeuteten Zweifel über den Sinn und Zweck eines solchen »Renners« beeinflußten die Kaufentscheidung, und im Ausland, wo es den größeren Interessentenkreis gegeben hätte, war der Preis einfach zu hoch.

Die gut eingeführten Tourenmodelle R 51/3 und R 67 wurden im Rahmen der Modellpflege schrittweise weiterentwickelt und verbessert. Bei der 600-ccm-Maschine hatte man im Herbst 1951 eine Leistungssteigerung auf 28 PS vorgenommen und die Bezeichnung in R 67/2 geändert. Beide Motoren bekamen einen neuen Luftfilter der Firma Eberspächer, nachdem sich das Gehäuse des Knecht-Filters nicht schmutzsicher genug gezeigt hatte, und ebenfalls von der R 68 übernahm man für 1952 die Duplex-Vorderradbremse. Das Hauptgeschäft für die Bayerischen Motorenwerke stellte jedoch nach wie vor das 250-ccm-Einzylindermodell dar, und so schien es auch keineswegs übertrieben, gerade dieser Baureihe entsprechende Aufmerksamkeit in Entwicklung und Versuch zu schenken. Was das Fahrgestell betraf, war der nächstfolgende Schritt die hydraulische Dämpfung für die Teleskop-Vordergabel, die man jedoch nicht einfach von den Boxer-

modellen übernahm. Vielmehr machte man sich an eine einfacher aufgebaute Neukonstruktion.

Wesentlich behutsamer gestaltete sich die Vorgangsweise an den Antriebsaggregaten. Erste Voraussetzung für eine etwaige Leistungssteigerung stellte dabei die Herabsetzung der Hitzeentwicklung am Zylinderkopf dar, ein Thema, das die BMW-Techniker schon seit einiger Zeit beschäftigte. Mit umfangreichen Meßversuchen erhielt man schließlich die einfachste Lösung in Form der mit schwarzem Zylinderlack eingefärbten Zylinderköpfe, wodurch sich die Temperaturen um 20 bis 30 Prozent verringern ließen und einer Erhöhung des Verdichtungsverhältnisses nichts mehr im Wege stand. Mit den Leistungsangaben war man bei BMW in diesen Jahren sehr zurückhaltend verfahren; so lautete die offizielle Angabe für den überarbeiteten Motor nur 13 PS bei 5800/min, obwohl später sogar Diagramme mit 14 PS bei 6500/min veröffentlicht wurden. Ebenfalls ein großes Maß an Feinarbeit hatte man dabei den Ansaugwegen angedeihen lassen und erreichte mit einer recht ungewöhnlichen Anordnung des Luftfilters

Rechts, einer von zwei annähernd serienreif entwickelten Roller-Prototypen. Unter der erneut verwendeten Typenbezeichnung R 10 gab es Motoren mit parallel hängenden Ventilen oder halbkugeligem Brennraum und Dreigang-Getriebe mit Drehgriff- oder Fußschaltung. Die Leistung reichte von 8 bis 10 PS.
Unten, die R 67/3 von 1955 wurde als reines Gespannmotorrad vorwiegend bei der ADAC-Straßenwacht eingesetzt.

eine noch durchzugskräftigere Motorcharakteristik. Der Luftfilter wurde dabei vorne in der rechten Tankunterseite montiert und über eine lange, exakt berechnete Ansaugleitung mit dem Vergaser verbunden. Alle diese Neuerungen flossen schließlich zur Frankfurter IFMA im Oktober 1953 in das neue Modell R 25/3 ein. Es blieb jedoch bei weitem nicht die einzige Neuheit auf dem BMW-Ausstellungsstand: An allen Modellen hatte man Leichtmetall-Vollnaben eingeführt, womit man nun endlich bei den Boxermodellen ebenfalls zu den bei den Einzylindern seit der R 25 verwendeten Geradspeichen-Rädern übergegangen war. Die ungekröpften Speichen hatten sich schon bei den Vorkriegs-Rennmaschinen und später bei der R 75 als sehr vorteilhaft erwiesen. Das Gespannmodell R 67 behielt seine Stahlfelgen, die nun verchromt wurden, R 25/3, R 51/3 und R 68 hingegen wurden mit Leichtmetallfelgen ausgeliefert. Und auch den großen Schwingachsseitenwagen »BMW-Spezial« hatte man zusammen mit der Nürnberger Herstellerfirma Steib weiterentwickelt und mit einer hydraulischen Bremse ausgestattet. Auf Wunsch wurde ein Teleskopstoßdämpfer eingebaut, und im übrigen bei beiden Seitenwagentypen die neuesten BMW-Räder verwendet.

Die große Attraktion auf dem Ausstellungsstand stellte jedoch ein ganz anderes Motorrad dar: die langerwartete BMW RS als käufliche Rennmaschine für Privatfahrer. Neben der eigentlichen Rennabteilung war im Sommer eine neue Gruppe von Spezialisten zusammengestellt worden, die die Kleinserienfertigung der RS übernehmen sollten; geleitet wurde sie von Max Klankermeier, der sich aus Ernst Hennes Werkstätten auch die beiden Monteure aus der Vorkriegs-Rennmannschaft, Josef Achatz und Hans Plessl, zurückholte. Die RS war direkt von den 1953er Werksrennmaschinen abgeleitet und wies dasselbe Königswellen-dohc-Triebwerk auf, das im übrigen nicht auf den Kompressor-Vorgängern basierte, sondern eine eigenständige Entwicklung der Konstrukteure Wolff und Ischinger (Bruder des »DKW-Ischinger«, später bei Glas in Dingolfing) darstellte. Die Motorleistung wurde bei den Privatfahrer-Exemplaren auf 45 PS bei 8000/min beziffert – zurückhaltend wie stets bei BMW. Das Fahrwerk bestand aus einem kompakten Doppelrohrrahmen mit Hinterradschwinge und Federbeinen. An der Ausstellungsmaschine war zwar eine Teleskopgabel montiert, doch zur Auslieferung gelangten nur Maschinen mit Langarm-Vorderradschwinge und Federbeinen, wie sie Walter Zeller beim Maipokal-Rennen am 10. Mai 1953 erstmals verwendet hatte. Insgesamt wurden 20 Solomaschinen und vier Gespanne gebaut. Natürlich gab es noch sehr viel mehr Interessenten, doch die RS brauchte gar nicht öffentlich zum Verkauf angeboten zu werden, denn die 24 Exemplare waren eigentlich schon vor dem Erscheinen unter Fahrern aus ganz Europa verteilt. So wurde auch nie eine Preisangabe gemacht. Auf den Rennstrecken boten die schwarzen BMW RS nun für viele Jahre eine Abwechslung im Bild der anderen Serienrennmaschinen mit 500 ccm, der Norton-Manx und Matchless aus England. Es wurden unzählige nationale Meisterschaften mit der BMW gewonnen, nicht nur in Deutschland, sondern auch in Österreich, Kanada oder Australien. In der Seitenwagenklasse sollten die kompakten Boxermotoren aus München sogar für die kommenden 25 Jahre das Geschehen souverän beherrschen.

Eine andere Neuentwicklung blieb den Ausstellungsbesuchern 1953 jedoch vorenthalten. Im Zuge des von den italienischen Firmen Piaggio und Lambretta kurz nach Kriegsende entfachten Motorroller-Booms, versuchten sich auch in Deutschland mehrere Motorradhersteller mit der Konstruktion dieser Flitzer mit Blechkarosserie und kleinen Rädern. Hoffmann in Lintorf übernahm 1950 die Lizenzfertigung der Piaggio-Vespa, und NSU einigte sich mit Lambretta. Bei BMW wollte man sich mit diesen Fahrzeugen nicht so recht anfreunden, fand jedoch in der Velocette LE aus England ein interessantes Vorbild, denn bei diesem Fahrzeug war es gelungen, die praktische Schutzwirkung der Roller-Karosserie mit den Vorteilen größerer Motorrad-Laufräder zu kombinieren und obendrein den lärmenden Zweitaktmotor der meisten Roller durch ein ruhiges Viertakt-Motorradaggregat zu ersetzen. Man verwendete bei Velocette sogar einen kleinen wassergekühlten Boxermotor mit Kardanantrieb zum Hinterrad. Diese Konstruktion entsprach somit genau dem traditionellen BMW-Konzept, dennoch zog man in der Frage des Antriebsaggregats einen Einzylinder auf R 25-Basis vor. Die Kosten für die Entwicklung eines kleinen Boxermotors wären kaum aufzubringen gewesen, zumal man sich über die Zukunft dieser Fahrzeuggattung in Deutschland nicht recht im klaren war. Über das Prototypenstadium kam der BMW-Roller im Jahr 1953 allerdings nicht hinaus, und bald darauf wurde das Konzept noch einmal grundlegend geändert. Man nahm sich nunmehr den recht erfolgreichen Heinkel-Roller, der mit einem eigenen 150-ccm-Viertaktmotor ausgestattet war, zum Vorbild. Aber diese Entwicklung wurde nur halbherzig durchgeführt, und als im Jahre 1955 die beiden Prototypen mit 200-ccm-Motoren, Gebläsekühlung, Kardanantrieb und Federbein-Schwingen an Vorder- und Hinterrad fertiggestellt waren, wurde das Projekt auf Vorstandsbeschluß hin verworfen.

Während der Saison 1954 mußte BMW auf dem Inlandsmarkt einen ersten großen Verkaufsrückgang bei den Zweizylindermodellen hinnehmen. Hatten im Vorjahr noch 5752 R 51/3, R 67/2 und R 68 die Werkshallen in München-Milbertshofen verlassen, so waren es diesmal nur 3384, hinzu kamen noch 1844 exportierte Maschinen. Mit dem durchschlagenden Erfolg der R 25/3 konnte dies jedoch mehr als ausgeglichen werden, die 250-ccm-BMW brachte es im gleichen Zeitraum auf insgesamt 24187 Exemplare (Inland 19953, Export 4234) und sorgte damit für die höchste jemals von BMW in Deutschland erzielte Motorrad-Verkaufszahl. In der Fachpresse wurden die Qualitäten der kleinen BMW keineswegs in Frage gestellt, doch hätte man auch gerne eine sportlichere Version gesehen, nach dem Motto »einen Motor wie jenen der NSU-Max in einem BMW-Fahrgestell mit Hinterradschwinge«. Daß man sich im Werk anscheinend auch darüber Gedanken machte, vermuteten aufmerksame Beobachter der österreichischen Alpenfahrt im Juni 1954, als sie eine der R 25/3-Geländemaschinen mit einer Hinterradschwinge entdeckten.

Auf dem Automobilsalon von Brüssel war im Januar 1955 jedoch dann etwas ganz anderes zu sehen. Kein verbessertes 250er Modell, sondern die Boxermotoren in einem völlig neuen Fahrwerk, dem BMW-»Vollschwingrahmen«. Pate hatte dabei die Rennmaschine gestanden, bei der man ja schon 1951 eine Hinterradschwinge und zwei Jahre später eine Langarmschwinge nach den Konstruktionsprinzipien des Engländers Ernie Earles eingeführt hatte. Vor- und Nachteile der Vorderradschwingen gegenüber den Teleskopgabeln wurden seit einigen Jahren international diskutiert, auch in *Das Motorrad* wurden mehrere Artikel zu diesem Thema veröffentlicht. Die Dreiecksschwinge, nach ihrem Konstrukteur »Earles«-Gabel genannt, war an zahlreichen Rennmaschinen, so beispielsweise an den italienischen MV Agustas, zu finden, und die Hinterradschwinge hatte als Ablösung der noch recht primitiven Geradwegfederung ohnehin schon allgemein Einzug in den Motorradbau gehalten. In Deutschland hatte UT im schwäbischen Möhringen im Jahre 1952 den Anfang gemacht.

Alfred Böning und sein Konstruktionsteam behielten auch bei den neuen Modellen den stabilen Rahmenmittelteil bei. Die beiden Rohrschleifen aus konisch gezogenen Ovalrohren, die unter dem Tank in ein Zentralrohr mündeten, waren am hinteren Ende wieder im Bogen ausgeführt, für die Federbeinhaltung wurden kräftige Hülsen an einem Ausleger am Rahmen verschweißt. Die Hinterradschwinge wurde rechts und links in den Versteifungsstreben zwischen oberem und unterem Rahmenrohr gelagert, womit sich eine sehr breite und damit stabile Lagerung ergab. Um eine möglichst exakte und spielfreie Radführung zu erreichen, wurden sowohl an den Schwingendrehpunkten als auch an den Radachsen Kegelrollenlager verwendet. Die Kardanwelle lief im rechten Schwingenholm, wobei das Kreuzgelenk nun ans vordere Ende rückte und hinten ein Schiebestück Verwendung fand. Das Getriebe war neu entworfen worden und wies nun eine dritte Welle auf, da der Drehmomentstoßdämpfer (Knaggendämpfer) nun direkt auf der Eingangswelle saß und eine zusätzliche Schaltwelle erforderlich machte. Gleichzeitig wurde dadurch auch der Drehsinn der Antriebswelle zum Hinterradantrieb geändert, was aber durch die Verlegung des Antriebs-Tellerrades an die linke Seite des Kegelrades ausgeglichen werden konnte. Ebenfalls neu war die Kupplungsbetätigung mittels einer Tellerfeder, ein Detail, das sich an der R 25/3 bereits bewährt hatte.

Links, Helmut Werner Bönsch (auf der R 50), der bekannte Motorradtechniker und Fachjournalist mit dem Ex-Rennfahrer Schorsch Meier.

Auf der gegenüberliegenden Seite ist die Montage der 1955 eingeführten Vollschwingrahmen-Modelle zu sehen.

Die Motorrad-Zeitschriften wie *The Motor Cycle* in England oder *Cycle* in den USA veröffentlichten schon im Frühjahr 1955 die ersten Testberichte über die neue 500-ccm-BMW R 50 und den Nachfolger der R 68, folgerichtig mit R 69 bezeichnet. In diesen beiden Ländern entstand damals der legendäre Ruf der Schwingen-BMW als nahezu perfekte Reisemaschinen mit leistungsfähigen, aber leisen und enorm zuverlässigen Motoren und einem sicheren Fahrverhalten auf allen Wegen, verbunden mit einer komfortablen Federung. *Das Motorrad* brachte den ersten Testbericht einer R 69 im Dezember; hier wurde BMW mit Freude das Aufholen eines technischen Rückstands im Fahrwerksbau bescheinigt und von der Sicherheit auch in den durch die zur Verfügung stehenden 35 PS möglichen Geschwindigkeitsbereichen gesprochen. In einem Gespanntest wurde das Resümee gezogen: »Das Fahrwerk der R 69 ist auch im Gespannbetrieb einfacheren Fahrwerken so hoch überlegen wie im Solobetrieb.« Lobende Erwähnung fanden auch der schlankere und höhere Tank mit seitlichem Werkzeugfach sowie der aufwendige Gasdrehgriff mit Kegelradumlenkung und Kettenzug. Wahlweise konnte man die neuen Schwingenmaschinen mit Sattel und Sitzkissen oder mit einer durchgehenden Sitzbank erhalten.

Die Preise hatten sich gegenüber den Vorgängermodellen nicht geändert. Als reine Seitenwagenmaschine war die bisherige 600er noch für ein weiteres Jahr im Programm geblieben. Aufgrund verschiedener Modifikationen trug sie die Bezeichnung R 67/3. Der einzige äußerliche Unterschied war das 18-Zoll-Hinterrad mit der Reifengröße von 4.00 × 18, doch hatte man auch am Motor etwas geändert. Von seiten des ADAC, bei dem eine große Anzahl von 600-ccm-BMW-Gespannen als Straßenwachtfahrzeuge Dienst taten, waren wiederholt Klagen über den zu harten Motorlauf gekommen, eine Feststellung, die sich aus dem niedertourigen Betrieb mit dem vollgeladenen neun Zentner schweren Gespann ergab. Man verbesserte nun die Laufeigenschaften, indem man die Pleuel-Rollenlager durch Gleitlagerschalen ersetzte, eine Änderung, die sich allerdings nur bei niedrig belasteten Motoren bewährte.

Einen Schritt weiter war man indessen bei der Weiterentwicklung des 250-ccm-Aggregats gegangen. Hier verwendete man nun erstmals ein Leichtmetall-Pleuel, das, mit einer Bleischicht versehen, direkt auf dem Hubzapfen lief. Außerdem hatte man die Kühlrippenfläche am Zylinderkopf um 50 Prozent vergrößert, was den schwarzen Kühllack überflüssig machte, die Verdichtung abermals erhöht und einen

26 mm-Vergaser angeflanscht. Die Leistung belief sich nun auf 15 PS bei 6400 U/min. Und dieser Motor wurde Anfang 1956 ebenfalls in einem Schwingenfahrwerk präsentiert, das zwar dem der Boxermodelle zum Verwechseln ähnlich sah, in den Dimensionen und einigen weiteren Details jedoch abwich. Diese BMW R 26 stellte nun das lange gewünschte sportliche 250-ccm-Modell dar, die offizielle Angabe zur erreichbaren Höchstgeschwindigkeit lag bei 128 km/h mit liegendem Fahrer. Das bedeutete einen Vorsprung vor den bisher schnellsten deutschen 250ern, der NSU Max und der Adler MB 250 S, obwohl diese mit drei Mehr-PS aufwarten konnten. In den Presseberichten hieß es dazu, daß wohl Sepp Hopf im Motoren-Versuch und Ernst Loof, der frühere Imperia-Rennfahrer und Rennwagen-Konstrukteur, in seiner Eigenschaft als Leiter des Fahrversuchs, ihren Neigungen sehr freien Lauf gelassen hätten und Hopf eine »stille Reserve« im Motorprüfstand versteckt habe. Im BMW-Programm wurde die R 26 auch zunächst als Luxus-250er geführt, ihr Preis betrug 2150 DM; die noch ein Jahr lang unverändert weitergebaute R 25/3 dagegen wurde nun für 1795 DM statt vorher 2060 DM angeboten. Eine eher unauffällige Programmänderung betraf die 600-ccm-Maschinen, wobei die ausgelaufene R 67/3 in Gestalt der R 60 nun ebenfalls durch ein Schwingenmodell ersetzt wurde.

Anläßlich der Pressevorstellung der neuen Serienmodelle Anfang 1955 hatte Direktor Donath auch die allgemein mit einer gewissen Enttäuschung aufgenommene Mitteilung gemacht, daß BMW in der kommenden Saison kein Werksteam auf die Rennstrecken entsenden würde. Max Klankermeier und Josef Achatz würden sich in der RS-Privatfahrerabteilung nun auch um die Geländemaschinen kümmern, und die bisherigen Werksfahrer Walter Zeller und Wilhelm Noll bekämen für ihre weiteren Renneinsätze normale RS-Motoren zur Verfügung gestellt. So strikt wie angekündigt, wurde dieses Vorhaben dann jedoch nicht verwirklicht, und die erfolgreichen Fahrer stießen in der Lerchenauer Straße nie auf taube Ohren. Im September 1954 war Alex von Falkenhausen wieder zu BMW zurückgekommen, nachdem er seine eigene Rennwagenfirma (AFM) betrieben hatte; es wurde ihm der Posten des Rennleiters angeboten. Seine erste Aufgabe bestand in der Vorbereitung neuer Motorrad-Weltrekordfahrten. Auf der Hochgeschwindigkeitspiste von Montlhéry in Nordfrankreich fuhren Walter Zeller, Schorsch und Hans Meier auf einer spezialverkleideten RS und Wilhelm Noll auf dem Gespann Langstreckenrekorde bis zu 24 Stunden. Ein Jahr später setzte man die Fahrten fort und mit Wilhelm Nolls absolutem Weltrekord für Dreiradfahrzeuge (280,2 km/h) auf der Autobahn München–Ingolstadt einen Meilenstein. Bei dieser Fahrt wurde ein ganz spezieller, nach v. Falkenhausens Ideen vorbereiteter Rennmotor verwendet: Das 500-ccm-Aggregat lief mit Nitromethan und erreichte fast 80 PS bei einer Drehzahl von 12 000 U/min.

Mehr und mehr kamen auch Stoßstangenmotoren und frisierte Serienmaschinen im Rennbetrieb zum Einsatz. Auch diese Privatfahrer wurden von den BMW-Technikern mit Rat und Tat unterstützt. Rudolf Schleicher steuerte spezielle Nockenwellen bei, denn auch seine Kontakte zu BMW waren längst nicht abgerissen. So blieb der Name BMW im Motorradsport weiterhin bestens vertreten, und in der 500-ccm-Weltmeisterschaft hätte es 1956 um ein Haar zur großen Sensation gereicht. Walter Zeller war mittlerweile wieder Werksfahrer, wenn auch nur »inoffiziell«, und begann die Saison bravourös. Er hatte eine neue Kurzhub-Version des RS-Motors (Bohrung × Hub: 70 × 64 mm statt 66 × 72 mm) eingesetzt und befand sich nach dem Ausfall von John Surtees plötzlich in aussichtsreicher Position zur Erringung des Titels. Technische Probleme ließen ihn jedoch auf der Solitude und auch in Monza aus dem Spitzenfeld zurückfallen, so daß er sich am Ende mit der Vizeweltmeisterschaft begnügen mußte. Fahrer und Maschine hatten damit immerhin bewiesen, daß sie zur absoluten Weltspitze zu zählen waren. Zeller mußte seine Karriere 1957 aus familiären Gründen aufgeben, und so blieb das Feld weitgehend den Seitenwagenpiloten überlassen. Was der sympathische junge Mann aus Hammerau seiner Mannschaft bedeutete, ließ sich aus dem Abschiedsgeschenk ermessen, das die Rennmechaniker für ihn vorbereitet hatten. Aus der Kombination des RS-Prototyp-Fahrgestells und des 600-ccm-Kompressormotors aus dem Gespann (das bereits vor dem Krieg von Sepp Stelzer und ab 1949 von Max Klankermeier gefahren worden war) hatte man eine »Traum-BMW« entstehen lassen, die einzige jemals gebaute Kompressor-Straßenmaschine...

So sehr die Erfolge auf sportlichem Gebiet den Namen BMW auch weiterhin erstrahlen ließen, die Verkaufszahlen bei den Serienmaschinen waren ab 1955 stark rückläufig. 1956 ließ sich in Deutschland mit 641 Zweizylindermaschinen nur noch ein Sechstel der Vorjahresstückzahl an den Mann bringen, die Gesamtproduktion hatte sich von 1954 bis 1958 um nicht weniger als 75 Prozent verringert. Der Motorradmarkt war in Deutschland fast völlig zusammengebrochen. Die Zweiräder stempelte man im Zeichen des enormen wirtschaftlichen Aufschwungs in der Bundesrepublik zu »Arme-Leute-Fahrzeugen« ab, und der Einstieg in die Automobil-Gesellschaft wurde durch die zahlreich am Markt vertretenen Klein- und Kleinst-Wagen, die sogenannten »Mobile«, leicht gemacht. Der Aufstieg in der Motorisierung vollzog sich nun vom Moped direkt zum Kleinwagen.

Auch BMW nahm an dieser Entwicklung teil, wenngleich man nicht nach einem Ersatz für die Motorradproduktion suchte, sondern vielmehr die Probleme innerhalb der Automobilabteilung zu lösen versuchte. Unmittelbar nach dem Anlaufen der Motorradproduktion 1948/49 hatte man bei BMW auch wieder die Konzeption neuer Wagenmodelle in Angriff genommen. Das Ergebnis in Form einer großen Limousine, die in ihrer Linienführung eine Weiterentwicklung der typischen Vorkriegs-BMWs darstellte, zählte zu den großen Attraktionen der Frankfurter IAA im April 1951. Mit den aufwendig produzierten Wagen sprach man vom Verkaufsstart ab dem Jahr 1952 jedoch nur wenige Käufer an, das änderte sich auch mit der Einführung eines Leichtmetall-V8-Motors, zwei Jahre später, nicht wesentlich. Bei den innerhalb von drei Jahren knapp über 5000 gefertigten Exemplaren hieß es, daß die Bayerischen Motoren Werke draufzahlen mußten und die Produktion nur durch die guten Erträge aus dem Motorradgeschäft aufrecht erhalten konnten. Gerade noch rechtzeitig vor den auch auf diesem Sektor immer drastischer werdenden Umsatzeinbußen hatte man nun auch bei BMW ein Kleinwagenprojekt in Vorbereitung. Durch die Übernahme eines fertigen Konzepts und der Produktionseinrichtungen ersparte man sich einiges an Zeit- und Kostenaufwand,

Auf der gegenüberliegenden Seite sieht man links oben die BMW-Versandabteilung, wo gerade einige R 26 für die Verschiffung nach Übersee verpackt werden. Rechts daneben, der erste Versuch einer vollverkleideten BMW aus dem Jahre 1954. Es wurden einige Exemplare an die Polizei in Wien geliefert. Das große Bild spiegelt die BMW-Werbung der späten fünfziger Jahre wider: Dem sportlichen Motorradfahrer wird ein moderner Kleinwagen offeriert. Die Bezeichnung der BMW-Isetta als »Moto-Coupé« unterstrich den Anspruch, ein dem Motorrad überlegenes Fahrzeug zu sein – zumindest was den Wetterschutz anbetraf...

Walter Zeller mit dem Abschiedsgeschenk der BMW-Rennabteilung, einer 600 ccm-Kompressormaschine mit Straßenzulassung. Dieses Einzelstück aus dem Jahre 1957 stellte einen großen Traum aller BMW-Freunde dar.

nur die Antriebsfrage wurde in Eigenregie gelöst. So präsentierte BMW auf der IAA des Jahres 1955 das ursprünglich bei der italienischen Firma Iso entwickelte »Moto-Coupé«, ein zweisitziges eiförmiges Wägelchen mit Fronttür und eng beieinanderstehenden Hinterrädern, als BMW-Isetta mit dem auf Gebläsekühlung umgestellten 250-ccm-Motorradmotor. Innerhalb der nächsten zwei Jahre wurden von diesem, mit 2580 Mark recht preisgünstigen Fahrzeug schon 44600 Stück ausgeliefert, was zwar den Jahresumsatz stabil hielt, nicht aber die dringend benötigten Gewinne brachte. Im gleichen Zeitraum mußten weitere Entlassungen ausgesprochen werden, die Belegschaft umfaßte Ende 1956 nurmehr 5757 Mitarbeiter. Im Vorjahr hatte man die Verluste sowie die Investitionen für die Isetta und die parallel dazu vorgestellten Achtzylinder-Sportwagen 503 und 507 durch den Verkauf eines großen Teils der Allacher Werksanlagen an MAN ausgleichen können, doch für 1956 wies der Geschäftsbericht der Bayerischen Motoren Werke einen Gesamtverlust von fast 6,4 Millionen DM aus. Am 28. Februar 1957 ging jener Mann, der für den BMW-Wiederaufbau nach Kriegsende verantwortlich gewesen war, in Pension, dem Techniker Kurt Donath folgte der Jurist Dr. Heinrich Richter-Brohm als Vorstandsvorsitzender und Generaldirektor. Auf die immer lauter werdenden Vorwürfe der Aktionäre antwortet dieser mit einem Rechenschaftsbericht über die Fehler seiner Vorgänger, dabei schien die Situation an sich klar zu sein, es fehlte ein zugkräftiges Mittelklassemodell im Automobilangebot der Milbertshofener.

Für die Entwicklung eines solchen Wagens standen indessen keine Mittel zur Verfügung. Die wirtschaftliche Lage des Unternehmens verschlechterte sich zusehends, als auch das zweite, vergrößerte Kleinwagenmodell, der BMW 600 mit seinem vom Motorrad abgeleiteten Boxermotor, nicht den erhofften Erfolg brachte. Im Herbst 1959 mehrten sich schließlich die Gerüchte über das bevorstehende Ende der Bayerischen Motoren Werke.

Auf der Generalversammlung am 9. Dezember legten Vorstand und Aufsichtsrat die von der Deutschen Bank initiierten Zukunftspläne vor: BMW sollte von der Daimler-Benz AG übernommen werden, wobei jedoch die Produktion der Isetta, des eben angelaufenen Typs 700 und der Motorräder zunächst weitergeführt werden sollten. Die Kleinaktionäre fühlten sich überrumpelt, denn zweifellos wäre damit das Schicksal des Unternehmens besiegelt gewesen. Man wußte, daß es bei den Mercedes-Mittelklassemodellen Kapazitätsprobleme gab und deshalb die Umwandlung von BMW in ein Montagewerk der Stuttgarter nur noch eine Frage der Zeit sein konnte. Als der Sprecher einer Aktionärsgruppe jedoch Unregelmäßigkeiten in den vorgelegten Gewinn- und Verlustrechnungen aufdeckte – die Entwicklungskosten für den BMW 700 waren entgegen der gesetzlichen Vorschrift nicht auf mehrere Jahre verteilt worden –, mußte die schon zwölf Stunden dauernde Versammlung abgebrochen werden. Der Übernahmeplan war gescheitert. Richter-Brohm und der Aufsichtsratsvorsitzende Dr. Hans Feith (Deutsche Bank) traten zurück; die durch umfangreiche Aufkäufe im Laufe der vergangenen Jahre zu Großaktionären aufgestiegenen Brüder Herbert und Harald Quandt wurden nun aktiv und forcierten vor allem die Vorbereitungen für den lange erwarteten Mittelklassewagen.

BMW hält zum Motorrad

In den sechziger Jahren wurde das Motorrad in Deutschland totgesagt. Gleichzeitig begann es sich in den USA aber mit einem ganz neuen Image wieder zu etablieren. Erstarkt durch die Erfolge auf dem Automobilsektor machte sich BMW an die Neuentwicklung eines modernen Typenprogramms und beteiligte sich damit an der Wiederbelebung des Marktes.

Die einstmals strahlende und weltweit erfolgreiche deutsche Motorradindustrie war 1959 in die Bedeutungslosigkeit abgesunken. So berühmte Namen wie DKW und NSU waren fast nur noch auf Automobilen zu finden, die wenigen noch produzierenden Betriebe befaßten sich mit 50-ccm-Mopeds und Kleinkrafträdern. In Nürnberg hatte man die Marken Victoria, Expreß und DKW zu einem eher erfolglos operierenden Unternehmen zusammengefaßt, das nun gerüchteweise auch in einen Zusammenhang mit BMW gebracht wurde.

In München hatte sich alles mehr und mehr auf die Automobilentwicklung konzentriert, wenngleich man sich darüber im klaren war, daß das BMW-Motorrad zumindest international gesehen immer noch einen wichtigen Bestandteil des Firmenbilds darstellte. So entstand bei BMW der Plan, die Motorradfertigung zwar weiterzuführen, sie aber nach Nürnberg in eines der in der Zweirad-Union zusammengeschlossenen Werke zu verlagern. In einem Leitartikel über die turbulenten Vorgänge um den Fortbestand der Bayerischen Motoren Werke warnte der neue Chefredakteur der Fachzeitschrift *Das Motorrad*, Siegfried Rauch, eindringlich vor einem solchen Schritt, denn die bisherige Entwicklung gerade der Traditionsmarke DKW habe gezeigt, daß damit ein totaler Imageverlust verbunden sein würde.

Es bedurfte jedoch gar keiner Mahnung von außen, um das BMW-Motorrad zu retten. Unter den Technikern im Werk gab es noch immer eine starke Gruppe eingefleischter Motorradleute, die nicht bereit waren, diesen wichtigen und von ihnen mitgeprägten Bestandteil von BMW preiszugeben. Zur Schlüsselfigur war dabei seit Mitte 1958 Helmut Werner Bönsch geworden. Schon in den dreißiger Jahren durch seine akribischen Motorrad-Fahrberichte, die ersten richtigen Tests in den Fachzeitschriften, bekannt geworden, eröffnete er nach dem Krieg sein eigenes Ingenieurbüro, schrieb unter dem Pseudonym Peter Peregrin auch weiterhin Fachartikel und wurde schließlich vom Verband der Fahrrad- und Motorradindustrie zum Sachverständigen für die Abnahme neuer Modelle berufen. Seine neutrale Beratertätigkeit für die gesamte Industrie erwies sich als immens wertvoll. BMW konnte sich glücklich schätzen, Bönsch schließlich ganz für sich zu gewinnen. Man ernannte ihn zum Direktor für Produktplanung, Wertanalyse und Marketing.

Anfang 1960 war in Milbertshofen wieder Ruhe eingekehrt. Zumindest nach außen hin, denn hinter den Werkstoren herrschte ein geschäftiges Treiben wie selten zuvor. Der sportliche BMW 700 in Coupé- und Limousinenform hatte den Geschmack des Publikums exakt getroffen, die Abwertung des vom Motorrad abgeleiteten 700-ccm-Boxer-Zweizylinders mit Gebläsekühlung durch einige Automobil-Journalisten konnte durch aufsehenerregende Sporterfolge mehr als wettgemacht werden. Fieberhaft arbeiteten die Entwicklungsingenieure und Motorenchef Alex von Falkenhausen an dem neuen Mittelklassewagen, mit dem das BMW-Automobilangebot so schnell wie möglich erweitert werden sollte.

An die Ära der R 5 und R 51 schloß die neue 500-ccm-Sportmaschine R 50 S an. Sie erreichte mit 35 PS nun die Leistung der »100 Meilen-BMW« R 68 (ab 1955: R 69). Neben der reinen Leistungssteigerung hatte man die Boxermotoren in vielen Details überarbeitet und verbessert; die nunmehr mit den Typenbezeichnungen R 50/2 und R 60/2 versehenen Tourenmodelle hatten ebenfalls einen Leistungszuwachs um jeweils 2 PS zu verzeichnen.

Das neue Flaggschiff jedoch stellte die zur R 69 S avancierte 600-ccm-Sportmaschine dar. Sie konnte nun mit 42 PS aufwarten, wobei die Werte für Verdichtung und Maximaldrehzahl nicht ganz so hoch lagen wie bei der kleineren Schwester. Am Fahrwerk der Sportmodelle ersetzte ein durch ein Kniegelenk abschaltbarer hydraulischer Lenkungsdämpfer den Reibscheibendämpfer. Die neuen Modelle wurden vor allem mit Blickrichtung auf das Exportgeschäft ins Programm genommen, hatte sich doch gerade in England und den USA die Schwingen-BMW einen erstklassigen Ruf erworben. Es wurde ehrfurchtsvoll vom »Rolls-Royce der Motorräder« gesprochen.

Aber die Konkurrenz der einheimischen, immer leistungsfähiger werdenden Maschinen wurde größer. Man mußte sich in München dazu durchringen, die Herausforderung anzunehmen. Mit Erfolgen wie dem Doppelsieg beim Bol d'Or, dem 24-Stunden-Rennen in Montlhéry im Juni 1960, den Weltrekordfahrten über 12 und 24 Stunden

(175,9 bzw. 175,8 km/h) im Jahr 1961 und dem großartigen Sieg über die englischen Fabrikate beim 1000-km-Rennen in Silverstone im Mai des darauffolgenden Jahres stellten die Qualitäten der sportlichen BMW eindrucksvoll unter Beweis.

Der Unsicherheit unter den BMW-Motorradfreunden auf der ganzen Welt wurde schließlich am 22. August 1960 ein Ende gesetzt. Die Vertreter der Fachpresse kamen an diesem Tag zur Vorstellung eines überarbeiteten Modellprogramms am Nürburgring zusammen. Helmut Werner Bönsch hielt in seiner Einführungsrede ein mitreißendes Plädoyer für das Motorrad und brachte somit den Optimismus zum Ausdruck, der nun bei BMW auch in dieser Sparte wieder eingezogen war. Die neuen Motorradtypen unterschieden sich optisch nur unwesentlich von den bisherigen Modellen, man hatte ihnen jedoch eine Menge Feinarbeit angedeihen lassen. Eine besondere technische Neuerung war an der Einzylinder-BMW zu bewundern, die in der Versuchsabteilung seit der Einführung des Vollschwingrahmens immer mehr zum ungeliebten Kind geworden war – stand doch der stark vibrierende Motor so ganz im Gegensatz zu dem auf Komfort ausgelegten Fahrwerk. Sepp Hopf hatte sich der Sache angenommen und die schon am R 36-Prototyp im Jahre 1938 verwendete Gummilagerung des gesamten Antriebsaggregats wieder aufgegriffen. Nach langwierigen Experimenten – der relativ frei schwingende Motor erforderte zahlreiche weitere Änderungen an Rahmen und Anbauteilen – wurde das 250-ccm-Aggregat schließlich vorne und hinten auf jeweils zwei Silentblocks im Rahmen verschraubt, hinzu kamen drei Anschlagpuffer, vorne am Motorgehäuse, hinter dem Getriebe und oben am Zylinderkopf. Der ohnehin schon mit einer Knaggenfeder im Getriebe und der Hardyscheibe (Vulcollan-Gummimaterial) am Kardanflansch ausgestattete Antriebsstrang konnte unverändert übernommen werden. Die Auspuffanlage wurde ebenfalls elastisch aufgehängt, Zündspule und Lichtmaschinen-Regler wanderten an einen festen Platz am Rahmen, und eine weitere Änderung unter dem Stirndeckel betraf den Zündunterbrecher, der anstatt auf dem Kurbelzapfen nunmehr auf der Nockenwelle montiert wurde. Letztere wies geänderte Steuerzeiten auf, die im Verein mit einer erhöhten Verdichtung eine Leistungssteigerung auf 18 PS bei 7400/min bewirkten. Besonderen Wert hatte man im Zuge dieser Maßnahmen auch auf die Verbesserung des Drehmoments im mittleren und unteren Bereich gelegt, so daß trotz der seit der R 24 enorm angestiegenen Drehzahlen der charakteristische Durchzug der BMW-Einzylinder erhalten blieb.

Im September 1960 wurden die neuen Modelle auf der IFMA in Frankfurt dem Publikum präsentiert. Um zu zeigen, daß sich die Einstellung zum Motorrad nicht geändert hatte, veranstaltete BMW eine Zielfahrt nach Frankfurt, an der einige hundert BMW-Fahrer teilnahmen. Der Ausstellungsstand war recht aufwendig gestaltet, neben Renn- und Weltrekordmaschinen sah man großartige Versuchsanordnungen, die eine Reihe technischer Neuerungen, wie etwa den »Schwebemotor«, veranschaulichten. Die Resonanz beim Käufer blieb jedoch zurückhaltend. Auf dem Inlandsmarkt gingen die Stückzahlen weiter zurück, im Export vollzog sich der Zuwachs nur sehr langsam. Hinzu kamen verschiedene technische Probleme bei den Sportmodellen: Die hohen Drehzahlen bis über 7500/min führten zu gefährlichen Schwingungen, die ihrerseits Kolbenschäden, Entlüftungsprobleme im Kurbelgehäuse und sogar abreißende Zylinder zur Folge hatten. Obwohl man sich in der Fachpresse mit Kritik sehr zurückhielt (Ernst Leverkus brachte in *Das Motorrad* erst Ende 1961 einen kurzen R 69 S-Gespanntest), verschlechterte sich das seit den Tagen Carl Hertwecks ohnehin schon sehr gespannte Verhältnis zwischen der Redaktion der größten deutschen Motorradzeitschrift und der Firma BMW zusehends. Dies betraf indessen nicht die Kundendienst- und Versuchswerkstätten, wo vor allem Josef Achatz stets ein offenes Ohr für technische Probleme zeigte, denn gerade im Versuchsbetrieb hatte man immer wieder auf das kritische Fahrverhalten des Schwingenfahrwerks ab etwa 120 km/h und natürlich auf die zahllosen kleinen Motordefekte hingewiesen.

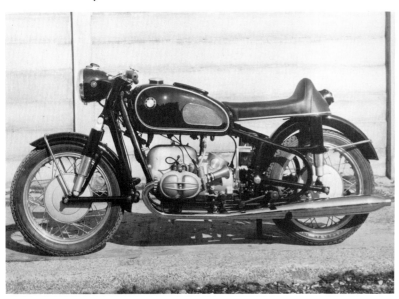

In mühevoller Kleinarbeit – die mit großen Verlusten arbeitende Motorradabteilung sollte nicht noch mehr Unkosten verursachen – versuchte man nach und nach die Standfestigkeit der Motoren zu erhöhen. Die mit ihrer Nenndrehzahl von 7650/min stärker betroffene R 50 S wurde nach einer Produktion von nur 1634 Stück schon nach zwei Jahren aus dem Programm genommen, man konzentrierte sich auf die 600er Version. Die entscheidende Verbesserung stellte der für den Modelljahrgang 1963 eingeführte Schwingungsdämpfer auf dem vorderen Kurbelwellenstumpf bei der R 69 S dar, die vor der Lichtmaschine rotierende Stahlscheibe wurde im Zuge einer Nachrüstaktion auch bei den meisten älteren Fahrzeugen dieses Typs montiert. Nach dem vorläufigen Tiefstand im gleichen Jahr mit insgesamt nurmehr 5753 ausgelieferten Motorrädern schnellte 1964 insbesondere der Export der Zweizylindermodelle von 2580 auf 4972 Einheiten empor. Innerhalb der Gesamtaktivitäten der Bayerischen Motoren Werke waren zu diesem Zeitpunkt die Motorräder aber weit in den Hintergrund gerückt, denn die BMW-Automobile hatten nun tatsächlich den lange ersehnten großen Durchbruch auf dem Markt geschafft. Seit 1960 belief sich die Jahresproduktion des sportlichen BMW 700 auf über 30 000 Einheiten, und im September 1961 war auf der IAA in Frankfurt mit dem BMW 1500 endlich das neue Mittelklassemodell vorgestellt worden. Nach einem verzögerten Verkaufsstart im Herbst 1962 konnten davon innerhalb der ersten zwölf Monate nicht weniger als 30 000 Exemplare abgesetzt werden, und 1964 überstieg die BMW-Automobilproduktion sogar die 50 000er-Marke.

Die Belegschaft zählte jetzt über 10 000 Mitarbeiter. Und nachdem 1962 erstmals wieder ein Gewinn erwirtschaftet worden war, konnte ein Jahr später nach einer zehnjährigen Pause auch wieder eine Dividende an die Aktionäre ausbezahlt werden. Im Zuge dieses Aufwärtstrends durfte man in bescheidenem Rahmen auch wieder an eine Motorrad-Weiterentwicklung denken. In Verbindung mit der ständigen Modellpflege an den Serientypen gehörte die Betreuung der RS-Gespannfahrer in der Straßenweltmeisterschaft sowie die Vorbereitung der Geländemaschinen schon seit Jahren zu den Aufgaben der Versuchsabteilung. Max Klankermeier und Josef Achatz taten dabei ihr Bestes, talentierten Fahrern zu Erfolgen zu verhelfen, doch ein Entwicklungsprogramm war ihnen bisher verwehrt geblieben. Das änderte sich jedoch ab dem Winter 1962/63 nicht zuletzt auf Betreiben des als Stellvertreter des Technischen Direktors wieder zu BMW zurückgekehrten Technikers Claus von Rücker. Daß er dabei auf den vollen kollegialen Rückhalt von Helmut Werner Bönsch zählen konnte, verstand sich von selbst. Dieser wiederum verteidigte die nun folgenden Vorhaben mit vollster Überzeugung gegen Kritiker in der Firmenleitung und erreichte schließlich, daß auch hier „grünes Licht" gegeben wurde.

Am 7. April 1963 tauchte Sebastian Nachtmann bei der Geländefahrt in Biberach mit einer modifizierten Werks-BMW auf. Es handelte sich dabei nicht mehr um die altbekannte, nur durch die hochgelegte Auspuffanlage vom Serienmodell unterscheidbare R 69 S, sondern um ein dem Einsatzzweck besser angepaßtes Motorrad mit einer von der R 25/3 entliehenen Teleskop-Vordergabel, leichteren Schutzblechen und einem kleineren Spezialtank. In Milbertshofen war jedoch »Größeres« in Vorbereitung. Die durch Übernahmen in die Automobilabteilungen geschrumpfte Motorradmannschaft war nun wieder erweitert worden, und mit den Konstruktions- und Versuchsingenieuren Rieß, Ettlich, Seifert und Gutsche machte sich eine begeisterte Truppe an den Bau eines neuen Fahrgestells für die Gelände-BMW.

Im Herbst 1963 konnte der erste Prototyp vorgeführt werden. Der kompakte Doppelrohrrahmen mit angeschraubtem Heckteil ließ das Fahrzeug kurz und gedrungen erscheinen, die neuentwickelte Teleskopgabel mit vorversetzten Achsklemmfäusten und sehr langen Federwegen tat ein übriges. Bis auf den unverändert gebliebenen Motor sah dieses Motorrad nun den erfolgreichen englischen Spezial-Geländemodellen sehr ähnlich. Das Gewicht lag bei 193,5 kg in fahrfertigem Zustand, womit die Ersparnis genau 21,5 kg betrug. Die Leistung war indessen nicht gesteigert worden, es blieb bei den 44 PS der vorherigen

Auf der gegenüberliegenden Seite links ist eine R 69 S im werksseitigen Langstrecken-Renntrimm zu sehen, wie sie auch 1963 beim 24-Stunden-Rennen auf der Avus eingesetzt wurde. Rechts daneben, eine R 50 der französischen Gendarmerie. Die Maschinen wurden einheimischen Modellen vorgezogen und befanden sich vereinzelt sogar noch bis in die achtziger Jahre im Einsatz, so auch beim Militär. Rechts, die Werks-Geländemaschine Typ 246 aus dem Jahre 1963, sie bildete die Ausgangsbasis bei der Entwicklung der neuen BMW-Motorräder für die siebziger Jahre.

Geländemodelle. Beim Auftakt zur Deutschen Geländemeisterschaft der Saison 1964 in Eschwege saßen Sebastian Nachtmann und Manfred Sensburg auf den Werksmaschinen, ihre überlegene Fahrweise wurde übrigens nicht so sehr dem neuen Fahrwerk zugeschrieben, als vielmehr angeblichen 54 PS ...

Dies war jedoch nur der Anfang zu einer ganz neuen Motorradentwicklung, und daß man es bei BMW nun wieder ernst damit meinte, zeigte sich noch vor dem Jahreswechsel 1963/64 mit der Verpflichtung eines erfahrenen Motorrad-Technikers: Hans-Günther von der Marwitz. Er hatte als Versuchsingenieur bei Heinkel und bei Kreidler gearbeitet, danach war er an der Rennmotorenentwicklung bei Porsche beteiligt, und nun sollte er bei BMW die Motorradentwicklung leiten. Als erste, noch mehr spielerische Aktion zog man Anfang 1964 an der Geländemaschine Straßenreifen auf und stellte fest, daß das Fahrzeug auch außerhalb der Geländefahrten enorm handlich war. Daraufhin legte v. d. Marwitz das Entwicklungsziel folgendermaßen fest: »Die neue BMW muß sich fahren lassen wie eine Norton-Manx.« Die Straßenlage dieser berühmten englischen Rennmaschine konnte jedoch nur bei einem Wegfall der bisher stets mit einbezogenen Gespanntauglichkeit des Fahrwerks erreicht werden. Angesichts des immer geringer werdenden Interesses an den Dreiradfahrzeugen – der größte Seitenwagenhersteller, Steib in Nürnberg, ließ die Produktion auslaufen, BMW montierte auf Bestellung aus Lagerbeständen – konnte man sich aber zu diesem Verzicht durchringen. So stand also einem leichteren Solofahrzeug nichts mehr im Wege. Ein entsprechendes Versuchsmodell wurde noch im selben Jahr auf die Räder gestellt, um während der kommenden Saison ausgiebig getestet zu werden. Im Herbst 1965 gelang es der Zeitschrift *Das Motorrad*, die ersten Bilder von diesem Fahrzeug zu bekommen, und prompt löste man damit eine Flut von Anfragen aus, zumal auch von Arbeiten an einem 750-ccm-Motor die Rede war. Diese Amateur-Schnappschüsse sollten jedoch für lange Zeit der einzige Hinweis auf die neue BMW-Entwicklung bleiben, auch auf der IFMA des Jahres 1966 gab es auf dem Stand der Bayerischen Motoren Werke nichts Neues zu entdecken. Gerüchte wollten indessen sogar schon von einer 900-ccm-Gespannmaschine wissen...

Mit dem Fahrwerk hatte man also bereits eine vielversprechende Ausgangsbasis geschaffen. Es war jedoch allen Beteiligten klar, daß man mit dem verwendeten R 69 S-Aggregat nicht mehr weiterkommen würde. Dieses war an der Grenze der möglichen Leistungssteigerung angelangt. Im Jahre 1964 hatte man einen Versuchsmotor zwar auf 54,9 PS bei 8000/min gebracht, doch wäre ein solches Aggregat für den Serienbau viel zu problematisch geworden. So fiel also die Entscheidung zugunsten einer neuen Motorenentwicklung. Vom Vorstand, vertreten durch den Verkaufschef Paul G. Hahnemann und den neuen Entwicklungschef Bernhard Osswald, wurde 1965 auch offiziell der Auftrag dazu erteilt. Man betraute Alex von Falkenhausen, den Chef der gesamten Motorenentwicklung, mit dieser wichtigen Aufgabe. Als Konstrukteur wirkte Ferdinand Jardin mit, ein bewährter Mitarbeiter, von dessen Zeichenbrett schon seit den dreißiger Jahren die wichtigsten Bestandteile zu den Motorad-Neuentwicklungen kamen. Bei der Konzeption der neuen Motoren-Baumuster blieben natürlich Anleihen aus dem Automobilbau nicht ausgespart, unter Verwendung der fortschrittlichen Vandervell-Dreistofflager war v. Falkenhausen beim wassergekühlten Reihenvierzylinder des BMW 1500 zum vollständig gleitgelagerten Kurbeltrieb übergegangen. Dieses Bauprinzip sollte auch beim neuen Motorradmotor Anwendung finden – man übernahm sogar die Lagerdimensionen vom Automotor, um die nach wie vor nur zweifach gelagerte Kurbelwelle so steif wie möglich auszulegen. Die

Auf der gegenüberliegenden Seite ist der erste Prototyp des neuen Modells abgebildet. 1964/65 fand hier noch ein unverändertes R 69 S-Aggregat Verwendung, das Fahrgestell mit Teleskop-Vordergabel hatte man von der Geländemaschine übernommen.

Oben, verschiedene Produktionsabschnitte der Fließbandfertigung im BMW-Werk Berlin-Spandau. Mit der Einführung der /5-Baureihe war die Motorradherstellung ganz hierher verlegt worden. Rechts, die Zylindermontage.

Konstruktions- und Entwicklungsarbeiten wären an sich recht zügig vorangegangen, hätte es nicht des öfteren Diskussionen um Konzeptänderungen, neue Wünsche von allen möglichen Seiten innerhalb des Werks und stets zusätzliche Anregungen gegeben. Letztendlich blieb keine Komponente des gesamten Projekts so, wie es am Ausgangspunkt geplant gewesen war, womit sich für alle Beteiligten die Arbeit natürlich vervielfacht hatte.

Im August 1967 gelang einem privaten Fotografen erneut ein Schnappschuß von BMW-Versuchsfahrzeugen. Auf dem anschließend in *Das Motorrad* veröffentlichten Bild ließen sich erstmals Details des neuen Motors erkennen. Eine Maschine wies noch den R 69 S-Motor auf, doch bei den zwei anderen fielen das neue, wesentlich höhere Gehäuse und die unterhalb der Zylinder verlaufenden Stoßstangen auf. Diese vorschnelle „Enttarnung" wurde der Fachzeitschrift von seiten der BMW-Geschäftsleitung zunächst übelgenommen. Im Mai 1968 mußte man sich dann wohl oder übel den Fragen der Journalisten stellen.

Im April waren in den amerikanischen Fachmagazinen in großen Werbeanzeigen die bisherigen BMW-Modelle mit einer wahlweise erhältlichen Teleskop-Vordergabel vorgestellt worden. Und im gleichen Monat stand im Wirtschaftsteil der *Süddeutschen Zeitung* zu lesen, daß BMW plane, die Motorradproduktion von derzeit 7000 auf 15000 Einheiten zu erweitern, daß es neuerdings wieder größere Behördenaufträge gäbe und noch vor dem Jahresende neue Modelle mit 750- und 900-ccm-Motoren auf den Markt kämen.

Direktor Helmut Werner Bönsch nahm dazu Stellung und bestätigte die Pläne zur Ausweitung der Motorradfertigung. Das Frühjahr 1969 nannte er als Vorstellungstermin eines neuen Gleitlagermotors mit elektrischem Anlasser in einem neuen, allerdings nicht seitenwagentauglichen Fahrwerk, das auch die bisherigen Motoren mit 500 und 600 ccm aufnehmen könne; bei Bedarf würde das alte Fahrgestell für Gespannfahrer auf Bestellung lieferbar sein. Im Sommer lud dann BMW-Verkaufs- und Marketingchef Paul G. Hahnemann zu einem Pressegespräch, bei dem er endlich das Verhältnis zwischen seiner Firma und den Journalisten klären konnte. Kritik sei ihm durchaus willkommen, sagt er, denn dies zeige nur das Interesse an den BMW-Aktivitäten. Das Haus werde beim Motorrad bleiben, wenngleich momentan auch 3,5 Millionen DM Verlust pro Jahr in der Zweiradfertigung entstehen würden – eine R 69 S werde in zwei Dritteln der Produktionszeit eines BMW 2000 gebaut, ihr Verkaufspreis liege jedoch bei einem Drittel der für den Wagen verlangten Summe. Hahnemann nahm auch zu jenem US-Zeitschrifteninserat Stellung. Der US-Markt stellte seit einigen Jahren das größte Export-Absatzgebiet dar, und da sich in Zukunft eine rentable Produktion nur über höhere Stückzahlen bewerkstelligen ließ, hatte man sich zu dem Übergangsmodell mit der exklusiv nach Amerika gelieferten Telegabel entschlossen.

In einem Händlerrundschreiben kündigte BMW kurz darauf bevorstehende Änderungen an, mit deren Hilfe man dem Motorrad eine neue Attraktivität verleihen wollte. Es war darin von der erkennbaren Aufwärtstendenz des Marktes die Rede sowie von dem Vorhaben der Bayerischen Motoren Werke, sich diesem Trend mit einem neuen Modellprogramm anzuschließen. Ab 1. September 1968 wurde eine eigene BMW-Vertriebs GmbH für den Motorradbereich ins Leben gerufen und Horst C. Spintler zum Geschäftsführer ernannt. Bereits im Frühsommer 1969 lief die Produktion von R 50/2, R 60/2 und R 69 S aus, denn bevor die neue Modellreihe eingeführt werden konnte, mußte noch die Verlagerung der gesamten Fertigungseinrichtungen nach Berlin vorgenommen werden. Das 1938/39 von Siemens

Mit den Modellen R 50/5 und R 60/5 konnte das Behörden-Geschäft nahtlos weitergeführt werden, hier ein komplett ausgerüstetes Motorrad für die Funkstreife.

übernommene Flugmotorenwerk in Berlin-Spandau hatte sich in den fünfziger Jahren als BMW-Maschinenfabrik Spandau hauptsächlich mit dem Werkzeugmaschinenbau beschäftigt. Später wurde es nach und nach in die Teilefertigung einbezogen. Nach der Umstrukturierung der Bayerischen Motoren Werke 1965/66 – die BMW-Triebwerksbau in Allach wurde nun ganz an MAN verkauft, die Landmaschinen- und Automobilfabrik Hans Glas in Dingolfing übernommen – sollte die Automobilfertigung ganz auf München und Dingolfing konzentriert und im Zuge dessen die Motorradabteilung nach Berlin ausgelagert werden; lediglich Entwicklung und Versuch wollte man in Milbertshofen stationiert lassen.

Am 28. und 29. August 1969 war es dann soweit. Nach genau neun Jahren konnte Helmut Werner Bönsch den in Hockenheim versammelten Motorradjournalisten erstmals wieder ein Neuheitenprogramm präsentieren. Noch einmal wies er auf die Bedeutung des Motorrads für das Image des Hauses BMW hin und sagte, daß man es aus wirtschaftlichen Erwägungen heraus sicher nicht nötig habe, Motorräder zu bauen, aber hier eine Tradition im Vordergrund stehe, die es zu bewahren gelte. In seiner Rede prägte er die großartigen Worte: »Motorradbau ist ein Kunsthandwerk für Ingenieure, die in ihrem Herzen jung geblieben sind. Sie arbeiten an einem Erzeugnis, das auf dem Reißbrett nicht reifen kann, das den praktischen Fahrversuch zu seiner Vollendung braucht und unter der leidenschaftlichen und sehr fachkundigen Anteilnahme der künftigen Fahrer heranwächst. Ihre Aufgabe muß mit einem besonderen Gefühl für die technisch und funktionell vollendete Form gelöst werden, die sich ja unverhüllt dem Auge darbietet.«

Die neue Modellpalette R 50/5, R 60/5 und R 75/5 hatte mit den bisherigen BMW-Motorrädern eigentlich nur noch die unverwechselbare Grundkonzeption des querliegenden Zweizylinder-Boxermotors mit Kardanantrieb zum Hinterrad gemein, ansonsten handelte es sich um die vollständige Neuentwicklung eines Grundtyps – der 750-ccm-Maschine – mit zwei Hubraumvarianten. An der Kurbelwelle war nicht nur eine Umstellung auf Gleitlager (Hauptlagerzapfen-Durchmesser 60 mm, Pleuellager 48 mm, vorher: 35 bzw. 36 mm) erfolgt. Die Welle selbst war nicht mehr aus Einzelteilen verpreßt, sondern aus einem einzelnen Schmiedestahl-Stück gefertigt, geteilt wurden dagegen die Pleuelfüße. Für den Antrieb der nun unter die Kurbelwelle versetzten Nockenwelle verwendete man eine Duplex-Rollenkette, vorne auf dem Kurbelwellenstumpf saß eine neue Drehstrom-Lichtmaschine und außen darauf der Unterbrecher der Batteriezündung. Die Nockenwelle hatte dem oben im Motorgehäuse in einem abgeschlossenen Raum untergebrachten Elektrostarter weichen müssen, sie wurde jedoch am neuen Platz besser mit Schmierstoff versorgt. Dies übernahm die neue Eaton-Rotor-Ölpumpe, welche am hinteren Ende der Nockenwelle saß; sie erzeugte den für die Gleitlagerschmierung notwendigen hohen Öldruck. Das Kurbelhaus blieb weiterhin als Tunnelgehäuse mit sehr steifen Wandungen ausgebildet, doch die neuen Leichtmetallzylinder mit eingezogener Guß-Laufbuchse wurden jeweils über vier lange Zuganker bis zu den Kipphebel-Lagerböcken auf den Zylinderköpfen, am Gehäuse befestigt. Zusätzlich waren die Köpfe noch mit jeweils zwei Schrauben an den Zylindern montiert. Das Viergang-Getriebe blieb im Aufbau unverändert, mußte sich jedoch einige Überarbeitungen an Zahnrädern und Schaltung gefallen lassen. An der mit 50 PS bei 6200/min im Vergleich zur Konkurrenz aus Japan und England recht zivil motorisierten R 75/5 taten neuentwickelte Vergaser der Firma Bing in Nürnberg Dienst. Vom Gaszug wurde eine Drosselklappe betätigt, den eigentlichen Gasschieber steuerte der Ansaug-Unterdruck. Die Vergaser waren auch das (neben dem großen Typenschild am Motorblock) einzige Unterscheidungsmerkmal zwischen den drei Modellen, denn die beiden hubraumschwächeren Varianten (bei gleichem Kolbenhub von 70,6 mm gab die Zylinderbohrung den Ausschlag: 82 mm – 745 ccm, 73,5 mm – 599 ccm, 67 mm – 498 ccm) wiesen einfachere Bing-Kolbenschiebervergaser auf.

Das Fahrwerk hatte sich seit den ersten Versuchsfahrzeugen der Jahre 1964/65 in der Konzeption nicht mehr geändert. Als etwas problematisch hatte sich jedoch der Einbau des stattlichen Motor-Getriebe-Blocks erwiesen, die ohnehin höher gerückten Zylinder ergaben zwar schon eine gute Bodenfreiheit, zusätzlich aber hatte man den Block vorne etwas angehoben, weshalb die Auspuffanlage mit zwei (unschönen) Knickstellen versehen werden mußte. Dieses kleine optische Manko störte die Testfahrer der Fachzeitschriften indessen wenig. Sie waren rundherum begeistert vom Fahrverhalten der neuen BMW. Mit einer Höchstgeschwindigkeit von 175 km/h bot die R 75/5 zwar keinen Spitzenwert in ihrer Klasse, aber das fast spielerisch sichere Fahrverhalten, sportlich, doch durch die enormen Federwege (214 mm vorne, 125 mm hinten) auch ungewöhnlich komfortabel, ließ die bisherigen Motorräder aus München recht veraltet erscheinen. Und Nürburgring-Rundenzeiten von weniger als 11 Minuten bedeuteten einen Vorstoß in Rennmotorrad-Bereiche. BMW hatte es also mit der neuen Motorrad-Generation tatsächlich geschafft, eine nahezu perfekte Maschine mit sowohl Touren- als auch Sport-Charakter auf die Räder zu stellen.

Mit einem Preis von 4996 Mark lag die 750-ccm-Maschine nur um 500 Mark über der R 69 S, sie hatte jedoch zweifellos einiges mehr zu bieten. Die beiden »kleineren« Modelle waren mit Rücksichtnahme auf das in den letzten Jahren immer besser angelaufene Behörden-Geschäft sehr knapp kalkuliert, die R 60/5 kostete 3996 Mark und die R 50/5 ohne elektrischen Anlasser 3696 Mark. Die silberne Farbgebung (mit blauen Zierlinien) von Tank und Kunststoff-Schutzblechen fand überall Beifall, aber auch die traditionelle schwarze Lackierung und die bisherige Sonderfarbe Weiß waren erhältlich. Die Auslieferung der in

Berlin gebauten Motorräder setzte allerdings erst zum Jahresende in großem Stil ein, denn die Produktion in den mit einem Aufwand von nahezu 10 Millionen Mark neu eingerichteten Spandauer Werksanlagen (Werk III) lief nicht vor September 1969 an.

Der R 60/5 folgte im Oktober auch die R 75/5, und im November schließlich wurde die R 50/5 aufgelegt. Produktionsverlegung und Serienanlauf waren auch die Gründe für niedrigste Jahres-Stückzahl seit Jahrzehnten: 1969 wurden nur 4701 BMW-Motorräder gebaut. Aber zu den 1605 Exemplaren aus den ersten drei Produktionsmonaten der /5-Serie kamen im folgenden Jahr schon 12 287 weitere hinzu, und 1971 wurden die Vorausplanungen bereits übertroffen, denn statt der anvisierten 15 000 Einheiten rollten 18 772 Motorräder von den Bändern. In Berlin beschäftigte BMW mittlerweile über 1000 Mitarbeiter. Trotz der drastisch erhöhten Produktionszahlen ergaben sich in den folgenden Jahren immer noch erhebliche Lieferzeiten für die BMW-Motorräder, und dies war eigentlich auch die Hauptkritik, die die Presseberichte in aller Welt anzubringen hatten. Selbst bei Langstrek-

Oben, die BMW-Werksanlagen in München. Zusammen mit dem Olympiagelände entstand 1972 das Verwaltungs-Hochhaus »Vierzylinder« und das BMW-Museum – die »Schüssel«. Links, aus der Hand des Vorstandsvorsitzenden der BMW AG, Eberhardt von Kuenheim (Bildmitte) übernahm Franz-Josef Strauß 1973 seine R 60/5.

Ganz oben links und hier rechts sind zwei Prototypen eines BMW-Bundeswehrmodells zu sehen. Die erste Ausführung von 1958 basierte auf der R 26. Mit einem neuen Fahrwerk und dem Motor der R 27 wartete das Versuchsmuster R 28c aus den Jahren 1966/68 auf.

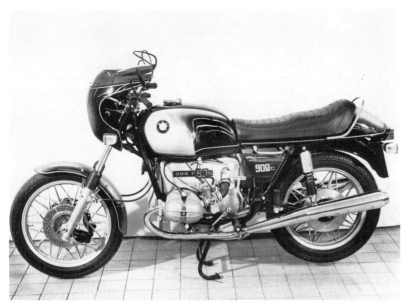

Ganz oben, die Versuchsausführung einer R 90 S aus dem Jahr 1974 mit Leichtmetall-Gußrädern und einer Scheibenbremse am Hinterrad.

Oben, neue Fahrer-Ausrüstungen und neue R 60/6-Modelle deuteten 1974 ein Motorrad-Comeback bei der Polizei an.

ken-Tests über 12 000 und mehr Kilometer hatten sich stets nur unbedeutende Mängel ergeben, die das Gesamtbild einer hervorragend geglückten Konstruktion nicht zu beeinträchtigen vermochten.

Im Jahre 1970 war aus verschiedenen Gründen auch wieder ein BMW-Mittelklassemodell im Gespräch, in Presseberichten war von einer Hercules mit Sachs-Wankelmotor im BMW R 27-Fahrgestell (modernisiert mit Teleskopgabel und angeschraubtem Heckteil, jedoch mit dem bisherigen Getriebe und Kardan) und von einer 250 ccm-Puch mit Zweizylinder-Viertaktmotor die Rede (Gabel, Federbeine und Bremsen von BMW). Tatsächlich überlegte man in Milbertshofen Kooperationsmöglichkeiten mit verschiedenen anderen Herstellern, denn die Erstellung eines weiteren neuen Motorrads in eigener Regie wäre zu teuer geworden. Bereits einige Jahre zuvor hatte man im Zuge eines Beschaffungsprogramms für ein neues Bundeswehr-Motorrad an einer Modernisierung des altgedienten Einzylinder-Konzepts gearbeitet. Die Kombination der R 27-Antriebseinheit mit einem Rahmen ähnlich der damals in Entwicklung befindlichen neuen Zweizylinder-Baureihe trug die Bezeichnung R 28, es wurden drei Prototypen erstellt: R 28a mit der R 25/3-Telegabel, R 28b mit einer speziellen Kurzschwinge und R 28c mit der neuentwickelten Telegabel der späteren /5-Serie. Doch weder die Eigenentwicklungen noch die Kooperationspläne kamen über das Konzeptions- und Prototypen-Stadium hinaus.

Viel wichtiger erschien eine stetige Modellpflege der zweizylindrigen Erfolgsmodelle. Eine Hinwendung des Käuferpublikums zu hubraumstärkeren Motorrädern hatte sich schon seit dem Wiederaufleben des Marktes ab etwa 1969 bemerkbar gemacht; auch in Deutschland hatten die 750er den von jeher populären 500-ccm-Modellen den Rang abgelaufen. So betrug der Produktionsanteil der R 75/5 im BMW-Werk Spandau 50 Prozent (R 60/5: 35%, R 50/5: 15%). Im Entwicklungsprogrammen war zwar eine 900-ccm-Maschine mitgelaufen, aber kurz vor der Premiere der /5-Serie verzichtete man auf dieses Modell. Ernst Leverkus durfte das R 90/5-Versuchsmodell im Juli 1971 probefahren und berichtete in *Das Motorrad* von einem ungeheuer drehmomentstarken Motor mit einer geschätzten Leistung von 60 bis 65 PS. Ein Versuch in anderer Richtung war beim prestigeträchtigen 24-Stunden-Rennen ›Bol d'Or‹ in Le Mans zu sehen, wo man drei vollverkleidete Werks-BMWs mit Scheibenbremsen am Vorderrad sehen konnte. Die im Oktober 1971 eingeführten Modifikationen an den Serienmodellen beschränkten sich indessen auf optische Verfeinerungen, und auch auf der IFMA in Köln im September 1972 hatte man nur optische Retuschen und eine weitere Preiserhöhung parat. Anfang 1973 gab es eine um 5 cm verlängerten Hinterradschwinge, die einen ruhigeren Geradeauslauf und vor allem Platz für eine größere Batterie brachte. Die Forderung nach einer größeren Energiereserve für den elektrischen Anlasser kam vorwiegend aus den USA und von der Behördenkundschaft. Eine Feier ganz besonderer Art vollzog sich im Juni 1973 in München: Es wurde nicht nur das neue Verwaltungshochhaus (»Vierzylinder«) am Rande des Olympia-Geländes bezogen und das BMW-Museum eingeweiht, sondern man beging auch den 50. Geburtstag des BMW-Motorrads und konnte zugleich die 500000. seit 1923 produzierte Maschine präsentieren.

Im Oktober schließlich überraschten die Bayerischen Motoren Werke die Motorradwelt mit einer stark überarbeiteten Modellpalette. Man hatte dem Drängen auf eine neue Sportversion nachgegeben, indessen nicht mit einer vom Entwicklungschef Hans-Günther von der Marwitz und Teilen der Fachpresse favorisierten R 75/5 S, sondern gleich mit der in Hubraum und Leistung angehobenen R 90 S. Die Zylinderbohrung war auf 90 mm angewachsen, womit sich nun 449 ccm Hubraum pro Zylinder ergaben; das bewährte Motorgehäuse hatte man entsprechend verstärkt. Bei einem Verdichtungsverhältnis von 9,5 : 1 entwickelte sich unter Verwendung von 38-mm-Dell'Orto-Vergasern mit Beschleunigerpumpen eine Motorleistung von 67 PS bei 7000/min. Die Kraft wurde über ein neues Fünfgang-Getriebe und die Kardanwelle an das Hinterrad abgegeben. Die nahezu 200 km/h schnelle Maschine hatte mit einer Doppelscheibenanlage am Vorderrad auch die entsprechende Bremsausrüstung bekommen. Durch ihre Cockpit-Verkleidung am Lenker, die Zweimann-Sitzbank mit Höcker am Heck und die »Rauch-Lackierung« hob sich die BMW R 90 S nicht nur von den übrigen Modellen aus dem eigenen Hause deutlich ab, sondern auch von den Konkurrenten. Für das Styling zeichnete der erfolgreiche Designer Hans A. Muth verantwortlich. Als R 90/6 kam nun auch die

Zur Eröffnung des BMW-Museums fand sich 1974 auch die Motorsport-Prominenz vergangener Tage ein, hier sitzen Schorsch Meier und Ernst Henne auf einer R 90 S.

drehmomentstarke 900-ccm-Tourenmaschine ins Programm, sie unterschied sich von der R 75/6 nur durch den um 10 PS stärkeren Motor. Die 500er-Version war entfallen, und die R 60/6 mußte weiterhin mit der Duplex-Trommelbremse im Vorderrad vorlieb nehmen; an den beiden größeren Modellen fand eine Einfach-Scheibenbremse Verwendung. Neben einer Vielzahl von Styling-Verbesserungen hatte BMW auch Schalter und Instrumente erneuert: die mittlerweile zum Standard erhobene Konsole mit Tacho und Drehzahlmesser als getrennte Rundinstrumente löste das Kombinationsinstrument im Scheinwerfer der /5-Modelle ab.

BMW verwendete bei der /6-Serie als erster Motorradhersteller serienmäßig die lichtstarken H-4-Scheinwerfer und gab auch bei der Cockpit-Verkleidung ein Vorbild für zahllose Nachahmer. Wie richtig die Presse mit ihren Prognosen gelegen hatte, zeigte sich bald an der enormen Nachfrage für das 8510 Mark teure Spitzenmodell; die in den ersten zwölf Monaten gefertigten 6058 Exemplare konnten den Bedarf bei weitem nicht decken, und es entstanden wieder lange Lieferzeiten. Die R 90 S fiel im Vergleich mit PS-stärkeren Konkurrenten fernöstlicher Produktion durch ihr gutmütiges und sicheres Fahrverhalten auf, aber eine Hochleistungs-Sportmaschine verlangt peinlich genaue Abstimmung, und hieraus ergaben sich in der Folgezeit verschiedene Probleme, die aber im Rahmen einer aktiven Modellpflege und Detailkontrolle werksseitig gelöst werden konnten. Ab 1. August 1975 entschloß sich BMW sogar, die Garantiebestimmungen jenen der Automobile anzupassen und die Gewährleistungsfrist auf ein Jahr ohne Kilometerbegrenzung auszudehnen.

So sehr die letzte Überarbeitung des BMW-Angebots im Herbst 1973 auch überzeugt hatte – die Schnellebigkeit auf dem sich weltweit mit ungeheuren Zuwachsraten entwickelnden Motorradmarkt ließ schon drei Jahre danach wieder Stimmen laut werden, die »etwas Neues« von den Münchnern forderten. Der japanische Motorrad-Gigant Honda hatte mit dem Modell Gold Wing ein Fahrzeug vorgestellt, wie es viele Interessenten eigentlich von BMW erwartet hätten: eine schwere Reisemaschine mit einem wassergekühlten Vierzylinder-Boxermotor und Kardanantrieb. Dies veranschaulichte aber nur eine Gedankenrichtung. Sportlich orientierte BMW-Freunde verwiesen auf die technisch aufwendiger werdenden Motorräder der Konkurrenz mit immer höheren Leistungsangaben und richteten an das Münchner Unternehmen den Wunsch nach einem Aufleben der legendären Königswellen-Rennmotoren, oder zumindest einer leistungsstarken Maschine mit moderner Ventilsteuerung durch obenliegende Nockenwellen.

Doch damit nicht genug. Als zusätzliche Forderung stand die Frage nach einer Erweiterung des Angebots mit einem Modell in der 250- oder 350-ccm-Klasse im Raum. Auf der ganzen Welt waren sich die Motorradfreunde einig, daß ein Unternehmen, das eine beispiellose Erfolgslinie mit seinen Automobilen verfolgt, auch die Möglichkeiten zu einem weiteren Ausbau der Motorradabteilung besäße. Die Automobilproduktion steuerte auf die 300000er Marke zu, die Motorrad-Stückzahlen lagen bei zehn Prozent dieses Wertes...

Der Weg in die Motorrad-Zukunft

*Die gestiegenen Ansprüche des Motorradmarktes verlangten
von BMW in den siebziger Jahren eine veränderte Modellpolitik.
Parallel zu der traditionellen Boxermotoren-Palette wurde
ein völlig neuartiges Konzept entwickelt.*

Noch 1968/69 hatte sich die BMW-Vertriebsabteilung gegen die in Vorbereitung befindliche 900-ccm-Version der neuen /5-Serie ausgesprochen, um sich sechs Jahre später jedoch mitten in einem allgemeinen Leistungs-Wettlauf der Motorrad-Industrie wiederzufinden. Entwicklungen und Versuche im Hinblick auf eine Ablösung des Zweizylindermotors in höheren Hubraumklassen hatte es auch bei BMW schon mehrmals gegeben. Die ersten Konstruktionen hatte Anfang der sechziger Jahre Ludwig Apfelbeck (während des Krieges und erneut ab 1959 im Motorenversuch bei BMW beschäftigt) beim österreichischen BMW-Importeur Denzel in Wien im Auftrag des Münchner Werks erstellt. Es handelte sich dabei um Vierzylinder-Boxermotoren mit Gebläsekühlung und 1000 bis 1200 ccm Hubraum.

Diese Aggregate fanden indessen nie den Weg in ein Motorrad. Sie waren als Ablösung des 700er-Motors in den kleinen Sportcoupés gedacht. Zehn Jahre später beschäftigte man sich in der Motorenentwicklungsabteilung erneut mit dem Vierzylinder-Boxer, Ferdinand Jardin arbeitete die Konzeption eines wassergekühlten Motorradaggregats mit einem Hubraum von etwa 1000 ccm aus. Pro Zylinderreihe war eine kettengetriebene obenliegende Nockenwelle vorgesehen, es sollte indessen zunächst nur eine ›zahme‹ Tourenversion angestrebt werden. Als Besonderheit war jede Zylinderreihe um jeweils sechs Grad nach oben angewinkelt, so daß der Zylinderwinkel statt 180 Grad nur noch 168 Grad betrug. Das Gesamtkonzept mit dem relativ hoch im Rahmen sitzenden Aggregat und einem zu erwartenden Gesamtgewicht von 250 bis 260 kg fand im Herbst 1972 bei der Geschäftsleitung indessen keinen Gefallen. Stattdessen fällte man die Entscheidung, dem bestehenden Konzept treuzubleiben.

So handelte es sich also auch bei den IFMA-Neuheiten des Jahres 1976 wieder um verbesserte Zweizylindermodelle, dennoch konnten diese sich sehen lassen. Durch zusätzliche Gehäuse-Versteifungen hatte BMW den Schritt zu einer erneuten Hubraum-Aufstockung wagen können, und mit nunmehr 94 mm Zylinderbohrung kam man auf 980 ccm. Das neue Flaggschiff erhielt den Legenden-behafteten Namen »RS«, eine Wahl, die bei Kennern der RS-Rennmaschinen von 1939 und 1954 allerdings eine gewisse Enttäuschung auslöste. Hatten sich doch die Gerüchte um eine Neuauflage des letzten Königswellenmotors damit in Luft aufgelöst.

Mit 70 PS war die neue R 100 RS indessen recht gut motorisiert, und ihre besondere Attraktivität bezog sie von der sportlich wirkenden Vollverkleidung. Erneut löste BMW damit eine Entwicklung auf dem Markt aus. Der Entwurf stammte wiederum von Hans A. Muth, die aerodynamisch richtige Ausarbeitung der von der Marketing-Abteilung mit der Bezeichnung »Integral-Cockpit« versehenen Kunststoffschale war im Windkanal des italienischen Autokarrossiers Pininfarina erfolgt. Auch den bisherigen Erfolgsschlager führte BMW als R 100 S weiter, wobei der größere Motor den offiziellen Angaben zufolge zwei PS weniger als bei der 900er Version leistete. Die Abrundung des Programms bildeten die Modelle R 100/7, R 75/7 und R 60/7, an denen neben unzähligen Detailverbesserungen eigentlich nur die neugestalteten kantigen Ventildeckel auffielen.

Wie genau BMW mit der R 100 RS den Publikumsgeschmack getroffen hatte, zeigte sich bei der erstmals durchgeführten Wahl zum »Motorrad des Jahres«, bei der die Leser des mittlerweile zu einer der international wichtigsten Publikationen der Branche avancierten Fachorgans *Das Motorrad* die neue BMW am Jahresende auf Platz eins setzten.

Nach der Einführung der PS-Einstufung bei den deutschen Motorradversicherungen wurde auch wieder der Ruf nach einer Abrundung des BMW-Programms durch ein »Einsteiger«-Modell laut. Die entscheidende Grenze in der Höhe der Versicherungsprämien wurde durch die Kategorie bis 27 PS gebildet; die schon seit einiger Zeit nicht mehr gebaute R 50/5 hätte nach einer Drosselung von 32 auf 27 PS hierfür ein gutes Angebot darstellen können. Daß aber eine ensprechende neue BMW vorbereitet wurde, ließ sich auf einigen im Mai 1977 veröffentlichten »Erlkönig«-Fotos erkennen. Es dauerte aber noch weitere zehn Monate, bis die »kleine BMW« auch tatsächlich in Produktion ging. Offiziell vorgestellt wurde sie im Frühsommer 1978; die Palette umfaßte das 27 PS-Modell R 45 mit einem Hubraum von 473 ccm und auch eine 650-ccm-Variante mit 45 PS. In ihrer Dimensionierung waren die beiden Motorräder etwas kleiner als die bisherigen BMWs, doch waren sie abgesehen vom Styling kaum von diesen zu unterscheiden. Eine andere Kurbelwelle verringerte den Hub auf 61,5 mm, der Zylinderdurchmesser belief sich bei der R 45 auf 70 mm, bei der R 65 auf 82 mm. Das ursprüngliche Vorhaben, diese Modelle wesentlich kostengünstiger zu produzieren, ließ sich nicht realisieren: Die R 45 stellte mit 5880 Mark das teuerste Angebot in ihrer Kategorie dar, verkaufte sich jedoch anfangs recht gut. Während die R 45 in der Hauptsache für den Käufer in Deutschland interessant war, fand ihre

Oben, voller Stolz präsentierte die Belegschaft des Spandauer BMW-Werks im Frühjahr 1980 eine R 65 in Behördenausführung als das 250 000. in Berlin gefertigte Motorrad mit dem weiß-blauen Signet.
Rechts oben, aus den Werks-Geländemaschinen entstand im Januar 1979 dieser Vorprototyp zur späteren BMW-Enduro R 80 G/S.
Rechts, die Fahrerausrüstung der französischen Autobahn-Gendarmerie steht etwas im Widerspruch zu den 1977 eingeführten modernen R 100 RS-Polizeimaschinen.

größere Schwester in England überraschend gute Aufnahme. Ihr sportliches Image wurde 1981 mit der noch mehr in diese Richtung abzielenden und optisch aufgewerteten Version R 65 LS unterstrichen.

Auf der IFMA des Jahres 1978 konnten die Bayerischen Motoren Werke für die Saison 1979 ihre bisher größte Typenvielfalt präsentieren: R 45 in 27- und 35-PS-Version, R 65, R 60/7 als Behördenfahrzeug, ebenso die 1977 als R 75/7-Nachfolger eingeführte R 80/7, R 100/7 und die 5 PS stärkere R 100 T, R 100 S, R 100 RS und die Neuerscheinung R 100 RT mit Touren-Vollverkleidung. Insgesamt konnte BMW also zehn Modelle anbieten, so viele wie niemals zuvor in der Firmengeschichte. Die höchste Produktionszahl in der 55jährigen BMW-Motorradgeschichte hatte man schon im Vorjahr mit 31515 Exemplaren erzielt. Um so überraschender fielen die Krisenmeldungen aus, die zum Jahresende in der Fachpresse zu finden waren. Vordergründig wurden Lagerbestände von etwa 8000 Motorrädern zum Saisonende genannt, allein 6000 Stück davon befanden sich in den USA auf Halde, wo der rapide Wertverlust des Dollars sich katastrophal auf die Preise der Importwaren ausgewirkt hatte. Doch innerhalb der BMW-Motorradabteilung hatte es schon seit längerer Zeit rumort. Den Technikern wurde vorgeworfen, zu lange keine wirklichen Neuerungen vollbracht und die notwendige Modellpflege zu nachlässig betrieben zu haben. Außerdem, so hieß es, war die Erneuerung des Maschinenparks sowie ein großzügiger Ausbau der Produktionsanlagen in Berlin noch nicht recht vorangekommen.

Allem Anschein nach standen die Zeichen auf Sturm. Doch Konzernchef Eberhard von Kuenheim war ganz anderer Meinung. Seit seinem Amtsantritt als Vorsitzender des Vorstands der Bayerische Motoren Werke Aktiengesellschaft am 1. Januar 1970 hatte er die Automobilabteilung von einem Erfolg zum anderen geführt. In einem ausführlichen Interview mit dem *Motorrad*-Chefredakteur Helmut Luckner gab er ein bemerkenswertes Statement ab: »Vorstand und Aufsichtsrat sind einig – das Motorrad wird durchgestanden, da steckt für uns was drin.

Wir glauben, daß wir überhaupt die einzigen Europäer sind, die es schaffen können. Jetzt ist das Baby zwar ein bißchen krank; wir machen es aber bald gesund.« Diese Aussage stand im Gegensatz zu den vielerorts aufkeimenden Vermutungen, daß angesichts der rückläufigen Produktion in Berlin und der stattdessen dort begonnenen Teilefertigung für die Automobilabteilung der Rückzug aus dem Motorradgeschäft auf lange Sicht bereits beschlossene Sache wäre.

Erst zwei Jahre zuvor hatte man einen weiteren Schritt zur Verselbstständigung der Motorradabteilung unternommen. Am 1. Januar 1976 war die BMW Motorrad GmbH als eigenständiges Tochterunternehmen aus der BMW AG ausgegliedert worden. Ein Jahr später übergab der Interimschef Hans Koch (Vorstandsmitglied Bereich Technik) die Geschäftsführung der GmbH an den von BMW of South Africa zurückgekehrten Rudolf Graf von der Schulenburg, dieser erhielt von der AG ein Investitionskapital von 200 Millionen Mark für die nächsten vier bis fünf Jahre mit auf den Weg. Als im Herbst 1978 indessen noch nichts Greifbares auf dem Tisch lag, zog v. d. Schulenburg die Konsequenzen und legte die Leitung der Motorrad GmbH nieder, womit er bis zum Jahresende schließlich eine komplette personelle Reorganisation auslöste. Als Entwicklungsleiter ersetzte Richard Heydenreich Hans-Günther von der Marwitz, Klaus Volker Gevert übernahm die Motorrad-Stylistik von Hans A. Muth und Martin Probst die nunmehr eigenständige Motoren-Entwicklung. Sie alle wechselten vom Automobil zum Motorrad. Geblieben waren der Fahrgestell-Spezialist Rüdiger Gutsche sowie die Versuchsleiter Ekkehard Rapelius und Gerd Wirth. Als Marketing- und Vertriebschef wurde Karl Gerlinger eingesetzt, und die Leitung der Motorrad GmbH übernahm ab 1. Januar 1979 Dr. Eberhardt C. Sarfert. Als Vorstandsmitglied für den Personalbereich führte er sein neues Amt zunächst nur kommissarisch aus, um es jedoch vier Jahre später ganz zu übernehmen.

Das erste Projekt, das die neu zusammengestellte Motorradmannschaft in Angriff nahm, war die Entwicklung einer straßentauglichen Geländemaschine, wie sie unter der Bezeichnung »Enduro« als eine neue Motorradkategorie zunehmend in Erscheinung trat. Als Ausgangsbasis hatte man die im Auftrag der BMW Motorsport GmbH in Zusammenarbeit mit Laverda entwickelte (und auch in Italien gebaute) Werksgeländemaschine aus der Saison 1978 zur Verfügung. Diese wurde in weiterentwickelter Form, so auch mit der von Laszlo Peres entworfenen einseitigen Federbein-Anlenkung an der Hinterradschwinge, als GS 80 in den Läufen zur Deutschen und Europäischen Geländemeisterschaft eingesetzt. Als verfeinerte Ausgabe präsentierte BMW dann die Serien-Enduro mit der Bezeichnung R 80 G/S (Gelände/Straße) auf der IFMA des Jahres 1980; Furore machte dabei die endgültige Form der Einarmschwinge mit dem einseitig montierten Hinterrad – »BMW Monolever« genannt.

Parallel zur Enduro-Entwicklung lief indessen das wesentlich wichtigere Projekt des neuen Motorradkonzepts weiter. Es hatte bereits zum Zeitpunkt der Umbesetzungen in der Motorrad GmbH erste Formen angenommen. Doch bis dahin hatte man einen langen und beschwerlichen Weg zu durchlaufen.

Nachdem im Jahre 1972 der vierzylindrige »Wasserboxer«, von dem bis dahin nur ein Holzmodell existierte, ad acta gelegt worden war, hatte sich die Entwicklungsabteilung den Möglichkeiten einer Modernisierung des Zweizylinder-Boxers zugewandt. Am vielversprechendsten erschien dabei die Version mit jeweils einer obenliegenden Nockenwelle pro Zylinder, welche die parallel hintereinander angeordneten Ventile steuerte und über Zahnriemen angetrieben wurde. Die oberhalb der Zylinder verlaufenden Riemenschächte führten zur scherzhaften Bezeichnung »Hosenträger-Boxer«, aber auf diese Weise konnte die Luftkühlung beibehalten werden.

Das Konzept wurde bis zu fahrfertigen Prototypen vorangetrieben; 1980 sollte eine Maschine mit ebenfalls 1000 ccm Hubraum die R 100-Baureihe ablösen. Es liefen bereits die Windkanalversuche mit verbesserter Aerdoynamik der Verkleidung und verschiedener Anbauteile, als das Projekt im Herbst 1978 wieder gestoppt wurde. Den geringen Ausbaumöglichkeiten in bezug auf Leistung und Hubraum stand ein unverhältnismäßig hohes Gewicht gegenüber, weshalb dieses Konzept schließlich doch als zu wenig zukunftsträchtig erschien.

Ende 1977 war in der Fachzeitschrift *Das Motorrad* ein interessantes Denkmodell mit verschiedenen Styling-Studien zur Diskussion gestellt worden. Überraschenderweise zeigte BMW dieses Konzept in Form eines Modells im Original-Maßstab auf der Kölner IFMA des Jahres 1978. Die grundlegende Idee dabei bestand aus einer festliegenden Motor-Fahrgestell-Einheit, die je nach Einsatzzweck mit jeweils veränderter Ausstattung versehen werden sollte, so daß beispielsweise aus einem schnellen Stadtflitzer nach dem Austausch einiger Komponenten eine Enduro entstehen würde – oder umgekehrt. Unter dem Namen »Module« zeigte BMW die Enduro-Variante mit einem längs eingebauten Parallelzweizylinder und folgerichtigem Kardanantrieb. Ein Baukastensystem war hier nicht nur bei der Ausstattung denkbar, sondern

Nicht mehr als ein Denkmodell sollte im Jahre 1978 das »Module« darstellen. Es handelte sich dabei um ein neues Grundkonzept mit Reihenmotor, das durch ein Baukastensystem verschiedenen Einsatzbedingungen angepaßt werden konnte.

auch beim Antriebsaggregat selbst, das in weiteren Versionen mit drei oder vier Zylindern entstehen konnte.

An diesem Punkt drängte sich nun eine Entscheidung auf. Denn mit einem längs in das Fahrgestell eingebauten Reihenmotor würde man die vom Boxer her bekannten Vorteile bei der Gestaltung des Antriebs beibehalten können. Es wurden also alle Argumente noch einmal durchgesprochen: Der Boxer in seiner bisherigen Form konnte mit großer Laufkultur, einfachem Aufbau und Gewichtsvorteilen aufwarten, die BMW-Motorräder besaßen damit stets trotz allerbestem Fahrkomfort eine sportliche und individuelle Note. Mit den 1000-ccm-Versionen war man jedoch an der Grenze der einfachen Leistungssteigerung angelangt, alle weiteren Maßnahmen, wie sie in Versuchsreihen (auch mit Wasserkühlung) durchexerziert worden waren, hatten einen erheblichen Aufwand und damit auch einen Gewichtszuwachs zur Folge. Von einem neuen Motorenkonzept wurden grundsätzlich die gleichen guten Eigenschaften gefordert, plus einem höheren Leistungsvermögen und, im Hinblick auf kommende gesetzliche Vorschriften, eine Reduzierung von Lärm- und Abgaswerten, womit man bei der Wasserkühlung als unverzichtbarem Bestandteil angelangt war. All dies waren Anforderungen, die am Versuchsobjekt »Module« Berücksichtigung fanden, aber ein nicht zu unterschätzender Aspekt fehlte noch – die individuelle BMW-Identifikation, wie sie beim Boxer aus seiner langen Tradition heraus vorhanden war.

Drei- und Vierzylindermotoren stellten in der Motorradtechnik nichts Besonderes dar. Und den Längseinbau eines Vierzylinders kannte man ebenfalls schon, aber das zumeist in der Vergangenheit damit verbundene Image des schwerfälligen Zweirad-Automobils wollte man bei BMW vermeiden. Und doch stellte das nächstfolgende Versuchsmodell eine Mischung aus Automobil und Motorrad dar, aber das hatte einen ganz besonderen Grund. Man realisierte nämlich im Frühjahr 1978 eine spontane Idee des Ingenieurs Josef Fritzenwenger, die dieser als Mitarbeiter der Motorenabteilung bereits im Vorjahr zur Diskussion gestellt hatte, nämlich die liegende Anordnung eines längs eingebauten Reihenvierzylinders. Mit dem 950-ccm-Aggregat des Peugeot 104 hatte man auch bald ein geeignetes Experimentier-Objekt gefunden, denn dieser Motor war im Wagen ohnehin schon in fast liegendem Zustand eingebaut, so daß man ihn ohne Änderungen funktionstüchtig erhalten konnte. Außerdem bestand er aus Aluminium und kam so einem leichten Motorradmotor schon recht nahe. Angeflanscht an einen serienmäßigen Antriebsstrang aus dem BMW-Motorradprogramm tat er in einem entsprechend abgeänderten Fahrwerk Dienst. Die ersten Fahrversuche zeigten eine recht gute Schwerpunktlage. Doch diese Versuchsanordnung war für ein Motorrad noch ziemlich langgestreckt, weshalb auch der Gedanke an ein entsprechendes Dreizylinder-Konzept aufkam. Auf jeden Fall stand nach kurzer Zeit fest, daß man hiermit wohl das günstigste Konzept gefunden hatte, und so begann man mit der ernsthaften Projektplanung. Unter dem Code K 4 wurde ein Vierzylinder mit einem Hubraum bis 1300 ccm und unter K 3 ein Dreizylinder zwischen 800 und 1000 ccm in Angriff genommen. Im Nachhinein bekam das ohc-Boxer-Projekt nun die Bezeichnung K 1, und das »Module« wurde K 2 genannt.

Die neuen Motoren gerieten indessen recht schwergewichtig. Im Aufbau mit einer obenliegenden Nockenwelle und kurzhubiger Auslegung besaßen sie aber alle Voraussetzungen für Hochleistungstriebwerke

Rechts oben, ein Versuchsmodell aus der Zeit 1976–78, das später mit der Bezeichnung »K 1« versehen wurde. Der 1000 ccm-Boxer wies Zahnriemen-gesteuerte obenliegende Nockenwellen auf. Neben einem neuen Rahmen sollte auch eine weiterentwickelte Vollverkleidung zum Einsatz kommen.
Rechts, parallel zu den Projekten der Motorrad GmbH gab die BMW AG 1980 die Studie »Futuro« in Auftrag. Es entstand ein 800 ccm-Turbo-Boxer mit zahlreichen neuen Detaillösungen.

und erinnerten auch an die von Alex v. Falkenhausen geschaffenen erfolgreichen BMW-Automotoren. Unmittelbar nach der Übernahme der Motorrad GmbH machte Dr. Eberhard C. Sarfert im Januar 1979 allerdings noch einmal seine Zweifel am Konzept der neuen Motorrad-Generation geltend. Es sollte das Preis-Kosten-Verhältnis noch einmal genauestens kalkuliert und die Marktposition für ein derartiges Motorrad bedacht werden, denn gerade in der Oberklasse mußte man schon mit etwas Besonderem aufwarten können. Aufkeimende Gedanken an einen einfachen luftgekühlten, quer im Rahmen sitzenden Vierzylinder wurden aber sofort wieder verworfen, so daß man schließlich Fritzenwengers Idee doch den Vorzug gab; allerdings sollte das Motorenkonzept noch einmal gänzlich überarbeitet werden. Eine Aufgabe, bei der man Martin Probst, einem ehemaligen Mitarbeiter in Paul Rosches Automobil-Rennmotoren-Abteilung, weitgehend frei Hand ließ. Lediglich einige Eckdaten wurden festgelegt: maximal 1000 ccm, 90 PS und ein gleichmäßig sanfter Drehmomentverlauf auf hohem Niveau. Bereits am 1. Februar 1979 wurde das Grundkonzept unter der Bezeichnung BMW Compact Drive System« auf den Namen Josef Fritzenwenger zum Patent angemeldet, und am 20. Februar erteilte der Vorstand der BMW AG seine endgültige Zustimmung zur Realisierung dieses Vorhabens.

Ebenso wie man mit der K2 »Module« 1978 an die Öffentlichkeit gegangen war, so gab es auch zwei Jahre später ein BMW-Denkmodell zu bewundern. Die Frankfurter Design- und Entwicklungsfirma Buchmann hatte im Auftrag der BMW AG das Modell »Futuro« entworfen. Es handelte sich dabei um ein extrem niedriges, vollverkleidetes Fahrzeug mit einem 800-ccm-Turbo-Motor und futuristischer Instrumentierung. Ein weiterer Verkleidungs-Vorschlag und technische Anregungen lieferte 1981 der Designer Luigi Colani. Durch diese Aktivitäten war die Aufmerksamkeit von Presse und Öffentlichkeit

Ferdinand Jardin entwarf einen wassergekühlten Vierzylinder-ohc-Boxer, der hier als Holzmodell zu sehen ist. Das Projekt wurde Ende 1972 verworfen, BMW konzentrierte sich vorerst wieder auf die bewährten Zweizylinder-ohv-Boxer.

vom Fortgang der Arbeiten am Projekt K 589, wie man es inzwischen nannte, erst einmal abgelenkt. Auf der IFMA des Jahres 1982 wurde die BMW-Boxer-Palette durch die Modelle R 80 ST und R 80 RT ergänzt. Die einfachere Ausgabe der großen Tourenmaschine war hauptsächlich für den Export gedacht, die R 80 ST jedoch stellte die lautstark geforderte moderne Straßenvariante der R 80 G/S dar, die sich trotz ihrer Enduro-Auslegung als die bisher handlichste BMW im sportlichen Straßeneinsatz erwiesen hatte. Die von einigen Kritikern als sehr oberflächliche Retusche angesehene Programmerweiterung deutete einen vorläufigen Endpunkt in der Boxer-Entwicklung an, denn die neue BMW-Motorradgeneration stand kurz vor der Premiere.

Zum Jahreswechsel 1982/83 waren nach mehreren vorangegangenen Prototypen-Fotos und Phantom-Zeichnungen erstmals Schnappschüsse von den fast fertigen Motorrädern auf Testfahrt in den Motorrad-Zeitschriften abgedruckt worden. Doch die Geduld der Interessenten sollte noch auf eine harte Probe gestellt werden. Im März und April 1983 wurden die ersten Vorserien-Exemplare in die USA geflogen, um dort für Katalog- und Werbeaufnahmen Modell zu stehen, einen Monat später lief in Spandau die sogenannte Null-Serie an. Dann folgten die internen Vorführfahrten für Vorstandsmitglieder und leitende Mitarbeiter, die Vorstellungen bei den Landesimporteuren und die Händler-Präsentation. Die Presse wurde Mitte September nach Süd-Frankreich eingeladen, die Maschinen ersten Tests zu unterziehen, und die eigentliche Weltpremiere erfolgte zwei Wochen später auf der Motorradausstellung in Paris. Mit der neuen K 100 begannen die Bayerischen Motoren Werke in der französischen Hauptstadt ihre Motorrad-Zukunft am gleichen Ort, an dem die Geschichte der BMW-Motorräder 60 Jahre zuvor mit der R 32 besonnen hatte... Nicht nur der Vorstellungsort entsprach der BMW-Motorradpremiere von 1923, es ließ sich auch die Besonderheit des neuen Konzepts der K-Reihe mit der damaligen Einführung der Boxer-Modelle vergleichen. Sowohl beim Zweizylinder-Boxermotor als auch beim Vierzylinder-Reihenmotor handelte es sich um bekannte und weit verbreitete Bauformen, die BMW-Techniker schufen jedoch mit der geänderten Anordnung der Aggregate jeweils völlig neue und eigenständige Konzepte. Wobei man sich beim Compact Drive System der K 100 die bisherige Bauweise der Boxermodelle zum Vorbild nahm und die längs eingebaute Kurbelwelle, das direkt dahinter angeordnete Getriebe und den geradlinig verlaufenden Hinterradantrieb per Kardanwelle, weiterführte.

Der neue Vierzylindermotor stellte keineswegs eine konventionelle Konstruktion dar, die man lediglich auf die längsliegende Anordnung hin modifiziert hatte. Zunächst galt es, die Baulänge möglichst gering zu halten. Zusammengegossene Zylinderlaufbuchsen im Leichtmetall-Motorblock (Aluminium-Silizium-Magnesium-Legierung) mit Scanimet-Laufflächenbeschichtung und ein überquadratisches Bohrung-Hub-Verhältnis von 67 x 70 mm, dies im Gegensatz zum langjährigen Trend zu Kurzhubmotoren, stellten wichtige Voraussetzungen dar. Die einteilige Kurbelwelle aus Schmiedestahl wurde in fünf Gleitlager gesetzt, sieben der acht Kurbelwangen bildeten Gegengewichte, die hinterste jedoch sollte als schrägverzahntes Stirnrad die Kraftübertragung zur Abtriebswelle herstellen. In einem separaten Gehäuse unterhalb des horizontalen Zylinderblocks brachte man den Ölvorrat samt Ölfilter unter, sowie diese auch als Nebenwelle zum Antrieb der an der Stirnseite montierten Pumpen für Wasserkühlung und Öldruckschmierung, herangezogene Abtriebswelle.

Während die rechte Seite des Antriebsaggregats nur mit einem einfachen Abschlußdeckel des Kurbelgehäuses aufwartet, zeichnet sich in Fahrtrichtung links deutlich der Ventildeckel des Zylinderkopfs ab. Zwei kettengetriebene obenliegende Nockenwellen öffnen darunter mittels

Mit dem Produktionsbeginn der K 100 nahm BMW in Berlin-Spandau im Sommer 1983 die mit einem Investitionsaufwand von 300 Millionen DM ausgebauten Fertigungsanlagen in Betrieb. Elektronisch gesteuert, können in diesem modernsten Motorradwerk Europas alle Modelle gleichzeitig gebaut werden, auf den Transportarmen sind K 100 und Boxer gleichermaßen zu sehen.

Tassenstößeln die jeweils zwei Ventile pro Zylinder. Wie bei den modernsten Automobilmotoren setzte BMW auch bei der K-Reihe auf ein elektronisches Motormanagement. Erstmals im Motorradbau gelangte ein computergesteuertes Zünd- und Einspritzsystem zur Verwendung, eine Bosch LE-Jetronic mit Schubabschaltung und eine Digitalzündung. Als Drehzahlbegrenzung wird bei 8600/min der Zündzeitpunkt zurückgenommen und 150 Umdrehungen später die Kraftstoffzufuhr unterbrochen. Die elektrische Benzinpumpe befindet sich im 22-l-Alutank. Ebenfalls aus hochwertigem Material besteht die Vier-in-eins-Auspuffanlage, Krümmer und Schalldämpfer werden aus Edelstahl gefertigt.

Unter Zwischenschaltung eines Antriebsdämpfers wird von der Abtriebswelle die Motorleistung über die Einscheiben-Trockenkupplung an das direkt angeflanschte Dreiwellen-Fünfganggetriebe geleitet. Auf dem Getriebgehäuse montierte man auch die starke 460 Watt Drehstromlichtmaschine und den elektrischen Anlasser. Zusammen mit der Kupplung dreht die Lichtmaschine entgegengesetzt zur Kurbelwelle, was zusammen mit den insgesamt drei Dämpfern im Antriebsstrang ein hohes Maß an Laufkultur ergibt.

Die Einarmschwinge aus Aluminium lagerte man in einem Anguß am Getriebegehäuse, so daß die gesamte Antriebseinheit nurmehr an vier Verschraubungen in den Gitterrohr-Brückenrahmen eingehängt werden mußte. Die einzige weitere Verbindung stellt das Gasdruckfederbein zwischen Rahmen und Hinterachsantriebsgehäuse her. Die erstmalige Abkehr vom BMW-typischen geschlossenen Schleifenrahmen durfte natürlich keinerlei Nachteile für das gewohnt sichere Fahrverhalten der Motorräder aus Berlin-Spandau ergeben. Zum modernen Fahrwerksbau gehörte auch die in Zusammenarbeit mit Fichtel & Sachs entwickelte Teleskopvordergabel mit einem ansehnlichen Standrohrdurchmesser von 41,4 mm, sowie einer großdimensionierten aber hohlgebohrten Vorderachse.

Die Führungsmannschaft der BMW Motorrad GmbH im Jahre 1983 präsentiert stolz das Ergebnis langjähriger Vorarbeiten: Von rechts sind das die Herren Dr. Eberhardt C. Sarfert, Chef der BMW Motorrad GmbH, Karl Gerlinger, Vertrieb und Marketing, Hans Glas, Leiter von Werk 3 in Berlin-Spandau und Stefan Pachernegg, Motorrad-Entwicklungschef.

Mit ihren 90 PS bei 8000 U/min erreichten die BMW-Vierzylindermodelle zwar nicht ganz das Leistungsniveau der hubraumstarken japanischen Motorräder, doch konnten sie durch zahlreiche neue Detaillösungen trotzdem neue Maßstäbe im internationalen Angebot setzen. Dies galt insbesondere für die K 100 RS und ihr neuartiges Verkleidungssystem. Ein verstellbarer Spoiler an der Scheibenoberkante, kombinierte Blinker- und Spiegelgehäuse als Handschutz, sowie eine, in Windkanalversuchen optimierte Linienführung brachten die Kombination von sportlichem Aussehen und sehr gutem Wetterschutz für den Fahrer zustande. Den Schritt zum kompromißlosen Wetterschutz eines Fernreisemotorrads stellte das dritte Modell der K 100-Reihe dar, die ab April 1984 verfügbare K 100 RT mit ihrer ausladenden Tourenverkleidung.

Die Motorradwelt kannte im Herbst und Winter 1983/84 nur ein Gesprächsthema, »die neue BMW«. Alle Motorradmagazine der Welt zeigten die K 100 auf dem Titelbild und stellten sie in aller Ausführlichkeit vor, besonders interessierte die Leser auch die Entwicklungsgeschichte. Hervorragende Testergebnisse ließen nicht nur bei den Kaufinteressenten die Erwartung steigen, die Redaktionen unterzogen die Motorräder in den folgenden Monaten außergewöhnlichen Langstreckenerprobungen über 50 000 oder gar 100 000 Kilometer. Die BMW-Techniker verfolgten diese Aktionen mit großer Aufmerksamkeit, da sich hier die Chance bot, Unzulänglichkeiten frühzeitig in der Modellpflege bereinigen zu können. Nicht ganz unerwartet ging die K 100 RS bereits im Dezember 1983 bei der Wahl zum »Motorrad des Jahres« als überragender Sieger hervor. Diesen Erfolg ließen ihr die Leser der auflagenstarken Fachzeitschrift *Motorrad* auch in den darauffolgenden Jahren zukommen. Zum Vorschußlorbeer kamen natürlich auch die entsprechenden Verkaufserfolge hinzu. Die produktionstechnischen Voraussetzungen hatte BMW in Berlin-Spandau durch eine erhebliche Neuinvestition von rund 300 Millionen Mark geschaffen, Bundeskanzler Kohl konnte am 1. März 1984 eine der modernsten Motorradfabriken der Welt offiziell seiner Bestimmung übergeben. Zu diesem Zeitpunkt belief sich die Tagesproduktion auf 150 Motorräder, ein computergesteuertes System ermöglichte die gleichzeitige Montage von Boxer- und K-Modellen auf der selben Montagelinie. Vollständig von elektronischen Rechenanlagen übernommen wurde der größte Teil des Motorenbaus, CNC (Computerized Numeric Control)-Maschinen und -Programmsteuerungen sorgen so etwa auf 14 Stationen einer Transferstraße mit 156 Werkzeugen für die vollautomatische Feinbearbeitung eines K 100-Kurbelgehäuses.

Der Metallarbeiterstreik im Frühsommer 1984 durchkreuzte auch die Planung der BMW Motorrad GmbH, denn der Produktionsausfall ereignete sich ausgerechnet zur Zeit der K 100-Markteinführung in den USA. Man versuchte die verzögerte Auslieferung auf dem wichtigsten Exportmarkt danach mit einer ›Luftbrücke‹ zu beschleunigen. Auf der IFMA im September sorgte jedoch nicht nur diese Aktion für Aufsehen, sondern auch der erwartete Generationswechsel bei den Boxermodellen. Die Einliter-Versionen sollten im Oktober aus der Produktion genommen werden, dafür aber wertete man die R 80 auf. Geänderte Kipphebellager und eine neue Auspuffanlage reduzierten die Geräuschentwicklung. Die Vorschaltung einer gemeinsamen Expansionskammer unterhalb des Getriebes aus der dann die beiden schlanken Schalldämpfer herausführten, ermöglichte zudem einen verbesserten Drehmomentverlauf. Das Hinterrad saß nun ebenfalls in einer Einarmschwinge, die jedoch nicht direkt von der R 80 G/S übernommen wurde, ein neues Antriebsgehäuse und die Montage des Federbeins an diesem und nicht am Schwingenrohr stellten die Unterschiede dar. Ebenfalls neu waren die

Mutige Polizisten in ihrer Freizeit und eine Gelände-BMW: es ist nichts passiert!
Unten links, der zweimalige Paris-Dakar-Sieger Gaston Rahier präsentierte 1983 das R 80 G/S-Sondermodell.
Unten, ein Designvorschlag für ein Geländemotorrad.

Vordergabel, die Gußräder im Design der K-Reihe, die Bremsanlage, die Sitzbank und viele weitere Details. Alle Modifikationen betrafen auch die R 80 RT, die als vollverkleidetes Tourenmodell weiterhin das Angebot abrundete.

Das Jahr 1985 brachte gleich in den ersten Wochen wieder weltweite Publicity für BMW: Das Werksteam konnte mit den 1000 ccm-Boxern im speziellen Wüstenrallytrimm zum viertenmal die Rallye Paris-Dakar gewinnen. Nach den Erfolgen des Franzosen Hubert Auriol in den Rallyes 1981 und 1983 brachte es der ehemalige Moto-Cross-Weltmeister (125-ccm-Klasse 1975/76/77) aus Belgien, Gaston Rahier fertig, seinen Vorjahressieg zu wiederholen. Der kleinste Fahrer (164 cm) im Feld war erneut mit dem größten Motorrad am besten zurecht gekommen.

Doch nicht die Boxer standen 1985 bei BMW im Mittelpunkt, sondern vielmehr die Erweiterung der K-Reihe durch die 750 ccm-Dreizylindermodelle. Ganz so einfach wie es auf den ersten Blick aussah, hatte man die K 75 jedoch nicht von der K 100 ableiten können. Der, tatsächlich um einen Zylinder gekappte Motor benötigte zum besseren Massenausgleich zwei Ausgleichsgewichte auf der Abtriebswelle, und die höhere Literleistung (100 PS/l gegenüer 90 PS/l) erforderte geänderte Brennräume und höher verdichtende Kolben. Der Motor blieb trotzdem um rund 10 kg leichter als der Vierzylinder. Ansonsten konnte man die notwendigen Änderungen in Grenzen halten: die vorderen Rahmenrohre wurden wegen des kürzeren Motors stärker abgewinkelt und der Tank geringfügig anders geformt. Als erstes gab es mit der K 75 C ein Basismodell mit kleiner Cockpitverkleidung und Trommelbremse hinten, im Frühjahr 1986 sollte dann die K 75 S mit einer sportlichen Halbverkleidung und Scheibenbremse folgen. Trotz der relativ geringfügigen Unterschiede zur K 100 zeigte die K 75 eine enorm verbesserte Handlichkeit, was vor allem auf das stärker entlastete Vorderrad zurückzuführen war. Und genau daran entzündete sich die Kritik mancher Testberichte in den Fachmagazinen. Wenngleich man den Eindruck hatte, daß hier etwas Übertreibung mit im Spiel war (hatte man an der K 100 schon kaum Fehler gefunden, mußte man es halt jetzt noch einmal versuchen), reagierten die Techniker prompt. Ein neuartiger Lenkungsdämpfer, das Fluid-Block-System im Steuerkopf, brachte endgültig Ruhe ins Fahrverhalten, und die K 75 S wurde bei ihrem Verkaufsstart mit verkürzten Federwegen und einer sportlichen Fahrwerksabstimmung ausgeliefert.

Angesichts einer Produktion von 37 104 Motorräder konnte BMW 1985 als Rekordjahr feiern, doch begann sich der weltweit geschrumpfte Motorradmarkt nun auch für die weiß-blaue Marke auszuwirken. Die Anfangserfolge der K 100 waren vorbei, und die K 75 kam nicht ganz so wie erhofft in Schwung. Gegen das japanische Angebot in der Dreiviertelliterklasse war mit 75 PS kein Staat zu machen, ebensowenig mit einem

Unten, die K 100 RT mit voller Tourenausstattung, Fahrer und Sozia sind ebenfalls von Kopf bis Fuß von BMW ausgerüstet.

individuellen Design gegen die Mode der Rennmaschinen-Replicas. Einen »zweiten Frühling« erlebte dagegen die Enduromaschine R 80 G/S, sie war nun weltweit als Abenteuerreisemotorrad par excellence akzeptiert und behielt in jeder Hinsicht- außer den modischen Aspekten - gegenüber den japanischen Enduromodellen die Oberhand. Man durfte also den Boxer nicht vernachlässigen und brachte auf vielfachen Wunsch, vor allem von japanischen Käufern (!), auch die R 100 RS wieder ins Programm. Das einstige Paradepferd war zunächst als Sonderserie gedacht und basierte vollständig auf der R 80.

Ein weiteres neues Boxermodell war 1986 noch nicht auf der IFMA zu sehen, die Interessenten waren noch ein weiteres Jahr lang auf die eigene Initiative oder die Umbau-Angebote einiger rühriger BMW-Händler angewiesen, wenn sie eine R 100 G/S haben wollten.

Entstanden unter der Leitung des Motorradentwicklungschefs Stefan Pachernegg, früher selbst ein erfolgreicher Geländesportler, konnte dieser das Debüt der neuen Enduro-BMW nicht mehr selbst miterleben, da er im Februar 1987 überraschend im Alter von knapp 44 Jahren verstorben war. Man hatte sich zum Ziel gesetzt, die, besonders bei den langen Federwegen einer Enduromaschine nachteiligen Kardanreaktionen, das Auf und Ab der Hinterhand und die Verhärtung de Federung, so gut wie möglich auszuschalten. Grundlage für die Neuentwicklung war ein Patent Alex von Falkenhausens aus den fünfziger Jahren, das die an der Werksrennmaschine verwendete Parallelabstützung der Kardanschwinge zum Inhalt hatte. Ähnliche Konstruktionen wiesen auch die ersten MV Agusta-Vierzylinder-Renner der Jahre 1950-1953 auf. Beim BMW Paralever-System weist die Kardanwelle zwei Kardangelenke auf, der Schwingarm ist nun ebenfalls drehbar am Gehäuse des Hinterradantriebs gelagert, und die Abstützung an den Rahmen übernimmt ein Hebelarm, der, drehbar gelagert, das geforderte Parallelogramm herstellt. Diese neue Fahrwerksauslegung im Verband mit der Marzocchi-Telegabel für das Vorderrad zeigte sich auch dem 60 PS-1000er-Boxer gut gewachsen, so daß der stärksten Serienenduro der Welt nichts mehr im Wege stehen konnte.

Die R 100 GS - vom Schwestermodell R 80 GS äußerlich am Windschild über dem Cockpit und dem auf dem rechten Zylinderschutzbügel montierten Ölkühler zu unterscheiden - kam hervorragend beim Käufer an. Der durchzugstarke Boxer ließ den PS-Schwund gegenüber der früheren 1000er vergessen, als einziger Kritikpunkt blieb in der Fachpresse das Federbein an der Hinterradschwinge. Dies hatte auch Christoph Altmann während seiner 15 000 km-Tour durch Australien zu bemängeln, bei ihm war nicht nur die Dämpfung zu schwach, es verbog sich sogar die Kolbenstange. Ein Fall für die von BMW gewohnte Modellpflege, aber die entscheidende Verbesserung sollte erst das Federbein für den Modelljahrgang 1991 bringen. Extremtourer wußten sich zu helfen und bei den meisten Hobbyfahrern traten ohnehin keine Probleme auf.

Für das Modelljahr 1988 blieben die beiden neuen Enduros nicht die einzige Programmerweiterung. Die schon 1985 eingeführte, neue R 65 stellte weiterhin das Einstiegsmodell dar. Es handelte sich dabei um eine Kombination aus dem Fahrwerk der R 80 (Einarmschwinge) und dem überarbeiteten 650er-Kurzhubmotor (61,5 statt 70,6 mm Kolbenhub bei den anderen Boxern). Auf den Exportmärkten mit 48 PS angeboten, stand für das deutsche Versicherungs- und Führerscheinreglement eine 27 PS-Version zur Verfügung, die nicht einfach gedrosselt wurde, sondern kleinere Ventile in den geänderten Zylinderköpfen, kleinere Vergaser und eine andere Nockenwelle aufwies. Nach dem selben Rezept enstand nun 1988 die R 65 GS, bei der dieser 27 PS-Motor in das

Als Techniker, Konstrukteur, Entwicklungschef und Rennleiter war Rudolf Schleicher 1923–1945 maßgeblich an den meisten großen BMW-Erfolgen beteiligt. Im Februar 1924 fuhr er mit seiner R 37 selbst den ersten Motorsport-Sieg in der BMW-Geschichte ein. Zu seinem 90. Geburtstag kam er 1987 noch einmal an die ›Mittenwalder Steig‹ zurück.

Fahrgestell der alten R 80 G/S eingebaut wurde. Das Motorrad wurde nur in Deutschland angeboten, kam aber nicht besonders an und blieb deshalb nur zwei Jahre im Programm. Erfolgreicher war da schon der naheliegende Gedanke, der R 80 RT auch wieder eine 1000er-Ausgabe zur Seite zu stellen, die R 100 RT fand von 1988 an wieder neue Freunde. Ebenfalls durch einen Griff ins Teilelager entstand im selben Jahr ein aufgefrischtes K 100 Basismodell. Das Rezept war bei der K 75 bereits Ende 1986 erfolgreich in die Tat umgesetzt worden als das kurzfristig vor der Premiere der Dreizylinderreihe weggelassene Basismodell doch noch nachgeschoben wurde. Chrom am Lampentopf und Gepäckhalter, hochglanzpolierte Gabelgleitrohre und Zierlinien an Tank und Seitenblenden unterstrichen das klassische, verkleidungslose Erscheinungsbild. Angesichts des gelungenen Designs und der schwarzen Lackierung störten sich auch nur wenige Interessenten an der orangeroten Sitzbank. Das ‚Naked Bike' K 100 wartete 1988 mit weniger Details auf, dafür gelang es mit einem hohen und weit ausladenden Lenker und einer tiefen Stecksitzbank (Sitzhöhe für den Fahrer nurmehr 760 mm) sowie knallroter Farbgebung ein Motorrad nach dem neuesten Trend zu gestalten. Dazu gehörten natürlich auch der schwarz lackierte Motorblock und neue Fußrastenplatten.

Wenn schon die Basis-K 100 überarbeitet wurde, dann mußte natürlich auch am Tourer etwas geschehen, die RS konnte als Bestseller so bleiben wie sie war, aufgewertet durch jährlich wechselnde Sondermodelle mit unterschiedlichem Farb- und Dekor-Design. Der K 100 RT wurde also mit der Version LT ein entsprechend reichhaltig ausgestatteter Luxustourer zur Seite gestellt. Dieser wies unter anderem eine neu entworfene Verkleidungsscheibe auf, Seitenkoffer und Topcase serienmäßig und die Deckel in Fahrzeugfarbe lackiert, eine Komfortsitzbank, Nivomat-Federbein, Warnblinkanlage und die Vorbereitung für den Einbau des gegen Aufpreis erhältlichen Cassettenradios. Ein so breites Angebot hat es bei BMW noch nie gegeben, trotzdem zeichnete sich in der ersten Jahreshälfte die Fortsetzung des Verkaufsrückgangs ab. Der Motorradmarkt war weltweit seit 1981 drastisch geschrumpft, von 1,6 Millionen Neuzulassungen auf nurmehr 800 000. BMW gelang es zwar in diesem Zeitraum den Marktanteil von 1,6 auf 3,1 % zu vergrößern, aber die Anfangserfolge der K-Reihe ließen sich nicht wiederholen, und die Boxer konnten dies nicht mehr ausgleichen. Sah es drei Jahre zuvor noch ganz danach aus, daß die angepeilte Jahresproduktion von 40 000 Motorrädern erreicht werden könnte, so lag die Prognose für 1988 bei 24 000 Stück.

Dr. Eberhardt C. Sarfert, Generalbevollmächtigter der BMW AG und seit 1979 Vorsitzender der Geschäftsführung der BMW Motorrad GmbH befand sich damit in einer schwierigen Situation. Einerseits war er angesichts der veränderten Geschäftslage zu Sparmaßnahmen und Konzeptänderungen gezwungen, andererseits wollte und konnte er als engagierter Motorradmann die umfangreiche Arbeit der Entwicklungsabteilung nicht beschneiden. Eine Vierventil-Version des K-Motors befand sich in Vorbereitung, aber die Bereitstellung eines Budgets von bis zu 200 Millionen Mark für das Großprojekt eines komplett neuen Boxermotorrads konnte er bei derzeit nur 13 000 Boxern pro Jahr nicht verantworten. Diese Aussage, illustriert mit einigen Systemskizzen von luftgekühlten Vierventilmotoren, machte Sarfert in einer Gesprächsrunde der neuen BMW Motorrad-Geschäftsführung mit Redakteuren der Zeitschrift *Motorrad* im Frühjahr 1988. Nach der Berufung von Karl H. Gerlinger zu BMW Italia war Dietrich Maronde von der BMW Marine GmbH als Vertriebsleiter zur Motorradsparte gekommen.

50 Jahre nach seinem TT-Sieg mit seiner 500 cm³ Kompressor BMW drehte Schorsch Meier auf der Isle of Man eine Ehrenrunde. 1939 hatte er als erster ausländischer Fahrer das legendäre »Senior-Race« um die Tourist Trophy gewonnen.

Oben, gleich 45 K 100 RT auf einmal übernahm 1985 eine Einheit der australischen Straßenverkehrspolizei.
*BMW verkauft nicht nur Motorräder und Zubehör sondern bietet auch Motorradreisen **an, beispielsweise** Touren auf der französischen Karibik-Insel Martinique.*

Eberhardt C. Sarfert hatte nach dem Tod Stefan Pacherneggs den Bereich Entwicklung kommissarisch geleitet, diesen aber im Januar 1988 an Peter Stark übergeben. Stark blieb zugleich Produktionsleiter im Werk Berlin, wo er zuvor schon Hans Glas abgelöst hatte. Sarfert selbst übernahm nun den Vertriebsbereich kommissarisch. Programmkürzungen waren im Gespräch, die K 75 stand zur Diskussion, sie war in Deutschland nicht besonders gefragt und verkaufte sich nur in den USA und Spanien in größerem Umfang. Es blieb jedoch zunächst einmal bei der verstärkten Übernahme von Fertigungsaufgaben für die Automobilabteilung zur Auslastung des Berliner Werks. Martin Probst, weiterhin zuständig für Motor- und Fahrwerksentwicklung, konnte seiner Mannschaft gleichzeitig eine frohe Botschaft übermitteln. Der Gesamtvorstand der BMW AG unter ihrem Vorsitzenden Eberhard von Kuenheim hatte Anfang 1988 alle Projekte bestätigt. Von Kuenheim sagte, daß die Weichen über 1990 hinaus gestellt werden mußten.

Eine gewisse Kaufzurückhaltung hatten auch die Verzögerungen bei der Serieneinführung des ersten Anti-Blockier-Systems für die Bremsanlage eines Motorrads verursacht. Vorgestellt im September 1986 auf der IFMA in Köln, hatte das von BMW gemeinsam mit FAG-Kugelfischer (Hydraulik) und Hella (Elektronic) entwickelte System für großes Aufsehen in der Motorradwelt gesorgt. Doch dieser Meilenstein in der

*Die BMW K-Modellpalette 1985.
Unten, eine ungewöhnliche Werbemaßnahme, die beim Publikum begeisterte Resonanz fand: Der Gelenkbus birgt nicht nur eine Ausstellung des BMW-Programms, sondern wartet auch mit Diaschauen, Informationsangeboten sowie vielseitigen Beratern zu den Fragen zum BMW-Motorad auf.*

Geschichte des Motorrads ließ auf sich warten. Eine derart komplizierte Sicherheitskomponente mußte vollkommen ausgereift sein, bevor sie der Kunde in die Hand bekam. Aus diesem Grund hatte BMW jedes Risiko einer Fehlfunktion des Systems oder eines seiner Bauteile - und sei es nur eine Warnlampe - vor dem Serienstart ausschalten wollen. Es dauerte bis zum März 1988 bis die ersten K 100 mit der Sonderausstattung ABS ausgeliefert werden konnten. Die japanischen Hersteller hatten in der Zwischenzeit ebenfalls an der Einführung eigener ABS-Systeme gearbeitet und diese zum Teil auch schon vorgestellt. Aber BMW war nicht nur der erste Motorradhersteller der sich damit beschäftigt hatte, die Münchener kamen immer noch als erste damit auf den Markt. Trotz des Aufpreises von knapp 2000 Mark wurde bald die Mehrzahl der K 100 RS und K 100 LT mit ABS bestellt.

Weiterentwicklungen und neue Wege

Motorräder mit Ein-, Zwei-, Drei- und Vierzylindermotoren hat kein anderer Hersteller in solch unterschiedlichen Konzepten zu bieten. BMW behauptet sich mit Vielfalt und Überraschungen. Ein komplett neues Motorrad mit Boxermotor feierte 1993 ebenso Premiere wie eine Kooperation für ein Einzylindermodell.

Die Vierventil-K 100 war zwar schon im Gespräch, was aber dann schließlich im September 1988 auf der IFMA in Köln zum Messeschlager werden sollte, hatte keiner erwartet: BMW beließ es keineswegs bei einem neuen Zylinderkopf, man stellte ein ganz neues Motorrad vor. Design und Modellbezeichnung waren bewußt spektakulär gewählt, K 1 wies analog zu den Gepflogenheiten bei den BMW-Automobilen auf das Spitzenmodell einer Reihe hin, und die Vollverkleidung auf eine Sportmaschine. Doch handelte es sich hier nicht um eine enganliegende Rennverkleidung herkömmlicher Art, die BMW-Designer gingen einen Schritt weiter und versuchten eine aerodynamische Optimierung zu erreichen. Ein niedriger Luftwiderstandsbeiwert cW allein genügte nicht, es war ja noch die Stirnfläche mit einzubeziehen, und diese ist natürlich bei einem Straßenmotorrad schon allein durch den nicht stets in liegender Haltung befindlichen Fahrer wesentlich größer. Trotz der recht breiten Hauptverkleidung und der aus Kostengründen erzwungenen Beibehaltung des großen Rechteckscheinwerfers ließ sich zusammen mit der Vorderradverschalung ein konkurrenzlos guter Wert cW x A erzielen. Bei einem sitzenden Fahrer wurden im Windkanal-Vergleich 0,356 (Fahrer 1,72 m groß) und 0,382 (1,85 m-Fahrer) gemessen. Aber nicht nur die Windschlüpfrigkeit zur Erzielung guter Fahrleistungen war gelungen, der Wind- und Wetterschutz für den Fahrer erwies sich gegenüber den Sportmaschinen Kawasaki ZX-10, Suzuki GSX-R 1100 und Yamaha FZR 1000 als ebenfalls wesentlich besser.

Der Motor war nicht einfach einer Leistungskur unterzogen worden indem die Anzahl der Ventile verdoppelt wurde. Auf der Einlaßseite wich das bisher 34 mm große Ventil zweien mit je 26,5 mm, womit der Ventilquerschnitt um 40 % zunahm, auf der Einlaßseite betrug der Zuwachs nur 17 %, vorher ein 30 mm-Ventil, jetzt zweimal 23 mm. Ventilwinkel und damit auch die Brennraumform wurden geändert, die Tassenstößel besaßen keine Einstellplättchen mehr, sie mußten zur Justierung des korrekten Ventilspiels nun ganz ausgewechselt werden. Kurbelwelle und Pleuel konnten durch Finite-Elemente-Berechnungen per Computer gewichtsoptimiert werden. Die Nockenwellen wiesen zwar nun die doppelte Anzahl Steuernocken auf, die Steuerzeiten blieben jedoch unverändert. Ein entscheidende Neuerung, die aber nur Spezialisten auffiel, war der Übergang von getrennten, elektronischen System für Zündung und Gemischaufbereitung auf das gemeinsame digitale Motormanagement. Die Lasterfassung erfolgte dabei nicht mehr über einen Luftmengenmesser in Form einer Stauklappe im Ansaugtrakt sondern über ein Potentiometer an der Drosselklappenwelle, das den jeweiligen Öffnungswinkel an das Steuergerät meldet. Allein dieser neue Aufbau brachte einen Leistungsgewinn von vier bis fünf PS und senkte gleichzeitig den Kraftstoffverbrauch.

Keine Überraschung stellte die Hinterradaufhängung der K 1 dar, wie erwartet hielt nun die Zweigelenk-Paralever-Schwinge auch beim ersten Straßenmodell Einzug. Neu war jedoch die Telegabel von Marzocchi, die breiten Dreispeichen-Leichtmetallräder (17 Zoll Durchmesser vorn, 18 hinten) und die Bremsanlage mit mächtigen, schwimmend gelagerten 305 mm-Scheiben vorn und Vierkolben-Bremssätteln von Brembo aus Italien. Der K 100-Gitterrohrrahmen war in den Rohrdimensionen verstärkt worden, ein verkürzter Nachlauf brachte ein handlicheres Fahrverhalten. Die großen Verkleidungsflächen waren nicht nur durch Luftschächte sondern durch eine spezielle Grafik mit der riesigen Modellbezeichnung K 1 aufgelockert. Diese gelbe Kontrastfarbe zur roten oder blauen Karosserie fand sich auch an Rädern, Schwinge und Getriebe.

Obwohl das Motorrad noch nicht auf dem Markt war und es auch noch keine Testberichte gab, wählten die Leser der größten Motorradzeitschriften in Deutschland, Frankreich, USA und Holland die BMW K 1 im Winter zum neuen Motorrad des Jahres. Im Mai 1989 war es aber soweit, die Journalisten der Fachpresse konnten die ersten Probefahrten unternehmen, die Auslieferung an die Kunden begann kurze Zeit später. In den ersten Berichten war von sportlich straffer Abstimmung, gutem, leichtem Handling, super Bremsen und der sehr vorteilhaften Paralever-Hinterradschwinge die Rede. Die Marketing-Positionierung als Supersport-Big Bike wurde bestätigt, allerdings sah dies wenig später im direkten Vergleich doch anders aus. Da war dann vom Leistungsloch um 5000 U/min die Rede und von der besseren Tourentauglichkeit im Gegensatz zu den Super-Sportmaschinen aus japanischer Produktion. An den Anfangserfolg ließ sich bei den Verkaufszahlen 1990 nicht mehr anschließen.

Dafür konnte aber das neue Schwestermodell in jeder Hinsicht überzeugen, noch im Dezember war ein Sporttourer mit K 1-Technologie erschienen. Unter der Bezeichnung K 100 RS trat dieses Motorrad die Nachfolge des bisherigen Verkaufsschlagers der K-Reihe an, es ent-

sprach exakt den Vorstellungen von einer modernisierten K 100 RS mit Vierventilmotor und aufgewerteten Fahrwerkskomponenten. Die K 1 blieb im Programm und war auch in unauffälliger Farbgebung erhältlich, die dem Topmodell ein nobles Erscheinungsbild verlieh.

Zwei recht turbulente Jahre hatte die BMW Motorrad GmbH 1990 hinter sich. Einer Jahresproduktion von 23 817 Motorrädern stand 1988 eine Verkaufszahl von knapp 28 000 gegenüber, damit konnten alle Lagerbestände abgebaut werden, ein 13 prozentiger Zuwachs im 1. Quartal 1989 setzte sich jedoch nicht fort und das Jahr endete mit nur 25 761 Stück. Hans Riedel kam von BMW of North America als neuer Vertriebs- und Marketingchef, Dr. Burkhard Göschel wechselte vom Zwölfzylinder auf zwei Zylinder, er wurde neuer Leiter der Motorradentwicklung und hatte als Hauptprojekt den neuen Boxer übernommen. Klaus Nickel schließlich hieß der neue Mann in Berlin. Wie gut Dr. Eberhardt C. Sarfert sein neues Team zusammengestellt hatte, sollte sich schon 1990 abzeichnen. Er selbst war aber nicht mehr mit von der Partie, da er zum 1. Januar 1990 die Geschäftsführung der Motorrad GmbH an Hans Glas übergeben hatte. Die Kapazitäten in Berlin waren 1988 den Gegebenheiten angepaßt worden, doch 1990 konnte die Tagesproduktion wieder von 120 auf 150 Motorräder erhöht werden. Die Talsohle war durchschritten, der Unternehmensbereich BMW Motorrad mit seinen 1350 Mitarbeitern florierte.

Einen weiteren wichtigen Schritt in Bezug auf die technische Kompetenz - und zugleich zur Überraschung der Konkurrenz - vollzog BMW zur IFMA 1990. Unter der Überschrift BMW Motorrad-Umweltoffensive wurde ein komplettes Programm zur Abgasreinigung vorgestellt. Für den Boxer stand das Sekundär-Luft-System SLS ab sofort zur Verfügung. Die pulsierenden Druckschwankungen im Auspuffsystem bewegen zwei Membranventile im Luftfilterkasten, die in geöffnetem Zustand Frischluft ansaugen. Diese wird über Rohrleitungen den Zylinderköpfen zugeführt und tritt hinter dem Auslaßventil in den Auslaßkanal ein. Der dadurch entstehende Luftüberschuß bewirkt im Verein mit der hohen Abgastemperatur eine Nachverbrennung von Kohlenwasserstoffen HC und Kohlenmonoxid CO. Für die Zweiventil-K-Motoren war ein ungeregelter Dreiwege-Katalysator vorgesehen, denn nur die Vierventiler mit ihrer aufwendigeren Motorelektronic ließen die Verwendung einer Lambdasonde und einen damit geregelten Katalysator zu. Als

Links, der erste von sieben BMW Servicestützpunkten für Motorräder in Ostdeutschland wurde am 24. März 1990 in Dresden eröffnet.

Oben, eine gründliche Schulung der neuen Mitarbeiter wird von der BMW Motorrad GmbH hier gleich am Standort angeboten.

Sonderausstattung wurde diese Anlage für K 1 und K 100 RS vorbereitet. Das meistverkaufte Motorrad auf dem deutschen Markt war 1988 und 1989 die R 100 GS. Ingesamt brachten es die BMW Enduros innerhalb von zehn Jahren auf rund 50 000 Stück. Anlaß genug, für das Modelljahr 1991 wieder einige Modellpflegemaßnahmen vorzustellen. Die rahmenfeste Cockpitverkleidung mit außenliegendem Rohrbügel, wie sie bereits am Paris-Dakar-Modell zu finden war, gab es nun serienmäßig auch bei R 80 GS und R 100 GS mit einstellbarer Scheibe und zusätzlichem Drehzahlmesser auf dem Instrumentenbrett. Ein neues Federbein von Bilstein wartete nicht nur mit einer vierfachen Verstellmöglichkeit der Federvorspannung sondern auch mit einer in zehn Stufen einstellbaren Zugstufe des Stoßdämpfers auf. Eine ganz andere Neuheit im Programm stellte die K 75 RT dar, die Tourenverkleidung wurde dazu von der mittlerweile entfallenen K 100 RT übernommen. Damit war nun auch die Dreizylinderreihe komplett und fand in Deutschland immer mehr Freunde. Die RT wurde in Zukunft verstärkt in den Polizeidienst übernommen. So bestellten beispielsweise die Schweden nur noch Dreizylinder, nachdem sich diese aufgrund geringerer Vibrationen als angenehmer im Streifendienst erwiesen hatten.

Mehr als 31 000 Motorräder verließen 1990 die Werkshallen in Berlin-Spandau und wurden allesamt auch verkauft. Der enorme Aufwärtstrend hielt weiter an, man erreichte die Kapazitätsgrenze im Einschichtbetrieb und konnte für das Frühjahr Lieferzeiten über viele Wochen nicht vermeiden. Am 18. März 1991 lief eine K 75 RT als einmillionstes BMW-Motorrad vom Band. Eberhard von Kuenheim überreichte sie als Erste-Hilfe-Fahrzeug an das Rote Kreuz in Ostberlin. Immerhin hatte es 68 Jahre gedauert bis die Million auch bei BMW voll war. Allerdings hatte man über weltweite Statistiken ermitteln können, daß rund die Hälfte all dieser Motorräder mit dem weiß-blauen Emblem am Tank noch laufen, und das ist wirklich eine sehr interessante Tatsache. Der Vorstandsvorsitzende meinte denn auch, daß sich wohl kaum jemand

BMW-Chef Eberhard von Kuenheim übergab diese ganz besondere K 75 RT an das Deutsche Rote Kreuz.

die Marke BMW ohne ihren historischen Dreiklang Motorräder-Motoren-Automobile vorstellen könne, obwohl man eine Million BMW-Automobile derzeit bereits innerhalb von zwei Jahren auf die Straßen bringe.

Eine kleine Meldung überraschte im Sommer 1991 die internationalen Fachkreise. BMW begann eine Kooperation mit der indischen Firmengruppe Escorts Ltd. zur Entwicklung eines Gebrauchsmotorrads für den riesigen Markt Indiens. Unter der Markenbezeichnung Rajdoot produziert der Konzern seit 1963 Motoräder mit 175 ccm-Zweitaktmotoren sowie seit einigen Jahren eine Lizenzversion einer 100er-Yamaha. BMW sollte nun ein modernes Viertaktfahrzeug konzipieren, den 175 ccm-Motor zusammen mit der Firma Rotax im oberösterreichischen Gunskirchen entwickeln und bis zur Produktionsvorbereitung das Projekt betreuen. Das Vorhaben war auf einen Zeitraum von etwa vier Jahren angelegt. Für die Inder stellte die europäische Entwicklungsmannschaft mit ihrer Erfahrung und ihrem Qualitätsbegriff einen erstrebenswerten Partner dar, die Münchener sahen eine interessante Aufgabe in der Erprobung völlig neuer Entwicklungsabläufe.

Nachdem es im Verlauf des Jahres in allen Fachzeitschriften sogenannte Erlkönig-Fotos der lang erwarteten neuen Boxer-BMW zu sehen gab – einmal war die Erprobungsmannschaft in Südafrika, ein zweitesmal am Nürburgring entdeckt worden – glaubte die Motorradwelt an eine unmittelbar bevorstehende offizielle Vorstellung. Umso erstaunter reagierte man auf die Neuheiten, die Ende Oktober auf den Ausstellungen von Amsterdam, Birmingham und Tokio zu sehen waren. Es gab jedoch ein neues Boxer-Modell herkömmlicher Bauart, direkt von der so sehr erfolgreichen R 100 GS abgeleitet, erschien die Straßenvariante R 100 R. Die Zusatzbezeichnung Roadster unterstrich das bewußt klassisch gehaltene Design: Speichenräder (18 Zoll vorn) und die alten runden Ventildeckel, wie sie bis 1976 zum Boxer gehörten. Ein Oldtimer sollte dieses Motorrad aber nicht sein, der 60 PS-Motor wurde im bewährten GS-Rahmen mit Paralever-Schwinge montiert, der kurze runde Schalldämpfer der K 1 ersetzte den Enduro-Auspuff. Eine neue Telegabel mit kürzerem Federweg und das Federbein ebenfalls steuerte die japanische Firma Showa bei; am Vorderrad wurde ein Vierkolben-Bremssattel von Brembo angebaut.

Der Stahlblechtank der R 100 R kam übrigens jetzt aus Mylau in Sachsen, ebenso wie alle anderen Boxer-Tanks und die Alu-Behälter der K-Reihe. Als einer der wichtigsten Zulieferbetriebe hatte die Firma Roth in Stuttgart fast die gesamte deutsche Motorradindustrie mit Tanks und anderen Blechteile versorgt, BMW schon seit 1928. Aber BMW war nun der einzige verbliebene Motorradhersteller und die Fertigung erwies sich für Roth als zu wenig rentabel. Glücklicherweise konnten die Sachsen schnell einspringen, mit tatkräftiger Unterstützung von Roth erfolgte die Produktionsverlagerung im Frühjahr 1991 nahtlos. Für BMW waren diese Probleme mit Zulieferern keinesfalls neu, gerade in Deutschland scheiterten in den vorangegangenen Jahren viele Entwicklungen an den zu geringen Stückzahl-Aussichten. Aber auch in Italien hatten sich die Zeiten geändert, die Motorradindustrie und damit auch die Anzahl und Kapazität der Zulieferbetriebe waren geschrumpft. Der erste Einsatz von Bauteilen japanischer Herkunft war somit auch bei BMW nur noch eine Frage der Zeit. Die Entscheidung zugunsten Showas bei den Federelementen für die R 100 R fiel auch aufgrund der hervorragenden Zusammenarbeit bei der Entwicklung und des erfreulich hohen Qualitätsniveaus.

Beim Sekundärluftsystem SLS wird vom Luftfiltergehäuse zusätzliche Luft zur Nachverbrennung in den Auslaßkanal eingeleitet. Rechts, die Luftklappen, daneben die Rohrleitung zum Zylinderkopf.

Für das Modelljahr 1992 blieb die R 100 R nicht die einzige neue BMW, es hatte ja bisher noch die Modernisierung des K 100-Tourers gefehlt. Ganz wie erwartet, hielt natürlich auch hier die K 1-Technik Einzug: Vierventiler, Paralever, neue Räder und Bremsen. Aber schon an der Typenbezeichnung konnte man sehen, warum es mit diesem Motorrad etwas länger gedauert hatte. K 1100 LT bedeutete nichts anderes, als daß der Hubraum aufgestockt worden war, die Zylinderbohrungen maßen nun 70,5 statt 67 mm im Durchmesser, womit 1092 ccm zur Verfügung standen. Die 100 PS stellten sich dadurch bereits 500 U/min früher ein. Noch wichtiger aber ist für einen schweren Tourer der gleichmäßige Drehmomentverlauf auf möglichst hohem Niveau. Das Maximum von 107 Nm stand schon bei niedrigen 5500 U/min zur Verfügung. Die Verkleidung war in mehrfacher Hinsicht geändert worden, sie rückte weiter nach vorn und bekam ein neues Unterteil mit insgesamt verbesserter Schutzwirkung. Als deutliches Unterscheidungsmerkmal zur bisherigen LT diente die elektrisch verstellbare Verkleidungsscheibe.

Die beiden neuen Modelle trugen in erheblichem Maß zur Steigerung der Verkaufszahlen vor allem auf dem Inlandsmarkt bei. Allein die R 100 R brachte es statt der geplanten Jahresproduktion von 4 000 Stück auf mehr als das Doppelte, die K 1100 LT stand aber auch nicht sehr weit zurück. Während der Boxer rundum überzeugen konnte und nun auch nicht mehr von der Fachpresse mit modernen Vierzylindermaschinen zum Vergleichstest herangezogen wurde, hatte es der große Tourer auf dem Papier nicht so leicht. Die Honda ST 1100 entschied manche Testvergleiche für sich, aber bei den Käufern lag dann doch die BMW K 1100 LT vorn. Es dauerte allerdings etwas länger, bei der R 100 R hingegen lagen schon im Februar 1992 rund 7 000 Bestellungen vor. Beim dritten Vergleichstest mit BMW-Beteiligung, den *Motorrad* in diesem Jahr veröffentlichte, ergab sich ein ganz erstaunliches Resultat. Bei der Gegenüberstellung der 27 PS-Version der R 65 mit der entsprechenden Variante der Honda NTV 650, einem wassergekühlten V-Zweizylinder mit Kardanantrieb, schnitt der altmodische Boxer deutlich besser ab.

Mitten in die Serie der Vermutungen, Zeichnungen und geheimnisumwitterten Fotos über den neuen Boxer und die stetig ansteigende Spannung platzte im Juni 1992 ein Meldung, die vielerorts für Überraschung sorgte: BMW plant ein Einsteiger-Modell in einer europäischen Kooperation mit Aprilia und Bombardier-Rotax. Über die Presseverlautbarung zum Vertragsabschluß zwischen den Partnern hinaus sickerten nur wenige Informationen durch, die jedoch bei genauer Betrachtung schon ein recht deutliches Bild ergaben. Das Motorrad würde einen nach BMW-Vorgaben modifizierten 650 ccm-Einzylindermotor

Den BMW-System-Helm, Fahrer- und Freizeit-Anzüge sowie alle sonstigen Ausrüstungs-Gegenstände zum Motorrad-Fahren enthält das BMW-Zubehörangebot. Als Sonderausstattung gibt es Dinge wie den geregelten Dreiwege-Kat, der im Bild unten zusammen mit der Lambda-Sonde am Auspuff der K 1 zu sehen ist.

haben und auch für leichten Geländeeinsatz tauglich sein. Design und technisches Konzept sollten von BMW stammen, die Entwicklung gemeinsam erfolgen, die Produktion aber bei Aprilia eingerichtet werden. Die Italiener hatten erst kurz zuvor mit der Pegaso 650 eine neuartige Mischung aus Enduro und Straßen-Funbike auf den Markt gebracht, das Kooperations-Modell könnte also auf dieser Linie liegen. Einzylinder hat BMW bis 1966 selbst gebaut, einen Fremdmotor gab es jedoch noch nie zuvor in einem BMW-Fahrzeug und Kettenantrieb würde die Maschine ja dann wohl auch haben. Nicht wenigen Freunden der weißblauen Marke gefielen diese Gedanken überhaupt nicht. Für die BMW Motorrad GmbH wäre es jedoch kaum möglich gewesen, die Modell-

Als erstes Modell der neuen Boxer-Reihe wurde die RS-Version konzipiert. Hier sind drei verschiedene Entwicklungsstufen zu sehen: Links, ein Prototyp von 1989, in der Mitte ein Versuchsträger von 1988 mit K 100-Verkleidung und rechts ein Dauererprobungsfahrzeug von 1990/91.

palette durch eine eigene Entwicklung nach unten zu erweitern. Die erforderlichen Stückzahlen für ein wirtschaftliches Projekt können in dieser Preisklasse nicht mehr realisiert werden. Diese Tatsache galt in jüngster Zeit nicht mehr allein für einen relativ kleinen Hersteller wie BMW, selbst die großen Vier aus Japan lassen wirkliche Neuentwicklungen auf dem Einsteigersektor vermissen. Einen kleineren Boxer kostengünstig als Großserienmodell zu realisieren, hatte man sich bereits bei der Entwicklung der R 45/ R 65 vergeblich vorgenommen, und auch Mitte der achtziger Jahre war man beim Grundkonzept für den neuen Boxer wieder vom ersten Gedanken an ein Mittelklassemodell unterhalb der K-Reihe abgewichen.

Die Partnerschaft war mit Bedacht zustandegekommen. Die Firma Rotax, in Gunskirchen bei Wels in Oberösterreich angesiedelt, baut schon seit 1950 Motorradmotoren. Sie gehört zum kanadischen Bombardier-Konzern, dem weltgrößten Schneemobil-Hersteller. Als einzigem Hersteller von Motorrad-Einbaumotoren ist es Rotax gelungen, gegenüber den japanischen Marken zu bestehen, ja ihnen sogar in den verschiedenen Motorsport-Disziplinen Paroli zu bieten. Anfang der achtziger Jahre ergänzte der erste Viertakter das breite Angebot an Rotax-Zweitaktmotoren. Dieser Vierventil-ohc-Einzylinder wurde zuerst bei KTM in einem Serienmotorrad verwendet. Kurz darauf folgten schon Aprilia und die englische Firma Armstrong- CCM, die Militärmotorräder damit ausstattete und diese über Harley-Davidson bis heute auch an die US-Army liefert. In letzter Zeit kam MZ im sächsischen Zschopau als guter Kunde hinzu, der seine neuen Modelle mit dem Rotax-Viertakter versah. Auch im Rennsport sorgte der Motor für Furore. Eingebaut in Spezialfahrwerke verschiedener privater Teams erwies er sich in England und Deutschland bei den Rennen zur Sound-of-Singles-Serie als eines der stärksten und zuverlässigsten Aggregate.

Zum größten Kunden für Rotax-Motorrad-Motoren entwickelte sich in den achtziger Jahren Aprilia in Noale nahe Padua in Norditalien. Von den 1992 in Gunskirchen insgesamt gefertigten 114 000 Motoren ging der Großteil der Motorradproduktion nach Noale. Darunter befanden sich auch die erfolgreichen Rennmotoren, die nach spezieller Vorbereitung in der Aprilia-Rennabteilung neun Grand Prix-Siege in der Saison 1992 und damit den Weltmeistertitel in der 125 ccm-Klasse sowie die Plätze Zwei und Drei bei den 250ern einfuhren. Aprilia fertigte zunächst ab 1975 nur 50 ccm-Mopeds, wie sie auch heute noch (einschließlich der Motorroller) mit Motoren von Minarelli in großen Stückzahlen vom Band laufen. In den achtziger Jahren erfolgte die Programmerweiterung auf 125 ccm-Straßensport- und Enduro-Modelle sowie das Viertakt-Enduro-Programm von 350 bis 650 ccm Hubraum. Die Jahresproduktion liegt insgesamt bei 40 bis 50 000 Fahrzeugen. Aprilias schneller Aufstieg ist der Imagewerbung durch Sporterfolge einerseits, der aufgeschlossenen, schnellen Modellentwicklung andererseits zuzuschreiben. Diese wurde durch die Übernahme japanischer Konzepte der geringen Fertigungstiefe ermöglicht, bei denen die Komponenten-Entwicklung zusammen mit den Zulieferern abläuft und die Herstellung ebenfalls bei diesen bleibt. Bei Aprilia selbst wird dann nur noch die Montage der ans Fließband gelieferten Teile und Komponenten durchgeführt. In Noale wurde dieses System am konsequentesten außerhalb Japans umgesetzt. Kaum ebbten die Diskussionen über das Einzylinderprojekt ab, richtete sich die Aufmerksamkeit der Motorradwelt im September 1992 auf die IFMA in Köln. Würde BMW den neuen Boxer dort präsentieren, nachdem er ja nun wirklich lange genug durch die Presse gegeistert war? Ja und Nein lautete die Antwort. Als neues Motorrad wurde die K 1100 RS vorgestellt. Der Bestseller der K-Reihe bekam den großen Motor und neue Seitenteile für die Verkleidung, die mit Entlüftungsschlitzen a la Ferrari aufwarteten. Dazu kamen neue Seitenblenden unterhalb der

In der Dauererprobung legten die BMW-Mitarbeiter über 300 000 km mit den Prototypen der R 1100 RS auf den unterschiedlichsten Strecken in ganz Europa zurück.

Sitzbank und vibrationsentkoppelte Fußrastenträger. Aber dieses deutlich aufgewertete Modell ging auf dem Messestand und in den nachfolgenden Presseberichten fast ebenso unter wie die R 80 R als Nachfolger der bisherigen R 80 und die Stadtfahrzeug-Studie C 1. Der Grund dafür fand sich in einer Plexiglas-Kugel. Darin präsentierte BMW den neuen Boxermotor.

Vom dazugehörigen Motorrad keine Spur, wurde die Premiere des Antriebsaggregats separat vollzogen. Es gab nicht nur den Motor in seiner endgültigen Form zu sehen, Informationsbroschüren und ein detaillierter Videofilm zeigten alle Details. Der weiterhin luftgekühlte Zweizylinder wartete mit 1085 ccm Hubraum auf, die Leistungsangabe lautete: 90 PS bei 7250 U/min. Das war mehr als allgemein erwartet wurde. Eigentlich blieb im Aufbau des Boxers nur die Kurbelwelle weitgehend unverändert. Sie war wieder zweifach gelagert und und ermöglichte einen Kolbenhub von je 70,5 mm. Auf ein Mittellager konnte wegen der neuen Gehäusekonstruktion verzichtet werden, vertikal in zwei Hälften aus Aluminium-Druckguß unterteilt, sollte nicht nur die Lagersteifigkeit erhöht werden, sondern noch viel mehr die gesamte Gehäusesteifigkeit, da der Antriebsblock als tragendes Fahrwerkselement vorgesehen war. Vier Ventile pro Zylinder waren gefordert. Kopfzerbrechen bereitete die geeignete Steuerung, da es galt an Aufwand und Baubreite zu sparen. Gegen die bisherige Verwendung von Stoßstangen und Kipphebeln sprach die auf Dauer geringe Drehzahlfestigkeit. Obenliegende Nockenwellen hätten aber den Boxermotor zu breit gemacht. So kam die vom BMW-Motorenkonstrukteur Georg Emmersberger erdachte kombinierte Ventilsteuerung zum Zuge. Die kettengetriebene Nockenwelle wurde dazu platzsparend längs unterhalb der beiden Ventilpaare angeordnet. Da sie dadurch aber quer zur Ventilebene lag, mußte eine Winkelübertragung erfolgen, welche Stößel mit Kugelköpfen und Stößelbecher zwischen Nocke und Kipphebel bewerkstelligten. Diese gesamte Anordnung mit den beiden Gabelkipphebeln fand in einem separatem Steuerungsträger Platz, der dann auf den Zylinderkopf montiert wurde.

Zu Beginn des Projekts sah man noch eine Gemischaufbereitung durch Vergaser vor. Die Firma Bing fertigte Versuchsmuster mit 44 mm Durchlaß an, 1991 erfolgte jedoch eine Konzentration auf die Motronic, die gemeinsame Computer-Steuerung von Zündung und Benzineinspritzung. Der Betrieb mit geregeltem Katalysator gehörte damit auch zum Aufgabenbereich. Die ständig wachsenden Anforderungen zum Emissionsverhalten der Kraftfahrzeuge machten auch vor dem Motorrad nicht halt. Abgasreinigung ist die eine Antwort, Geräuschreduzierung die andere. Neben dem Auspuffgeräusch zählte dabei auch der Körperschall zu einem wichtigen Bereich. Luftgekühlten Motoren war dabei schon das Aus propezeit worden. Umfangreiche Versuche bei Porsche hatten jedoch schon am herkömmlichen BMW-Boxer eine ganze Reihe von Verbesserungsmöglichkeiten aufgezeigt, die natürlich jetzt in den Entwicklungsarbeiten zum Tragen kamen. Eine kleine Einschränkung mußte bei der Kühlung jedoch gemacht werden. Die beim Vierventiler kritische Hitzezone zwischen den beiden Auslaßventilen wurde beim neuen Motor mit Kühlölkanälen um die Ventilsitze entschärft. Ein eigener Ölkreislauf sorgt für schnelle Wärmeabfuhr. Von den neuen Achtzylinder-Automobilmotoren bei BMW wurde die Pleuelkonstruktion übernommen. Aus Sinter-Schmiedestahl (statt einfachem Schmiedestahl) wesentlich präziser gefertigt, benötigen sie keine Nacharbeit mehr. Die Teilung des Pleuelfußes erfolgt durch eine neuartige Crack-Technik und nicht mehr durch Zersägen. Die Bruchlinien ermöglichen später bei der Montage auf der Kurbelwelle eine höhere Paßgenauigkeit ohne Paßstifte oder Paßschrauben.

Für Gesprächsstoff war nun ausreichend gesorgt, wenngleich sich die Wogen der Diskussion bald wieder glätteten, denn schließlich zählt gerade bei einem Motorradmotor das individuelle Empfinden mehr als jede theoretische Betrachtung seiner Technik. Dies war wohl auch der Grund, warum die Premiere der BMW R 1100 RS nicht auf einer der großen Motorradmessen, sondern im Januar 1993 auf der Kanaren-Insel Lanzarote erfolgte. In den ersten Fahreindrücken der Fachjournalisten aus aller Welt, die sie an die Geschäftsführer und Techniker der BMW

Motorrad GmbH weitergaben, war von vielen positiven Überraschungen und ehrlicher Begeisterung die Rede. Etwas verhaltener klang das Lob aber dann zumindest in *Motorrad* und *mo*, den beiden einflußreichsten deutschen Motorradmagazinen. Vielleicht hatten die Tester nicht so viele Neuerungen erwartet und von BMW schon gleich gar nicht, so daß in ihren ersten Berichten die sachliche Information überwog. Einige Kollegen ließen dagegen in ihren Zeilen der Begeisterung sofort freien Lauf.

BMW machte sich selbst Konkurrenz und begann die Saison 1993 mit zwei 1100er-Sporttourern in einem Programm, so etwas hat noch kein Motorradhersteller gewagt. Aber die K 1100 RS und R 1100 RS unterscheiden sich nicht nur um zwei Zylinder und zehn Pferdestärken, sie stellen auch zwei grundverschiedene Interpretationen dar. Auf der einen Seite ein hochmoderner Vierzylinder im modernen Fahrwerk, aber ein konventionelles Konzept. Diesem wurde der im Layout traditionelle BMW-Motor in völlig neuem Konzept gegenübergestellt, der durch die momentan fortschrittlichste Fahrwerkskonstruktion eine zusätzliche Aufwertung erfährt. Erst kurz zuvor hatte Yamaha bei der GTS 1000 mit der ersten Achsschenkellenkung bei einem Motorrad im Großserienbau

Problem bedeuteten die Verbindungselemente zwischen Gabel und Längslenkerschwinge, Kugelgelenke waren hier die Lösung. Die Telegabel übernahm nur noch die Führung des Vorderrads, die horizontalen Bewegungen übertrug ein A-förmiger Längslenker auf ein zentrales Federbein. An der unteren Gabelbrücke war dieser Längslenker mit einem Kugelgelenk befestigt, am Motorblock waren die beiden Schenkel drehbar gelagert. Das zweite Kugelgelenk verband die obere Gabelbrücke mit dem Rahmenkopf. Lenkkopf und Lenkrohr entfielen, die Gabel wurde beim Lenkvorgang auf den Kugelgelenken bewegt. Der auf dem Motorgehäuse aufgeschraubte vordere Rahmenkopf mit der Federbeinaufnahme, der darunter montierte Längslenker sowie der ebenfalls am Gehäuse angeschraubte Heckausleger mit der Halterung für das Federbein der Paralever-Schwinge, das war die ganze Rahmenkon-

Designmodelle zu alternativen Motorrad-Konzepten haben bei BMW heute bereits Tradition. Links, ein Fahrzeug von 1991 mit schwenkbarer Kabine; rechts, der Stadtroller C 1 für die IFMA 1992.

überrascht, doch der um den aus einem anderen Modell übernommenen Motor geführte Rahmen entwertet als Kompromiß das Gesamtkonzept. Dieser Umstand wird bei der Betrachtung des BMW-Konzepts deutlich. Die tragende Funktion des Motor-Getriebe-Blocks stellte eine Entwicklungsgrundlage dar, ebenso der Verzicht auf Wasserkühlung. Damit blieben Rahmenkonstruktion und Vorderradaufhängung zu diesem Zeitpunkt frei wählbar.

Der Schritt vom unten offenen Gitterrohrrahmen zur tragenden Funktion des Gehäuses lag nach der K-Reihe nahe, aber die Abkehr von der Telegabel war das Resultat langwieriger Untersuchungen und Versuchsreihen, deren Ziel die Trennung von Radführung, Federung und Lenkung sein sollte. Eine theoretische Ausarbeitung zu diesem Thema hatte der Engländer Hugh Nicol 1981 zur Beurteilung an BMW gesandt. Sie sollte sich später als die entscheidende Anregung erweisen. Die Motodd-Laverda von Phill Todd und Nigel Hill wies 1984 eine solche Kombination von Telegabel und Längslenker-Abstützung zum Rahmen erstmals in der praktischen Anwendung auf und überzeugte englische Journalisten bei einer Probefahrt. Es fehlte jedoch bei den gewählten Anlenkpunkten noch die Anti-Dive-Wirkung beim Bremsen, eine Modifikation, die in der BMW-Versuchsabteilung schnell gefunden war. Ein größeres

struktion. Die BMW R 1100 RS stellt damit das erste Serienmotorrad ohne durchgehenden Hauptrahmen dar.

Begünstigt durch die feinfühlig ansprechende Vorderradaufhängung - offizielle Bezeichnung Telelever - und ihrem systembedingten Nickausgleich ließen sich auch bei der Weiterentwicklung der ABS-Anlage große Fortschritte erzielen. Der Hauptunterschied beim ABS II für die R 1100 RS ist neben der Gewichtsersparnis durch eine kompakte Zusammenfassung der Steuerung die andere Regelung. Vereinfacht ausgedrückt, reagiert das System jetzt nicht mehr bei drohender Überschreitung der Blockiergrenze, sondern die Regelung erfolgt entlang der Blockiergrenze. Damit ist kaum mehr ein Pulsieren im Bremssystem beim Regelvorgang zu spüren, das ABS arbeitet fast unbemerkt.

Zum 70jährigen Jubiläum des BMW-Motorrads konnte Dr. Hartmut Kämpfer, seit 1991 Leiter des Werks Berlin und seit Januar 1992 Vorsitzender der Geschäftsführung der BMW Motorrad GmbH, eine stolze Bilanz vorweisen. Die Präsentation der neuen Boxer-BMW erfolgte in einer Periode des bisher größten Wachstums für BMW und der gesamten Motorradszene in Deutschland. Der neue Zulassungsrekord von 151 043 neuen Motorrädern rückte Deutschland 1992 hinter den USA (180 000) noch vor Japan (110 000) an die zweite Stelle der westlichen Industrie-

Drei Boxer-Generationen, angefangen vom Aggregat der R 32 von 1923 über den Gleitlager-Motor, wie er 1969 Premiere hatte und bis 1996 gebaut wurde, bis zum 1100er-High-Camshaft-Einspritzer von 1993.

nationen (Indien oder die ehemalige Sowjetunion weisen höhere Zahlen auf, doch handelt es sich dort um Gebrauchsfahrzeuge aus heimischer Produktion). BMW verkaufte von den 35 910 im selben Jahr produzierten Motorrädern allein 13 913 in Deutschland, das bedeutete das beste Ergebnis seit 1955 und einen Zuwachs von 23 %. Neben den Motorrädern haben auch die Bereiche Zubehör und Fahrerausstattung in erheblichem Maße zum wirtschaftlichen Erfolg beigetragen. Der BMW-Systemhelm, ein Gemeinschaftsprodukt mit der Firma Schubert in Braunschweig, ist der meistverkaufte Helmtyp der Welt, die Goretex-Anzüge setzten neue Maßstäbe bei der Motorradbekleidung. Der Umsatzanteil von Bekleidung und Accessoires in der Gesamtbilanz der BMW Motorrad GmbH betrug 1992 immerhin zehn Prozent.

Weniger als ein halbes Jahr nachdem die ersten Käufer der R 1100 RS mit dem neuen BMW-Boxer Erfahrungen sammeln konnten, wurde ein weiteres Modell dieser neuen Palette vorgestellt. An einem ungewohnten Ort, der Internationalen Automobilausstellung IAA in Frankfurt am Main, wo 1993 erstmals auch Motorräder ausgestellt wurden, erfolgte eine ungewöhnliche Präsentation. Nicht nur die R 1100 GS, von der es schon Prototypen-Fotos und eine Designzeichnung in den Fachzeitschriften zu sehen gab, feierte in Frankfurt Premiere, sondern auch die F 650, das neue BMW-Einzylindermotorrad. Damit vervollständigte BMW das vielfältigste Motorradangebot, das man je zu bieten hatte: Einzylinder, klassische Boxer mit 800 und 1000 ccm, 750er-Dreizylinder, 1100er-Vierzylinder und moderne 1100 ccm-Boxer.

Seine Abschiedsvorstellung gab der alte Boxer 1995 in den Classic-Modellen, hier die R 100 GS Paris-Dakar.

Ebenfalls in Schwarz verabschiedete sich die R 100 R.

Die Entwicklungsmannschaft für die BMW F 650 beim Beginn der Serienfertigung: In der Mitte, der Gesamtprojektleiter Gerd Kandziora (BMW), links, der Designer Martin Longmore, rechts, Mariano Fiorvanzo (Aprilia) und Bernhard Pleschko (Rotax); dahinter von links Fritz Einböck (Rotax), Lothar Hemmer und Dietmar Neugebauer (BMW), Mariano Roman (Aprilia), Helmut Diehl (BMW), Vittorino Filippas (Aprilia), Uwe Becker (BMW), Marino Carlesso (Aprilia), Karl-Heinz Abe (BMW) und Michael Gumpesberger (Rotax).

Auch eine letzte Sonderserie der R 100 RT gehörte zu den Classic-Modellen für 1995.

Ernst Henne, der berühmteste und erfolgreichste Rekordfahrer erfreute sich auch bei seinem 90. Geburtstag am 22. Februar 1994 noch bester Gesundheit, er ist hier mit der 750er-Maschine der Jahre 1929-35 zu sehen.

Oben ist die Endmontage des Motors bei Rotax im oberösterreichischen Gunskirchen zu sehen.

Mit sichtlichem Stolz eröffnete Bernd Pischetsrieder am 7. September 1993 zwei Pressekonferenzen hintereinander. Als Nachfolger Eberhard von Kuenheims, der nach 23-jährigem Vorsitz am 13. Mai in den Aufsichtsrat gewechselt war, präsentierte der neue Vorstandsvorsitzende der BMW AG unter dem Motto ‚BMW – Anbieter von Mobilität' Automobile, Motorräder, Flugmotoren und Konzepte zum Verkehrsmanagement. Vor der Motorrad-Fachwelt unterstrich er dabei die Rolle des Motorrads für sein Unternehmen: »Das Motorrad hat wichtige Kapitel in der BMW Geschichte geschrieben – es ist fester Bestandteil der Tradition und des Bildes von BMW in aller Welt. Das BMW Motorrad hat jedoch nicht nur eine große Vergangenheit, sondern auch eine chancenreiche Zukunft.« Bereits zuvor hatte Pischetsrieder auf Gerüchte reagiert, indem er in einer Presseverlautbarung erklären ließ, daß der Standort und die Motorradfertigung von BMW in Berlin grundsätzlich nicht zur Debatte stunden. Der Wegfall der steuerlichen Vergünstigungen für die Berliner Fabrikationsstätte konnten wirtschaftlich aufgefangen werden. Der zweistellige Millionenbetrag ließ sich aber nicht allein durch den rasanten Anstieg der Nachfrage ausgleichen, es sollte nach einer weitgehenden Neuorganisation der Produktionsabläufe auch das Maß der Fertigungstiefe nochmals zur Diskussion stehen. Systemlieferanten würden verstärkt nicht nur in Entwicklungs- sondern auch Fertigungsabläufe eingebunden werden, europäische ebenso wie japanische. Sowohl bei der Entwicklung des neuen Boxers R 259 als auch bei der Kooperation beim Einzylinder F 650 waren diese Wege erstmals beschritten worden.

Das Einzylinderprojekt mit der internen Bezeichnung E 169 stellte nun wirklich ein große Besonderheit dar, die Kooperation von BMW, Bombardier-

Helge Pedersen aus Norwegen fuhr keine Geschwindigkeitsrekorde, er war zehn Jahre unterwegs und fuhr mit seiner R 80 G/S 350 000 km durch 75 Länder der Erde. Die Maschine kam ins BMW Museum, und Helge Pedersen fährt seither R 1100 GS.

Rotax und Aprilia wurde im gesamten BMW Konzern aufmerksam verfolgt, denn hier ließen sich viele Erkenntnisse für zukünftige Arbeitsweisen gewinnen. Bis zum Produktionsbeginn der BMW F 650 bei Aprilia in Noale im September 1993 hatte die gesamte Entwicklungsarbeit kaum mehr als zwei Jahre beansprucht. Trotzdem entstand keine nach Vorgaben aus München modifizierte Aprilia sondern eine weitgehende Neuentwicklung. Der 650 cm³-Einzylinder erhielt einen neuen Zylinderkopf mit vier anstatt fünf Ventilen und einem dachförmigen Brennraum, aber auch das Motorgehäuse wurde geändert, denn statt Kugel- und Rollenlager kamen Gleitlager für Kurbelwelle und Pleuel zum Einsatz – ganz wie bei allen modernen BMW Motoren. Beim Rahmen verzichtete man auf Aluminiumteile, statt eines Doppelauspuffs entstand eine voluminöse Schalldämpferanlage. Strenge Qualitätsmaßstäbe – von BMW Abgesandten in Italien auch bei der laufenden Produktion überwacht – und eine umfangreiche Ausstattung trieben aber auch Fahrzeuggewicht und Preis nach oben. Allerdings war die F 650 nicht als direkte Konkurrenz zu den bereits auf dem Markt befindlichen Einzylindern gedacht, aus der Verbindung von ‚Fun-Bike' und ‚Enduro' kreierten die Marketingstrategen bei BMW den neuen Begriff ‚Funduro' für die F 650. In Sachen Preis und Gewicht hatten die japanischen Enduros mittlerweile annähernd gleichgezogen. Das Verkaufsargument für die BMW blieb das markentypische Image der Hochwertigkeit und Zuverlässigkeit. Der neue Geschäftsführer der BMW Motorrad GmbH, Dr. Walter Hasselkus sprach von einem Einsteigermotorrad ins BMW Programm für Jugendliche und Führerscheinneulinge jeden Alters – als einen solchen bezeichnete er sich spontan ebenfalls. Dazu wurde neben der 48 PS-Standardausführung auch ein 34 PS-Modell für die neue europäische Führerscheinregelung konzipiert. Vorsichtig wurde die Planung für 1994 mit 5000 Stück angegeben, bis Ende des Jahres sollten jedoch über 14 000 F 650 bei Aprilia vom Fließband rollen. Zwei Jahre später erschien in der Motorradzeitschrift PS ein Langstreckentest der F 650, die sich auf 50 000 km wie alle bisherigen BMW Motorräder eindrucksvoll gehalten hatte. Für Boxer oder K-Motoren war diese Kilometerleistung ohne technische Probleme nichts Besonderes, aber einen Einzylinder, der danach beim Zerlegen und Vermessen kaum Verschleißspuren zeigt, hatte es bisher noch nirgendwo gegeben.

BMW ist nicht nur für Innovationen auf dem Motorradsektor bekannt, viel Entwicklungsarbeit fließt auch in Ausrüstungsprogramm: Weltpremiere eines wasserdichten Lederanzuges, BMW Atlantis 1995.

BMW of North America sorgte 1992-97 bei der Rennwoche in Daytona/Florida für ein besondere Attraktion mit den Prominenten-Rennen BMW Battle of the Legends: hier geht Gary Nixon 1996 vor Yvon Duhamel in Führung.

Während die F 650 bereits im Herbst 1993 ausgeliefert wurde, dauerte es bei der neuen GS noch bis ins Frühjahr 1994. Auf den ersten Blick ein riesiges Motorrad, doch auch die bisherigen Paris-Dakar-Versionen der R 100 GS waren ja nicht gerade unauffällig, und die Käufer hubraumstarker Enduros wollen ja kaum mit ihrem Motorrad durch schwierige Geländepassagen balancieren, sondern mit genügend Sprit an Bord in die Ferne reisen. Dazu eignet sich natürlich die R 1100 GS noch besser als ihre Vorgänger, besitzt sie doch das gleiche technische Konzept wie der vielgelobte Sporttourer R 1100 RS. Zugunsten eines nochmals verbesserten Drehmomentverlaufs wurde der 1085 cm³-Boxer in der Spitzenleistung von 90 auf 80 PS zurückgenommen, damit die neue GS nicht nur die hubraumstärkste Enduro der Welt sondern auch jene mit dem meisten Drehmoment – 97 Nm bei 5250 U/min werden konnte. Andere Nockenwellen und Kolben sowie die Anpassung der Motronic und der Auspuffanlage ermöglichen dies, dazu wurde auch eine entsprechend längere Antriebsübersetzung gewählt. Mittragendes Motor-Getriebe-Gehäuse, Telever vorn und Paralever hinten, lautet auch bei der GS die Fahrwerks-Beschreibung. Die zentral vorn und hinten montierten Federbeine warteten jedoch bei der R 1100 GS mit neuen Eigenschaften auf, die Federwege wurden von 120/135 auf 190/200 mm vergrößert, die Federvorspannung vorn war nun in fünf Stufen einstellbar, hinten gab es sogar ein Handrad zur hydraulischen Verstellung sowie eine Möglichkeit die Dämpferwirkung zu verändern.

Die Telever-Vorderradgabel mit ihrem Bremsnickausgleich eignet sich natürlich gerade für unebene Fahrbahnen ganz besonders, gerade bei langen Federwegen stört ja sonst das Eintauchen der Telegabel beim Bremsen umso mehr. Stärker wären jedoch die Schwenkbewegungen am breiten GS-Lenker geworden, weshalb dieser bei R 1100 GS über zwei zusätzliche Kugelgelenke über die Gabelbrücke mit den Standrohren verbunden und damit kippentkoppelt wurde. Lange Diskussionen gingen einer weiteren Besonderheit der neuen BMW GS voraus. Eine ABS-Bremsanlage für ein Enduro-Motorrad stellte weniger technisches als vielmehr bedienerisches Neuland dar, denn gerade auf losem Untergrund insbesondere bei Bergabfahrten ist in manchen Situationen ein überbremstes und damit blockierendes Hinterrad nützlich. Eine Abschaltmöglichkeit widerspräche allerdings dem eigentlichen Sicherheitsplus des Anti-Blockier-Systems, da das ABS ja gerade falsche oder unkontrollierbare Bremsmanöver kontrollieren soll. So entschloß man sich, den Abschaltvorgang recht kompliziert zu gestalten

Die bekanntesten amerikanischen Motorradstars der sechziger und siebziger Jahre gaben in Daytona die Ehre auf identischen R 1100 RS: Jay Springsteen, Mark Brelsford, Eddie Mulder, Walt Fulton, Don Emde, Reg Pridmore, Kurt Liebmann, Chris Draayer, Gary Nixon, Yvon Duhamel, Dick Mann und Roger Reimann.

Für die Dreizylinder-BMW kam 1996 die Abschiedsvorstellung, es wurden dazu ebenfalls Sondermodelle aufgelegt wie die K 75 Ultima.

indem dies nur vor Fahrtantritt bei eingeschalteter Zündung möglich ist. Beim nächsten Einschalten der Zündung ist dann das ABS wieder automatisch aktiviert.

Ihre imposanten Ausmaße verdankte die R 1100 GS weitgehend dem technischen Konzept. Einen großen Tank wollen die Käufer haben, beim neuen Boxer ist aber oberhalb des Motorblocks recht wenig Platz vorhanden,

Auch von der K 75 RT gab es 1996 zum Produktionsauslauf ein Ultima-Sondermodell.

denn zur Lichtmaschine und Steuergeräten kommen noch die Abstützungen des Rahmenkopfs hinzu. Aus diesem Grund mußte der 251 fassende Kunststoff eben so breit und weit heruntergezogen erscheinen wie Behälter mit wesentlich mehr Inhalt bei der alten GS. Der als ‚Entenschnabel' bezeichnete vordere Kotflügel übernahm gleichzeitig auch die Funktion eines Luftleit-‚Bleches' (ebenfalls Kunststoff) für den Ölkühler. Dessen Halterung wiederum nahm auch das Cockpit samt Scheinwerfer und verstellbarem Windschild auf. Verstellbar in der Höhe wurde auch der Fahrersattel wieder ausgeführt, das Sozius-Teil läßt sich abnehmen um dadurch mehr Gepäckraum auf dem serienmäßigen Träger zu schaffen. Unter diesem findet sich noch eine separate Werkzeugbox. Zylinderschutzbügel und Unterfahrschutz (‚Motorspoiler') runden die Ausstattung ab. Der geregelte Dreiwege-Katalysator war ebenso wie das ABS in der Aufpreisliste enthalten. Ohne Aufpreis hielt BMW 1994 ein besonderes Angebot für die Käufer der K 1100 LT bereit. Als Special Edition wurde sie mit dem ABS II, einem Radio mit Kassettenspieler und vier Lautsprechern sowie einer bequemen Rückenlehne für den Beifahrer am Topcase ausgestattet. Im Kaufpreis von 27 300 DM war ein Flugticket enthalten, der deutsche Käufer konnte damit nach Berlin fliegen und sich sein Motorrad persönlich im Spandauer Motorradwerk abholen.

Das Werk in Berlin und die Entwicklungsabteilung in München waren schon vorher wieder in die BMW AG eingegliedert worden, die 1976 als Tochtergesellschaft gegründete BMW Motorrad GmbH blieb als Vertriebsorganisation bestehen. Ab 1. Januar 1994 wurde jedoch auch dieser Bereich in die Sparte Motorrad der BMW AG einbezogen. Intern folgte noch eine ganze Reihe weiterer Umstellungen, im Entwicklungsbereich hatte der Stellenabbau schon einige Jahre zuvor begonnen, jetzt wechselte auch das Design-Team unter die Obhut des Automobil-Designs. Neue Organisationsformen mit sogenannten Modulkreisen für die Entwicklungsarbeit und Serienbetreuung der jeweiligen Baureihen bezogen Mitarbeiter abteilungsübergreifend mit ein. Mit verringertem Aufwand sollte konzentrierter und effizienter gearbeitet werden. Schnelle Modelländerungen und drastisch verkürzte Entwicklungsabläufe sorgen damit für bessere Wettbewerbschancen im direkten weltweiten Konkurrenzkampf. Zugleich wandelte sich auch innerhalb des BMW Konzerns das Ansehen der Sparte Motorrad. Bisher mancherorts als ein Hort idealistischer und eher konservativer Motorradfans abgestempelt, erwiesen diese sich nun als eine ungeahnt schlagkräftige Truppe, die sich innovationsfreudiger zeigte als die riesige Automobilabteilung. Der Vorstand der BMW AG gestand der Sparte Motorrad den dazu nötigen Freiraum gerne zu, denn die Erfolgszahlen bestätigten diese Entscheidung. Der Geschäftsführer der Sparte Motorrad, Dr. Walter Hasselkus war angetreten Impulse für das Gesamtunternehmen zu liefern und das Zusammengehörigkeitsgefühl innerhalb der Sparte und mit den anderen Abteilungen zu festigen. Entsprechend vertrat er auch jede seiner Entscheidungen.

Jedes vierte 1993 gebaute BMW Motorrad war eine R 1100 RS. Nicht nur die Käufer in aller Welt zeigten sich begeistert sondern auch die Jurys bei der Auswahl ihres jeweiligen ‚Motorrad des Jahres'. Der neue Boxer gewann fast überall: Belgien, England, Holland, Frankreich, Slowenien, USA und Australien. Die Spitzenposition in der Verkaufs-Hitparade nahm 1994 die R 1100 GS ein. Für diejenigen die noch Zweifel an den allerorten gelobten Fahreigenschaften der großen Enduromaschine hegten, hatte BMW einen interessanten Vorschlag. In Hechlingen, 40 km nördlich von Ulm war es nach langem, zähen Verhandeln mit Behörden und Naturschutz gelungen in einem ehemaligen Steinbruch ein Trainingsgelände einzurichten. Im BMW Enduropark Hechlingen konnte man nun mit dem eigenen Motorrad oder eben einer BMW Enduro am Wochenende Geländekurse mit erfahrenen Instruktoren belegen.

Nach dem ersten Gastspiel auf der Frankfurter Automobilausstellung im Vorjahr ging es im September 1994 wieder zur traditionellen Motorradshow IFMA nach Köln. Wie erwartet, präsentierte BMW dort die nächste Erweiterung der R 259 Modellreihe mit den unverkleideten Straßenmaschinen unter der Zusatzbezeichnung Roadster. Wiederum war es das bewährte

Oben, BMW liefert die R 1100 GS auch in einer Spezialausgabe für ‚coole Kids', das Junior Bike hat allerdings drei Räder.

Unten, Die erste Telelever-Gabel im Fahrradbau bot BMW 1996 im hauseigenen Mountainbike ‚Super-tech' an.

Das Tourenflaggschiff K 1100 LT gab es 1994-96 als Sondermodell Special Edition mit aufgewerteter Ausstattung, noch exclusiver wurde 1997 die K 1100 LT High Line mit zahlreichen Chromteilen und Zweifarben-Lackierung.

Rezept: Fahrwerk und Antrieb bekannt, Design völlig neuartig. Ein hoher Lenker, bestehend aus zwei geschmiedeten Aluminium-Holmen und eine tiefe (verstellbar von 760 bis 800 mm) bequeme Sitzbank ermöglichten eine entspannte Fahrposition. Das schmal auslaufende Heck suggerierte Leichtfüßigkeit, und die Ölkühlung wurde auf zwei kleine Wärmetauscher verteilt, die rechts und links über den Zylindern saßen. Der tropfenförmige und hoch aufgewölbte 21 l-Tank war harmonisch eingefügt. Zusätzlich zur R 1100 R war noch eine Variante mit geringerem Hubraum entstanden. Die Zylinderbohrung war dazu bei unveränderten 70,5 Kolbenhub von 99 auf 87,8 mm reduziert worden. Statt 80 standen damit 70 PS zur Verfügung, eine 34 PS-Ausführung für Einsteiger mit frischem Führerschein sollte folgen. Den Preisunterschied von 1000 DM zur 1100er rechtfertigte eine abgemagerte Ausstattung ohne Drehzahlmesser und Zeituhr. Anstelle der Dreispeichen-Leichtmetallräder wurden auch Kreuzspeichenräder wie bei der Enduro angeboten.

Die Werksanlage der BMW Motorradproduktion in Berlin-Spandau aus der Hubschrauber-Perspektive: Seit dem Ausbau 1993 ist hier die modernste Motorradfabrik Europas zu finden, gleichzeitig wurde aber auch die rote Backsteinfront des ursprünglichen Flugmotorenwerks zur Straße hin erhalten.

Zwei Jahre nach der Ankündigung des neuen Boxers nahm BMW nun endlich Stellung zum weiteren Schicksal der Zweiventil-Boxer der Baureihe R 247. Nach der Produktionseinstellung der bisherigen Modelle im August 1994 war für 1995 die Auflage einer ‚Classic'-Serie vorgesehen, um dem alten Boxer damit eine aufwendige Abschiedsvorstellung zu gewähren und allen Interessenten noch Chancen einzuräumen. R 100 R und R 100 GS Paris-Dakar erschienen – dem Anlaß entsprechend – nur in schwarz, die R 100 RT zweifarbig graphit- und arktisgrau und die R 100 R Mystik, in Mystik-Rot. Die liebevolle Detailarbeit an diesen Modellen schlug sich auch entsprechend in den Preisen nieder, es tauchte dabei auch der Begriff ‚Sammler-Modelle' auf.

Nicht ganz schlüssig schienen sich die Münchener über das weitere Schicksal der Dreizylinder zu sein. In Spanien, Frankreich und den USA war die K 75 nach wie vor gefragt während sich in Deutschland hauptsächlich die Polizeibehörden dafür interessierten. K 75 Basis und K 75 S wurden aus diesem Grund aus dem Inlandsangebot gestrichen, die verbleibende K 75 RT erhielt eine Aufwertung in Form des elektrisch verstellbaren Windschilds der K 1100 LT. Im Sommer 1995 stand aber dann die unverkleidete K 75 auch in Deutschland wieder zur Verfügung.

Das Jahr 1994 sollte zum bisher erfolgreichsten der BMW Motorradgeschichte werden. Mit 46 500 Zulassungen wurde eine Steigerung um ein Drittel erreicht, im fünften Jahr hintereinander gab es dabei auf dem Inlandsmarkt (19 780 BMW Motorräder 1994) zweistellige Zuwachsraten. Die R 1100 GS war das meistverkaufte Motorrad über 750 cm³ in Deutschland, die F 650 mit 4 391 Einheiten das viermeistverkaufte Motorrad insgesamt. Der BMW Marktanteil belief sich in Deutschland auf 11,4 %, weltweit auf 5,7 %. Als Folge der großen Nachfrage erwies sich eine Kapazitätsausweitung im Berlin als nunmehr unumgänglich. Mit 150 zusätzlichen Mitarbeitern wurde erstmals im Frühjahr 1995 ein Zweischichtbetrieb aufgenommen wodurch die Tagesproduktion von 180 auf 236 Einheiten vergrößert werden konnte.

Im September 1995 waren dann zum zweitenmal Motorräder auf der IAA in Frankfurt zu sehen. BMW vervollständigte das Boxer-Quartett mit der Tourenausführung R 1100 RT, die unter dem Motto ‚Der Tourer der Zukunft' an den Start ging. Ganz deutlich waren die Anklänge an die seit 1978 gebaute Boxer-RT erhalten geblieben, die seitlich herausragenden Zylinder, durch die strömungsfördernden Ausformungen der Verkleidung noch betont, stellten den ausschlaggebenden Unterschied zu allen anderen Tourenmotorrädern auf dem Weltmarkt dar. In die Karossierung war jedoch eine Menge neuer Ideen eingeflossen. Die Stirnansicht erhielt mit der ‚BMW Niere' über dem Ölkühler und dem darüber sitzenden Rundeckscheinwerfer neue Charakterzüge. Die Rückspiegel mit integrierten Blinkern waren nun fest in die Linienführung einbezogen, ebenso das in Höhe und Neigung elektrisch verstellbare Windschild. Die seitlichen Abdeckungen unterhalb der Sitzbank reichten nun bis zu den Gepäckkoffern. Mit viel Aufwand wurde ein besonderes Kühl- und Abluft-System nicht nur für den Motor sondern auch für den Fahrer konzipiert. Warme Luft vom Ölkühler kann wahlweise auf die Lenkerpartie geblasen werden, oder eben alternativ Frischluft. Obwohl es gerade dem Touren-Flaggschiff kaum anzusehen wäre, liegt das Handling nicht hinter dem der anderen Boxer-Versionen zurück, von der Schwerfälligkeit mancher Konkurrenzmodelle keine Spur. Eine Probefahrt schien stets zu überzeugen, denn auch die RT übernahm als nächste Neuheit im Boxer-Programm die Spitzenposition im Verkauf.

Die Rekorde purzelten 1995 erneut, nicht weniger als 50 246 BMW Motorräder wurden innerhalb von zwölf Monaten ausgeliefert. In Deutschland ließ sich sogar die alte Bestmarke von 1954 übertreffen, waren es damals 20 632 BMW Motorräder so konnten 1995 insgesamt 21 891 Neuzulassungen verzeichnet werden. Im Werk Berlin belief sich im gleichen Zeitraum die Produktion auf 42 053 Einheiten und damit erstmals mehr als 1985 (37 104), hinzu kamen 10 600 F 650 aus dem Aprilia-Werk im italienischen Städtchen Noale.

Anfang 1996 erfolgte nun die endgültige Ankündung wie das Ende des alten Boxers aussehen würde. Die Produktion der Classic-Modelle war bereits eingestellt, doch Ende Juni sollte noch eine Zugabe in Form eines weiteren Sondermodells folgen. Die R 80 GS Basic entsprach im technischen Aufbau der bis vor zwei Jahren lieferbaren 800er-Enduro hatte jedoch als

Reminiszenz an die erste BMW Enduro Tank und Cockpit der R 80 G/S von 1980 bekommen sowie als Zugabe ein hochwertiges Federbein der Firma White Power für die Hinterradschwinge. Wie die bayerischen Landesfarben und das BMW Emblem erschien die letzte Zweiventil-Boxer-BMW mit blauem Rahmen und weißem Tank.

Für die Dreizylinder-Freunde gab es 1996 ebenfalls zwei Abschiedsmodelle, die blaue K 75 Ultima mit Dreispeichenrädern, Windschild und Kofferhaltern sowie die silberne K 75 RT Ultima ebenfalls mit aufgewerteter Ausstattung.

Eine Weiterentwicklung der K 75 war zwar noch drei Jahre zuvor erwogen worden, es sollte eine Hubraumaufstockung auf 800 cm³ erfolgen, eine Vierventil-Variante stand ebenso zur Debatte wie eine neues Erscheinungsbild. Doch eigentlich war der Zug schon abgefahren, denn die 750er-Klasse gehörte mittlerweile den japanischen Supersport-Geräten mit weit über 100 PS und komplett rennmäßiger Optik. Als unverkleidetes Straßenmotorrad hatte im BMW Programm die R 850 R die Nachfolge der K 75 angetreten während RS und RT mit dem neuen Boxer die anderen Dreizylinder-Angebote überflüssig gemacht hatten. Für viele K 75-Fahrer blieb ihr Motorrad die bessere K-BMW, aber die zukünftige Marktpolitik hatte andere Wege eingeschlagen. Mit knapp 68 000 Exemplaren innerhalb von elf Jahren endete das Kapitel Dreizylinder bei BMW.

Bei der Weiterentwicklung der Vierzylinder-K-Reihe ging es ebenfalls nicht immer geradlinig voran. Sechs Jahre nach der Einführung von 1983 kam mit der K 1 erstmalig ein Vierventilmotor dazu, dieser fand sich 1990 auch in der K 100 RS, weitere zwei Jahre später erfolgte die Hubraumaufstockung von 987 auf 1092 cm³. Als nächster Schritt war dann zu dieser Zeit eine Modernisierung des Fahrwerks vorgesehen und es entstanden auch entsprechende Versuchsfahrzeuge. Zunächst wurde eine Achsschenkellenkung mit einarmiger Vorderradaufhängung untersucht, dann ging es um die Schwingungsentkoppelung des Motors oder auch des gesamten Antriebsstrangs. Mit der Einführung des neuen Boxers und der überwältigenden Resonanz geriet das Thema K-Nachfolge unter eine Neubewertung. Die Frage, ob die Weiterführung der Vierzylinder-BMW überhaupt sinnvoll sei, wurde von der Vertriebsseite bestätigt, jedoch mit der Forderung nach einer Modernisierung durch eine Telelever-Vorderradaufhängung verbunden. Dies ließ sich jedoch nicht so einfach umsetzen wie es bei oberflächlicher Betrachtung erscheinen mag, denn der Motorblock war zu breit und zu schwer und auch ungünstig angeordnet. Für größere Schräglagenfreiheit hätte der Motor höher gesetzt werden müssen, was aber wiederum einer günstigen Fahrwerksauslegung entgegen gewirkt hätte. Noch im Jahr 1993 wurde deshalb der Entschluß gefaßt, als Zwischenschritt zwei unterschiedliche Konzeptfahrzeuge aufzubauen. Einmal sollte der Motor mittragend ausgelegt sein, der Telelever angeschraubt, die Hinterradschwinge weiterhin im Getriebegehäuse gelagert, und schwingungsrelevante Bauteile – wie bei der K 1100 – einzeln entkoppelt werden. Die zweite Lösung sah einen Zentralrahmen vor, der vorne möglichst schmal die Längslenker-Befestigung aufnahm, hinten dagegen breit die Schwingenlagerung umfaßte und die Antriebseinheit als Ganzes entkoppelt aufnahm.

Parallel entstanden zwei verschiedene Rahmen, einer aus Stahlblech in München und einer aus Leichtmetallguß in Italien, denn aus Kapazitätsgründen hatte man sich zur Vergabe dieses Auftrags an die Firma Bimota in Rimini entschieden. Deren Bauteil erwies sich dann im praktischen Versuch hinsichtlich des Vibrationsverhaltens als deutlich besser. Da für eine künftige Touren-K das Luxustourer-Segment angestrebt werden sollte zähl-

Der Leiter der Sparte Motorrad, Dr. Michael Ganal (Bildmitte) nahm am 19. Dezember 1996 mit dieser R 80 GS Basic das letzte Exemplar der alten Boxergeneration vom Band.

Erstaunlicherweise entstand diese Skizze bereits in der Frühphase der R 259-Entwicklung, das Thema Chopper oder Cruiser wurde hier mit sehr vielen Zitaten aus der BMW Motorradhistorie versehen. Aber soweit hat sich die R 1200 C 1997 gar nicht davon entfernt.

te weitestgehende Vibrationsfreiheit zu einer der grundlegenden Forderungen. Die Entscheidung für das Bimota-Konzept erforderte einige Umstellungen in der weiteren Vorgehensweise die schließlich darin gipfelten, daß das Design feststand bevor der Unterbau endgültig klar war. Unter Zeitdruck rückten die Entwicklungsteams noch enger zusammen und ließen ihren Einfallsreichtum spielen, so mußten halt bis zur Fertigstellung neuer Teile jeweils Verstärkungsmaßnahmen an den alten Teilen genügen. Als Resultat kam aber der gewünschte kompakte Aluminiumgußrahmen doch noch zustande. Über all dem stand stets die Parole von Dr. Walter Hasselkus: »Wir zeigen, daß es trotzdem geht.«

Förderung und Ansporn durch die Geschäftsführung standen auch hinter einem regelrechten Tabu-Bruch in der BMW Motorradabteilung, denn bei der Motor-Überarbeitung gab es erstmalig die Forderung nach so viel Leistungs wie möglich. Statt ‚Political Correctness' mit 100 PS war plötzlich ‚125 und mehr' ein direktes Thema. Die einzelnen Änderungen gingen deshalb weit über die Hubraumvergrößerung hinaus. Da diese sich nicht über eine Erweiterung der Zylinderbohrungen erreichen ließ, wurde der Kolbenhub von 70 auf 75 mm verlängert, was neue Pleuel und eine geänderte Kurbelwelle erforderte. Zugleich wurde die Legierung der Nebenwelle geändert, da es im Versuchsbetrieb hier und an der Primärantriebsverzahnung Probleme gab. Neue Formen für Kolbenboden und Brennraum im Zylinderkopf wurden ebenso nötig wie Maßnahmen zur Gewichtsreduzierung an den bewegten Teilen: Ventilschäfte, Ventilteller, Kolben, Kolbenbolzen. Als Resultat für den Serienmotor standen schließlich 130 PS und ein maximales Drehmoment von 117 Nm zur Verfügung. Für die freiwillige Selbstbeschränkung der Hersteller und Importeure wurde eine deutsche Inlandsversion mit 98 PS vorbereitet, die mit längeren Saugrohren geringeren Durchmessers und einer zweiten codierten Kennlinie in der Bosch Motronic aufwartete. Neu bei der elektronischen Steuerung kam eine automatische Drosselklappenanhebung für den Kaltstart anstelle des bisherigen Chokehebels hinzu.

Die K 1200 RS wurde rechtzeitig fertig und konnte auf der IFMA 1996 der Öffentlichkeit vorgestellt werden, diese Aufgabe übernahm bei der traditionellen BMW Pressekonferenz zum erstenmal Dr. Michael Ganal als neuer Leiter der Sparte Motorrad. Dr. Walter Hasselkus war zur BMW Tochter Rover gewechselt wo er Vorsitzender des Vorstands wurde. Dr. Ganal kam vom Luftfahrtunternehmen Dasa, war aber zuvor bereits in Vertrieb und Marketing bei der BMW AG beschäftigt. Worauf er nicht gesondert hinweisen mußte, war die neue Design-Linie, die mit der neuesten BMW eingeschlagen wurde. Galt es zuvor bei den K-Modellen als wichtig, die Ähnlichkeiten nicht nur auf die Technik zu beschränken, so hatte die neue Boxer-Reihe gezeigt, daß die einzelnen ‚Spezialisten' sich möglichst deutlich im Erscheinungsbild voneinander abgrenzen sollten. Ein Sporttourer braucht keine Anleihen beim Tourer zu nehmen, der Roadster nicht die Basis für die Enduro zu sein. Ebensowenig benötigt eine neuer K-Sporttourer Wiedererkennungsmerkmale von der Boxer-RS. Die einzigen Design-Zitate – wenn auch sehr unauffällig – von der K 100 RS blieben die seitlichen Holme am Windschild und die Handschützer mit integrierten Blinkern, die nun aber keine Spiegel mehr aufnahmen. Ansonsten wurde versucht, sehr viel Dynamik mit Fahrerkomfort zu verbinden, nach vorne wirkt die neue K gedrungen, gleichzeitig läuft das Fahrzeugheck geschwungen und leichtgewichtig aus.

Weniger dramatisch fielen die Designänderungen an der F 650 des Modelljahrgangs 1997 aus, es gab jedoch nun zwei Versionen des BMW Einzylindermodells. Die Funduro bekam eine neue Frontverkleidung mit höherem Windschild, unter der Bezeichnung F 650 ST gesellte sich ein eher straßenorientierte Ausführung mit kleinerem Vorderrad, verringerten Federwegen und schmalerem Lenker hinzu.

Am 19. Dezember 1996 war es dann wirklich soweit: der letzte Zweiventil-Boxer der Baureihe R 247 lief in Berlin vom Band. Die Sonderserie R 80 GS Basic hatte noch einmal auf 2995 Exemplare gebracht womit sich die Gesamtzahl der Berliner Boxer mit dem ohv-Motor in einer Bauzeit von 27 Jahren auf 497 253 summierte. Das letzte Motorrad kam ins BMW Museum nach München , das vor letzte wurde traditionell unter den Mitarbeitern verlost, diesmal zugunsten einer Verkehrssicherheitsaktion in Brandenburg. Die Jahresbilanz sah schließlich erneute Zuwächse, 50 465 BMW

Motorräder wurden bis Ende 1996 ausgeliefert. Die Produktion war indessen wegen weiterer Umstellungen gegenüber dem Vorjahr etwas geringer ausgefallen. Bereits sechs Monate später durfte dann auch der neue Boxer ein bemerkenswertes Jubiläum feiern, als eine junge Italienerin aus Palermo ihre R 850 R in Empfang nahm. Es handelte sich dabei um das 100 000. Motorrad der neuen Generation.

Deren Anteil an der Gesamtproduktion vergrößerte sich 1997 noch weiter, denn die Modellpalette bekam nochmals Zuwachs. Immer wieder gab es Gerüchte, Meldungen in der Fachpresse und auch zeichnerische Impressionen: BMW arbeitet an einem Chopper. Zum einen hatte diese Motorradgattung in den letzten Jahren sehr viel Zulauf bekommen, fast jeder Hersteller brachte entsprechende Modelle auf den Markt, wobei die meisten vor mehr oder weniger nahen Kopien amerikanischer Originale nicht mehr zurückschreckten. BMW, so war die einhellige Meinung, besaß einen entscheidenden Vorteil mit dem Boxermotor, dessen 75-jährige Tradition jegliche Nachahmung anderer Konzepte unnötig machte. Zum anderen ließ sich genau aus diesem Zusammenhang für BMW eine völlig neue Linie entwickeln. Und genau diesen Weg beschritten sowohl die Designer als auch die Marketingleute. Die Namensgebung deutet die Richtung bereits an. Es war nicht mehr vom Chopper die Rede, denn der Ausdruck stammte aus den fünfziger Jahren, als junge Motorradfahrer von ihren schweren Harleys oder Indians alle ihrer Meinung nach überflüssigen Bauteile entfernten. Der direkte Bezug von ‚to chop' – abhacken, war dann mit dem Austausch der Hinterradschwingen gegen starre Rahmenhecks gegeben. Bei BMW sprach man stattdessen vom ‚Cruiser' und wies damit auf die besondere Art des Fahrens mit solchen Motorrädern hin: lässig, entspannt und ruhig dahingleiten; Strecke, Landschaft und Motorrad mit reduzierter Fahrgeschwindigkeit intensiver erleben. Und genau auf das Erleben zielte das ganze Programm ab, die von BMW so apostrophierte Cruiser-Erlebniswelt mit einem beispiellosen Zubehör-, Bekleidungs- und Accessoire-Angebot.

Aber auch beim Motorrad selbst gestaltete sich der Aufwand weit umfangreicher als die Fachwelt vorher vermutet hätte, denn für die R 1200 C blieb es nicht bei einem neuen ‚Karosserie-Design' und Detailmodifikationen an der technischen Basis. Es begann bereits am Boxermotor selbst, an dem Zylinderbohrung (101 statt 99 mm) und Kolbenhub (73 statt 70,5 mm) vergrößert wurden. Aus den 1170 cm^3 sollte nun aber nicht mehr Leistung sondern deutlich weniger geholt werden, ein möglichst hohes Drehmoment über einen möglichst weiten Bereich war das Ziel. Ein neues Fünfganggetriebe kam dazu, es hatte keine Schwingenlagerung mehr am Gehäuse, denn auch das Fahrwerk stellte eine Neukonstruktion dar. Vorn kam natürlich wieder der Telelever zum Einsatz, diesmal aber optisch hervorgehoben, ebenso wie der Rahmenkopf aus Aluminiumguß. Direkt an das Rahmenvorderteil wurde der restliche Rohrprofilrahmen angeschlossen, der nun auch wieder die Hinterradschwinge aufnahm. Aufgrund des wesentlich längeren Radstands kam die lange Einarmschwinge ohne zweites Kardangelenk zur Reduzierung des Aufstellmoments aus. Neben allen Stilelementen wie tiefe Sitzposition, dicker Hinterreifen und hoher Lenker wurde auf den BMW typischen Stand der Technik nicht verzichtet, so beispielsweise bei der Scheibenbremsanlage wie bei den anderen Boxern mit zusätzlicher ABS-Option. Die Presse hatte es gut, BMW präsentierte die R 1200 C Ende Mai in Tucson im südwestlichen US-Bundesstaat Arizona um das Cruiser-Feeling in dessen Ursprungsland überprüfen zu können. Beim Verkaufsstart vier Monate später hatten es die Käufer im engen Europa dann nicht mehr ganz so gut, der Alltag auf unseren Straßen sieht bekanntlich zumeist ganz anders aus. Aber Motorräder sind ja schon längst keine profanen Verkehrsmittel mehr, stattdessen Mode, Kult, Hobby oder ganz einfach Mittel und Zweck eines Freizeitvergnügens. In diesem Sinne läuft auch die weitere Entwicklung der BMW Motorräder was die nächsten Neuerscheinungen deutlich unter Beweis stellen werden.

Als Design-Studie wurde dieser sportliche Boxer auf der IFMA 1996 vorgestellt. Eventuell sollte ein Umbau-Kit in ähnlicher Form für die R 1100 R entstehen, doch sehr viel wahrscheinlicher ist eine eigenständige Modellvariante als nächste BMW Neuheit.

BMW MOTORRÄDER IN FARBE

(Aufnahmen von restaurierten Motorrädern aus Privatbesitz)

Oben, die Anfangs-Geschichte des BMW-Boxermotors auf einen Blick: Ganz hinten ist die Victoria KR I von 1921 mit dem M 2 B 15-Einbaumotor zu sehen, dann folgt die Helios von 1922 und schließlich die R 32.

Ganz unten, das Leichtmotorrad Flink von 1921/22, offiziell ein Produkt der Bayerischen Flugzeug-Werke. Rechts, die R 32 in ihrer ursprünglichen Ausführung ohne Vorderradbremse.

Links oben, die erste BMW-Rennmaschine war die R 37. Daneben, der 250-ccm-Einzylinder von 1925. Ganz links, die R 39. Daneben, ein R 62-Gespann. Links unten, die R 16 mit Preßstahl-Fahrwerk. Unten, das seitengesteuerte Gegenstück R 11.

Die BMW-Sensation auf dem Motorradmarkt des Jahres 1936 war die R 5 mit ihrem neuen Rohrrahmen und dem sportlichen 500er-Motor.

Oben, die erste Nachkriegs-BMW, eine R 24 von 1948. Links, die leistungsstarke R 66, ein begehrtes Sportmodell der letzten Vorkriegsjahre. Ganz links, 45 Jahre liegen zwischen der R 66 und der R 100, doch auf den ersten Blick sind beide als typische BMW-Konstruktionen zu erkennen.

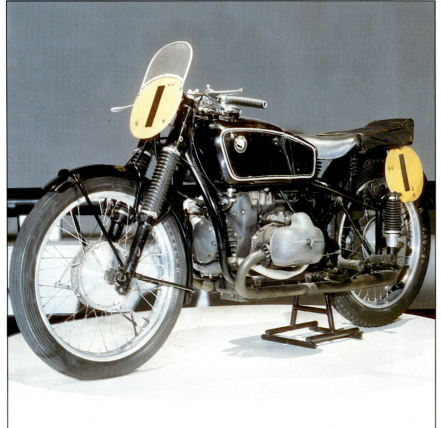

Ganz oben ist das legendäre Wehrmachtsgespann, die R 75 aus den Jahren 1941–44 zu sehen.

Darunter, zwei Aufnahmen der Kompressor-BMW, wie sie 1937 bis 1951 in unzähligen Rennen zu sehen war.

Unten, zwei einfache Gebrauchs-Motorräder aus dem BMW-Programm, links die R 25/3, rechts die R 2. In den fünfziger, wie in den dreißiger Jahren waren dies gefragte Modelle. Ganz unten ist die BMW RS 54 zu sehen, eine Rennmaschine mit dohc-Königswellenmotor, die im Jahre 1954 in kleiner Serie an Privatfahrer verkauft wurde.

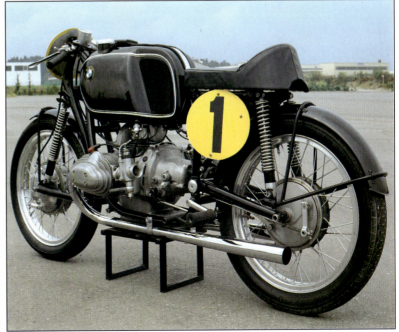

Links, das BMW-Angebot 1967: R 50/2, R 60/2 und die R 69 S mit Sonderlackierung. Unten, die R 50/2 als US-Modell 1967 mit der neuen Teleskopgabel. Unten links, das schöne glattflächige Aggregat der R 69 S.

Oben, die R 75/R von 1969 leitete eine neue Ära in der Geschichte der BMW-Motorräder ein. Unten, die neue Frontansicht.

Rechts, das 1972er US-Modell der R 75/5 mit seitlichen Reflektoren. Unten, das Modell 1973 mit 50 mm mehr Radstand.

Walter Zeller, BMW-Werksfahrer 1950–1957 und 1956 Vizeweltmeister in der 500-ccm-Klasse, kehrte Ende der siebziger Jahre wieder auf die Rennstrecke zurück.
Sein unvergleichlicher Fahrstil und die zusammen mit Gustl Lachermair in Privatinitiative wieder aufgebauten Maschinen (Kompressor 1939/48 und Werks-RS Typ 256 von 1956) machten ihn zum Star zahlreicher Oldtimerrennen in ganz Europa.
Ein besonderes Erlebnis war es für den Autor, Walter Zellers legendäre Motorräder einmal selbst fahren zu dürfen. Von links: Walter Zeller, Gustl Lachermair, Stefan Knittel.

BMW MOTORRAD TYPOLOGIE

BMW R 32   1923–26

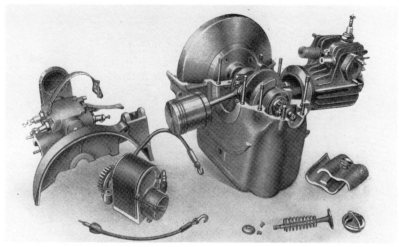

Der Einstieg in die Motorrad-Branche vollzog sich für die Flugmotorenfirma BMW in drei Phasen. Nach dem M 2 B 15-Einbaumotor von 1920 und den »Flink«- und »Helios«-Motorrädern von 1922 gelang erst 1923 mit der R 32 der eigentliche Durchbruch. Diese Neukonstruktion von Max Friz wurde erstmals auf dem Pariser Salon im Oktober 1923 präsentiert und zunächst skeptisch aufgenommen, hatte doch Friz mit diesem Motorrad neue Wege eingeschlagen. Der 500-ccm-Zweizylinder-Boxermotor saß quer in einem leichten Rohrrahmen, das Dreigang-Getriebe war, dem Automobilbau entsprechend, direkt angeflanscht, und der Hinterradantrieb geschah mittels einer Kardanwelle. Die Leistungsausbeute war eher zurückhaltend geblieben, doch die elegante Linienführung mit dem glattflächigen Motor-Getriebe-Block vermochte sehr zu beeindrucken. Und ein bis dahin fast unbekannter Grad an technischer Zuverlässigkeit sollte in der Folgezeit ein übriges zum Erfolg des ersten Motorrads mit dem Namen BMW beitragen.

Unten ist die erste Ausführung der R 32 zu sehen, so wurde sie im Herbst 1923 präsentiert. Auffälligstes Unterscheidungsmerkmal sind die breiten weißen Streifen der Tank-Lackierung. Eine Lichtanlage gab es gegen Aufpreis, der Tachometer war serienmäßig.

Auf der gegenüberliegenden Seite; ein späteres Modell des Baujahrs 1924 mit Bosch-Lichtanlage. Bei dieser restaurierten R 32 fehlt jedoch der Schaltkasten hinter dem Getriebe. Im Vorderrad ist die Riemenscheibe des Tachoantriebs zu erkennen.

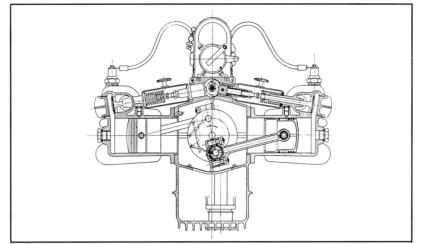

Rechts, eine Schnittzeichnung des BMW M 2 B 33. Dieses Antriebs-Aggregat der R 32 war aus dem M 2 B 15-Einbaumotor entstanden, indem man diesen einfach quer in den Rahmen einbaute und mit einem neuen Gehäuse-Unterteil versah. Auf der gegenüberliegenden Seite ist der kompakte und recht einfache Aufbau des BMW-Motors zu sehen. Die Ventile wurden durch die Verschlußkappen von oben eingeführt.

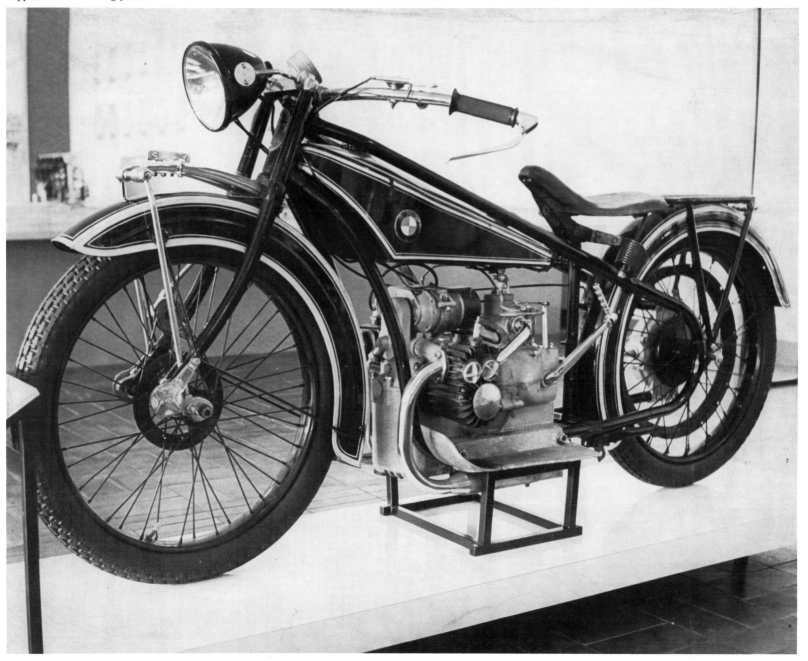

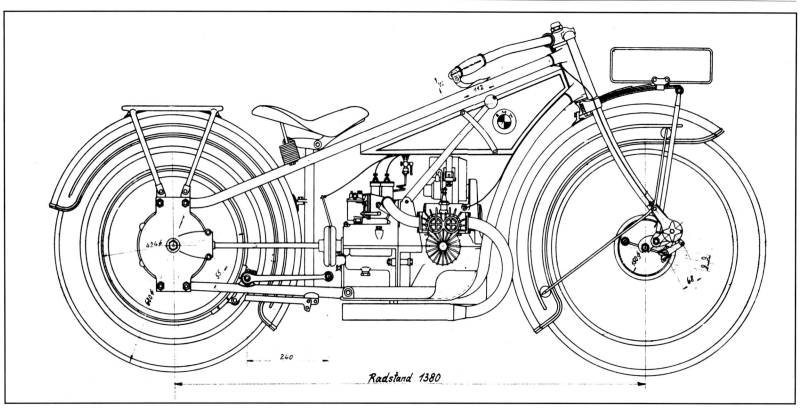

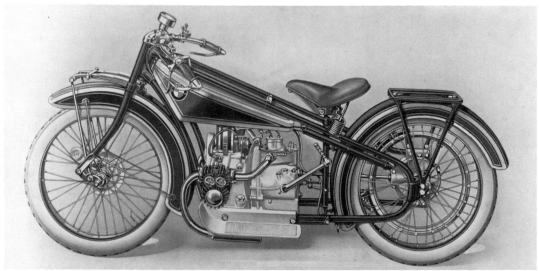

Oben, die R 32 in der Ausführung des Baujahrs 1925/26. Die Handbremse wirkte nun nicht mehr auf einen zweiten Klotz an der Riemenscheibe im Hinterrad, statt dessen hatte man im Vorderrad eine 150 mm große Innenbackenbremse eingebaut. Die Zeichnung stammt vom 5. Dezember 1923, doch es dauerte noch etwa ein Jahr bis diese Trommelbremse bei den Serienmaschinen zu finden war.
Links, die R 32 in der ersten Ausführung. Die vernickelte Kappe auf dem Zylinder ist ein Stahlpilz, der bei einem Sturz vor größeren Schäden schützen sollte.

Links zwei Detailaufnahmen der R 32 aus dem Deutschen Museum München. Man sieht den direkt an der oberen Gabelbrücke befestigten Bosch-Scheinwerfer und auch die beiden Blattfederpakete. An diesem 1925er Modell ist der Schutz-Pilz auf dem Zylinder weggelassen worden.

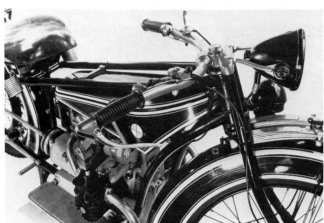

Modell	BMW R 32
Produktionszeit	1923–1926
Zylinder	2
Bohrung x Hub	68 x 68 mm
Hubraum	494 ccm
Ventile	sv
Verdichtung	5,0 : 1
Leistung	8,5 PS bei 3300 U/min
Vergaser	1 BMW-Spezial 22 mm
Elektr. Anlage	Bosch-Magnetzünder
Kupplung	Einscheiben, trocken
Getriebe	3-Gang, Handschaltung
Antrieb	Kardanwelle
Rahmen	Doppelschleifen-Rohrrahmen
Radaufhängungen	Blattfeder-Rohrschwinge vorne, hinten starr
Reifen	26 x 3
Bremsen	Innenbackenbremse 150 mm (1. Serie ohne) Klotzbremse hinten
Länge	2100 mm
Breite	800 mm
Höhe	950 mm
Tankinhalt	14 l
Leergewicht	120 kg
Höchstgeschwindigkeit	95 km/h
Stückzahlen	3090
Preis	2200,– Mk

Oben, eine 1925/26er R 32, versehen mit kompletter Zubehör-Ausrüstung: Lichtanlage, elektrisches Bosch-Horn, Sozius-Sitz mit Fußrasten und der nur noch gegen Aufpreis gelieferte Tachometer. Hinter dem Kickstarter ist der kombinierte Schalt- und Batteriekasten zu erkennen. Ganz unten ist die erste Katalogaufnahme einer R 32 mit Bosch-Lichtanlage zu sehen, der Schaltkasten unter dem Sattel ist hier kleiner und die kombinierte Zündlichtmaschine stehend angeordnet.

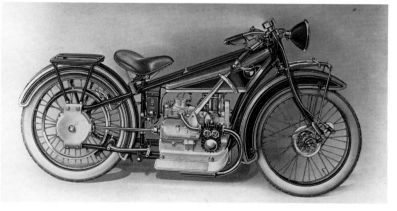

BMW R 37   1925–26

In den zwanziger Jahren galten Wettbewerbs-Erfolge als äußerst wichtige Werbung für die Produkte eines Motorrad-Herstellers, doch mit der seitengesteuerten BMW R 32 war außerhalb von touristischen Zuverlässigkeitsfahrten kein Staat zu machen. Der sportbegeisterte junge Ingenieur Rudolf Schleicher arbeitete deshalb an einem ohv-Motor, der 1924 auf der Solitude seinen ersten Renneinsatz erlebte. Mit diesem Motor, ausgestattet mit Alu-Zylinderkopf und staubdicht verkapselten Ventilen, wurden dann die ersten großen Rennerfolge herausgefahren. Vorher nur ausgewählten Fahrern wie Franz Bieber oder Rudolf Reich zur Verfügung gestellt, wurde diese Sportmaschine mit der Typenbezeichnung R 37 1925 auch ins Verkaufsprogramm aufgenommen.

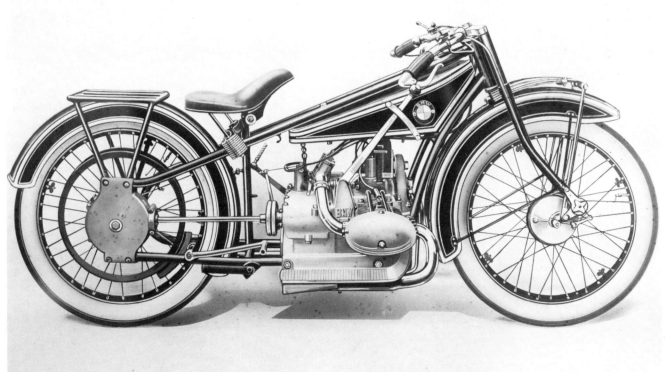

Oben: Der aufsehenerregende BMW-Rennmotor des Jahres 1924 hielt 1925 mit der R 37 Einzug in eine Kleinserien-Produktion. Links außen, die Serienversion der R 37, wie sie Privatfahrern zum Kauf angeboten wurde. Links, eine Aufnahme von der Antriebsseite. Man verwendete hier das Fahrgestell der seitengesteuerten R 32 unverändert weiter, auffallend sind die in den Felgen eingeschraubten Reifenhalter, sowie die kleinen Scheren-Stoßdämpfer unten an der Gabel.

Modell	BMW R 37
Produktionszeit	1925–1926
Zylinder	2
Bohrung x Hub	68 x 68 mm
Hubraum	494 ccm
Ventile	ohv
Verdichtung	6,2 : 1
Leistung	16 PS bei 4000 U/min
Vergaser	1 BMW-Dreischieber 26 mm
Elektr. Anlage	Bosch-Magnetzünder
Kupplung	Einscheiben, trocken
Getriebe	3-Gang, Handschaltung
Antrieb	Kardanwelle
Rahmen	Doppelschleifen-Rohrrahmen
Radaufhängungen	Blattfeder-Rohrschwinge vorne, hinten starr
Reifen	26 x 3
Bremsen	Innenbackenbremse 150 mm vorne
	Klotzbremse hinten
Länge	2100 mm
Breite	800 mm
Höhe	950 mm
Tankinhalt	14 l
Leergewicht	134 kg
Höchstgeschwindigkeit	115 km/h
Stückzahlen	152
Preis	2900,– Mk

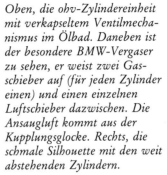

Oben, die ohv-Zylindereinheit mit verkapseltem Ventilmechanismus im Ölbad. Daneben ist der besondere BMW-Vergaser zu sehen, er weist zwei Gasschieber auf (für jeden Zylinder einen) und einen einzelnen Luftschieber dazwischen. Die Ansaugluft kommt aus der Kupplungsglocke. Rechts, die schmale Silhouette mit den weit abstehenden Zylindern.

Rechts, mit dem ohv-Boxermotor des Typs M 2 B 36 war bei BMW ein hochmodernes Motorrad-Aggregat entstanden, das eine ganze Reihe neuartiger Details aufwies. Die tiefverrippten Alu-Köpfe saßen auf gedrehten Stahlzylindern. Hinter dem Leitungsflansch auf Höhe der zentralen Nockenwelle verbirgt sich ein Drehschieber zur Kurbelgehäuse-Entlüftung.

BMW R 39   1925–27

Eine große Überraschung stellte 1925 die erste einzylindrige BMW dar. Zuerst schien es, als ob damit eine »halbierte« 500er zum erschwinglichen Preis neue Käuferschichten erschließen sollte, doch bei der R 39 handelte es sich um eine leistungsfähige 250-ccm-Sportmaschine. Sepp Stelzer konnte noch im selben Jahr den Deutschen Meister-Titel damit erringen. Der im Bohrung-Hub-Verhältnis quadratisch ausgelegte Motor wies Alu-Kopf und -Zylinder auf und war in seiner Bauweise sehr kompakt gehalten. Einer weiteren Verbreitung dürfte der immer noch recht hohe Preis entgegengestanden haben, und BMW griff auch die Idee des sportlichen Einzylinders nachher nicht mehr auf.

Unten, die BMW R 39 in einer Vorserien-Ausführung von 1924/25. Unterschiede zu der am 3. September 1925 in Produktion gegangenen Serienmaschine sind an der Montage des Tachometers hinter dem Tankdeckel und an dem separaten Ansaugrohr zwischen Vergaser und Zylinderkopf zu erkennen. Erstmalig findet sich hier an einer Serien-BMW die aus dem Renneinsatz übernommene Außenbackenbremse an der Kardanwelle.

Rechts, eine restaurierte R 39 mit etwas vereinfachten Trittbrettern mit Gummiauflage. Deutlich ist hier der von der R 37 übernommene Alu-Zylinderkopf zu erkennen, ebenso die endgültige Anordnung des Tachometers vor dem Tankdeckel. Die schmalen Kotflügel kennzeichnen eine Sportausführung dieser ersten 250-ccm-BMW.

Links: Das kompakte Antriebsaggregat der R 39 stellte mit Ausnahme des Zylinderkopfs eine völlige Neuschöpfung dar. Die Höhe des Kurbelgehäuses richtete sich auch hier nach dem Schwungscheiben-Durchmesser, doch hier wurde der größte Teil der Zylinderlänge mit in die obere Gehäusehälfte einbezogen. Dort war eine Guß-Laufbuchse eingeschrumpft.

Auf der hier abgebildeten linken Seite lief die Nockenwelle praktisch neben dem Zylinder und trieb auch den auf dem Getriebe sitzenden Zündmagnet. Im unteren Teil des Kurbelhauses wurde der Schmieröl-Vorrat in einer gut verrippten Ölwanne mitgeführt und unten im Getriebeblock war noch Platz für ein Werkzeugfach (Klappdeckel).

Rechts, ein Blick auf die rechte Motorseite. Die Schaltkulisse ist an der Zylinderverrippung angeschraubt, der Tachometer wird von der Getriebe-Ausgangswelle angetrieben. Links unten der R 39-Vergaser in seiner endgültigen Serien-Ausführung mit langem Ansaugrohr, das nicht nur platzbedingt so ausfallen mußte, sondern auch guten Durchzug in der Motorcharakteristik erbrachte. Rechts außen, die Vorserien-R 39 von der Steuerseite, der Radstand war um etwa 5 cm gegenüber den Zweizylinder-Modellen verkürzt.

Modell	BMW R 39
Produktionszeit	1925–1927
Zylinder	1
Bohrung x Hub	68 x 68 mm
Hubraum	247 ccm
Ventile	ohv
Verdichtung	6,0 : 1
Leistung	6,5 PS bei 4000 U/min
Vergaser	BMW-Spezial 20 mm
Elektr. Anlage	Bosch-Magnetzünder
Kupplung	Einscheiben, trocken
Getriebe	3-Gang, Handschaltung
Antrieb	Kardanwelle
Rahmen	Doppelschleifen-Rohrrahmen
Radaufhängungen	Blattfeder-Rohrschwinge vorne, hinten starr
Reifen	27 x 3,5
Bremsen	Innenbackenbremse 150 mm vorne Außenbackenbremse auf Kardanwelle
Länge	2050 mm
Breite	800 mm
Höhe	950 mm
Tankinhalt	10 l
Leergewicht	110 kg
Höchstgeschwindigkeit	100 km/h
Stückzahlen	855
Preis	1870,– Mk

BMW R 42, R 47 1926–28

Im Herbst 1925 stellte BMW mit der R 42 ein neues, völlig überarbeitetes Tourenmodell vor, dieses recht leistungsstarke Motorrad lief zunächst noch parallel zur bewährten R 32. Für 1927 wurden jedoch die alten Modelle aus dem Programm genommen, denn mit der R 47 war nun auch ein weiter verbessertes ohv-Modell entstanden. Obwohl diese beiden Typen schon im ersten Halbjahr 1928 wieder abgelöst werden sollten, stellten sie doch einen recht großen Verkaufserfolg dar. Ein einzelnes, jedoch stärkeres Blattfederpaket an der Vordergabel, die Kardanbremse und ein Seitenwagenanschluß am Hinterachsgetriebe waren die augenfälligsten Neuerungen an beiden Maschinen.

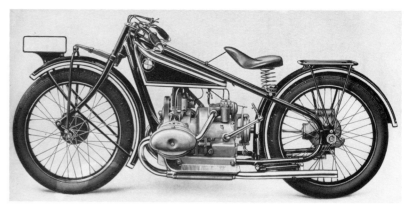

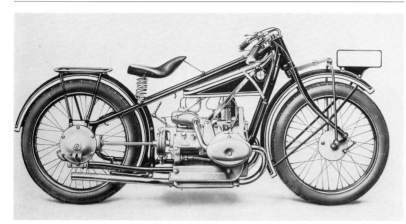

Links und oben, die überarbeitete 500er-ohv-BMW R 47. Neben Verfeinerungen am Fahrgestell (gerade Frontrohre und gebogenes Sattelrohr am Rahmen, verstärkte Blattfeder und steiferer Bügel) bezogen sich die Neuerungen in erster Linie auf das Antriebsaggregat. Der Hinterachsantrieb war anstelle von Fett nunmehr mit Öl gefüllt, ein neuer Vergaser ersetzte das anfällige Doppelinstrument der R 37. Die Stahlzylinder waren für eine größere Produktion zu aufwendig und mußten solchen aus Grauguß weichen, an den Köpfen blieb es zwar bei Aluminium, doch die Ventildeckel wurden geändert und bekamen eine zentrale Befestigungsschraube. An die kurzen Schalldämpfer unter den Trittbrettern hatte man nun lange glatte Endrohre angeschlossen.
Unten, die erste R 42 von 1926. Die in ihrer Motorleistung um fast 50% verbesserte Maschine sah nun auch in der Tourenversion recht sportlich aus und unterschied sich von der ohv-Version nur noch durch Zylinder und -köpfe.

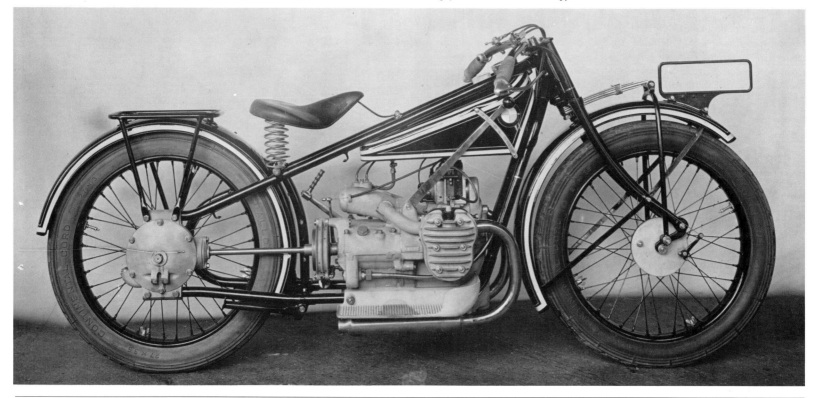

Links und rechts oben: *Der seitengesteuerte BMW-Boxer hatte in seiner zweiten Generation eine Menge Änderungen erfahren. Die Zylinderverrippung, die bei der R 32 noch von dem längs eingebauten M 2 B 15 übernommen worden war, hatte man nun dem Fahrtwind entsprechend längs angeordnet. Des weiteren wurde der Zylinderkopf aus Aluminium gefertigt und damit abnehmbar gestaltet, zur perfekten Kühlung hatte der Deckel zwei »Etagen« bekommen. Die Kardanbremse am Getriebeausgang bestand aus einer Trommel über der Hardyscheibe, auf die zwei Außenbacken per Fußhebel (mit dem Absatz zu bedienen) angedrückt wurden. Die Wirkung würde man heutzutage als ausreichend bezeichnen.*

In der Draufsicht ist die »schlanke Linie« einer Stecktank-BMW zu erkennen. Am breiten Tourenlenker finden sich Innenzughebel für Kupplung (links) und Vorderbremse (rechts) sowie der Kurzschlußknopf und der Zündverstellhebel auf der linken Lenkerhälfte. Die beiden Hebel zur Gemischregulierung im Vergaser sitzen rechts vor dem Griffgummi.

Modell	BMW R 42	BMW R 47
Produktionszeit	1926–1928	1927–1928
Zylinder	2	
Bohrung x Hub	68 x 68 mm	
Hubraum	494 ccm	
Ventile	sv	ohv
Verdichtung	4,9 : 1	5,8 : 1
Leistung	12 PS bei 3400 U/min	18 PS bei 4000 U/min
Vergaser	1 BMW-Spezial 22 mm	
Elektr. Anlage	Bosch-Magnetzünder	
Kupplung	Einscheiben, trocken	
Getriebe	3-Gang, Handschaltung	
Antrieb	Kardanwelle	
Rahmen	Doppelschleifen-Rohrrahmen	
Radaufhängungen	Blattfeder-Rohrschwinge vorne, hinten starr	
Reifen	26 x 3,5	
Bremsen	Innenbackenbremse 150 mm vorne	
	Außenbackenbremse auf Kardanwelle	
Länge	2100 mm	
Breite	800 mm	
Höhe	950 mm	
Tankinhalt	14 l	
Leergewicht	126 kg	130 kg
Höchstgeschwindigkeit	95 km/h	110 km/h
Stückzahlen	6502	1720
Preis	1510,– Mk	1850,– Mk

BMW R 52, R 57, R 62, R 63   1928–30

Nach der überraschend kurzen Laufzeit von knapp zwei Jahren wurde 1928 das BMW-Programm gründlich umgekrempelt. An den neuen Modellen fiel äußerlich zunächst nur die vergrößerte Trommelbremse am Vorderrad auf, doch es gab nun neben den 500-ccm-Maschinen in sv- und ohv-Ausführungen auch eine 750er BMW in diesen beiden Versionen. Die Motoren waren allesamt neu und besonders die Dreiviertelliter-Aggregate sollten sich alsbald großer Beliebtheit erfreuen, der durchzugsstarke Seitenventiler brachte es gar auf eine Produktionszeit von 13 Jahren. In nur zwei Jahren wurden von diesen letzten Stecktank-Typen über 10000 Exemplare gebaut, womit sich BMW endgültig im Kreis der bedeutenden Motorrad-Hersteller, auch international gesehen, etabliert hatte.

Unten, die R 52 in der Serienausführung von 1928. Die Lichtanlage mit dem Bosch-Trommelscheinwerfer war zwar in den Preislisten immer noch separat mit Aufpreis geführt, doch wurden nunmehr fast alle Maschinen komplett ausgeliefert. Rechts auf der gegenüberliegenden Seite ist eine R 52 mit Fischschwanz-Enden an den Auspuffrohren zu sehen. 1928 wurden auch bei BMW Drahtreifen anstelle der bisher verwendeten Wulst-Pneus eingeführt. Die 750-ccm-Version R 62 ist auf der gegenüberliegenden Seite ganz unten abgebildet. Nur bei einem sehr genauen Vergleich der Bilder kann man am Zylinderkopf minimale Unterschiede entdecken, denn der R 62-Deckel ist nicht beidseitig „tailliert", sondern auf einer Seite gerade gehalten. Die Verrippung ist etwas tiefer und der Zündkerzen-Ausschnitt modifiziert. Vollkommen neu konzipiert hatte man das Dreiganggetriebe, das nun wesentlich kräftiger ausgeführt war und mit Öl anstelle des früheren Fließfetts geschmiert wurde.

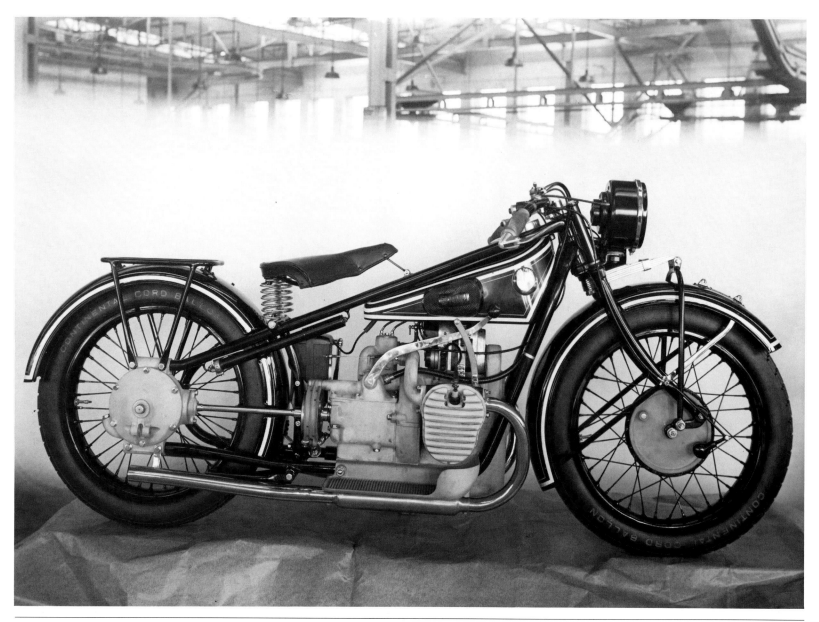

Zu den Motor-Abbildungen der mittleren Bildreihe: Äußerliche Unterschiede zum R 42-Motor sind an der veränderten Lage des Schalthebels und der Verschraubung des Zylinderdeckels zu erkennen, die Bolzen befanden sich nun im Alu-Deckel und wurden von hinten verschraubt. Wichtige Neuerungen betrafen den Kurbeltrieb. Auf der nunmehr einteiligen Kurbelwelle (rollengelagert) liefen ungeteilte Pleuel, die bei der Montage eingefädelt wurden und auf geteilten Doppelrollenlagern ruhten. Für beide Motoren wurde die gleiche Kurbelwelle verwendet. Der abgenommene Zylinderkopf läßt eine R 52 erkennen, die mit nur sieben Verschraubungen auskommt (R 62: 8 Bolzen).

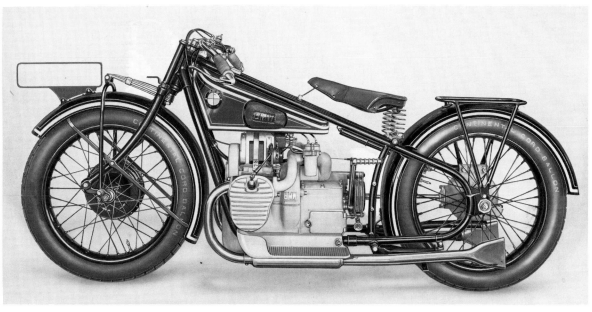

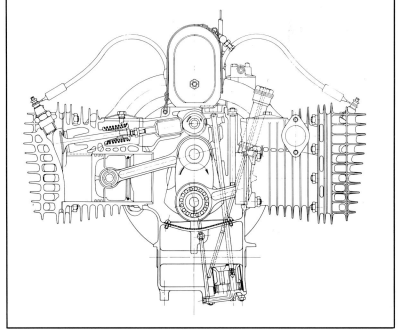

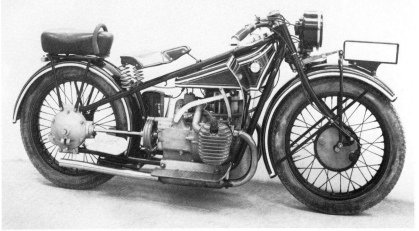

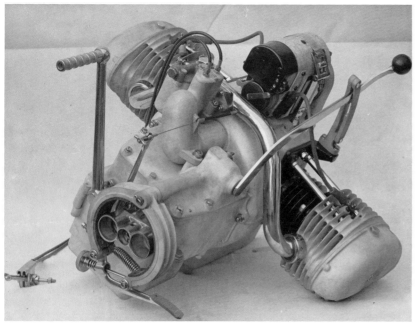
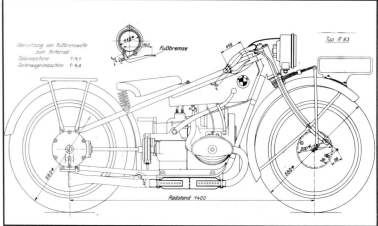
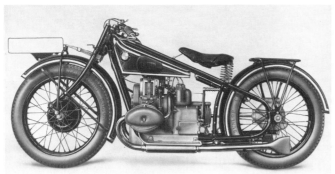

Auf den beiden Abbildungen links und unten sind zwei Versionen der R 57 zu sehen, einmal ohne Lichtanlage und mit Fischschwanz-Auspuffen, und einmal mit Bosch-Elektrik sowie glatten Endrohren. In der Seitenansicht sind R 57 und R 63 auch durch den Verlauf der Ansaugkrümmer nicht zu unterscheiden.

Oben links das R 57-Antriebsaggregat. Neu für 1928 war der Kickstarter in Quer-Anordnung. Die Kardanbremse wirkte auf eine Trommel an der Kardanwelle. Rechts daneben in der Maßskizze ist die verbesserte Auspuffanlage zu sehen, wie sie zuerst bei den kopfgesteuerten Modellen verwendet wurde.

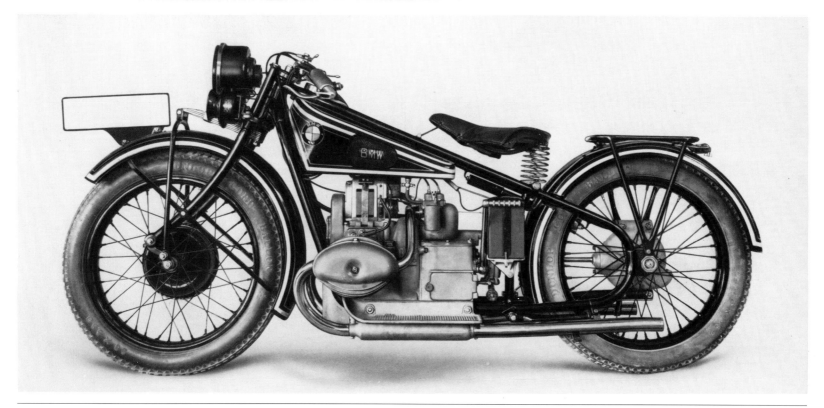

Hier sind die beiden entsprechenden R 63-Versionen zu sehen (außen rechts und darunter), der Unterschied ist nicht leicht auszumachen. Rechts, der R 63-Motor mit den großen Zylinderköpfen. In dem Schnittbild unten ist eine weitere Neuerung zu erkennen, die im Lauf des Jahres 1929 eingeführte Zweischeiben-Kupplung.

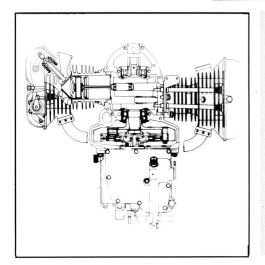

Modell	BMW R 52	BMW R 57	BMW R 62	BMW R 63
Produktionszeit	1928–1929	1928–1930	1928–1929	1928–1929
Zylinder	2			
Bohrung x Hub	63 x 78 mm	68 x 68 mm	78 x 78 mm	83 x 68 mm
Hubraum	487 ccm	494 ccm	745 ccm	735 ccm
Ventile	sv	ohv	sv	ohv
Verdichtung	5,0 : 1	5,8 : 1	5,5 : 1	6,2 : 1
Leistung	12 PS bei 3400 U/min	18 PS bei 4000 U/min	18 PS bei 3400 U/min	24 PS bei 4000 U/min
Vergaser	1 BMW-Zweischieber 22 mm		1 BMW-Zweischieber 24 mm	
Elektr. Anlage	Bosch-Magnetzünder			
Kupplung	Einscheiben, trocken			
Getriebe	3-Gang, Handschaltung			
Antrieb	Kardanwelle			
Rahmen	Doppelschleifen-Rohrrahmen			
Radaufhängungen	Blattfeder-Rohrschwinge vorne, hinten starr			
Reifen	26 x 3,5			
Bremsen	Trommelbremse 200 mm vorne, Kardanbremse			
Länge	2100 mm			
Breite	800 mm			
Höhe	950 mm			
Tankinhalt	12,5 l			
Leergewicht	152 kg	150 kg	155 kg	152 kg
Höchstgeschwindigkeit	100 km/h	115 km/h	115 km/h	120 km/h
Stückzahlen	4377	1006	4355	794
Preis	1510,– Mk	1850,– Mk	1650,– Mk	2100,– Mk

BMW R 11, R 16 — 1929–34

Für das Frühjahr 1929 kündigte BMW eine Erweiterung des Motorrad-Typenprogramms durch die Modelle R 11 und R 16 an. Diese beiden 750-ccm-Maschinen wiesen die unveränderten Motoren ihrer Vorgänger auf, glänzten jedoch mit völlig neu entwickelten Fahrgestellen aus Preßstahl-Profilen. Es sollte noch bis zum August 1930 dauern, bis die beiden neuen Modelle in Deutschland lieferbar waren nach Problemen mit den ersten Export-Maschinen. Sie machten einen ungeheuer wuchtigen Eindruck, obwohl sie um nur knapp 10 kg schwerer geworden waren. Während der fünfjährigen Laufzeit wurden insgesamt fünf Serien produziert, die sich jeweils durch Modifikationen an den Motoren voneinander unterschieden. Eine entscheidende Verbesserung hinsichtlich der Laufruhe der Motoren ergab sich ab 1934 (Serie V) mit der Verwendung einer Steuerkette anstelle der Stirnräder zum Antrieb von Nockenwelle und Zündanlage.

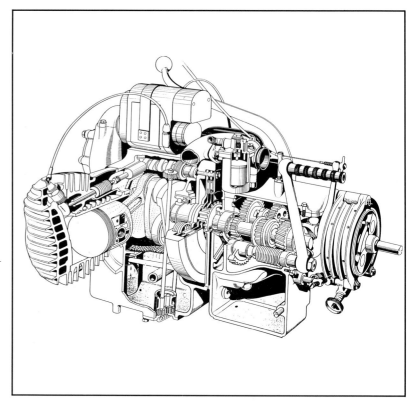

Unten, die R 11-Serie V. Der seitengesteuerte Motor hatte 1934 zwei einzelne Amal-Vergaser bekommen, ebenfalls neu waren der modernere Scheinwerfer sowie die Schalldämpfer. Den verstellbaren Stoßdämpfer an der Vordergabel hatte man schon 1932 bei der III. Serie eingeführt.

Rechts, eine Schnittzeichnung des R 11-Motors von 1934, er stammt aus der IV. Serie und weist den neuen Sum-Dreidüsen-Registervergaser auf. Schon bei der II. Serie 1932 wurde das Hauptwellenlager geändert und die Kardanbremse auf 55 mm (vier Rippen) verbreitert.

Rechts, eine R 11 der I. Serie mit dem unveränderten Motorentyp M 56 der R 62. Ab 1929 war nun die elektrische Beleuchtung im Preis enthalten. Unten, die neue Tankschaltung der V. Serie, ebenso ist die Heizleitung zur Vorwärmung des Ansaugrohres zu sehen.

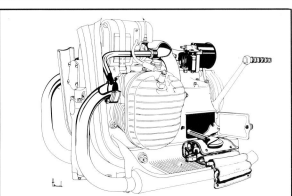

Links, die Zeichnung verdeutlicht die Konstruktion der Heizleitungen, welche auf beiden Seiten das angesaugte Gemisch vorwärmten. Unter dem Getriebe fand sich ein geräumiges Werkzeugfach.

Unten ist ein Modell aus der IV. Serie der R 11 zu sehen. Zu dem Zugfeder-Sattel kamen nun 1933 einige technische Änderungen, wie die Umstellung der Pleuellager auf einreihige Rollenlager mit Fensterkäfig. Die doppelte Lagerung der Kardanwelle im verlängerten Hinterachsgetriebe gab es schon bei Serie II/III.

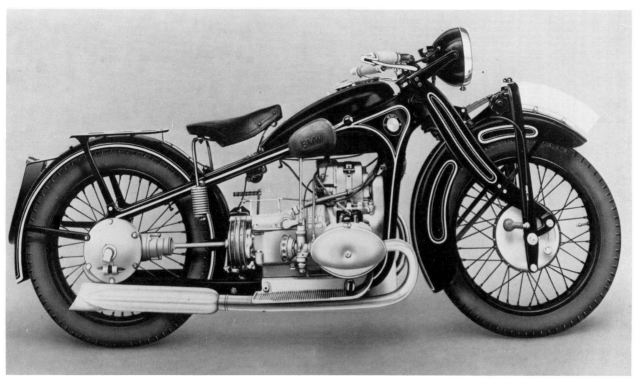

Links, eine R 16 aus der V. Serie von 1934. Mit ihrem nunmehr 33 PS leistenden Zweivergaser-Motor wurde diese BMW ein schnelles Langstreckenfahrzeug, das jedoch sehr teuer war. Unten, R 16 Serie IV. Die Zweivergaser-Anlage war bei der R 16 schon 1932 mit der Serie III eingeführt worden, ein Jahr später kamen die neuen Pleuellager hinzu.

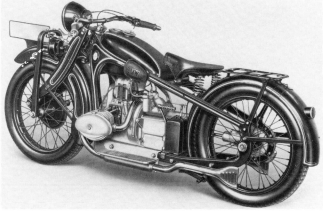

Ganz oben, ein Motor aus der III. Serie mit dem alten Schalthebel. Die Luftfilter an den Vergasern sind mit Stahlwolle gefüllt.

Oben, am BMW-Vergaser ist die Serie II zu erkennen, der Scheinwerfertopf und der lange Flansch am Kardan sind neu.

Modell	BMW R 11	BMW R 16
Produktionszeit	1929–1934	
Zylinder	2	
Bohrung x Hub	78 x 78 mm	83 x 68 mm
Hubraum	745 ccm	735 ccm
Ventile	sv	ohv
Verdichtung	5,5 : 1	6,5 : 1
Leistung	18 PS bei 3400 U/min 20 PS bei 4000 U/min (5. Serie 1934)	25 PS bei 4000 U/min 33 PS bei 5000 U/min (3. Serie 1932)
Vergaser	1 BMW-Dreidüsen 24 mm 1 Sum 24 mm (3. Serie 1932) 2 Amal 25 mm (5. Serie 1934)	1 BMW-Dreidüsen 26 mm 2 Amal 25 mm (3. Serie 1932)
Elektr. Anlage	Bosch-Zündlicht-Magnet (1934 a. W. Batteriezündung)	
Kupplung	Zweischeiben, trocken	Einscheiben, trocken
Getriebe	3-Gang, Handschaltung	
Antrieb	Kardanwelle	
Rahmen	Dopelschleifen-Preßstahlrahmen	
Radaufhängungen	Blattfeder-Preßstahlschwinge vorne, hinten starr	
Reifen	26 x 3,5	
Bremsen	Trommelbremse 200 mm vorne, Kardanbremse	
Länge	2100 mm	
Breite	890 mm	
Höhe	950 mm	
Tankinhalt	14 l	
Leergewicht	162 kg	165 kg
Höchstgeschwindigkeit	100 km/h	120 km/h
Stückzahlen	7500	1106
Preis	1600,– Mk	1900,– Mk

Die R 16 Serie I stellt praktisch eine R 63 mit neuem Fahrgestell dar.

BMW R 2   1931–36

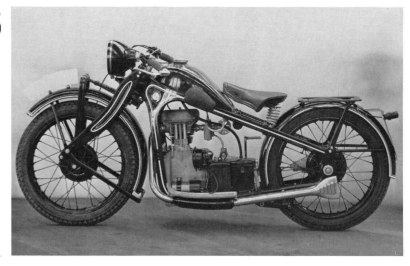

Nach einer Reform der Zulassungsvorschriften konnte man ab 1. 4. 1928 in Deutschland Motorräder bis 200 ccm steuerfrei fahren, und sogar auch ohne Führerschein. BMW brachte 1931 mit der R 2 genau das richtige Modell für diese Klasse auf den Markt. Mit 975 Reichsmark war die 200-ccm-BMW noch immer recht teuer, doch in den Zeiten der Wirtschaftskrise lag man mit einer kleinen BMW auf jeden Fall richtig. Die anfangs recht einfache Konstruktion wurde nach und nach verfeinert und entwickelte sich zu einem großen Verkaufserfolg.

Oben, eine R 2 Serie II von 1933. Ein Jahr zuvor war der verkapselte Zylinderkopf ähnlich den ohv-Boxermotoren eingeführt worden und nun hatte man zusätzlich eine Drucköl-Steigleitung angebracht.

Unten ist ein Modell der IV. Serie zu sehen, der Tank ist flacher und länger geworden, es gibt einen Fischer-Amal-Vergaser, Stoßdämpfer an der Gabel und einen neuen Scheinwerfer.

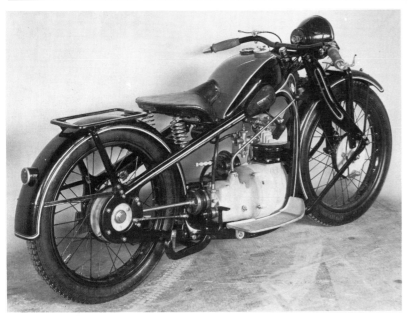
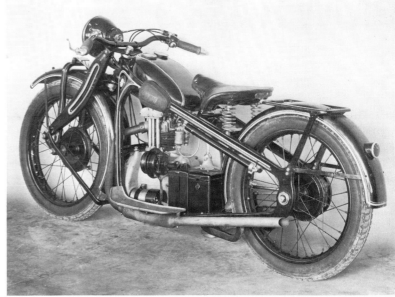

Auf den beiden oberen Bildern erkennt man den offenen Zylinderkopf der I. Serie. Links fällt der Auto-ähnliche Schalthebel der Kugelschaltung auf. Rechts sind es die vielen Anbauteile, Lichtmaschine, Hupe, Batterie- und Werkzeugkasten. Das abgesetzte Feld auf der Tankoberseite erstrahlte übrigens in elegantem Königsblau.

Unten, ein R 2-Motor des Baujahrs 1932. Unter dem Stirndeckel treibt eine Rollenkette Nockenwelle und Lichtmaschine an, diese wurde ab 1934 verkapselt. Das dritte Rohr zwischen den beiden Stoßstangen-Hüllrohren diente der Öl-Rückführung, die Kipphebel-Schmierung überließ man nämlich dem Ölnebel, der in den Hüllrohren aufstieg.

Modell	BMW R 2
Produktionszeit	1931–1936
Zylinder	1
Bohrung x Hub	63 x 64
Hubraum	198 ccm
Ventile	ohv
Verdichtung	6,7 : 1
Leistung	6 PS bei 3500 U/min
	8 PS bei 4500 U/min (3. Serie 1934)
Vergaser	1 Sum 19 mm (2./3. Serie Amal 18,2 mm)
Elektr. Anlage	Bosch-Batteriezündung/Lichtmaschine
Kupplung	Einscheiben, trocken
Getriebe	3-Gang, Handschaltung
Antrieb	Kardanwelle
Rahmen	Doppelschleifen-Preßstahlrahmen
Radaufhängungen	Blattfeder-Preßstahlschwinge vorne
	hinten starr
Reifen	25 x 3
Bremsen	Trommelbremse 180 mm vorne
	Trommelbremse 180 mm hinten
Länge	1950 mm
Breite	850 mm
Höhe	950 mm
Tankinhalt	11 l
Leergewicht	110 kg
Höchstgeschwindigkeit	95 km/h
Stückzahlen	15 207
Preis	975,– Mk

BMW R 4, R 3 — 1932–37

Das Mittelklasse-Motorrad R 4 brachte im Frühjahr 1932 die langerwartete Ergänzung im BMW-Angebot, da die Zweizylinder-Modelle nur noch mit 750 ccm erhältlich waren. Mit der R 2 als Ausgangsbasis wurde eine relativ preiswerte Einzylinder-Maschine geschaffen, die in der mittleren Hubraum-Kategorie recht gut auf dem Markt plaziert war. 1933 versah man das 398-ccm-Aggregat mit dem ersten BMW-Viergang-Getriebe, und ein Jahr später fand sich die R 4 mit etwas mehr Motorleistung als Geländesport-Modell im Katalog. Dies hatte durchaus seine Berechtigung, da die in großen Stückzahlen bei Polizei und Militär als Kurier- und Ausbildungs-Motorräder gefahrenen R 4 auch stets mit großem Erfolg bei zahlreichen Zuverlässigkeitsfahrten an den Start gebracht wurden. In langen Einsatzjahren erwarb sich die R 4 den Ruf der schieren Unzerstörbarkeit.

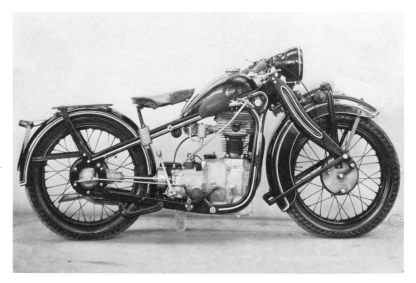

Unten, der Prototyp von 1932 glich noch weitgehend dem 200-ccm-Parallelmodell, der Rahmen war verstärkt worden (in der Vordergabel hatte man Bleche eingenietet). Neu waren der Vorderrad-Kotflügel und der elegant geformte Auspufftopf.

Rechts, die Serie II von 1933 mit neuem Viergang-Getriebe, verbessertem Zylinderkopf mit Druckschmierung, Stoßdämpfern an der Vordergabel. Die bisher verwendeten Aluminium-Fußbretter wurden nun durch Gummi-Fußrasten abgelöst.

Unten, eine Schnittzeichnung der R 4 Serie II. Neben dem Sum-Vergaser mit horizontalem Mischrohr ist auch die Kugelschaltung des neuen Viergang-Getriebes zu sehen. Die hintere Trommelbremse war schon mit der R 2 eingeführt worden, bei der R 4 saß nun an der Stelle der früheren Kardanbremse ein Antriebsstoßdämpfer. Unten rechts ist eine R 4 aus der III. Serie zu sehen, erkennbar am vergrößerten Benzintank. Mit einem überarbeiteten Zylinderkopf ließen sich zwei Mehr-PS erzielen, und als Lichtmaschinenantrieb tat nun eine zweite Kette Dienst. Die Lichtmaschine selbst war jetzt verkapselt und den Werkzeugkasten hatte man ebenfalls ins Gehäuse integriert. Ganz unten, die in einigen tausend Exemplaren an die Reichswehr gelieferte R 4.

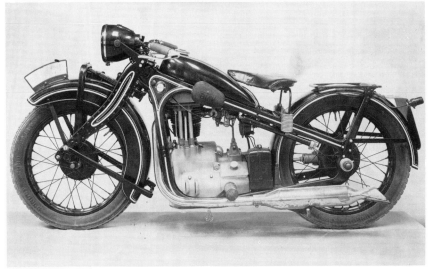

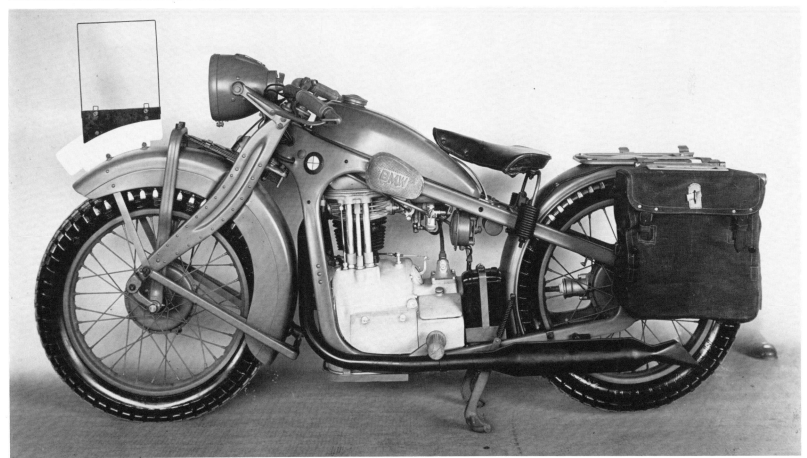

Modell	BMW R 4	BMW R 3
Produktionszeit	1932–1937	1936
Zylinder	1	
Bohrung x Hub	78 x 84 mm	68 x 84 mm
Hubraum	398 ccm	305 ccm
Ventile	ohv	
Verdichtung	5,7 : 1	6,0 : 1
Leistung	12 PS bei 3500 U/min 14 PS bei 4200 U/min (3. Serie 1934)	11 PS bei 4200 U/min
Vergaser	1 Sum-Register 25 mm	
Elektr. Anlage	Bosch-Schwunglichtzünder	Bosch-Batteriezündung
Kupplung	Einscheiben, trocken	
Getriebe	3-Gang, Handschaltung 4-Gang (2. Serie 1933)	4-Gang, Handschaltung
Antrieb	Kardanwelle	
Rahmen	Doppelschleifen-Preßstahlrahmen	
Radaufhängungen	Blattfeder-Preßstahlschwinge vorne, hinten starr	
Reifen	26 x 3,50	
Bremsen	Trommelbremsen vorne und hinten	
Länge	1980 mm	
Breite	850 mm	
Höhe	950 mm	
Tankinhalt	12 l	12,5 l
Leergewicht	137–148 kg	149 kg
Höchstgeschwindigkeit	100 km/h	100 km/h
Stückzahlen	15 295	740
Preis	1150,– RM	995,– RM

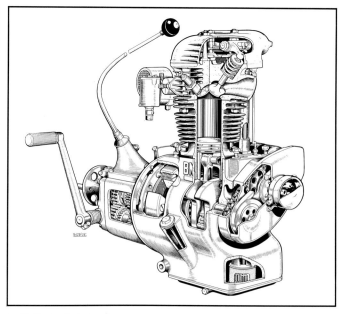

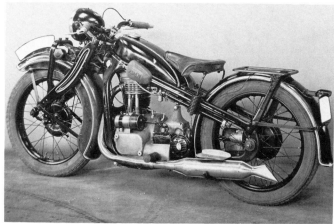

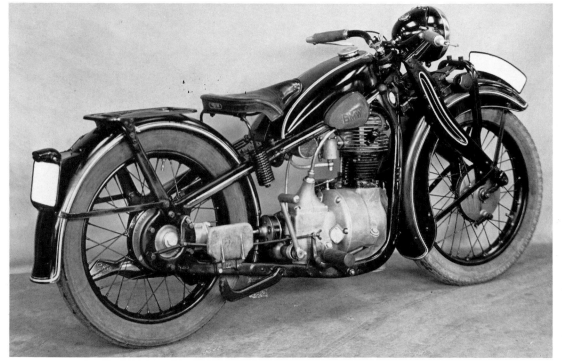

Ganz oben in der Schnittzeichnung des R 3-Motors ist kaum ein Unterschied zum 398-ccm-Aggregat (Serie V) erkennbar. Darunter, die R 3 hat aufgrund der geringeren Zylinder-Bohrung einen modifizierten Zylinderkopf mit eingegossenen Stoßstangenschutzrohren. Links, die R 3 von der Antriebsseite her aufgenommen. Diese 305-ccm-BMW wurde 1936 kurzfristig als Ergänzung ins Programm genommen, sie war jedoch in der Konzeption veraltet.

Unten links, bei der IV. Serie der R 4 wurde das Alu-Gehäuse erneut abgeändert, die Lichtmaschine rückte nach oben und das Bordwerkzeug fand unter dem großen Deckel Platz. Auf dem Foto in der Mitte ist die Versuchsausführung eines Feinstluftfilters zu sehen, wie er später bei den Militärmaschinen zum Einsatz kam. Rechts, eine Frontalansicht des 1935 geänderten R 4-Motors. Recht deutlich sieht man hier die nach rechts versetzte Anordnung des Kurbeltriebs mit der ein geradliniger Antrieb zum Hinterrad ermöglicht wurde. Als Neuerung ab der IV. Serie wurde die hochgelegte Lichtmaschine über einen Keilriemen angetrieben. Ganz unten, R 4 Serie V mit Viergang-Einheitsgetriebe, erkenntlich am hohen Schaltgehäuse. Der Kickstarter blieb jedoch weiter auf der rechten Seite.

BMW R 12, R 17   1935–42

Das Jahr 1935 brachte mit den R 12- und R 17-Modellen eine Ablösung der bisherigen 750er BMW-Typen. Im Grunde hatten sich nur Kleinigkeiten geändert, mit Ausnahme der sensationellen Teleskop-Vordergabel. Es handelte sich dabei um die erste ölgedämpfte Telegabel im Motorradbau, eine technische Meisterleistung, die weltweite Anerkennung finden sollte. Der preisliche Abstand zu der 33 PS starken ohv-Sportmaschine R 17 hatte sich vergrößert, dieses Modell wurde bald von den nachfolgenden Neukonstruktionen verdrängt. Die R 12 indessen entwickelte sich zum meistgebauten BMW-Motorrad jener Zeit, wobei ab 1938 die gesamte Produktion an die Wehrmacht geliefert wurde. Die enorme Zuverlässigkeit dieser ausgereiften Konstruktion trug ihren Anteil zum famosen Ruf der BMW-Motorräder bei.

Oben, eine R 12 aus der Kriegsproduktion, erkenntlich an der Verwendung von Fußrasten anstelle der Alu-Bretter. Bei dem Motor handelte es sich um einen alten Bekannten, die VI. Serie des M 56 von 1928 (R 62). Links, auf diese Vordergabel durfte man bei BMW stolz sein; die erste ölgedämpfte Telegabel brachte eine erhebliche Verbesserung des Fahrkomforts mit sich. Unten, eine wichtige Verbesserung für den harten Geländeeinsatz während des Krieges. Mit dieser hochgelegten Naßluftfilteranlage konnte die Ansaugluft wirkungsvoll saubergehalten werden. Auf dem Bild ist ein Magnetzünder sichtbar, die Behörden bevorzugten diese gegenüber den Batteriezündungen, welche wahlweise erhältlich waren.

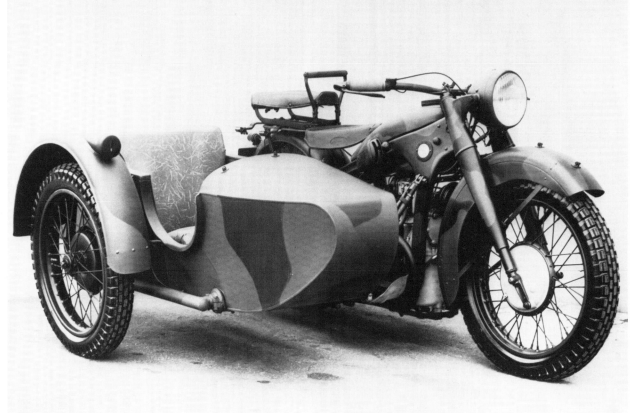

Oben, eine der ersten R 12. Am Hinterachsgetriebe ist noch ein Deckel mit der alten Seitenwagenaufnahme montiert, später gab es hier einen eingeschraubten Kugelanschluß. Interessant ist auch die Ankerplatte der Vorderradbremse. Der Betätigungshebel sitzt gut geschützt im Inneren. Die Bremsankerung wird durch die Verlängerung der Gabel vorgenommen. Links, ein R 12-Gespann der Reichswehr, erkennbar am BMW-Royal-Seitenwagen und der Flecken-Tarnung. Mit ihren 18 PS war die R 12 für den Gespannbetrieb zwar nicht übermäßig motorisiert, doch das enorme Durchzugsvermögen machte dies wett. Mit dem späteren Einheits-Beiwagen wurde die R 12 zum Standard-Gespann der Wehrmacht.

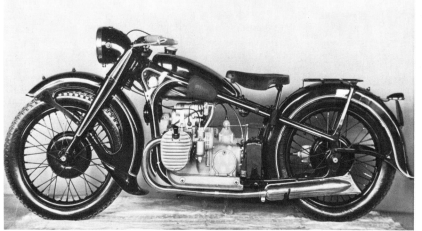
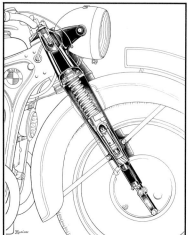
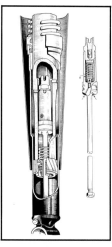

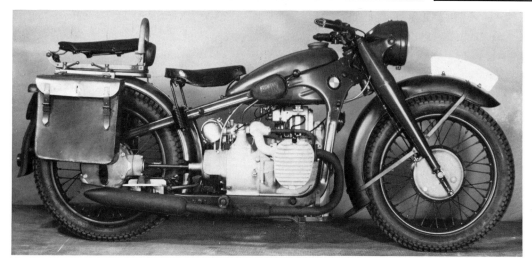

Ganz oben und oben links, die R 12 in der Ausführung von 1936/37 mit elegant geschwungenen Kotflügeln, dies wurde sonderbarerweise auch beim Militär beibehalten. In der Zivil-Ausführung ist der Zweivergaser-Motor eingebaut, dessen Leistung um zwei PS höher lag. Oben zeigen zwei Zeichnungen den genauen Aufbau der BMW-Telegabel mit Druckfedern und hydraulischer Dämpfung. Links, die Wehrmachts-Version der R 12 wie sie von 1938 bis 1942 ausgeliefert wurde. Man hatte nun wieder flachere Kotflügel angebaut, im Krieg gab es dann neben normalen Fußrasten auch eine bessere Luftfilterung.

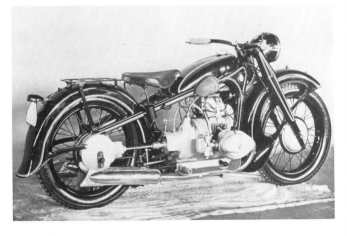

Ganz oben, die R 17 mit dem ohv-Motor des Typs M 60, dessen Leistung seit 1928 von 24 auf 33 PS gesteigert worden war. Darunter, Kurbel- und Getriebegehäuse des ohv-Motors (hier R 16: eckiger Werkzeugkastendeckel), zu- sammen mit dem sv-Aggregat waren dies die letzten horizontal geteilten Motorblöcke. Oben: Der R 17 standen die geschwungenen Kotflügel recht gut – exklusiv und teuer.

Modell	BMW R 12	BMW R 17
Produktionszeit	1935–1942	1935–1937
Zylinder	2	
Bohrung x Hub	78 x 78 mm	83 x 68 mm
Hubraum	745 ccm	735 ccm
Ventile	sv	ohv
Verdichtung	5,2 : 1	6,5 : 1
Leistung	18 PS bei 3400 U/min 20 PS bei 4000 U/min (Zweivergaser-Version)	33 PS bei 5000 U/min
Vergaser	1 Sum-Register 25 mm oder 2 Amal 23,8 mm	2 Amal 25,4 mm
Elektr. Anlage	Bosch-Zündlichtmagnet oder Batteriezündung (a. W.)	
Kupplung	Zweischeiben, trocken	
Getriebe	4-Gang, Handschaltung	
Antrieb	Kardanwelle	
Rahmen	Doppelschleifen-Preßstahlrahmen	
Radaufhängungen	Teleskopgabel vorne, hinten starr	
Reifen	3,50 x 19	
Bremsen	Trommelbremsen 200 mm vorne und hinten	
Länge	2100 mm	
Breite	900 mm	
Höhe	940 mm	
Tankinhalt	14 l	
Leergewicht	185 kg	183 kg
Höchstgeschwindigkeit	110 km/h	140 km/h
Stückzahlen	36 008	434
Preis	1630,– RM	2040,– RM

BMW R 5, R 6 — 1936–37

Man hatte sich bei BMW in den dreißiger Jahren vornehmlich auf hochwertige Gebrauchsmotorräder konzentriert und im Behördengeschäft große Umsätze erzielt. Mit dem Wiederaufleben der Rennsport-Aktivitäten schenkte man auch dem sportlichen Serienmodell wieder mehr Aufmerksamkeit, das Ergebnis war 1936 unter der Typenbezeichnung R 5 zu bewundern. Bei dieser 500-ccm-ohv-Sportmaschine handelte es sich um eine Neuentwicklung, die mit ihrem Rohrrahmen zum Vorbild aller nachfolgenden BMW werden sollte.

Unten, die erste R 5 des Baujahrs 1936. Der neue Rahmen bestand aus verschweißten, konisch gezogenen Ovalrohren. Der Motor hatte ein Tunnelgehäuse bekommen und die Ventilsteuerung übernahmen nun zwei kettengetriebene Nockenwellen, welche nach wie vor oben im Block Platz fanden. Mit dem ebenfalls neukonstruierten Getriebe hielt die Fußschaltung bei BMW Einzug. Ganz unten links ist die R 5 von der Antriebsseite zu sehen, wo sich auch ein zusätzlicher Handschalthebel befand. Rechts daneben, ein Blick auf die Bedienungselemente. Die Dämpfung der Telegabel war von außen verstellbar (siehe Skala an der linken Verschlußschraube).

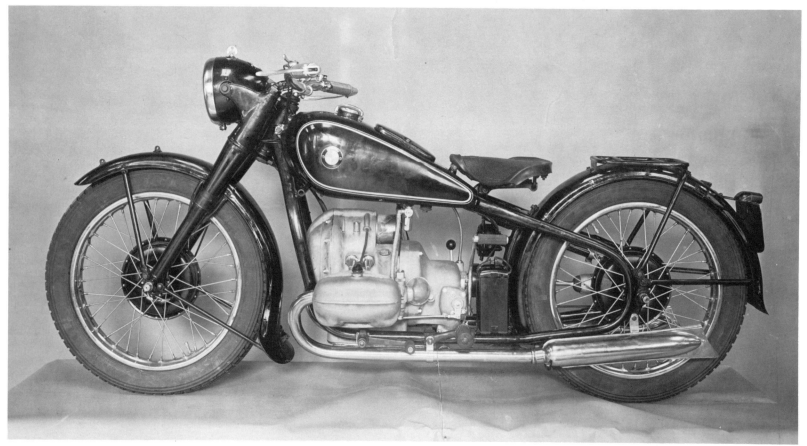

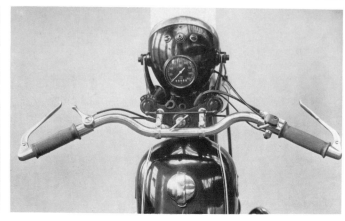

Ein Jahr nach Erscheinen der R 5 wurde diesem sportlichen Modell die seitengesteuerte R 6 als Tourer zur Seite gestellt. Der sv-Motor war ebenfalls neu geschaffen worden, wich jedoch in vielen Details von dem optisch sehr ähnlichen ohv-Aggregat ab.

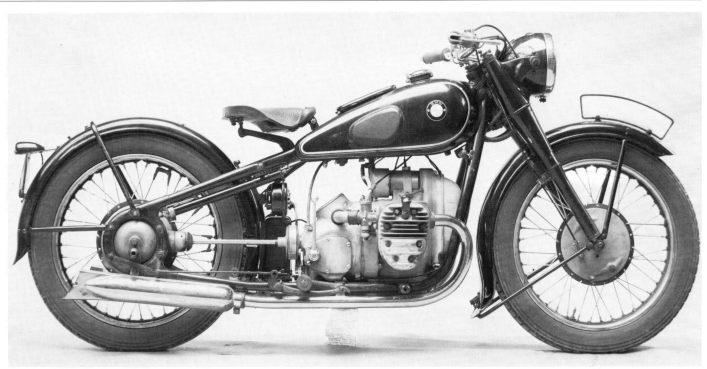

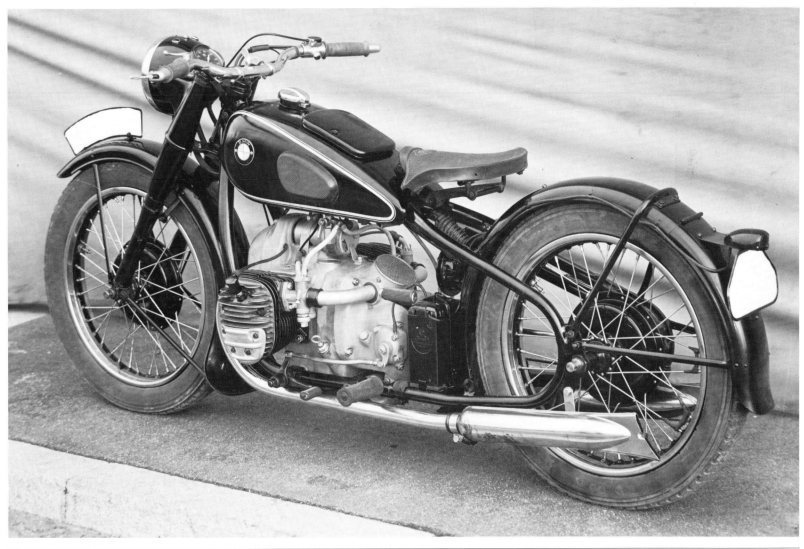

Im Modelljahr 1937 wartete BMW mit einigen kleinen Änderungen an der R 5 auf. Es verschwanden die einzelnen »Ohren«-Luftfilter an den Vergasern, man hatte einen zentralen Filter auf das Getriebe gebaut und durch Ansaugleitungen mit den Vergasern verbunden. Diese Modifikation war hauptsächlich aufgrund von Problemen bei Geländefahrten durchgeführt worden, wo man oftmals mit eindringendem Wasser zu tun hatte.

Links, eine Schnittzeichnung des R 5-Motors mit zwei Nockenwellen. Unten, eine weitere Änderung für 1937 war der verrippte Deckel über der Lichtmaschine.

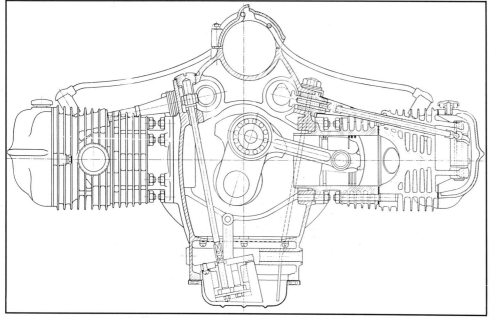

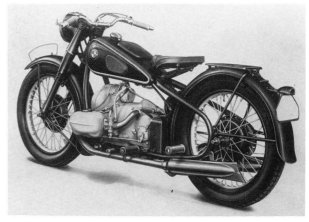

Unten, der 1936er-Motor mit den Einzel-Luftfiltern. Der Ventildeckel wies einen Schmierölvorrat auf, denn wie bei allen ohv-Boxern vorher war der Zylinderkopf nicht an das Druckumlaufsystem angeschlossen. Der Fußschalthebel war an der vorderen Motorhalterung gelagert, die Schaltbewegung wurde durch ein Gestänge übertragen. Rechts unten ist das seitengesteuerte R 6-Aggregat zu sehen, im Gegensatz zur R 5 war hier wieder eine zentrale Nockenwelle eingebaut und diese wurde über Stirnräder angetrieben. Unten Mitte, das Schnittmodell des ohv-Motors (Version R 51) läßt die Haarnadel-Ventilfedern und die massiven Kipphebel-Lagerböcke erkennen. Ganz unten, der Hinterradantrieb mit integrierter Bremse. Durch diese Bauweise waren seit der R 12 beide Räder austauschbar, da man die Bremsen an Vorder- und Hinterrad gleich gestaltet hatte.

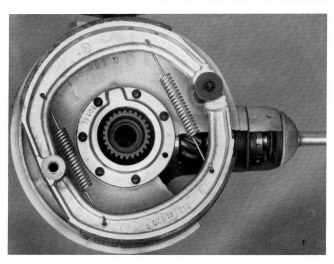

Modell	BMW R 5	BMW R 6
Produktionszeit	1936–1937	1937
Zylinder	2	
Bohrung x Hub	68 x 68 mm	70 x 78 mm
Hubraum	494 ccm	599 ccm
Ventile	ohv	sv
Verdichtung	6,7 : 1	6,0 : 1
Leistung	24 PS bei 5500 U/min	18 PS bei 4800 U/min
Vergaser	2 Amal 22,2 mm	
Elektr. Anlage	Bosch Batteriezündung/Lichtmaschine	
Kupplung	Einscheiben, trocken	
Getriebe	4-Gang, Fußschaltung	
Antrieb	Kardanwelle	
Rahmen	Doppelschleifen-Rohrrahmen	
Radaufhängungen	Teleskopgabel vorne, hinten starr	
Reifen	3,5 x 19	
Bremsen	Trommelbremsen 200 mm vorne und hinten	
Länge	2130 mm	
Breite	800 mm	
Höhe	950 mm	
Tankinhalt	15 l	
Leergewicht	165 kg	175 kg
Höchstgeschwindigkeit	135 km/h	125 km/h
Stückzahlen	2652	1850
Preis	1550,– Mk	1375,– Mk

BMW R 35   1937–40

Auf den ersten Blick hätte man die R 35 für ein Ausverkaufsmodell halten können, wies sie doch als Neuheit für das Jahr 1937 immer noch den Preßstahlrahmen auf, der Motor stellte eine 350er-Ausführung des letzten R 4-Aggregates dar. Neu war an diesem Motorrad lediglich die Teleskop-Vordergabel, die jedoch ohne Dämpfung arbeitete. Preislich lag die R 35 nur knapp über der R 2, womit sie als Mittelklasse-Modell nach wie vor gut auf dem Markt lag. Die Mehrzahl der Produktion jedoch wurde an das Militär geliefert, wo die R 35 als Ausbildungs- und Kuriermaschine lief.

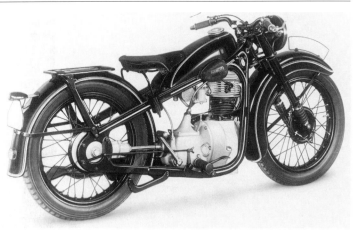

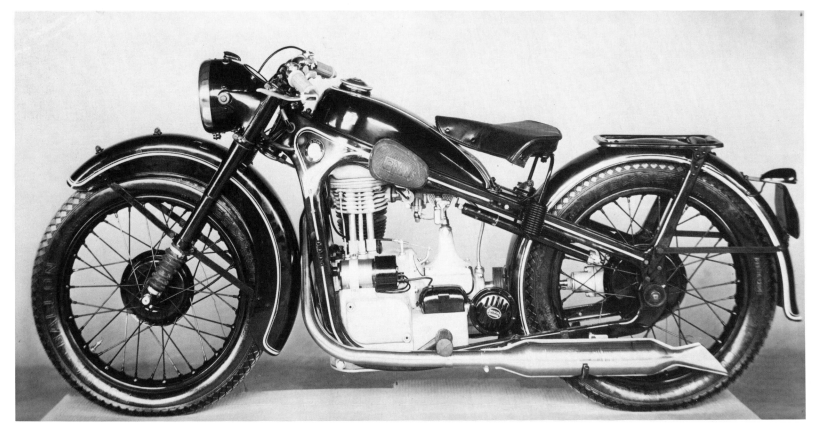

Auf der gegenüberliegenden Seite ist die R 35 in Zivil-Ausführung zu sehen, bis auf die Telegabel hat sich gegenüber der R 4 nichts geändert, die Räder waren auch hier nicht austauschbar. Der Motor entsprach der R 4 Serie V mit verringerter Bohrung, wobei der Zylinderkopf jedoch von der R 3 übernommen worden war. Rechts, die Vorderpartie erinnerte zwar an die R 12, doch handelte es sich hier um eine ungedämpfte Gabel.

Modell	BMW R 35
Produktionszeit	1937–1940
Zylinder	1
Bohrung x Hub	72 x 84 mm
Hubraum	342 ccm
Ventile	ohv
Verdichtung	6,0 : 1
Leistung	14 PS bei 4500 U/min
Vergaser	1 Sum-Dreidüsen 22 mm
Elektr. Anlage	Bosch-Batteriezündung/Lichtmaschine
Kupplung	Einscheiben, trocken
Getriebe	4-Gang, Handschaltung
Antrieb	Kardanwelle
Rahmen	Doppelschleifen-Preßstahlrahmen
Radaufhängungen	Teleskopgabel vorne, ungedämpft, hint. starr
Reifen	3,50 x 19
Bremsen	Trommelbremse
Länge	2000 mm
Breite	800 mm
Höhe	950 mm
Tankinhalt	12 l
Leergewicht	155 kg
Höchstgeschwindigkeit	100 km/h
Stückzahlen	15 386
Preis	995,– RM

Wie schon die R 4 vorher, wurde auch die R 35 mit relativ wenigen Änderungen an die Behörden geliefert. Das Finish war matt, ohne Blankteile, eine kürzere Übersetzung zur Einhaltung der Marschgeschwindigkeiten und ein Ölwannenschutz und Packtaschen vervollständigten die Ausrüstung.

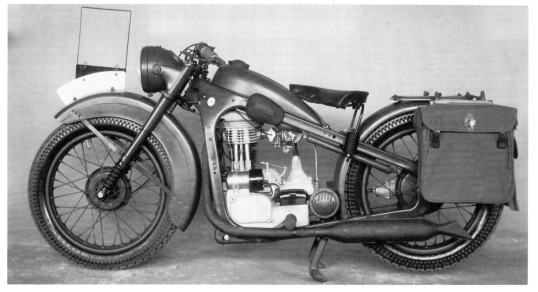

BMW R 20, R 23   1937–40

Im Frühjahr 1937 erschien auch die nach wie vor in großen Stückzahlen produzierte 200er BMW mit einem neuen Rohrrahmen und Telegabel. Für die R 20 hatte man auch einen neuen Motor, dessen Block nicht mehr so massiv wie früher wirkte und dessen Leistung um zwei PS höher lag. Obwohl die R 20 wesentlich leichter aussah als das Vorgängermodell, war sie in Wirklichkeit schwerer geworden. Im Juni 1938 löste die R 23 die führerscheinfreie 200er ab, und dieses 10 PS starke 250-ccm-Motorrad erfüllte auch weiterhin seinen Zweck als robuste Gebrauchsmaschine.

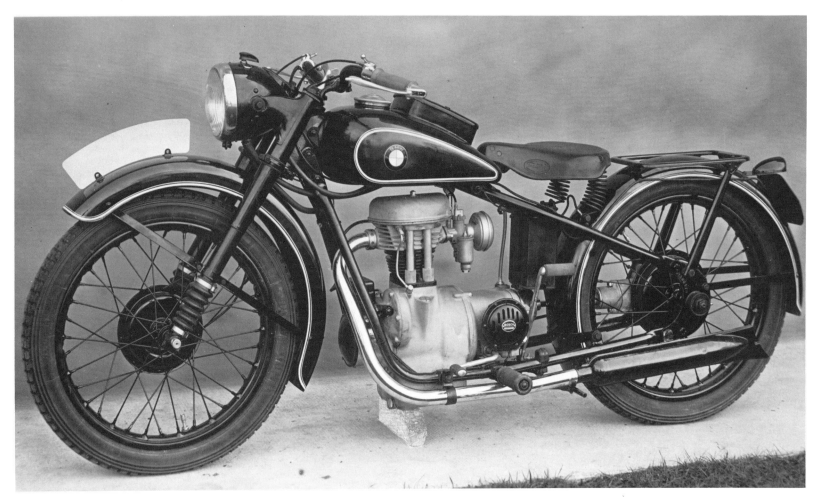

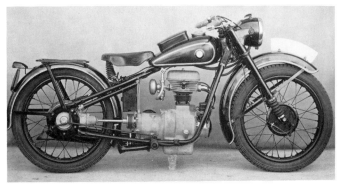

Oben und links außen, die R 20 gefiel durch ihre modernen Linien und stellte das damals wohl begehrenswerteste Motorrad der 200-ccm-Klasse dar. Links, der Rohrrahmen war im Gegensatz zu den Boxer-Typen nicht verschweißt, sondern verschraubt. Auf den Abbildungen ist ein Vorserienmodell mit Zierlinien auf den Schutzblechen zu sehen.

Ganz oben, das Nachfolgemodell R 23 unterschied sich optisch nur durch den nun versenkt eingebauten Werkzeugkasten auf dem Tank. Die kleine BMW war für die Hälfte des Preises eines Zweizylindermodells erhältlich, im Vergleich zur Konkurrenz war sie damit zwar immer noch recht teuer, aber man bekam ja eine echte BMW dafür. Oben, der Einzylindermotor für die R 20/23 war neuentwickelt worden, ebenso das nunmehr fußgeschaltete Getriebe, das jedoch auch weiterhin nur drei Gänge aufwies. Der Unterschied zwischen den beiden Maschinen lag in der vergrößerten Zylinderbohrung für die R 23.

Modell	BMW R 20	BMW R 23
Produktionszeit	1937–1938	1938–1940
Zylinder	1	
Bohrung x Hub	60 x 68 mm	68 x 68 mm
Hubraum	192 ccm	247 ccm
Ventile	ohv	
Verdichtung	6,0 : 1	
Leistung	8 PS bei 5400 U/min	10 PS bei 5400 U/min
Vergaser	1 Amal 18,2 mm	
Elektr. Anlage	Bosch-Batteriezündung/Lichtmaschine	
Kupplung	Einscheiben, trocken	
Getriebe	3-Gang, Fußschaltung	
Antrieb	Kardanwelle	
Rahmen	verschraubter Rohrrahmen	
Radaufhängungen	Teleskopgabel vorne, ungedämpft, hinten starr	
Reifen	3,00 x 19	
Bremsen	Trommelbremsen 160 mm vorne, 180 mm hinten	
Länge	2000 mm	
Breite	800 mm	
Höhe	920 mm	
Tankinhalt	12 l	9,6 l
Leergewicht	130 kg	135 kg
Höchstgeschwindigkeit	95 km/h	95 km/h
Stückzahlen	5000	9021
Preis	725,– RM	750,– RM

BMW R 51, R 66, R 61, R 71   1938–41

Nur zwei Jahre nach der Präsentation der sensationellen Neuentwicklung R 5 konnte BMW mit einer weiteren fortschrittlichen Verbesserung aufwarten, die Zweizylindermodelle bekamen eine Hinterradfederung. Aus der R 5 wurde somit die R 51 und aus der R 6 mit sv-Motor die R 61. Als Ablösung der bis dahin im Programm verbliebenen R 12/R 17-Modelle kamen die R 71 als seitengesteuerte 750-ccm-»Beiwagentouren«-Maschine und die R 66 mit einem 30 PS starken 600-ccm-ohv-Motor als »Beiwagensport«-Maschine neu auf den Markt. Die neuen Maschinen waren nur wenig teurer geworden und die R 66 lag mit 1695,– Reichsmark sogar um 280,– Reichsmark unter dem Preis der R 17. R 51 und 61 wurden vermehrt von der Polizei geordert und erfreuten sich kurze Zeit später zusammen mit der R 71 großer Beliebtheit als schnelle Kuriermaschinen bei den Wehrmachtsdienststellen. Letztere sollte mit ihrem bulligem 750er-Motor die letzte seitengesteuerte BMW bleiben.

Unten, an der R 61 ist ein neuer Schalthebel zu erkennen, welcher nun ohne Zwischengestänge direkt auf der Schaltwelle montiert ist.

Oben, eine R 61 mit Transportseitenwagen im Dienst der Reichspost, die Tanklackierung erstrahlte hier im kräftigen Post-Rot.

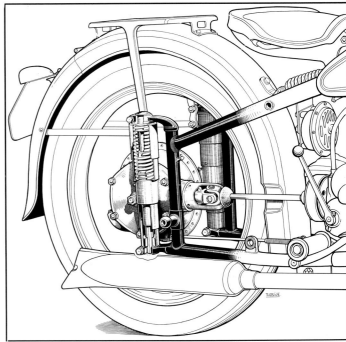

*Unten, die R 51. Auf dem retouschierten Werksfoto wurde die neu eingeführte obere Motorhalterung weggelassen.
Oben, das Antriebsaggregt der R 61. Über dem Steuerdeckel sind die Blechlaschen zur Motorabstützung zu erkennen.*

Oben rechts, eine Schemazeichnung der Geradweg-Hinterradfederung. Diese Teleskopfederung erlaubte nur einen geringen Federweg, stellte jedoch einen großen Fortschritt gegenüber den Starr-Rahmen dar.

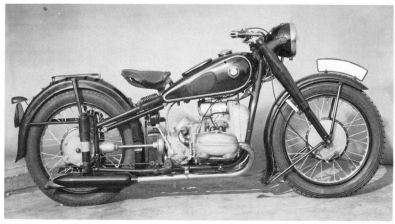

Modell	BMW R 51	BMW R 66	BMW R 61	BMW R 71
Produktionszeit	1938–1940	1938–1941	1938–1941	1938–1941
Zylinder	2			
Bohrung x Hub	68 x 68 mm	69,8 x 78 mm	70 x 78 mm	78 x 78 mm
Hubraum	494 ccm	597 ccm	597 ccm	745 ccm
Ventile	ohv		sv	
Verdichtung	6,7 : 1	6,8 : 1	5,7 : 1	5,5 : 1
Leistung	24 PS bei 5600 U/min	30 PS bei 5300 U/min	18 PS bei 4800 U/min	22 PS bei 4600 U/min
Vergaser	2 Amal 22,2 mm	2 Amal 23,8 mm	2 Amal 22,2 mm	2 Graetzin 24 mm
Elektr. Anlage	Bosch-Batteriezündung / Lichtmaschine			
Kupplung	Einscheiben, trocken			
Getriebe	4-Gang, Fußschaltung, auf Wunsch zusätzlich Handschaltung			
Antrieb	Kardanwelle			
Rahmen	Doppelschleifen-Rohrrahmen			
Radaufhängungen	Teleskopgabel vorne, Geradwegfederung hinten			
Reifen	3,50 x 19			
Bremsen	Trommelbremsen 200 mm vorne und hinten			
Länge	2130 mm			
Breite	815 mm			
Höhe	960 mm			
Tankinhalt	14 l			
Leergewicht	182 kg	187 kg	184 kg	187 kg
Höchstgeschwindigkeit	140 km/h	145 km/h	115 km/h	125 km/h
Stückzahlen	3775	1669	3747	3458
Preis	1595,– RM	1695,– RM	1420,– RM	1585,– RM

Links oben ist der Zylinderkopf der R 66 mit abgenommenem Ventildeckel zu sehen. Deutlich erkennt man die kräftigen Kipphebel-Lagerböcke, die Bestandteil der Gußform des Zylinderkopfes sind. Ebenso wurden die Haarnadel-Ventilfedern aus der Rennsport-Erfahrung mit übernommen. Die Köpfe waren bei der ersten Serie noch nicht in den Schmierkreislauf einbezogen, sie besaßen einen eigenen Öl-Vorrat. Ganz oben, der R 66-Motor. Auffallend sind die nach vorne geneigten Zylinderköpfe. Oben, die R 66 stellte das Top-Modell der letzten Vorkriegs-Modellserie dar. Der Motor basierte jedoch nicht auf dem 500er-Aggregat, sondern vielmehr auf dem Seitenventiler mit nur einer zentralen Nockenwelle.

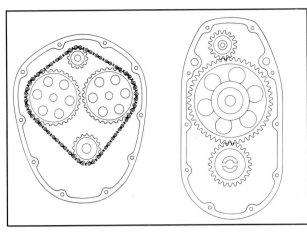

Oben in der Zeichnung ist der Hauptunterschied der beiden Motor-Baureihen verdeutlicht. Die R 5/R 51 besaß zwei Nockenwellen mit Kettenantrieb, alle anderen Motoren hatten wie früher eine Nockenwelle mit Stirnradantrieb. Im übrigen wiesen diese Motoren eine Kurbelwelle mit 78 mm Hub auf, was die beiden 600er zu Langhubern geraten ließ.

Rechts oben, eine weitere Aufnahme der R 66. Unten sieht man nochmals die stabile Anbringung der »Hirafe«. Die anderen drei Bilder zeigen die R 71 mit dem großen 750er-Motor. Dieser hatte zur besseren Wärmeableitung wieder die früheren Zylinderkopfdeckel bekommen. Die Fußschaltung weist auf einen Prototyp von 1937/38 hin.

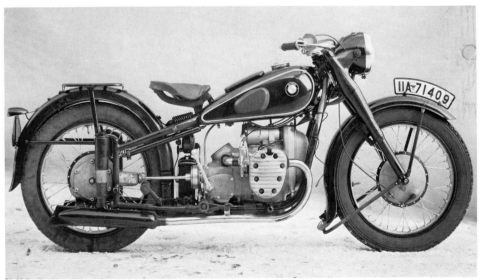

BMW R 75 1941–44

Die in großer Zahl bei der Wehrmacht vorhandenen BMW R 12-Gespanne waren nur bedingt geländetauglich und zeigten schon bald nach Kriegsbeginn die Grenzen ihrer Einsatzmöglichkeiten auf. Man hatte bereits vorher an Spezialfahrzeugen gearbeitet, doch nun lagen detaillierte Anforderungen des Heeres vor, worauf man bei BMW in immer engerer Zusammenarbeit mit Zündapp das sogenannte überschwere Beiwagenkrad R 75 entwickelte. Zahlreiche neuartige Details führten zu einem umgemein vielseitigen Motorrad-Gespann mit angetriebenem Seitenwagenrad, Geländeübersetzung und Rückwärtsgang, hoher Zuladefähigkeit und einem enorm standfesten Motor.

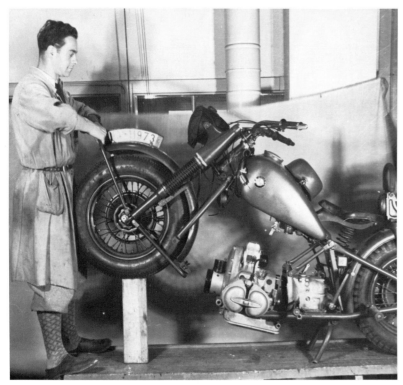

Oben, der verschraubte Rahmen der R 75 erlaubte einen schnellen Motorausbau. Ganz oben rechts ist unter dem Schwingsattel die Mischbauweise des Rahmens zu erkennen, an das starke Oberrohr sind Profile und Rohre angeschraubt. Rechts: an der R 75-Telegabel hatte man gegenüber den bisherigen Modellen einige Verbesserungen vorgenommen, die hydraulische Dämpfung wirkte nun durch ein zweites Ventil im Stoßdämpferrohr in beide Richtungen und außerdem hatte man natürlich die Bauteile entsprechend verstärkt.

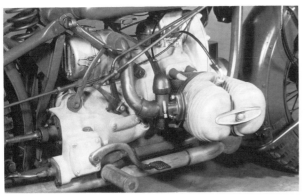

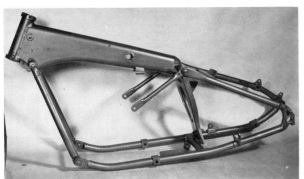

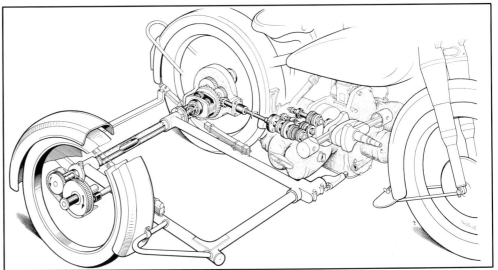

Links, das R 75-Antriebsaggregat. Das komplizierte Gestänge am Getriebe betätigt Geländeuntersetzung und Rückwärtsgang sowie die Differentialsperre. Unten, das Antriebsschema der R 75. Mitte links, der Rahmen. Ganz unten ist die letzte Version der R 75 zu sehen, die Verbesserungen betrafen den schmutzsicheren Luftfilter auf dem Tank, Gummimanschetten an der Gabel und flache Schutzbleche. An den Lenkerenden ist die Warmluftzufuhr von den Auspuffkrümmern zu erkennen.

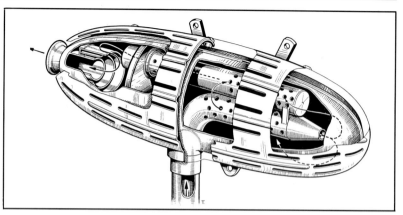

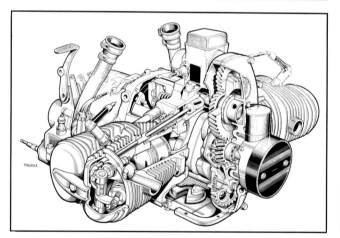

Modell	BMW R 75
Produktionszeit	1941–1944
Zylinder	2
Bohrung x Hub	78 x 78 mm
Hubraum	745 ccm
Ventile	ohv
Verdichtung	5,8 : 1
Leistung	26 PS bei 4000 U/min
Vergaser	2 Graetzin 24 mm
Elektr. Anlage	Noris-Magnetzündung m. Fliehkraftversteller Noris-6 V-Lichtmaschine
Kupplung	Einscheiben, trocken
Getriebe	4-Gang, Fuß- und Handschaltung Gelände-Untersetzung und Rückwärtsgang
Antrieb	Kardanwelle Seitenwagen-Antrieb mit Sperrdifferential
Rahmen	verschraubter Rohrrahmen
Radaufhängungen	Teleskopgabel vorne, hinten starr Blattfedern am Seitenwagen
Bremsen	Trommelbremsen 250 mm, vorne mechanisch, hinten und Seitenwagen hydraulisch
Länge	2400 mm (mit Seitenwagen)
Breite	1730 mm (mit Seitenwagen)
Höhe	1000 mm (mit Seitenwagen)
Tankinhalt	24 l
Leergewicht	420 kg (mit Seitenwagen)
Höchstgeschwindigkeit	95 km/h
Stückzahlen	über 18 000
Preis	2630,– RM (1941)

Ganz oben, der im Herbst 1942 eingeführte wirkungsvollere Luftfilter. Rechts daneben, der hochgelegte Schalldämpfer. Auf dem Bild in der Mitte ist die R 75 in ihrer ursprünglichen Ausführung zu sehen, wie sie im Juni 1941 in Produktion gegangen war, der Luftfilter sitzt hier auf dem Getriebe. Darunter, der 750-ccm-ohv-Motor basierte bei Entwicklungsbeginn zunächst auf dem R 71-Aggregat, gegenüber diesem Seitenventiler war jedoch einiges geändert worden. Der Zündmagnet ist oben auf dem Gehäuse zu sehen, vorne auf dem Räderkasten sitzt die Lichtmaschine.

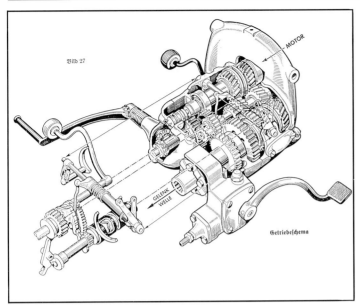

Links, das R 75-Getriebe. Die vier Vorwärtsgänge wurden per Fußhebel eingelegt, der ebenfalls auf der linken Seite angebrachte Kickstarter bewegte sich wie bei den ersten BMW wieder in Längsrichtung. Der Hebel auf der rechten Seite betätigte die hydraulischen Bremsen an Hinterrad und Seitenwagen. Darunter, das kompakte R 75-Aggregat von der Kupplungsseite. Ganz unten erkennt man die enorme Bodenfreiheit des Gespanns. Die R 75 mit dem Einheitsseitenwagen BW 43, wie sie rechts unten zu sehen ist, wog in dieser Ausführung einsatzbereit 420 kg. Darunter, das selbe Gespann. Man sieht deutlich die breite Spezialbereifung.

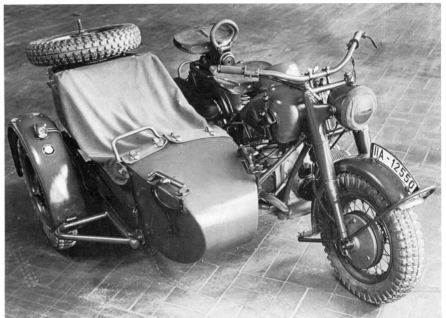

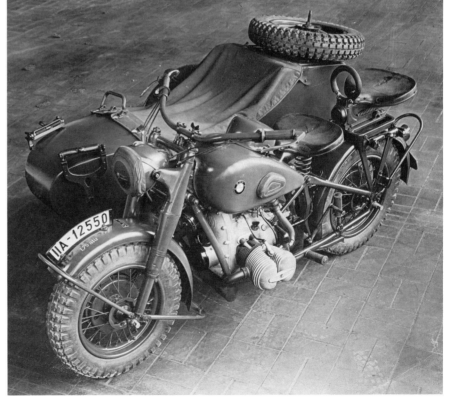

BMW R 24, R 25, R 25/2, R 25/3   1948–56

Im März 1948 konnte BMW mit der R 24 auf dem Genfer Salon erstmals wieder von sich reden machen. Das auf der Vorkriegs-R 23 basierende, aber mit einem Viergranggetriebe ausgestattete Motorrad wurde vor Ablauf des Jahres in Produktion genommen und stieß auf rege Nachfrage. Ab September 1950 folgte die R 25 mit Hinterradfederung und ein Jahr später die weiter verbesserte R 25/2. Inzwischen hatte sich die 250er BMW zu einem Marktrenner entwickelt, bis Ende 1952 hatte man bereits 62 000 Exemplare hergestellt. 1953 folgte dann mit der R 25/3 das bis heute meistgebaute BMW-Modell aller Zeiten, eine weiter verfeinerte und höchst ausgereifte Konstruktion.

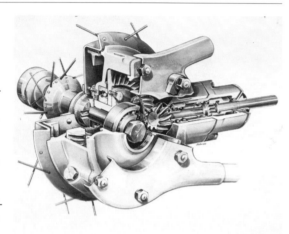

Rechts, der Hinterradantrieb der R 24 wurde wieder in einem Preßstahlprofil verschraubt. Unten, das Fahrwerk stammte von der R 23. Rechts außen, die optischen Unterschiede liegen bei dem neuen Zylinderkopf mit eingegossenen Stoßstangenrohren und dem zweiteiligen, durch einen Bügel gehaltenen Ventildeckel.

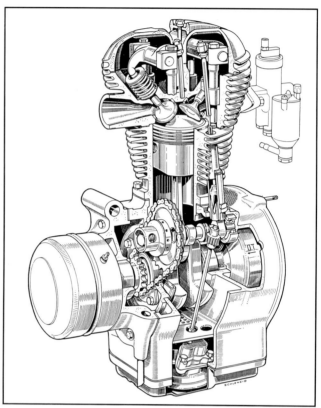

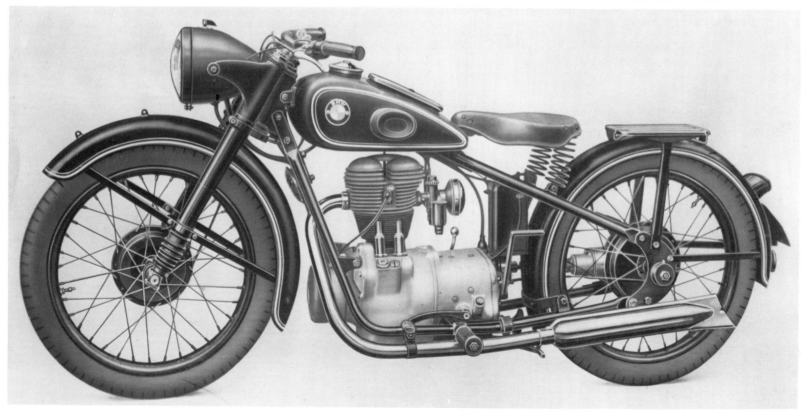

Links, der R 24-Motor. Für die R 25 wurden Einlaßventil und -kanal um 2 mm vergrößert, die Kurbelwelle verstärkt und die Stößelführungen verschraubt statt eingesteckt. Daneben ist die wichtigste Neuerung der R 25 zu sehen, die Hinterradfederung nach dem Vorbild der Vorkriegs-Zweizylinder. Auf den beiden Ansichten der R 25 von 1950 sind der verschweißte Rahmen mit Hinterradfederung, das voluminöse Vorderrad-Schutzblech und der neue Schwingsattel als deutliche Unterschiede zur R 24 zu erkennen.

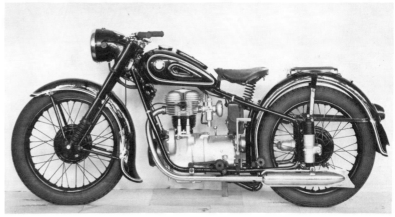
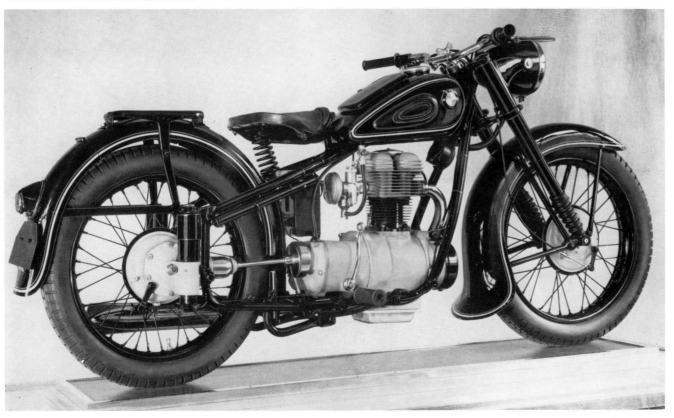

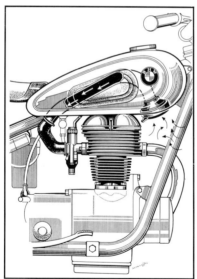

Oben, die R 25/3 von 1953, sie hat Vollnaben-Bremsen, Leichtmetall-Felgen, eine hydraulisch gedämpfte Telegabel ohne Faltenbälge, einen neuen Tank mit dem Werkzeugfach hinter dem linken Kniekissen. Rechts und rechts außen: Maßnahmen zur Leistungssteigerung und auch zur Erzielung einer noch besseren Standfestigkeit stellten die Verlängerung des Luftansaugwegs und die Schwärzung des Zylinderkopfs dar. Unten, eine R 25/2-Versuchsmaschine mit neuem Tank, neuer Gabel und Schalldämpfer.

Modell	BMW R 24	BMW R 25	BMW R 25/2	BMW R 25/3
Produktionszeit	1948–1950	1950–1951	1951–1954	1953–1956
Zylinder	1			
Bohrung x Hub	68 x 68 mm			
Hubraum	247 ccm			
Ventile	ohv			
Verdichtung	6,75 : 1	6,5 : 1		7,0 : 1
Leistung	12 PS bei 5600 U/min			13 PS bei 5800 U/min
Vergaser	1 Bing 22 mm	1 Bing 24 mm	1 Bing 22 mm (oder SAWE 22 mm)	1 Bing 24 mm (oder SAWE 24 mm)
Elektr. Anlage	Noris-Lichtbatteriezündung			
Kupplung	Einscheiben, trocken			
Getriebe	4-Gang, Fußschaltung			
Antrieb	Kardanwelle			
Rahmen	verschraubter Rohrrahmen	verschweißter Rohrrahmen		
Radaufhängungen	Teleskopgabel vorne	Geradwegfederung hinten		hydraulisch gedämpft
Reifen	3,00 x 19	3,25 x 19		3,25 x 18
Bremsen	Trommelbremsen 160 mm vorne und hinten			Vollnaben-Bremsen
Länge	2020 mm	2073 mm	2020 mm	2065 mm
Breite	750 mm		790 mm	760 mm
Höhe	710 mm (Sattel)		730 mm (Sattel)	
Tankinhalt	12 l			
Leergewicht	130 kg	140 kg	142 kg	150 kg
Höchstgeschwindigkeit	95 km/h	97 km/h	105 km/h	119 km/h
Stückzahlen	12 020	23 400	38 651	47 700
Preis	1750,– DM	1750,– DM	1990,– DM	2060,– DM

Die R 25/2 von 1951 ist optisch nur am vorderen Schutzblech und dem neuen Sattel von der R 25 zu unterscheiden, denn hier wurde der vordere Bügel außen befestigt und die Zierlinie weiter innen aufgetragen. Doch man hatte auch viele technische Kleinigkeiten geändert, wobei die wichtigsten den Zylinderkopf betrafen. Man war bei der Größe des Einlaßventils wieder auf die 32 mm der R 24 zurückgekommen und hatte auch die Kipphebel geändert.

BMW R 51/2 1950–51

Nach der Aufhebung des Hubraumlimits von 350 ccm durch die Alliierten entstand bei BMW bald wieder ein traditionelles 500er-Modell mit dem Zweizylinder-Boxermotor. Bei der ab Anfang 1950 erhältlichen R 51/2 war schon an der Typenbezeichnung die nahe Verwandtschaft zur R 51 des Jahres 1938 zu erkennen. Abgesehen von den Zylinderköpfen aus dem 250-ccm-Modell, schräggestellten Bing-Vergasern und einem weiter geschwungenen Vorderrad-Schutzblech waren kaum Unterschiede festzustellen. Die erste Nachkriegs-500er fand auch im Export guten Absatz.

Unten, das erste Unterscheidungsmerkmal der R 51/2 stellten die neuen Ventildeckel dar. Am Rahmen war eine Strebe vor dem Hinterrad eingefügt.

Rechts, der Motorblock der R 51/2. Neu sind die schrägen Vergaser und die Abdeckhaube auf dem Luftfilter. (Auf den Bildern ist noch ein Prototyp zu sehen.)

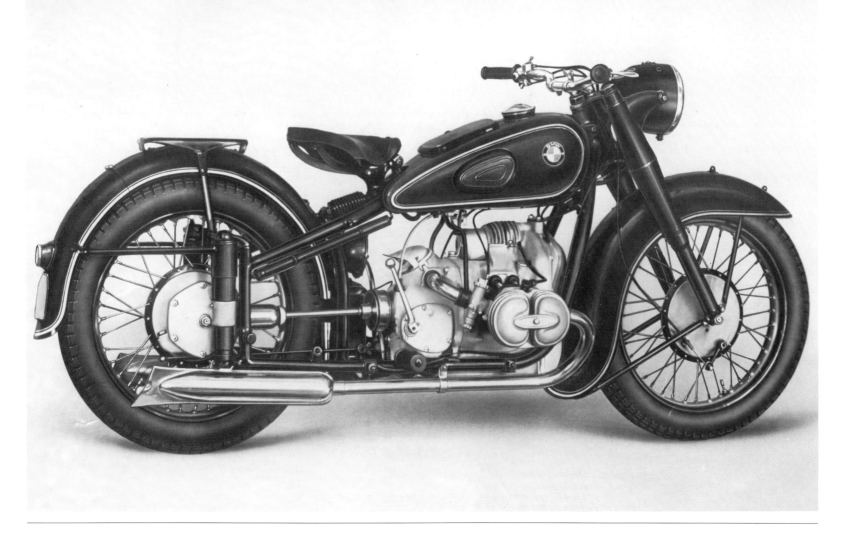

Modell	BMW R 51/2
Produktionszeit	1950–1951
Zylinder	2
Bohrung x Hub	68 x 68 mm
Hubraum	494 ccm
Ventile	ohv
Verdichtung	6,3 : 1
Leistung	24 PS bei 5800 U/min
Vergaser	2 Bing 22 mm
Elektr. Anlage	Bosch-Batteriezündung/Lichtmaschine
Kupplung	Einscheiben, trocken
Getriebe	4-Gang, Fußschaltung
Antrieb	Kardanwelle
Rahmen	verschweißter Rohrrahmen
Radaufhängungen	Teleskopgabel vorne Geradwegfederung hinten
Reifen	3,50 x 19
Bremsen	Trommelbremsen 200 mm vorne und hinten
Länge	2130 mm
Breite	815 mm
Höhe	720 mm (Sattel)
Tankinhalt	14 l
Leergewicht	185 kg
Höchstgeschwindigkeit	140 km/h
Stückzahlen	5000
Preis	2750,– DM

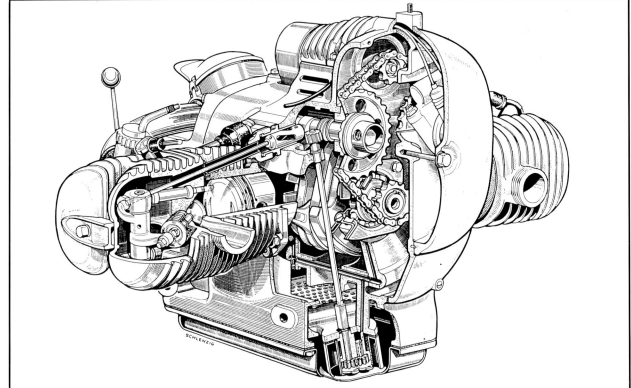

Oben rechts, auf den ersten Blick scheint nur das Schutzblech neu zu sein, doch die Telegabel hatte nun auch das doppeltwirkende Dämpfungssystem der R 75 bekommen. Nebenstehend in der Motor-Zeichnung sind die neuen Zylinderköpfe mit eingeschraubten Kipphebel-Lagerböcken, Schraubenfedern und einzelnen Ventildeckeln zu sehen.

BMW R 51/3, R 67　　　　　　　1951–56

Bereits ein Jahr nach der Vorstellung der ersten Nachkriegs-500er gab es bei BMW schon wieder zwei neue Modelle. Die R 51/3 und R 67 warteten mit neuen Motoren im bekannten Fahrgestell auf. 1952 folgten dann die ersten Verbesserungen, die Seitenwagen-600er bekam zwei PS mehr, auch wurden Duplex-Bremsen an den Vorderrädern eingeführt. Die 500er BMW verkaufte sich ausgezeichnet und galt als stehfeste Reisemaschine, deren Vorzüge nicht bei einer hohen Spitzenleistung, sondern vielmehr bei enorm hohen Laufleistungen zu suchen waren.

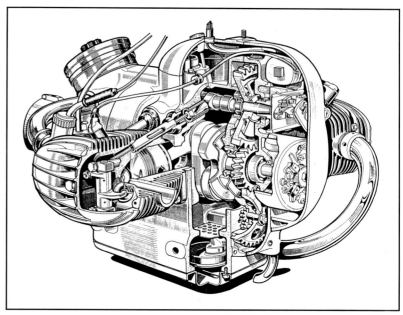

Oben, der R 51/3-Motor im Schnitt. Wie bei den Parallelmodellen zur Vorkriegs-R 51 war man auch hier wieder zur zentralen Zahnrad-getriebenen Nockenwelle zurückgekehrt. Die Lichtmaschine saß nun auf dem vorderen Kurbelwellenstumpf und der Magnetzünder wurde von der Nockenwelle angetrieben. Links, die R 51/3 hatte in der ersten Ausführung ein anderes, schwarz lackiertes Luftfiltergehäuse. Der Ventildeckel war nun wieder einteilig. Der einzige erkennbare Unterschied zwischen R 51/3 und R 67 ist am Zylinder zu sehen, wo bei den größeren 600er Zylindern die Rippen vorne spitz zulaufen. Unten: So wurde die R 51/3 Anfang 1951 vorgestellt.

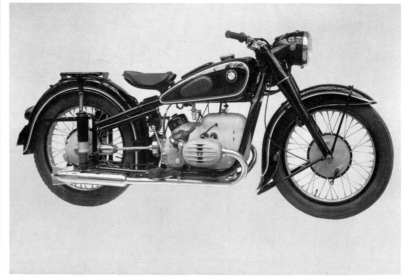

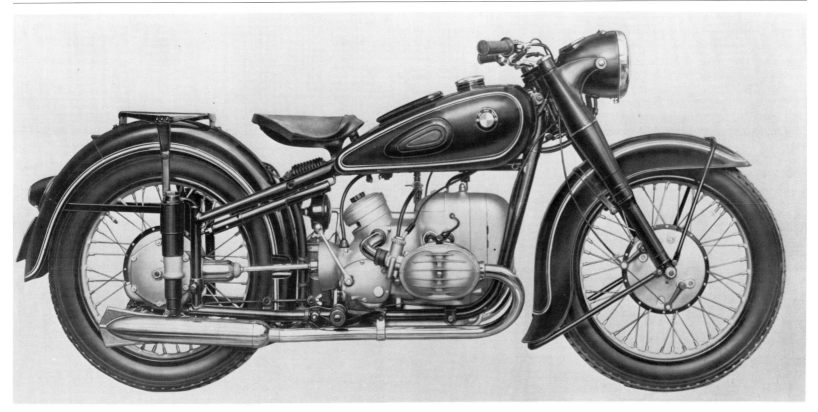

Oben, die 190 kg schwere R 51/3 und auch das 600er Parallelmodell wurden ab 1952 mit wirkungsvollen Duplex-Bremsen im Vorderrad ausgestattet. In diesem Bild ist auch das geänderte Luftfilter-Gehäuse zu sehen. Unten links, das Hinterrad der 1954er Modelle. Es gab nun Vollnaben-Bremsen, Leichtmetall-Felgen und Schalldämpfer ohne Fischschwanzenden. Unten rechts, eine weitere Aufnahme von der 1951er Maschine.

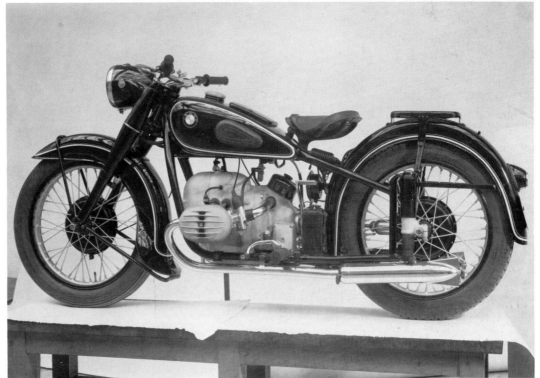

Rechts, eine R 67/2 von 1952. Der sogenannte Hilfsschalthebel am Getriebe blieb auch weiterhin erhalten. Bei diesen neuen Motoren war es den BMW-Technikern gelungen, ein Musterbeispiel von einem sauberen glatten Motorblock zu schaffen. Der Pagusa-Schwingsattel ermöglichte im Verein mit der Geradweghinterradfederung ein bequemes Fahren. Unten, die R 67/2 von 1954 in ihrer modernisierten Ausführung. Darunter, ein R 67/2-Gespann von 1952 mit dem Steib-BMW-»Spezial«-Seitenwagen. Unten rechts, ein R 67/2-Polizei-Gespann von 1952 mit Funkausrüstung im Seitenwagen, Geländereifen und -auspuffanlage, Suchscheinwerfer und Sturzbügel. Es wurde den französischen Behörden angeboten.

Modell	BMW R 51/3	BMW R 67	BMW R 67/2	BMW R 67/3
Produktionszeit	1951–1954	1951	1952–1954	1955–1956
Zylinder	2			
Bohrung x Hub	68 x 68 mm	72 x 73 mm		
Hubraum	494 ccm	594 ccm		
Ventile	ohv			
Verdichtung	6,3 : 1	5,6 : 1		
Leistung	24 PS bei 5800 U/min	26 PS bei 5500 U/min	28 PS bei 5600 U/min	
Vergaser	2 Bing 22 mm	2 Bing 24 mm		
Elektr. Anlage	Noris-Magnetzündung/Lichtmaschine			
Kupplung	Einscheiben, trocken			
Getriebe	4-Gang, Fußschaltung			
Antrieb	Kardanwelle			
Rahmen	verschweißter Rohrrahmen			
Radaufhängungen	Teleskopgabel vorne, Geradwegfederung hinten			
Reifen	3,50 x 19			4,00 x 18 hinten
Bremsen	Trommelbremsen 200 mm (1952: Duplex vorne; 1954: Vollnaben)			
Länge	2130 mm			
Breite	790 mm			
Höhe	720 mm (Sattel)			
Tankinhalt	17 l			
Leergewicht	190 kg	192 kg		
Höchstgeschwindigkeit	140 km/h	145 km/h		
Stückzahlen	18 420	1470	4234	700
Preis	2750,– DM	2875,– DM	3235,– DM	3235,– DM

Links unten eine Schnittzeichnung BMW-Telegabel mit doppeltwirkenden ölhydraulischen Stoßdämpfern. Ebenfalls erkennbar ist der Reibscheiben-Lenkungsdämpfer am Steuerkopf mit seinem Verstellknebel vor dem Lenker.
Daneben ist ein R 67/2-Gespann zu sehen. Das Nachfolgemodell R 67/3 war nur noch in Gespann-Ausführung lieferbar, hatte aber bereits die geänderten Radnaben der Schwingenmodelle.

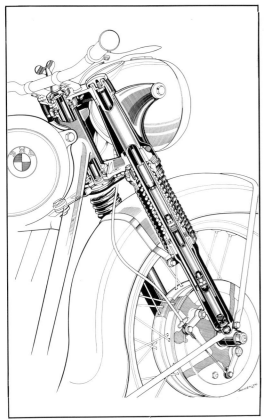

BMW R 68   1952–54

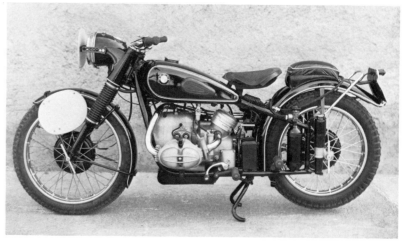

Einem vielfach, vor allem auch im Ausland geäußerten Wunsch entsprach BMW mit der ab Sommer 1952 erhältlichen R 68. Diese sportliche und leistungsstarke 600-ccm-Solomaschine hatte sich schon im Geländeeinsatz bewährt und stand nun den Liebhabern schneller und teurer Motorräder der Spitzenklasse zur Verfügung. Die erzielbare Geschwindigkeit ließ die R 68 international unter dem Begriff »Hundert-Meilen-Renner« bekannt werden, sie wurde allerorten für ihre außerordentliche Elastizität in Verbindung mit der hohen Leistung gelobt.

Oben, in dieser Geländeausführung erlebte die R 68 ihr Debüt bei der Internationalen Alpenfahrt im Juni 1952. Links, die neuen Ventildeckel waren das Erkennungszeichen der R 68. Unten, die Maschine bestach durch ihre sportliche Linie mit schmalen Schutzblechen und Lenker, sowie dem »Rennbrötchen«-Sitzkissen auf dem hinteren Schutzblech. Hier ist die 1954er Version mit Vollnaben-Bremsen und Alu-Felgen zu sehen.

Zu den Abbildungen auf der gegenüberliegenden Seite: Oben, es war beabsichtigt, die R 68 mit der hochgelegten Auspuffanlage auszuliefern, sie war jedoch dann nur auf Wunsch erhältlich. Darunter, die Serienversion von 1952/53. Unten links, die neuen Ventildeckel ließen den Motorblock noch eleganter erscheinen. Rechts unten, an der Telegabel der R 68 verwendete man anfangs noch Blechhülsen.

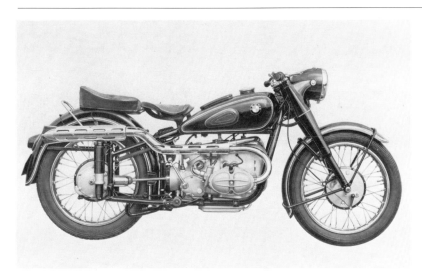

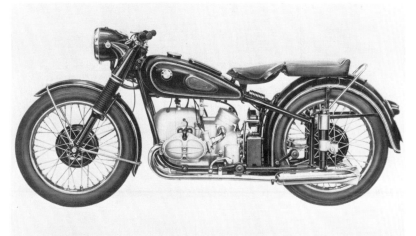

Modell	BMW R 68
Produktionszeit	1952–1954
Zylinder	2
Bohrung x Hub	72 x 73 mm
Hubraum	594 ccm
Ventile	ohv
Verdichtung	7,5 : 1
Leistung	35 PS bei 7000 U/min
Vergaser	2 Bing 26 mm
Elektr. Anlage	Noris-Magnetzündung/Lichtmaschine
Kupplung	Einscheiben, trocken
Getriebe	4-Gang, Fußschaltung
Antrieb	Kardanwelle
Rahmen	verschweißter Rohrrahmen
Radaufhängungen	Teleskopgabel vorne Geradewegfederung hinten
Reifen	3,50 x 19
Bremsen	Duplex-Trommelbremse 200 mm vorne Trommelbremse hinten (1954 Vollnaben)
Länge	2150 mm
Breite	790 mm
Höhe	725 mm (Sattel)
Tankinhalt	17 l
Leergewicht	193 kg
Höchstgeschwindigkeit	160 km/h
Stückzahlen	1452
Preis	3950,– DM

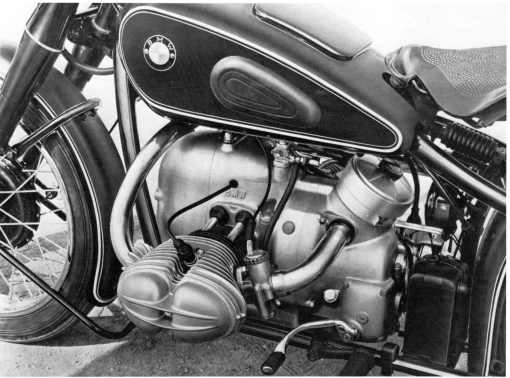

BMW RS 54   1954–55

Auf Basis der R 5 und der R 51 gab es bereits drei kleine Serien von speziellen Rennmotorrädern, für ein eigenständiges Modell schien jedoch stets der Aufwand zu groß. Umso größer war die Überraschung im Herbst 1953 als BMW den Verkauf einer neuen Rennmaschine mit Königswellen-dohc-Motor an Privatfahrer ankündigte. Direkt von der Werksmaschine 253 abgeleitet, entstanden die Motorräder - in Solo- und Gespannversion - in der Kundensportabteilung. Die Auslieferung der 24 Exemplare erstreckte sich über mehr als ein Jahr, denn jede Maschine wurden einzeln aufgebaut. Die bis in die siebziger Jahre weiterlaufende Ersatzteilversorgung für die Seitenwagenrennfahrer sowie viele Nachfertigungsaktionen außerhalb des Werks ließen die Stückzahlen an Motoren wachsen. In der Oldtimerszene wurden schon sehr viele Komplett-Nachbauten bekannt.

Im Frühjahr 1954 konnten vor der BMW-Rennwerkstatt vier RS auf einmal fotografiert werden. Im Gegensatz zur Ausstellungsmaschine auf der IFMA (S. 81) wiesen alle ausgelieferten Exemplare eine Vorderradschwinge auf. Rennfertig, wie auf den beiden Werksfotos unten und auf der gegenüberliegenden Seite zu sehen, gelangten die Motorräder in die Hand der Kunden.

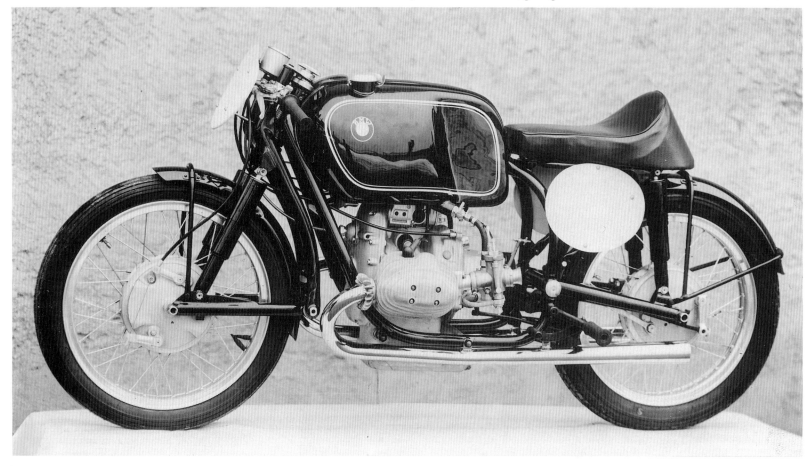

Modell	BMW RS 54
Produktionszeit	1954-1955
Zylinder	2
Bohrung x Hub	66 x 72 mm
Hubraum	492 ccm
Ventile	dohc
Verdichtung	8:1
Leistung	45 PS bei 8000/min
Vergaser	2 Fischer-Amal R 2A 30 mm
Elektr. Anlage	Bosch-Zündmagnet
Kupplung	Einscheiben, trocken
Getriebe	4-Gang, Fußschaltung
Antrieb	Kardanwelle
Rahmen	Doppelschleifen-Rohrrahmen
Radaufhängungen	Langarmschwingen mit Federbeinen vorne und hinten
Reifen	3,00 x 19 vorne, 3,50 x 19 hinten
Bremsen	Trommelbremsen 200 mm vorne (Duplex) und hinten
Länge	2030 mm
Breite	600 mm (Lenker)
Höhe	700 mm (Sattel)
Tankinhalt	24 l
Leergewicht	132 kg
Höchstgeschwindigkeit	200 km/h
Stückzahlen	24

Eine beliebte Verbesserung an der vorderen Duplex-Trommelbremse stellte die Belüftungsscheibe an der rechten Seite dar, hier an der Maschine, die der Münchener Hartmut Allner 1962 einsetzte.

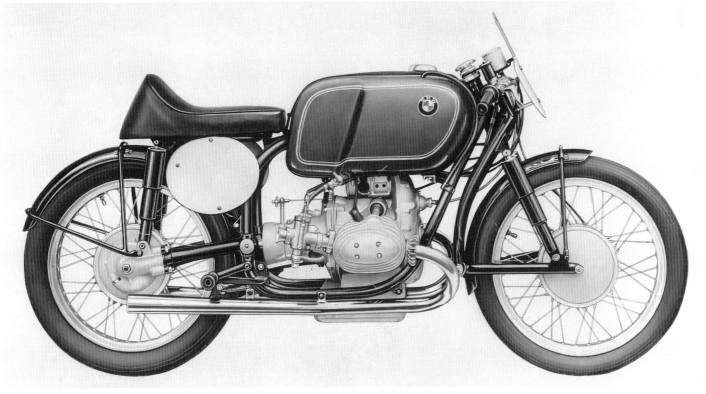

Mit den Original-Vergasern, lief die BMW RS nicht sehr zufriedenstellend, viele Besitzer wechselten deshalb schnell auf größere Instrumente von Dell'Orto. Bei gleichzeitig erhöhtem Verdichtungsverhältnis auf 10:1 wurde eine Leistungssteigerung auf gut 50 PS bei 8500 U/min erreicht.

BMW R 50, R 69, R 60, R 60/2   1955–69

Die Erfahrungen aus dem Rennbetrieb machte man sich bei BMW zunutze, als man für das Modelljahr 1955 ein völlig neues Fahrwerk für die Zweizylindertypen entwickelte. Der »Vollschwingrahmen« wies neben einer modernen Hinterradschwinge auch die sogenannte Earles-Vordergabel auf, eine geschobene Langarmschwinge mit Federbeinen. Man hatte auch hier wieder einen großen konstruktiven Aufwand getrieben und überall Kegelrollenlager verwendet, was sich in einer ausgezeichneten Straßenlage niederschlug. In ihrer 14jährigen Produktionszeit wurden diese Modelle zu den klassischen BMWs schlechthin.

Unten, die R 50 in USA-Ausführung mit höherem Lenker und Sitzbank (auf Wunsch auch bei den Inlands-Modellen erhältlich). Das große Rücklicht wurde 1956/57 eingeführt. Der R 50-Motor stammte aus dem Vorgängermodell R 51/3, geringfügige Änderungen ließen die Leistung um zwei PS ansteigen.

Rechts, die neue BMW-Vordergabel. Die Dreiecks-Langschwinge nach dem Vorbild des englischen Konstrukteurs Ernie Earles wies langhubige hydraulisch gedämpfte Federbeine auf. Eine äußerst exakte Radführung wurde durch Kegelrollenlager, sowohl am Schwingarm als auch an den Rädern gewährleistet.

Oben, eine R 50/2 oder R 60/2 der Baujahre ab 1962 mit Blinkleuchten an den Lenkerenden. Unten, ein Modell von 1955 mit kleinerem Rücklicht. Die 500er und 600er Tourenmaschinen waren optisch weiterhin nur an der Zylinderverrippung zu unterscheiden. Die R 60 war 1956 als Ablösung der R 67/3-Gespannmaschine ins Programm gekommen. Im Zuge einiger Änderungen, wie verstärkte Kurbel- und Nockenwellen, setzte man die Leistung des 600er Motors um zwei PS herauf und änderte 1960 die Typenbezeichnungen auf R 50/2 und R 60/2 um. Unten rechts, eine R 50 mit der ab 1967 für die US-Version gefertigten Telegabel.

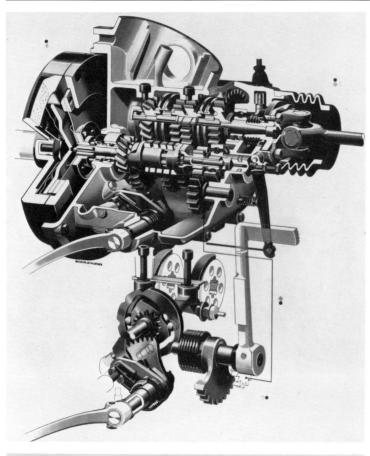

Außen links, das neue Dreiwellen-Getriebe mit Ruckdämpfer auf der Hauptwelle. Ebenfalls neu an den Schwingenmodellen war die über eine Tellerfeder betätigte Kupplung. Darunter, Rahmenheck und Antrieb. Die Kardanwelle wies nun vorne das Kreuzgelenk und hinten ein Schiebestück auf, sie lief dicht verkapselt im Ölbad innerhalb des Schwingenholms. Das Federbein war in einer, am Rahmen verschweißten Hülse fixiert. Links, mit dem schmalen Lenker war die Schwingenmaschine leicht zu dirigieren, der Drehknopf auf dem Lenkkopf gehörte zum Lenkungsdämpfer. Unten, der R 68-Motor wurde in der R 69 weiterverwendet. Der Zylinderkopf wies hier sechs Bolzen auf, unter dem in der Verrippung geänderten Ventildeckel arbeiteten die Kipphebel auf Nadellagern.

Wie die R 68 vorher, galt auch die R 69 wieder als sportliches Topmodell im BMW-Programm. Sie war jedoch optisch nur noch an den Ventildeckeln und dem Sitzkissen auf dem hinteren Schutzblech zu unterscheiden.

Modell	BMW R 50 (50/2)	BMW R 69	BMW R 60	BMW R 60/2
Produktionszeit	1955–1969	1955–1960	1956–1960	1960–1969
Zylinder	2			
Bohrung x Hub	68 x 68 mm	72 x 73 mm		
Hubraum	494 ccm	594 ccm		
Ventile	ohv			
Verdichtung	6,8 : 1	8 : 1	6,5 : 1	7,5 : 1
Leistung	26 PS bei 5800 U/min	35 PS bei 6800 U/min	28 PS bei 5600 U/min	30 PS bei 5800 U/min
Vergaser	2 Bing 24 mm	2 Bing 26 mm	2 Bing 24 mm	
Elektr. Anlage	Noris-Magnetzünder/Lichtmaschine			
Kupplung	Einscheiben-Tellerfeder, trocken			
Getriebe	4-Gang, Fußschaltung			
Antrieb	Kardanwelle			
Rahmen	verschweißter Rohrrahmen			
Radaufhängungen	Langarmschwinge mit Federbeinen vorne und hinten (ab 1967: US-Modell mit Telegabel)			
Reifen	3,50 x 18			
Bremsen	Vollnaben-Trommelbremsen 200 mm (Duplex vorne)			
Länge	2125 mm			
Breite	660 mm			
Höhe	725 mm (Sattel)			
Tankinhalt	17 l			
Leergewicht	195 kg	202 kg	195 kg	198 kg
Höchstgeschwindigkeit	140 km/h	165 km/h	145 km/h	150 km/h
Stückzahl	13 510 (50/2: 19 036)	2956	3530	17 306
Preis	3050,– DM	3950,– DM	3235,– DM	3315,– DM

BMW R 26, R 27   1956–66

Ein Jahr nach der Präsentation des »BMW-Vollschwingrahmens« wurde auch das 250-ccm-Modell mit dem neuen Fahrwerk ausgestattet. Die als »Tourensport-Maschine« bezeichnete R 26 glänzte mit ihrem leistungsgesteigerten Motor und einem komfortablen und sicheren Fahrverhalten. Mehr als einmal wurde dabei die angegebene PS-Leistung in Frage gestellt, denn man war mit dieser 250er BMW recht flott motorisiert, und die R 26 wurde auf Anhieb zu einem ganz großen Erfolg für BMW. Mit Erstaunen wurde im September 1960, also zu einer Zeit, als das Motorrad schon sehr an Popularität verloren hatte, eine überarbeitete Einzylinder-BMW zur Kenntnis genommen. Die BMW-typische Detailentwicklung hatte bei dieser R 27 zu einer völlig neuartigen Aufhängung des Antriebsaggregates in Gummiblöcken geführt.

Oben, die R 26 in Behörden-Ausführung wie sie in großen Stückzahlen an Polizei und Grenzschutz geliefert wurde. Links, der Werkzeugkasten wanderte in dem vergrößerten Tank wieder auf die Oberseite. Unten links, die Serienversion der R 26 mit auf Wunsch erhältlicher Sitzbank und höherem Lenker. Rechts unten, eine R 26 aus der Vorserie. Am Tank ist ein Kniekissen der R 25/3 mit dem Loch für den Werkzeugkasten-Verschluß zu erkennen. Der Zylinderkopf hatte wesentlich größere Kühlrippen bekommen, doch hier führt der Auspuff-Flansch noch schräg nach unten. Schalldämpfer und Ansaugwege waren einer weiteren Feinabstimmung unterzogen worden, der um 2 mm vergrößerte Vergaser bezog die Luft nun aus einem Trockenluftfilter im Batteriekasten. Probleme bereitete indessen das anfänglich verwendete Alu-Pleuel das ohne Lagerschalen direkt auf dem Hubzapfen lief, so daß man in der Serienfertigung bald wieder auf das herkömmliche Rollenlager zurückgriff.

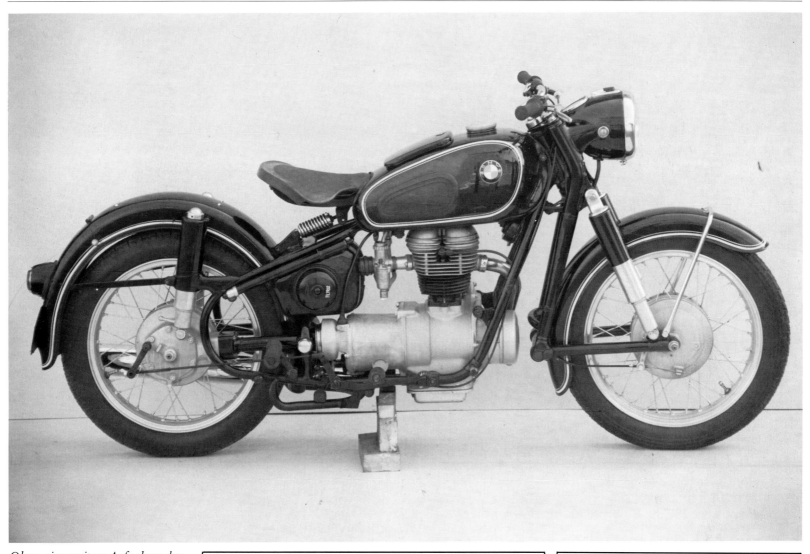

Oben, eine weitere Aufnahme der Vorserien-Maschine. Hier ist die Kappe des Knecht-Filters im Batterie- und Luftfilterkasten zu sehen. Nebenstehend, das Rahmenheck mit dem Hinterachsgetriebe. Die Versteifung über der Schwingenlagerung wurde hier nur einfach weitergeführt und die Federbeinhülsen stehen etwas schräger als bei den Boxermodellen. Ebenso war die Antriebswelle mit einer Hardyscheibe und nicht über ein Kreuzgelenk am Getriebe angeflanscht. Rechts außen, die Vorderschwinge war identisch mit jener der großen BMW, man hatte hier lediglich eine kleinere Bremse eingebaut.

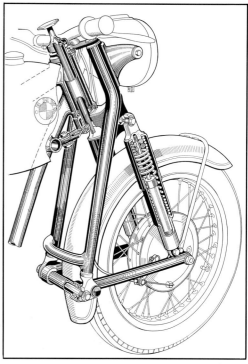

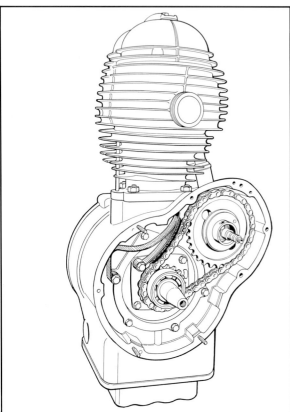

Oben, die R 27 in ihrer ersten Ausführung vom Herbst 1960. Auf den ersten Blick ist nur schwer ein Unterschied zur R 26 festzustellen. Links, ein federbelasteter Steuerkettenspanner wurde durch die Verlagerung des Unterbrechers auf die Nockenwelle notwendig. Unten, nochmals die erste R 27.

Auf der gegenüberliegenden Seite außen sind die einzelnen Gummiblöcke der Motorhalterung zu sehen: am Zylinderkopf, vorne unter dem Lichtmaschinen-Gehäuse und unten am Getriebe. Links unten, die R 27 von 1962 mit Blinkleuchten an den Lenkerenden.

Modell	BMW R 26	BMW R 27
Produktionszeit	1956–1960	1960–1966
Zylinder	1	
Bohrung x Hub	68 x 68 mm	
Hubraum	247 ccm	
Ventile	ohv	
Verdichtung	7,5 : 1	8,2 : 1
Leistung	15 PS bei 6400 U/min	18 PS bei 7400 U/min
Vergaser	1 Bing 26 mm	
Elektr. Anlage	Noris-Batteriezündung/Lichtmaschine (Bosch)	
Kupplung	Einscheiben, trocken	
Getriebe	4-Gang, Fußschaltung	
Antrieb	Kardanwelle	
Rahmen	verschweißter Rohrrahmen	
Radaufhängungen	Langarmschwinge mit Federbeinen vorne und hinten	
Reifen	3,25 x 18	
Bremsen	Vollnaben-Trommelbremsen 160 mm	
Länge	2090 mm	
Breite	660 mm	
Höhe	770 mm (Sattel)	
Tankinhalt	15 l	
Leergewicht	158 kg	162 kg
Höchstgeschwindigkeit	128 km/h	130 km/h
Stückzahlen	30 236	15 364
Preis	2150,– DM	2430,– DM

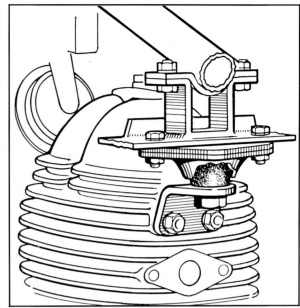

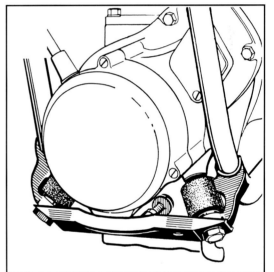

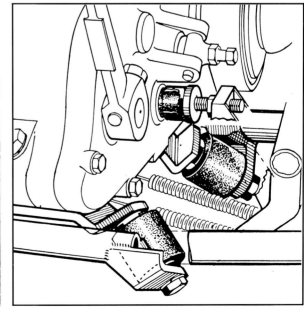

BMW R 50 S, R 69 S   1960–69

Zur Frankfurter IFMA im September 1960 präsentierte BMW zusammen mit der R 27 und den überarbeiteten Zweizylinder-Tourenmodellen zwei leistungsstarke Sportmaschinen. Nach der großen Krise im Zweiradgeschäft konnte BMW zu dieser Zeit einen Aufschwung vor allem im Export verzeichnen und hier waren imponierende Leistungsangaben gefragt. Die R 50 S konnte mit den Werten der vormaligen R 69 aufwarten und die entsprechende 600er Version, die R 69 S stieß mit ihren 42 PS gar in die Region der internationalen Spitzenmodelle vor. Man hatte jedoch bei BMW die Leistungssteigerungen nicht ohne eine ganze Reihe technischer Verbesserungen vorgenommen, so daß auch hier die Zuverlässigkeit wieder groß geschrieben werden konnte.

Rechts außen, die S-Modelle waren am großen Luftfilter erkennbar. Hier die R 50 S mit ihren kleineren Zylinderköpfen und einem Gummistutzen am Vergaser. Rechts, die R 69 S wies ab September 1963 einen Schwingungsdämpfer auf der Kurbelwelle auf. Unten, die R 69 S mit Blinkern und Sitzbank.

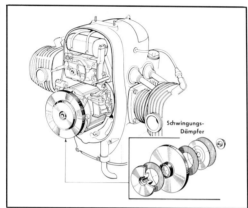

Ganz oben, bei den S-Modellen wurde ein hydraulischer Lenkungsdämpfer angebaut, erkennbar ist auch die 1960 bei allen Modellen eingeführte zusätzliche Blechstrebe am Schutzblech. Oben rechts, eine R 69 S in US-Ausführung mit hohem Lenker und breiter Sitzbank. Gegen Aufpreis wurden der 24-Liter-Tank und die Sonderlackierung geliefert. Oben, eine R 69 S mit Telegabel. In dieser Ausführung wurde diese Maschine ab 1967 ausschließlich für den USA-Export gebaut.

Modell	BMW R 50 S	BMW R 69 S
Produktionszeit	1960–1962	1960–1969
Zylinder	2	
Bohrung x Hub	68 x 68 mm	72 x 73 mm
Hubraum	494 ccm	594 ccm
Ventile	ohv	
Verdichtung	9,2 : 1	9,5 : 1
Leistung	35 PS bei 7650 U/min	42 PS bei 7000 U/min
Vergaser	2 Bing 26 mm	
Elektr. Anlage	Bosch-Magnetzündung/Lichtmaschine	
Kupplung	Einscheiben-Tellerfeder, trocken	
Getriebe	4-Gang, Fußschaltung	
Antrieb	Kardanwelle	
Rahmen	verschweißter Rohrrahmen	
Radaufhängungen	Langarmschwinge mit Federbeinen vorne und hinten (ab´1967 US-Modell mit Telegabel)	
Reifen	3,50 S x 18	
Bremsen	Vollnaben-Trommelbremsen 200 mm (Duplex vorne)	
Länge	2125 mm	
Breite	660 mm	722 mm (mit Blinkleuchten)
Höhe	725 mm (Sattel)	
Tankinhalt	17 l	
Leergewicht	198 kg	202 kg
Höchstgeschwindigkeit	160 km/h	175 km/h
Stückzahlen	1634	11 317
Preis	3535,– DM	4030,– DM

BMW R 50/5, R 60/5, R 75/5   1969–73

Gegen Ende der sechziger Jahre konnte man auf dem Motorradmarkt, ausgehend von den USA, wieder einen deutlichen Zuwachs verzeichnen. Bei BMW hatte man bereits 1964/65 mit der Entwicklung einer neuen Modellreihe begonnen, das Ergebnis wurde im Herbst 1969 in Gestalt der /5-Reihe präsentiert. Diese hochmodernen Maschinen mit ihrem hervorragenden Fahrwerk und dem in allen Punkten neu konstruierten Motor konnten sich sofort auf dem Markt etablieren und innerhalb von nur drei Jahren ließ sich die, mittlerweile nach Berlin-Spandau verlegte Produktion verfünffachen. Damit hatte sich das Motorrad auch wieder einen festen Platz innerhalb des BMW-Programms zurückerobert. In der Gunst der Käufer nahm die starke R 75/5 den höchsten Rang ein und bekräftigte die sportliche Linie.

Oben, die R 50/5 von 1969. Diese 32-PS-Maschine war in der Hauptsache als einfacher ausgestattetes Behördenmodell gedacht. Der E-Starter war hier nur gegen Aufpreis lieferbar und ebenso wie an der R 60/5 taten herkömmliche Bing-Rundschiebervergaser ihren Dienst. Links, eine Frontalansicht der R 75/5 mit US-Lenker. Die neuentwickelte Telegabel wies einen Gesamtfederweg von 214 mm auf. Unten, eine R 60/5 aus dem Baujahr 1973 mit dem 18-l-Tank in neuer Farbgebung, die Chromblenden der '72er-Modelle hatte man wieder entfernt.

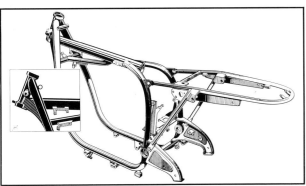

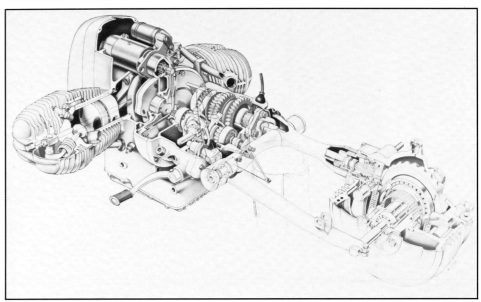

Links, eine R 50/5 mit US-Lenker. Darunter ist der Rahmen der /5-Modelle zu sehen, der aufgrund der weggefallenen Seitenwagentauglichkeit anders und vor allem leichter gestaltet werden konnte. Man verwendete auch hier wieder konisch gezogene Ovalrohre. Das Heckteil wurde angeschraubt, die Sozius-Fußrasten an stabilen Blechträgern befestigt. Unten, ein Phantombild der Antriebseinheit. Getriebe und Hinterachsantrieb waren zwar ebenfalls neue Konstruktionen, basierten jedoch auf dem Vorgängermodell. In dem hohen Motorblock befand sich nun die Nockenwelle unter der neuen Gleitlager-Kurbelwelle, oben wurde der E-Starter untergebracht. Die Leichtmetall-Zylinder mit Gußlaufbuchsen wurden über vier lange Zuganker zusammen mit den Köpfen am Gehäuse befestigt.

Rechts: 1972 wartete BMW mit einigen optischen Retuschen an den /5-Modellen auf. Auffällig waren vor allem der 18-l-Tank mit seinen Chromblenden sowie die seitlichen Abdeckungen. Sitzbank und Haltebügel waren geändert worden und die Schalldämpfer-Linie etwas begradigt. Die Typenbezeichnung am Motorgehäuse wurde durch den schwarzen Hintergrund besser hervorgehoben.

Modell	BMW R 50/5	BMW R 60/5	BMW R 75/5
Produktionszeit	1969–1973	1969–1973	1969–1973
Zylinder	2		
Bohrung x Hub	67 x 70,6 mm	73,5 x 70,6 mm	82 x 70,6 mm
Hubraum	496 ccm	599 ccm	745 ccm
Ventile	ohv		
Verdichtung	8,6 : 1	9,2 : 1	9,0 : 1
Leistung	32 PS bei 6400 U/min	40 PS bei 6400 U/min	50 PS bei 6200 U/min
Vergaser	2 Bing 26 mm		2 Bing-Gleichdruck 32 mm
Elektr. Anlage	Bosch-Batteriezündung und Drehstrom-Lichtmaschine, E-Starter (bei R 50/5 a. W.)		
Kupplung	Einscheiben-Trockenkupplung mit Membranfeder		
Getriebe	4-Gang		
Antrieb	Kardanwelle		
Rahmen	Doppelschleifen-Rohrrahmen		
Radaufhängungen	hydraulisch gedämpfte Teleskopgabel vorne, Schwinge mit hydraulisch gedämpften Federbeinen hinten		
Reifen	3,25 S x 19 vorne, 4,00 S x 18 hinten		
Bremsen	Duplex-Vollnabenbremse 200 mm vorne, Simplex-Vollnabenbremse 200 mm hinten		
Länge	2100 mm		
Breite	740 mm		
Höhe	850 mm (Sattel)		
Tankinhalt	24 l (ab 1972 auch 18 l)		
Leergewicht	185 kg	190 kg	190 kg
Höchstgeschwindigkeit	157 km/h	167 km/h	175 km/h
Stückzahlen	7865	22 721	38 370
Preis	3696,– DM	3996,– DM	4996,– DM

Oben links, die Ausstattung der neuen Motorräder ließ die typische BMW-Liebe zum Detail erkennen. Unter der aufklappbaren Sitzbank befand sich eine herausnehmbare Werkzeugschale, das hochwertige Werkzeug wurde sogar noch durch eine Luftpumpe (links am Rahmenträger) ergänzt. In der Mitte ein Blick auf das Kombi-Instrument mit Drehzahlmesser in der unteren Hälfte. Auch der Einstellknopf für den Reibungsdämpfer am Steuerkopf wurde beibehalten. Rechts, die Heckansicht mit den hochgezogenen Schalldämpfern. Die Federbeine ließen sich je nach Belastung einstellen.

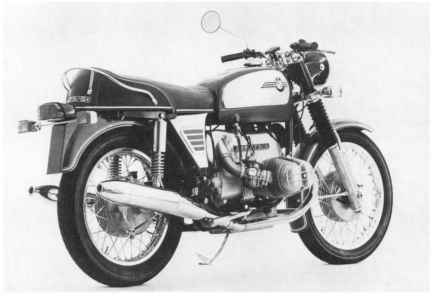

Links, der formschöne 24-l-Tank saß über einem massiv wirkenden Motorblock, die Luftfilter-Kammer hatte man jetzt harmonisch in den Block mit einbezogen. Die Gemischaufbereitung übernahmen an der R 75/5 neuentwickelte BMW-Bing-Gleichdruckvergaser mit Drosselklappe. Oben, die 1972er R 75/5, die mit ihrer blauen Grundlackierung die bayerischen Landesfarben ins Programm brachte. Die Typenbezeichnung war nun auch hinten an der Sitzbank angebracht. Links unten, eine R 75/5 mit Sturzbügel und Scheibe aus dem Zubehörprogramm. Unten, die R 75/5 der ersten Baujahre 1969–71 in silberner Lackierung mit blauen Zierstreifen wurden schon in die Reihen der berühmten Motorrad-Klassiker aufgenommen.

BMW R 90/6, R 90 S   1973–76

Im September 1973 stellte BMW eine überarbeitete Modellpalette vor, neu ins Programm kamen dabei zwei Motorräder mit 900er Motoren. Diese Hubraum-Kategorie war bei der Konstruktion der Gleitlagermotoren bereits ins Auge gefaßt worden, doch eine in Vorbereitung befindliche R 90/5 wurde 1969 wieder fallengelassen. Als R 90/6 kam diese 60-PS-Maschine nun vier Jahre später auf den Markt. Sie stand dabei jedoch im Schatten eines neuen Sportmodells, der R 90 S, die mit ihrem stärkeren Motor die 200-km/h-Grenze erreichen konnte und durch ihre sportliche Aufmachung schnell die Gunst der Käufer erlangte.

Ganz oben, das R 90 S-Cockpit wartete mit zahlreichen Neuheiten, wie Doppel-Instrumenten, neuen Schaltereinheiten und einem verstellbaren hydraulischen Lenkungsdämpfer auf. Links oben, das '75er-Modell fiel auf durch die grell-orange Lackierung auf, die neuen Lenker-Armaturen wurden mit diesem Modell eingeführt. Darunter ist die ursprüngliche Version von 1973/74 zu sehen, Cockpit-Verkleidung und Sitzbank-Bürzel wurden bald von fast allen Firmen auf dem Weltmarkt nachgeahmt. Oben, eine weitere Neuerung von 1975 waren die gelochten Bremsscheiben. Sie sollten die Bremsleistung bei Nässe verbessern und wurden auch bald überall eingeführt.

Rechts, die R 90/6 stellte eine hubraumstärkere Variante der 750er-BMW dar. Sie ist hier in der modifizierten '75er-Version zu sehen und galt als Tourenmaschine mit guten Leistungsreserven. Unten, am Motorblock der R 90 S ist der große Dell'Orto-Vergaser mit Beschleunigerpumpe zu sehen.

Modell	BMW R 90/6	BMW R 90 S
Produktionszeit	1973–1976	1973–1976
Zylinder	2	
Bohrung x Hub	90 x 70,6 mm	
Hubraum	898 ccm	
Ventile	ohv	
Verdichtung	9,0 : 1	9,5 : 1
Leistung	60 PS bei 6500 U/min	67 PS bei 7000 U/min
Vergaser	2 Bing-Gleichdruck 32 mm	2 Dell'Orto 38 mm
Elektr. Anlage	Bosch-Batteriezündung und Drehstrom-Lichtmaschine	
Kupplung	Einscheiben-Trockenkupplung mit Membranfeder	
Getriebe	5-Gang	
Antrieb	Kardanwelle	
Rahmen	Doppelschleifen-Rohrrahmen	
Radaufhängungen	Teleskopgabel vorne, Schwinge hinten	
Reifen	3,25 H x 19 vorne, 4,00 H x 18 hinten	
Bremsen	Scheibenbremse 260 mm Trommelbremse 200 mm hinten	Doppelscheibenbremse v.
Länge	2180 mm	
Breite	740 mm (Motor)	
Höhe	810 mm (Sattel)	
Tankinhalt	18 l	24 l
Leergewicht	200 kg	205 kg
Höchstgeschwindigkeit	188 km/h	200 km/h
Stückzahlen	21 070	17 455
Preis	7150,– DM	8510,– DM

BMW R 60/6, R 75/6, R 60/7, R 75/7, R 80/7

1973–84

Parallel zur Entwicklung der hubraumstärkeren Modelle hatte man jeweils auch die Standard-Versionen überarbeitet, so wurde 1973 die 500er gestrichen und R 60/6 wie R 75/6 konnten mit Scheibenbremse, Fünfgang-Getriebe sowie neuen Instrumenten aufwarten. 1976 gab es die /7-Modelle, aber diese verloren an Bedeutung und bis 1984 gab es nur noch die R 80/7 als Behördenmodell.

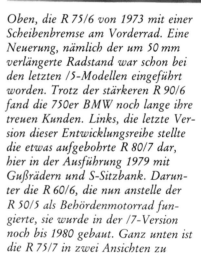

Oben, die R 75/6 von 1973 mit einer Scheibenbremse am Vorderrad. Eine Neuerung, nämlich der um 50 mm verlängerte Radstand war schon bei den letzten /5-Modellen eingeführt worden. Trotz der stärkeren R 90/6 fand die 750er BMW noch lange ihre treuen Kunden. Links, die letzte Version dieser Entwicklungsreihe stellte die etwas aufgebohrte R 80/7 dar, hier in der Ausführung 1979 mit Gußrädern und S-Sitzbank. Darunter die R 60/6, die nun anstelle der R 50/5 als Behördenmotorrad fungierte, sie wurde in der /7-Version noch bis 1980 gebaut. Ganz unten ist die R 75/7 in zwei Ansichten zu sehen. Die technischen Verbesserungen der 1000er-Maschinen kamen auch hier zum Tragen, es gab neue Ventildeckel, Bremssättel, Tanks und Signalhörner.

Rechts, die R 80/7 von 1977. In kaum veränderter Ausführung, jedoch mit einer Vielfalt von speziellen Zurüstteilen wird sie heute noch an viele Polizei-Einheiten auf der ganzen Welt geliefert. Unten, das Cockpit der /7-Modelle.

Modell	BMW R 60/6	BMW R 75/6	BMW R 60/7	BMW R 75/7	BMW R 80/7
Produktionszeit	1973–1976	1973–1976	1976–1980	1976–1977	1977–1984
Zylinder	2				
Bohrung x Hub	73,5 x 70,6 mm	82 x 70,6 mm	73,5 x 70,6 mm	82 x 70,6 mm	84,8 x 70,6 mm
Hubraum	599 ccm	745 ccm	599 ccm	745 ccm	797 ccm
Ventile	ohv				
Verdichtung	9,2 : 1	9,0 : 1	9,2 : 1	9,0 : 1	8,0 : 1 (a. Wunsch 9,2 : 1)
Leistung	40 PS bei 6400 U/min	50 PS bei 6200 U/min	40 PS bei 6400 U/min	50 PS bei 6200 U/min	50 PS bei 7250 U/min (auf Wunsch 55 PS bei 7000 U/min)
Vergaser	2 Bing 26 mm	2 Bing-Gleichdruck 32 mm	2 Bing 26 mm	2 Bing-Gleichdruck 32 mm	
Elektr. Anlage	Bosch-Batteriezündung und Drehstrom-Lichtmaschine, E-Starter				
Kupplung	Einscheiben-Trockenkupplung mit Membranfeder				
Getriebe	5-Gang				
Antrieb	Kardanwelle				
Rahmen	Doppelschleifen-Rohrrahmen				
Radaufhängungen	Teleskopgabel vorne, Schwinge hinten				
Reifen	3,25 S x 19 vorne, 4,00 S x 18 hinten				3,25 H x 19 vorne, 4,00 H x 18 hinten
Bremsen	Duplex-Trommel v.	Scheibenbremse 260 mm vorne, 200 mm Trommel hinten			
Länge	2180 mm				
Breite	740 mm (Motor)				
Höhe	810 mm (Sattel)				
Tankinhalt	18 l		24 l		
Leergewicht	200 kg				
Höchstgeschwindigkeit	167 km/h	177 km/h	167 km/h	177 km/h	177 km/h
Stückzahlen	13 511	17 587	11 163	6 264	18 522
Preis	5745,– DM	6650,– DM	6850,– DM	7985,– DM	7990,– DM

BMW R 100/7, 100 S, 100 RS, 100 RT, 100 T, 100 CS

1976–84

Schon drei Jahre nach Einführung der 900er-Modelle wartete BMW, dem weltweiten Trend entsprechend, mit einer neuerlichen Hubraum-Erweiterung auf. Zu der Standard-R 100/7 und der sportlichen R 100 S gesellte sich mit der R 100 RS erstmals ein vollverkleidetes Serienmotorrad. Innerhalb einer beispiellosen Modellpflege wurden diese Modelle bis heute mehrmals modifiziert. 1979 kam ein spezielles Reisefahrzeug in Gestalt der R 100 RT ins Programm und vervollständigte damit die erfolgreichste BMW-Modellpalette.

Oben, die BMW-Verkleidung war weniger aus sportlichen Gesichtspunkten heraus entstanden, vielmehr hat man Erkenntnisse aus der Aerodynamik zu einem neuartigen Wind- und Wetterschutz verarbeitet. Links, eine R 100 RS von 1977 mit Einmann-Höckerbank, im Hinterrad aus Leichtmetallguß tat noch eine Trommelbremse Dienst. Darunter, eine R 100 des Baujahrs 1981 mit Brembo-Festsattel-Scheibenbremsen. Der Bremszylinder mit dem Vorratsgefäß war nun um Lenker montiert, die Seilzugübertragung auf den vorher unter dem Tank eingebauten Zylinder hatte man aufgegeben. Unten, die R 100/7 von 1976 mit Speichenrädern, Standard-Sitzbank und Einfach-Scheibenbremse.

Oben, die überarbeitete R 100 RS. Für das Modelljahr 1981 wurden zuletzt Änderungen in größerem Umfang vorgenommen. Es gibt nun beschichtete Leichtmetall-Zylinder (Galnikal), einen Plattenluftfilter im Plastikkasten, eine vergrößerte Ölwanne, ein Gestänge am Schalthebel und zahlreiche weitere Modifikationen. Die hintere Scheibenbremse war bereits 1978 hinzugekommen.

Rechts, ein Motorrad das viele BMW-Freunde sehnsüchtig erwartet hatten. Die R 100 CS mit dem 70-PS-Motor sollte in ihrer schwarzen Lackierung und mit den wieder eingeführten Speichenrädern die Traditionalisten ansprechen. Die Speichenräder mußten wegen Problemen mit den Naben gestrichen werden, aber immerhin stellte die CS das schnellste Boxer-Modell im Programm dar.

Links oben, die R 100 RT wie sie im Herbst 1978 vorgestellt wurde. Dieses, als Langstrecken-Reisemaschine gedachte Modell sollte vor allem die amerikanischen Käufer ansprechen, so wählte man zunächst auch Zweifarben-Lackierungen und dazu abgestimmte Sitzbankbezüge. Oben, die seit 1981 kaum mehr veränderte und heute aktuelle Ausführung der R 100 RT. Auf dem nebenstehenden Foto wird ein guter Eindruck von der ausladenden Tourenverkleidung wiedergegeben, die jedoch die R 100 RT keineswegs schwerfällig werden läßt. Die Scheibe ist verstellbar und unter den Blinkern befinden sich verschließbare Luftdüsen.

Oben, die kantigen Ventildeckel wurden 1976 mit der /7-Serie eingeführt, sie waren in bezug auf Schräglagen und Baubreite etwas günstiger geformt. Rechts, die R 100 S als direkter Abkömmling der R 90 S stand zunächst im Schatten der vollverkleideten Maschinen, doch erwies sie sich bald als schnellste BMW.

Modell	BMW R 100/7	BMW R 100 S	BMW R 100 RS	BMW R 100 RT	BMW R 100	BMW 1000 CS
Produktionszeit	1976–1978	1976–1978	1976–1984	1978–1984	1980–1984 (R 100 T 1978–1980)	1980–1984
Zylinder	2					
Bohrung x Hub	94 x 70,6 mm					
Hubraum	980 ccm					
Ventile	ohv					
Verdichtung	9,0 : 1	9,5 : 1				
Leistung	60 PS bei 6500 U/min	65 PS bei 6600 U/min	70 PS bei 7250 U/min		67 PS / 7000 (65 PS / 6600)	70 PS bei 7250 U/min
Vergaser	2 Bing Gleichdruck 32 mm	2 Bing-Gleichdruck 40 mm				
Elektr. Anlage	Bosch-Batteriezündung und Drehstrom-Lichtmaschine, E-Starter					
Kupplung	Einscheiben-Trockenkupplung mit Membranfeder					
Getriebe	5-Gang					
Antrieb	Kardanwelle					
Rahmen	Doppelschleifen-Rohrrahmen					
Radaufhängungen	Teleskopgabel vorne, Schwinge hinten					
Reifen	3,25 H x 19 vorne, 4,00 H x 18 hinten					
Bremsen	Scheibenbremse 260 mm vorne	Doppelscheibenbremse, Trommel 200 mm hinten (ab 1978: Scheibenbremse 260 mm hinten)				
Länge	2210 mm					
Breite	630 mm (Lenker)		580 mm (Lenker)	700 mm (Lenker)	630 mm (Lenker)	
Höhe	820 mm (Sattel)					
Tankinhalt	24 l					
Leergewicht	200 kg	205 kg	210 kg	217 kg	198 kg	200 kg
Höchstgeschwindigkeit	188 km/h	200 km/h	200 km/h	185 km/h	191 km/h	205 km/h
Stückzahlen	17035	11805	33648	19870	10111 (486)	4038
Preis	8590,– DM	10190,– DM	11210,– DM	11909,– DM	9290,– DM	11260,– DM

BMW R 45, R 65, R 65 LS 1978–85

Mit den ›kleinen‹ Modellen wollte man bei BMW das Programm durch preisgünstigere Alternativen erweitern, als die R 45 und R 65 jedoch auf der Kölner IFMA im September 1978 präsentiert wurden, konnte der Preisabstand nur sehr knapp gehalten werden, da die Produktion kaum billiger zu gestalten war. Die 450er BMW kam als Einsteigermodell gerade in der versicherungsgünstigen 27-PS-Kategorie auf dem Inlandsmarkt gut an, die R 65 erfreut sich als leichtgewichtige sportliche BMW im Ausland einiger Beliebtheit. Insgesamt gesehen, blieben indessen die Verkaufszahlen etwas hinter den ursprünglichen Erwartungen zurück.

Oben, die R 45 ist die schwerste und teuerste 27-PS-Maschine auf dem deutschen Markt, doch der von BMW bekannt hohe Qualitäts-Standard verhalf diesem Modell zu einiger Popularität. Die Export-Version mit 35 PS wird in wesentlich geringeren Stückzahlen gebaut. Links, das Cockpit der R 45/65-Modelle entspricht fast jenem der großen BMW, auch hier ist über der Lenkerbefestigung eine Sicherheits-Prallplatte angebracht. Im Bild sind Zeituhr und Voltmeter als Sonderausstattung angebracht. Unten: Eine sportliche Note mit futuristischem Styling brachte ab Sommer 1981 die R 65 LS ins Programm.

Die R 45 (links) und die R 65 (rechts) sind optisch nur an der Typaufschrift zu unterscheiden. Die abgebildete 650er weist als Sonderausstattung eine zweite Scheibenbremse am Vorderrad, zwei Zusatzinstrumente und ein zweites Signalhorn auf. Unten, die unterschiedlichen Sitzbänke der Standard- und LS-Modelle.

Modell	BMW R 45	BMW R 65	BMW R 65 LS
Produktionszeit	1978–1985	1978–1985	1981–1985
Zylinder	2		
Bohrung x Hub	70 x 61,5 mm	82 x 61,5 mm	
Hubraum	473 ccm	649 ccm	
Ventile	ohv		
Verdichtung	8,2:1 (9,2:1)	9,2:1	
Leistung	27 PS bei 6500 U/min (35 PS bei 7250 U/min)	45 PS bei 7250 U/min ab 1980: 50 PS bei 7250 U/min	
Vergaser	2 Bing-Gleichdruck 26 mm (28 mm)	2 Bing-Gleichdruck 32 mm	
Elektr. Anlage	Bosch-Batteriezündung und Drehstrom-Lichtmaschine, E-Starter		
Kupplung	Einscheiben-Trockenkupplung mit Membranfeder		
Getriebe	5-Gang		
Antrieb	Kardanwelle		
Rahmen	Doppelschleifen-Rohrrahmen		
Radaufhängungen	Teleskopgabel vorne, Schwinge hinten		
Reifen	3,25 S x 18 vorne, 4,00 S x 18 hinten		3,25 H x 18 v., 4,00 H x 18 h.
Bremsen	Scheibenbremse 260 mm vorne, Trommelbremse 200 mm hinten		Doppelscheibenbremse v.
Länge	2110 mm		
Breite	630 mm (Lenker)		600 mm (Lenker)
Höhe	810 mm (Sattel)		
Tankinhalt	22 l		
Leergewicht	185 kg		190 kg
Höchstgeschwindigkeit	145 km/h (160 km/h)	165 km/h (175 km/h)	178 km/h
Stückzahlen	28158	29454	6389
Preis	5880,- DM	7290,- DM	8640,- DM

BMW R 80 G/S, ST, RT   1980–87

In der Saison 1979 beteiligte sich BMW nach längerer Pause wieder werksseitig am Motorrad-Geländesport, man entwickelte dazu ein spezielles Motorrad, das zugleich als Prototyp für eine Serienentwicklung dienen sollte. Im September 1980 hatte dann die Serien-Enduro R 80 G/S Premiere. Das Fahrzeug mit dem neuartigen Styling und der Einarmschwinge für das Hinterrad wurde zögernd von den BMW-Freunden aufgenommen, doch bald stellte sich eine überraschende Handlichkeit vor allem im Straßenbetrieb heraus, so daß der Ruf nach einem ähnlichen Straßenmodell laut wurde. Zusammen mit einer preisgünstigeren RT-Variante wurde diese R 80 ST im Herbst 1982 auf den Markt gebracht. Das Enduromodell wurde aber dann doch von den meisten Käufern bevorzugt.

Oben, die R 80 G/S war zu Anfang etwas gewöhnungsbedürftig, doch es handelte sich ja nicht um eine bloße Styling-Variante, sondern um eine eigenständige Neukonstruktion. Links, hier sieht man die einseitige Radführung und den versteckt angebauten Auspufftopf. Das ›Paris-Dakar‹-Sondermodell erinnert ein bißchen an die bei dieser Wüstenrallye eingesetzten Werksmaschinen, es wurde jedoch nur ein großer Tank und eine Einmann-Sitzbank montiert.

Unten links, die R 80 ST entstand aus dem Wunsch vieler Kunden nach einer reinen Straßenversion der G/S. Das Konzept wurde hierfür nicht geändert und man beschränkte sich neben den optischen Retuschen auf wenige technische Modifikationen. Unten rechts ist die vor allem im Ausland gefragte R 80 RT zu sehen, die im Preis erheblich unter der R 100 RT lag.

Modell	BMW R 80 G/S	BMW R 80 ST	BMW R 80 RT
Produktionszeit	1980–1987	1982–1984	1982–1984
Zylinder	2		
Bohrung x Hub	84,8 x 70,6 mm		
Hubraum	797 ccm		
Ventile	ohv		
Verdichtung	8,2 : 1		
Leistung	50 PS bei 6500 U/min		
Vergaser	2 Bing-Gleichdruck 32 mm		
Elektr. Anlage	Bosch-Batteriezündung und Drehstromlichtmaschine, E-Starter		
Kupplung	Einscheiben-Trockenkupplung mit Membranfeder		
Getriebe	5-Gang		
Antrieb	Kardanwelle		
Rahmen	Doppelschleifen-Rohrrahmen		
Radaufhängungen	Teleskopgabel vorne, Einarm-Schwinge hinten		konvention. Schwinge hint.
Reifen	3,00 x 21 vorne 4,00 x 18 hinten	100/90 H x 19 vorne 120/90 H x 18 hinten	3,25 S x 19 vorne 4,00 S x 18 hinten
Bremsen	Scheibenbremse 264 mm vorne, Trommelbremse hinten		Doppelscheibenbremse v.
Länge	2230 mm	2180 mm	2220 mm
Breite	820 mm (Lenker)	790 mm (Lenker)	930 mm (Verkleidung)
Höhe	860 mm (Sattel)	845 mm (Sattel)	820 mm (Sattel)
Tankinhalt	19,5 l	19,5 l	24 l
Leergewicht	186 kg	183 kg	214 kg
Höchstgeschwindigkeit	168 km/h	174 km/h	161 km/h
Stückzahlen	21 864	5 963	7 315
Preis	8 920,– DM	9 490,– DM	10 990,– DM

Unten links, die von BMW »Monolever« genannte Einarmschwinge. Sie bringt keinerlei Fahrwerksprobleme, dafür aber Gewichtsersparnis und Wartungsfreundlichkeit. Rechts unten, die R 80 ST mit geänderter Auspuff-Verschalung.

BMW K 100, K 100 RS, K 100 RT, K 100 LT

1983–91

Exakt 60 Jahre nach der Präsentation des ersten BMW-Motorrads mit dem charakteristischen Boxer-Zweizylinder begann im Oktober 1983 ein neues Kapitel in der Firmengeschichte. Das Streben nach leistungsfähigeren Modellen führte zum Einsatz des Reihenmotors, der genau wie der Boxer 1923 als an sich bekannte Motorenbauart bei BMW Teil eines ganz individuellen technischen Konzepts wurde. Die Motoren werden in Längsrichtung flach liegend eingebaut und auch wieder direkt mit Getriebe und Kardanantrieb verbunden. Zu den erwarteten Vorzügen des guten Handlings und der hohen Zuverlässigkeit kamen nun noch modernste Technologie aus dem Automobilbau – elektronisches Motormanagement, ABS-Bremssystem ab 1988 –, sowie ein eigenständiges, im Windkanal optimiertes, Design hinzu. Dabei setzten insbesondere die beiden verkleideten Modelle K 100 RS und RT neue Maßstäbe in der Motorradbranche.

Das zuerst präsentierte Basismodell der K 100-Baureihe stand später im Schatten der spektakulären verkleideten Versionen. Auf der gegenüberliegenden Seite ist links oben die Ausführung von 1983 zu sehen. Durch einige Design-Modifikationen entstand daraus 1988 ein optisch vollkommen verändertes Motorrad. Im Bild unten sind der schwarze Motorblock, der kleinere Tank von der K 75, die tiefere Sitzbank und der ausladende Lenker gut zu erkennen. Auf der gegenüberliegenden Seite rechts oben ist der geradlinige Antriebsstrang des ›BMW Compact Drive System‹ zu erkennen, Motorblock, Getriebe und Aluminium-Einarmschwinge, in der die Kardanwelle läuft. Darunter die beiden unterschiedlichen Frontansichten der K 100 RS (links) und K 100 RT (rechts).

Oben ist das Cockpit der K 100 RS zu sehen. Die Spiegel schützen zusätzlich die Hände am Lenker und die Oberkante der kleinen Verkleidungsscheibe ist in ihrer Spoilerwirkung verstellbar gestaltet.

Rechts, die K 100 RS in ihrem unverwechselbaren Erscheinungsbild, ihre sportlich knappe Verkleidung ist aerodynamisch perfekt durchkonstruiert.

Modell	BMW K 100	BMW K 100 RS	BMW K 100 RT	BMW K 100 LT
Produktionszeit	1983–1990	1983–1989	1984–1989	1986–1991
Zylinder	4 in Reihe, 90° nach links geneigt			
Bohrung x Hub	67 x 70 mm			
Hubraum	987 ccm			
Ventile	dohc			
Verdichtung	10,2 : 1			
Leistung	90 PS bei 8000 U/min			
Gemischaufbereitung	Digital gesteuerte Einspritzung Bosch LE-Jetronic, vier 34 mm-Drosselklappen			
Elektr. Anlage	Digitale Kennfeld-Zündung/Drehstromgenerator 460 Watt			
Kupplung	Einscheiben, trocken			
Getriebe	5-Gang, Fußschaltung			
Antrieb	Kardanwelle			
Rahmen	Gitterrohr-Brückenrahmen, unten offen			
Radaufhängungen	Teleskopgabel vorne, Einarmschwinge hinten			
Reifen	100/90 V 18 vorne, 130/90 V 17 hinten			
Bremsen	Doppelscheibenbremse 285 mm vorne, einfach hinten			
Länge	2220 mm			
Breite	730 mm (Lenker)	800 mm	916 mm	
Höhe	810 mm (Sattel)			
Tankinhalt (vollgetankt)	22 l			
Leergewicht	239 kg	253 kg	263 kg	272 kg
Höchstgeschwindigkeit	215 km/h	220 km/h	215 km/h	205 km/h
Stückzahlen	12 871	34 804	22 335	14 899
Preis	12 490,– DM	15 190,– DM	15 600,– DM	18 530,– DM

Unten, an der Tourenverkleidung der K 100 RT ist zwar die selbe Designer-Handschrift zu erkennen, die geänderten Anforderungen führten jedoch zu einer anderen Lösung, hier soll der aufrecht sitzende Fahrer komplett vor Wind und Wetter geschützt werden. Rechts sind die ebenfalls völlig neu entwickelten Schalteinheiten am Lenker zu sehen. Ganz unten rechts, die Luxusvariante K 100 LT mit Vollausstattung. Links unten, diese Antriebseinheit wird komplett in den Brückenrahmen eingehängt.

BMW K 75, K 75 C, K 75 S, K 75 RT
1985–96

In der Entwicklungsarbeit für die neue BMW-Motorradgeneration befaßte man sich von Anfang an parallel mit Drei- und Vierzylindermotoren. Wohl mehr aus marktpolitischen Gründen ging die 1000 ccm-Vierzylinderversion als erstes in Produktion. Zwei Jahre später folgte mit der K 75-Modellreihe auch die dreizylindrige 750er. Auf den ersten Blick kaum von der K 100 zu unterscheiden, erweist sich das kleinere Modell als leichter und spritziger, bei einem gleichen technischen Konzept liegen die Unterschiede im Detail, so etwa bei der mit Ausgleichsgewichten zur Vibrationsunterdrückung ausgestatteten Antriebswelle unterhalb der Kurbelwelle.

Unten, die K 75 C kam 1985 als erstes Dreizylindermodell auf den Markt, das Basismodell ohne Cockpitverkleidung folgte erst Ende 1986. Rechts, die Darstellung von Kurbel- und Antriebswelle zeigt auch die Anordnung der nur beim Dreizylinder verwendeten Ausgleichsgewichte, die sich in entgegengesetzter Richtung zur Kurbelwelle drehen.

Modell	BMW K 75	BMW K 75 C	BMW K 75 S	BMW K 75 RT
Produktionszeit	1986–1996	1985–1990	1986–1995	1980–1996
Zylinder	3 in Reihe, 90° nach links geneigt			
Bohrung x Hub	67 x 70 mm			
Hubraum	740 ccm			
Ventile	dohc			
Verdichtung	11 : 1			
Leistung	75 PS bei 8500 U/min			
Gemischaufbereitung	Digital gesteuerte Einspritzung Bosch LE-Jetronic, drei 34 mm-Drosselklappen			
Elektr. Anlage	Digitale Kennfeld-Zündung/Drehstromgenerator 460 Watt			
Kupplung	Einschiben, trocken			
Getriebe	5-Gang, Fußschaltung			
Antrieb	Kardanwelle			
Rahmen	Gitterrohr-Brückenrahmen, unten offen			
Radaufhängungen	Teleskopgabel vorne, Einarmschwinge hinten			
Reifen	100/90 H 18 vorne, 120/90 H 18 hinten		100/90 V 18 vorne, 130/90 V 17 hinten	
Bremsen	Doppelscheibenbremse 285 mm vorne, Trommelbremse 200 mm hinten		Scheibenbremse hinten	
Länge	2220 mm Radstand 1516			
Breite	710 mm (Lenker)		620 mm (Lenker)	770 mm (Lenker)
Höhe	810 mm (Sattel)			
Tankinhalt	21 l			22 l
Leergewicht	228 kg		235 kg	258 kg
Höchstgeschwindigkeit	200 km/h		210 km/h	210 km/h
Stückzahlen	18 485	9 566	18 649	21 264
Preis	11 990,– DM	12 890,– DM	13 990,– DM	16 900,– DM

Nicht nur die enganliegende Halbverkleidung der K 75 S unterstreicht den sportlichen Charakter dieses Modells, die Fahrwerksabstimmung ist straffer und die Federwege wurden kürzer gehalten.

Links, mit schwarz lackiertem Motor- und Getriebegehäuse und ebensolchen Rädern ging die K 75 S in das Modelljahr 1989, neue Farben und ein Motorspoiler kamen ebenfalls hinzu.

Unten, die K 75 als unverkleidetes Basismodell wie sie Ende 1986 vorgestellt wurde; polierte Gabelgleitrohre, Chrom auf Lampentopf und Gepäckträger, eine orangerote Sitzbank und erstmals die traditionellen Zierlinien auf einem K-Modell.

Links, die Stecksitzbank mit niedriger Sitzhöhe (50 mm weniger) verlieh der K 75 ab 1988 zusätzliche Attraktivität. Unten, das 1991er-Modell wartet nun mit dem 17 Zoll-Hinterrad und Scheibenbremse der bisherigen K 75 S auf. Links unten, das 1991er-Modell der K 75 S bekam dafür neue Räder im Dreispeichen-Design.

Die K 75 RT löste 1990 die bisherige K 100 RT ab, von der sie die Tourenverkleidung erbte. Wie die anderen Dreizylinder ist auch sie mit ABS lieferbar. Mit deutlichem Preisabstand zur K 1100 LT stellte die K 75 RT ein interessantes Angebot dar. Sie wurde in verschiedenen Ländern (u. a. Italien, Schweden) als Polizeimotorrad gekauft und blieb auch dafür nach 1996 noch lieferbar.

BMW R 65, R 80, R 80 RT, R 100 RS, R 100 RT

1984–96

Neben dem großen Aufwand und dem Erfolg der K-Reihe durfte man natürlich bei BMW den Boxer nicht vergessen. Die Modernisierung der R-Modelle brachte nun die Einarmschwinge, Gabel, Räder und Bremsen ähnlich der K-Modelle, gefühlvolle Designänderungen, sowie, im Hinblick auf Zuverlässigkeit und Reduzierung der Geräusch- und Abgasentwicklung verbesserte Boxermotoren. Der 800er als Basismodell wurde neben dem RT-Tourer eine speziell für die deutsche 27-PS-Klasse entwickelte R 65 zur Seite gestellt. Im Ausland ist dieses Modell mit 48 PS erhältlich. Ebenfalls auf die Nachfrage ausländischer Kunden (vor allem aus Japan!) ist die Neuauflage der beiden 1000er-Boxer zurückzuführen, die nun direkt von der R 80 abgeleitet sind.

Im Bild unten ist das überarbeitete Einsteigermodell von BMW zu sehen, für den deutschen Stufenführerschein darf die R 65 nur 27 PS leisten. Die neue Generation der Boxer-Modelle unterscheidet sich nur noch in der Hubraumauslegung und in den Ausstattungen. Die Einarm-Hinterradschwinge und das Dreiwellen-Fünfganggetriebe bleiben immer gleich (Bilder auf der gegenüberliegenden Seite oben). Auch in der bisher modernsten Ausführung blieb das typische Erscheinungsbild der Boxer-BMW erhalten.

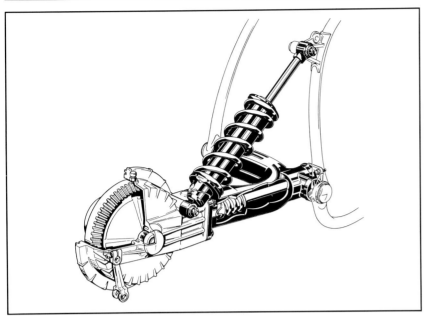
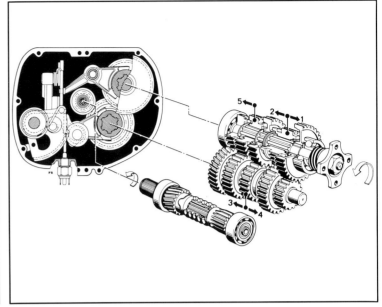

Links oben, die R 80 in Standardausführung, daneben die R 80 RT mit der bekannten Tourenverkleidung. Auf dem nebenstehenden Foto ist die neue R 100 RS abgebildet, die nunmehr direkt auf der R 80 basiert und lediglich eine vergrößerte Zylinderbohrung und die bewährte RS-Verkleidung aufweist.

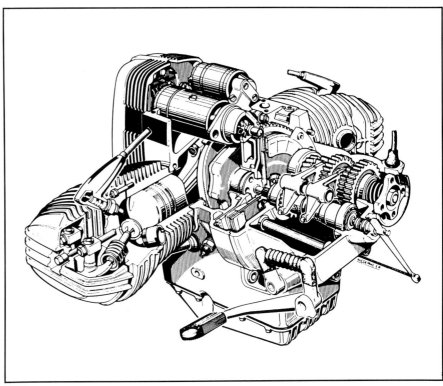

Oben, das Boxerprogramm wurde 1987 folgerichtig mit einer neuen R 100 RT komplettiert, die bereits serienmäßig mit Gepäckkoffern geliefert wurde.

Rechts, die Motor-Zeichnung veranschaulicht, daß das Konzept seit 1969 beibehalten wurde und die zahlreichen Änderungen den Details galten.

Modell	BMW R 65	BMW R 80	BMW R 80 RT	BMW R 100 RS	BMW R 100 RT
Produktionszeit	1985–1987	1984–1995	1984–1995	1986–1992	1987–1996
Zylinder	2				
Bohrung x Hub	82 x 61,5 mm	84 x 70,6 mm		94 x 70,6 mm	
Hubraum	649 ccm	798 ccm		980 ccm	
Ventile	ohv				
Verdichtung	8,4 : 1 (8,7 : 1)	8,2 : 1		8,45 : 1	
Leistung	27 PS bei 5500 U/min (48 PS bei 7250 U/min	50 PS bei 6500 U/min (ab 1991 auch 27 PS bei 5500 U/min)		60 PS bei 6500 U/min	
Vergaser	2 Bing-Gleichdruck 26 mm (32 mm)	2 Bing-Gleichdruck 32 mm			
Elektr. Anlage	Kontaktlose Transistor-Spulenzündung, Drehstromgenerator 280 Watt				
Kupplung	Einscheiben-Trockenkupplung				
Getriebe	5-Gang, Fußschaltung				
Antrieb	Kardanwelle				
Rahmen	Doppelschleifen-Rohrrahmen				
Radaufhängungen	Teleskopgabel vorne, Einarmschwinge hinten				
Reifen	90/90 H 18 vorne, 120/90 H 18 hinten				
Bremsen	Scheibenbremse 285 mm vorne, Trommelbremse 200 mm hinten			Doppelscheibenbremse vorne	
Länge	2175 mm				
Breite	635 mm (Lenker)		714 mm (Lenker)	800 mm (Verkleidung)	960 mm (Verkleidung)
Höhe	807 mm (Sattel)				
Tankinhalt	22 l				
Leergewicht (vollgetankt)	205 kg	210 kg	227 kg	229 kg	234 kg
Höchstgeschwindigkeit	155 (173) km/h	178 km/h	170 km/h	185 km/h	180 km/h
Stückzahlen	8260	13815	22069	6081	9738
Preis	8 980,– DM	10 440,– DM	12 690,– DM	15 700,– DM	16 150,– DM

BMW R 65 GS, R 80 GS, R 100 GS 1987–96

Nachdem BMW 1980 mit der R 80 G/S den Trend zu den großen Reise-Enduromaschinen eingeleitet hatte, wurde trotz des ungebrochenen Verkaufserfolgs eine Modernisierung erforderlich. Dabei stand vor allem eine 1000 ccm-Version im Vordergrund, wie sie in Privatinitiative schon vielerorts entstanden war. Das neue Serienmodell kann indessen neben seinen zahlreichen technischen Änderungen (Marzocchi-Gabel, Kreuzspeichenräder mit schlauchloser Bereifung, Motorabstimmung auf weiter verbessertes Durchzugsvermögen) und dem aktuellen Design mit einem vollkommen neuen Kardanantrieb aufwarten. Unter der Bezeichnung BMW Paralever kam eine Doppelgelenkschwinge mit Parallelabstützung zum Einsatz, die die bekannten Kardanreaktionen – das Anheben des Fahrzeughecks und Federverhärtung beim Beschleunigen, sowie Absenken im Schiebebetrieb – aufhebt. Dieses, bei einer Enduro besonders sinnvolle System hielt später auch bei den BMW Straßenmodellen Einzug.

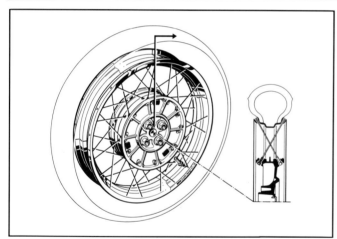

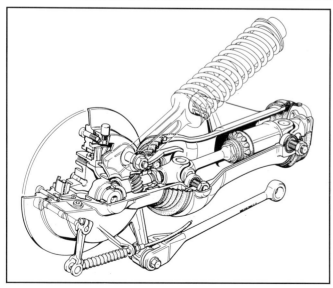

Neben der Einführung des 1000 ccm-Motors für die BMW-Enduromodelle gab es ab 1987 eine Unmenge an Detailänderungen. Als herausragende Neuentwicklungen sind in den Zeichnungen das Kreuzspeichenrad (oben) und die Paralever-Doppelgelenkschwinge (links) zu sehen.

Ganz oben, 27-PS-Einsteigermodell R 65 GS, eine Abwandlung der bisherigen R 80 G/S, nun mit 650 ccm-Motor. Darunter ist die R 80 GS mit komplett neuem Fahrwerk und neuer Ausstattung zu sehen.

Modell	BMW R 65 GS	BMW R 80 GS	BMW R 100 GS	Paris Dakar
Produktionszeit	1988–1992	1987–1996	1988–1994	1988–1996
Zylinder	2	2	2	
Bohrung x Hub	82 x 61,5 mm	84 x 70,6 mm	94 x 70,6 mm	
Hubraum	649 ccm	798 ccm	980 ccm	
Ventile	ohv	ohv	ohv	
Verdichtung	8,4 : 1	8,2 : 1	8,5 : 1	
Leistung	27 PS bei 5500 U/min	50 PS bei 6500 U/min	60 PS bei 6500 U/min	
		(ab 1991 auch 27 PS bei 5500 U/min)		
Vergaser	2 Bing 26 mm	2 Bing 32 mm	2 Bing 40 mm	
Elektr. Anlage	Kontaktlose Transistor-Spulenzündung, Drehstromgenerator 280 Watt			
Kupplung	Einscheiben-Trockenkupplung			
Getriebe	5-Gang, Fußschaltung			
Antrieb	Kardanwelle			
Rahmen	Doppelschleifen-Rohrrahmen			
Radaufhängung	Teleskopgabel vorne, Einarmschwinge hinten			
Reifen	3,00 x 21 vorne, 4,00 x 18 hinten	90/90 x 21 vorne, 130/80 x 17 hinten		
Bremsen	260 mm Scheibenbremse v. Trommelbremse hinten	285 mm Scheibenbremse vorne, Trommelbremse hinten		
Länge	2230 mm Radstand 1465	2290 mm Radstand 1513		
Breite	830 mm (Lenker)	830 mm (Lenker)		
Höhe	860 mm (Sattel)	850 mm (Sattel)		
Tankinhalt	19,5 l	26 l (Basis 19,5 l)		35 l
Leergewicht (vollgetankt)	198 kg	210 kg		236 kg
Höchstgeschwindigkeit	146 km/h	168 km/h	181 km/h	180 km/h
Stückzahlen	1727	11 020	22 093	11 914
Preis	9450,– DM	10 950,– DM	12 990,– DM	15 190,– DM

Die R 100 GS unterscheidet sich neben ihrem größeren und leistungsstärkeren Motor nur durch Ausstattungsdetails von der 800er-Version. Es gibt einen Sturzbügel an dem rechts oben der Ölkühler und links untern der Seitenständer montiert sind, außerdem wird das Cockpit von einem Windschild abgedeckt.

Auf der IFMA 1988 wurde die Paris-Dakar-Serienversion der R 100 GS nachgereicht, die Einzelteile samt dem 35 LiterTank ließen sich auch nachrüsten. Oben, das Cockpit mit Drehzahlmesser fand sich ab 1990 an den überarbeiteten Enduros.

Die Cockpitverkleidung mit Schutzbügel wurde von der Paris-Dakar (rechts die 1991er-Version) abgeleitet und ab Ende 1990 auch an R 80 GS und R 100 GS verwendet.

Wahlweise waren nun die Enduros mit tiefgelegtem Vorderradschutzblech und unterschiedlicher Designlackierung lieferbar. Eine schwimmend gelagerte Bremsscheibe und ein Schalldämpfer aus rostfreiem Stahl zählten ebenso zu den Verbesserungen.

Als allerletzter Nachschlag zum Auslaufen der Zweiventil-Boxermodelle wurde ab Juni 1996 diese R 80 GS Basic angeboten. Die Sonderserie mit Stilelementen der ersten R 80 G/S von 1980 brachte es auf 2995 Stück.

BMW K 1, K 100 RS   1989–93

Als neues Spitzenmodell stellte BMW im September 1988 auf der IFMA in Köln die K 1 vor. Die konsequente Weiterführung der Verkleidungs-Aerodynamik unter Einbeziehung der Vorderradabdeckung sorgte für Diskussionsstoff. Ein neuer Zylinderkopf mit vier Ventilen pro Zylinder und dazu die digitale Motorsteuerung bewirkten ein Leistungsplus und erheblichen Drehmomentzuwachs. Dazu kamen Paralever-Hinterradschwinge, eine neue Bremsanlage von Brembo und neue Räder. Die ersten K 1 wurden im Mai 1989 ausgeliefert, ein Jahr später folgte die Neuauflage der K 100 RS mit identischer Technik unter den bekannten Karosserieteilen. Die Sonderstellung der K 1 wurde 1991 durch die Verwendung von ABS und geregeltem Katalysator in der Grundausstattung unterstrichen.

Das Aerodynamikkonzept wurde bei der K 1 noch über die Vollverkleidung hinaus um die Vorderradabdeckung und die integrierten Gepäckfächer am Heckteil erweitert. Das spektakuläre Design unterstrich die Farbgebung rot-gelb oder blau-gelb mit dem übergroßen Modellkürzel auf den Verkleidungsflanken.

Die ausladende Verkleidung bot hervorragenden Wind- und Wetterschutz für den K 1-Fahrer, die Sportmaschine diente somit bevorzugt als Langstrecken-Express.

Ab 1991 präsentierte sich die K 1 in unauffälliger dunkler Lackierung.

K 1-Technik und RS-Verkleidung sorgten 1990 für eine neue erfolgreiche K 100 RS.

Modell	K 1	K 100 RS
Produktionszeit	1989–1993	1990–1992
Zylinder	4	
Bohrung x Hub	67 x 70 mm	
Hubraum	987 ccm	
Ventile	4 Ventil-dohc	
Verdichtung	11 : 1	
Leistung	100 PS bei 8000 U/min	
Gemischaufbereitung	Bosch Motronic	
Elektr. Anlage	Zündung in Motronic integriert Drehstromgenerator 460 Watt	
Kupplung	Einscheiben, trocken	
Getriebe	5-Gang	
Antrieb	Kardanwelle	
Rahmen	Gitterrohr-Brückenrahmen unten offen	
Radaufhängungen	Teleskopgabel vorne, Einarmschwinge hinten	
Reifen	120/70 VR 17 vorne, 160/60 VR 18 hinten	
Bremsen	Doppelscheibenbremse 305 mm vorne, einfach 285 mm hinten	
Länge	2250 mm	2230 mm
Breite	760 mm	800 mm
Höhe	780 mm (Sattel)	800 mm (Sattel)
Tankinhalt (vollgetankt)	22 l	22 l
Leergewicht	258 kg	259 kg
Höchstgeschwindigkeit	230 km/h	220 km/h
Stückzahlen	6921	12666
Preis	20 200,– DM (1989)	19 950,– DM (1990)

Mit vier Ventilen pro Zylinder erfuhr der K 100-Motor eine Leistungssteigerung und eine Erhöhung des maximalen Drehmoments von 86 Nm auf 100 Nm bei 6750 U/min.

BMW R 100 R, R 80 R — 1991–96

Schon einmal wurde ein Straßenmodell von der Enduro abgeleitet, aber die Käufer akzeptierten die R 80 ST 1982 noch nicht richtig. Zehn Jahre später waren Motorräder ›pur‹ und klassische Elemente sehr gefragt. Die R 100 Roadster basiert auf der R 100 GS, wartet aber mit einer neuen Telegabel der japanischen Firma Showa sowie einem Federbein desselben Herstellers auf; am 18 Zoll-Vorderrad findet sich ein Vierkolbenbremssattel (Doppelscheibenbremse gegen Aufpreis). Überraschende Details sind der runde Endschalldämpfer der K 1 und die traditionellen Ventildeckel, wie sie 1952 bis 1976 verwendet wurden. Der silbergrau lackierte Rahmen und andere Designänderungen (Seitendeckel, Haltebügel, freistehender Scheinwerfer) unterstreichen den besonderen Charakter der R 100 R und der 1992 hinzugekommenen R 80 R, die auf dem deutschen Markt die R 80 ablöste.

Modell	R 100 R	R 80 R
Produktionszeit	1991–1996	1992–1994
Zylinder	2	2
Bohrung x Hub	94 x 70,6 mm	84 x 70,6 mm
Hubraum	980 ccm	798 ccm
Ventile	2, ohv	2, ohv
Verdichtung	8,5 : 1	8,2 : 1
Leistung	60 PS bei 6500 U/min	50 PS bei 6500 U/min (27 PS bei 5500 U/min)
Gemischaufbereitung	2 Bing-Vergaser 40 mm	2 Bing-Vergaser 32 mm
Elektr. Anlage	Kontaktlose Transistor-Spulenzündung Drehstromgenerator 240 Watt	
Kupplung	Einscheiben, trocken	
Getriebe	5-Gang	
Antrieb	Kardanwelle	
Rahmen	Doppelschleifen-Rohrrahmen	
Radaufhängungen	Teleskopgabel vorne, Einarmschwinge hinten	
Reifen	110/80 V 18 vorne, 140/80 V 17 hinten	
Bremsen	285 mm Scheibenbremse vorne, Trommelbremse hinten	
Länge	2210 mm	
Breite	720 mm (Lenker)	
Höhe	800 mm (Sattel)	
Tankinhalt	24 l	
Leergewicht (vollgetankt)	218 kg	217 kg
Höchstgeschwindigkeit	180 km/h	168 km/h
Stückzahlen	19 989	3 593
Preis	13 450,– DM	13 250,– DM

Oben rechts, der Federweg der Paralever-Hinterradschwinge wurde von 180 auf 140 mm verkürzt. Darunter ist die R 80 R äußerlich nur am fehlenden Ölkühler zu unterscheiden.

Rechts, als Sondermodell der BMW Niederlassung München entstand die R 100 R Mystik im Jahr 1993. Sie brachte es bis 1996 auf 3650 Stück.

BMW K 1100 LT, K 1100 RS 1991–

Der Käufer eines Luxustourers verlangt heute neben hohen Leistungsreserven einen harmonischen Drehmomentverlauf mit gutem Durchzug aus niedrigen Drehzahlbereichen. Die Hubraumerweiterung und eine neue Abstimmmung des Vierzylinder-Vierventilers brachte die gewünschte Motorcharakteristik und verbesserte die Laufruhe entscheidend. Auch für die K 1100 wurden Räder und Bremsanlage wieder von der K 1 übernommen, der Rahmen jedoch verstärkt. Dazu kamen zahlreiche Detailentwicklungen an der umfangreichen Ausstattung. 1992 gab es eine geänderte Fahrwerksabstimmung, schwingungsentkoppelte Fußrastenträger und eine neue Lichtmaschine. Gleichzeitig ersetzte der 1100 ccm-Motor auch im Sporttourer K 1100 RS das bisherige Aggregat. Ein neues Verkleidungsunterteil und geänderte Seitenblenden veränderten das Erscheinungsbild des Erfolgsmodells.

Reisemotorrad par Excellence war der K 100 Tourer von Anfang an. Mit der K 1100 LT wurde ihr Konzept weiter perfektioniert. Die Verkleidung rückte weiter nach vorn, das Unterteil wurde im Hinblick auf verbesserte Schutzwirkung neu gestaltet.

Modell	K 1100 LT	K 1100 RS
Produktionszeit	1991–	1992–1996
Zylinder	4	
Bohrung x Hub	70,5 x 70	
Hubraum	1092 ccm	
Ventile	4 Ventil-dohc	
Verdichtung	11 : 1	
Leistung	100 PS bei 7500 U/min	
Gemischaufbereitung	Bosch Motronic	
Elektr. Anlage	Zündung in Motronic integriert Drehstromgenerator 700 W	
Kupplung	Einscheiben, trocken	
Getriebe	5-Gang	
Antrieb	Kardanwelle	
Rahmen	Gitterrohr-Brückenrahmen, unten offen	
Radaufhängungen	Teleskopgabel vorne, Einarmschwinge hinten	
Reifen	110/80 VR 18 vorne	120/70 VR 17 vorne
	140/80 VR 17 hinten	160/60 VR 18 hinten
Bremsen	Doppel-Scheibenbremse 305 mm vorne, einfach 285 mm hinten	
Länge	2250 mm	2230 mm
Breite	915 mm	800 mm
Höhe	810 mm (Sattel)	800 mm (Sattel)
Tankinhalt	22 l	22 l
Leergewicht (vollgetankt)	290 kg	268 kg
Höchstgeschwindigkeit	210 km/h	220 km/h
Stückzahlen	19 898 (12.96)	12 179
Preis	22 850,– DM (1991)	21 950,– DM

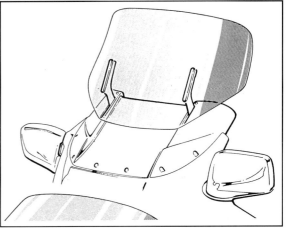

Oben, die elektrisch verstellbare Verkleidungsscheibe der K 1100 LT beendet die Probleme, die verschieden große Fahrer mit Standardscheiben haben.

In der dritten Auflage profitierte die RS nicht nur vom drehmomentstarken (107 Nm bei 5500 U/min) 1100 ccm-Motor, sie bekam auch neue Verkleidungsseitenteile mit modischen Kiemen sowie ein als Motorspoiler ausgeführtes Unterteil.

BMW R 1100 RS 1993–

Zum 70. Geburtstag des BMW Motorrads präsentierte sich der Boxer als radikale Neukonstruktion. Nur das Prinzip des gegenläufigen Zweizylindermotors blieb erhalten, alles andere ist neu. Luftgekühlt ist er nach wie vor, doch sonst wartet der Motor mit halbhoch angeordneten, kettengetriebenen Nockenwellen, vier Ventilen pro Zylinder, einem vertikal geteilten Kurbelgehäuse und elektronischem Motormanagement auf. Einen durchgehenden Fahrwerksrahmen gibt es nicht mehr, Rahmenkopf, Heckausleger und Hinterradschwinge sind ebenso am Motor-Getriebe-Block befestigt wie der Längslenker der neuartigen Vorderradaufhängung. Diese stellt eine Kombination aus Telegabel (Radführung) und Schwinge mit zentralem Federbein dar. Leistungsdaten und Ausstattung machen die R 1100 RS zum Sporttourer und damit zum Konkurrenten der K 1100 RS. Als einziger Hersteller bot BMW ab 1993 damit zwei alternative Konzepte zum selben Thema.

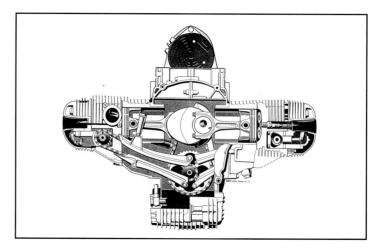

Selten hat es in der Geschichte des Motorrads eine so umfassende Neuentwicklung gegeben, die nur wenige bekannte Bauprinzipien weiterführte. Rund um den großvolumigen Zweizylinder-Boxer entstand ein neuartiges Fahrwerkskonzept, das jedoch fast vollständig in das Karosseriedesign einbezogen ist und deshalb dem ersten Betrachter verborgen bleibt. Ebenso täuscht das Foto über die in Wirklichkeit sehr kompakten Ausmaße hinweg.

Modell	R 1100 RS
Produktionszeit	1993–
Zylinder	2
Bohrung x Hub	99 x 70,5 mm
Hubraum	1085 ccm
Ventile	4, hc
Verdichtung	10,7:1
Leistung	90 PS bei 7250 U/min
Gemischaufbereitung	Bosch Motronic
Elektr. Anlage	Zündung in Motronic integriert, Drehstromgenerator 700 Watt
Kupplung	Einscheiben, trocken
Getriebe	5-Gang
Antrieb	Kardanwelle
Rahmen	Motor mittragend, Vorderteil Gußprofil, Rohr-Heckteil
Radaufhängungen	Kugelgelenk-Längslenker-Gabel Telelever vorne, Einarmschwinge Paralever hinten
Reifen	120/70 ZR 17 vorne, 160/60 ZR 18 hinten
Bremsen	Doppelscheibenbremse 305 mm vorne, einfach 285mm hinten
Länge	2175 mm
Breite	738 mm (Lenker)
Höhe	800 mm (Sattel)
Tankinhalt	23 l
Leergewicht (vollgetankt)	239 kg
Höchstgeschwindigkeit	215 km/h
Preis	19 250,- DM (1993)

Links oben, ein Kunststoffdeckel schließt den Lichtmaschinenantrieb ab. Zwecks gleicher Rohrlängen sind die Auspuffkrümmer kunstvoll gebogen. Oben, als auffallende Details an der kompletten Antriebseinheit sind die freistehende Lichtmaschine und die große Ansaugkammer mit dem draufgesetzten Luftfilter zu erkennen.

Unten, das sachlich wirkende Cockpit mit Anzeigeinstrumenten aus japanischer Produktion und Zentralschloß. Statt des Rohrlenkers gibt es gegen Aufpreis verstellbare Alu-Lenkerhälften zusammen mit einer verstellbaren Verkleidungsscheibe und höhenjustierbarem Fahrersitz im Ergonomie-Paket.

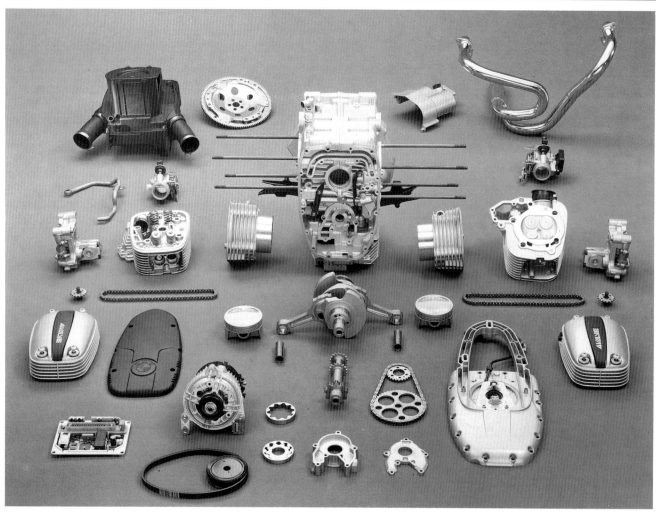

Der neue Boxer zerlegt in seine Komponenten, neben den Zylinderköpfen sind die Steuerungsträger mit Nockenwelle, Stößeln und Kipphebeln zu sehen.

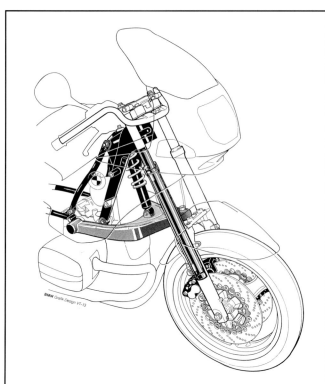

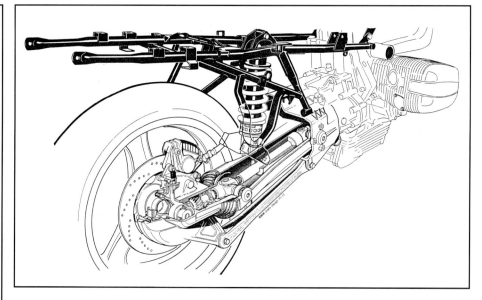

Aus diesen beiden Bauteilen besteht das neue Fahrwerk. Links ist die Telelever-Vorderradaufhängung zu sehen, eine Kombination von Telegabel und Schwinge, verbunden mit Kugelgelenken und über den Rahmenkopf am Motorblock befestigt. Rechts, das Heckteil mit der Abstützung des nun zentral angeordneten Federbeins der Paralever-Schwinge.

Die Schnittzeichnung zeigt die Anordnung der Steuerketten, ihre Führungsschienen und die Antriebswelle unten im Kurbelhaus, auf deren vorderem Ende die Ölpumpe sitzt.

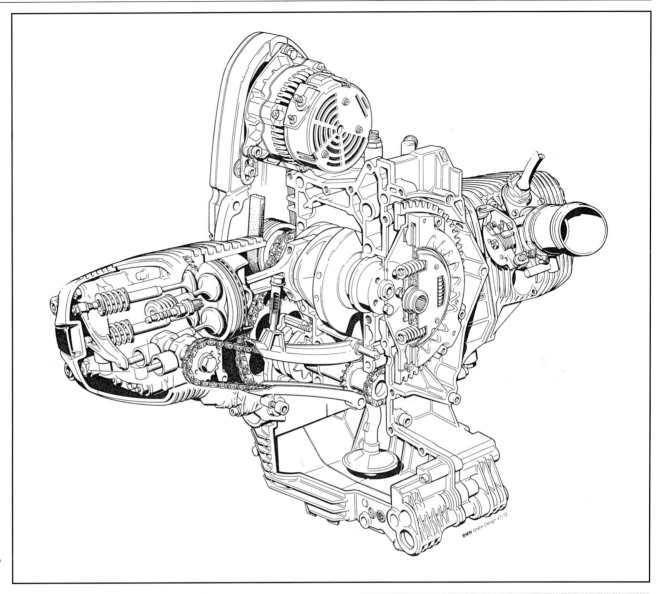

Gegen Aufpreis gibt es die R 1100 RS auch mit einer Vollverkleidung über dem Motor. Dabei wird ein anderes Karosserie-Mittelteil verwendet.

BMW F 650

1993–

Mit dem neuen Einsteigermodell stellte BMW 27 Jahre nach der R 27 wieder ein Einzylindermotorrad vor. Es wurden hierfür ganz neue Wege beschritten: Statt der gewohnten Kardanwelle treibt eine Kette das Hinterrad an, die Kurbelwelle liegt quer zur Fahrtrichtung, das Getriebe befindet sich im Motorgehäuse. Das Motorrad wird auch gar nicht bei BMW gebaut, den Motor liefert die österreichische Firma Rotax, die Produktion der F 650 erfolgt bei Aprilia in Italien. Als europäisches Kooperationsprojekt wurde die Entwicklungsarbeit gemeinsam absolviert.

Die BMW F 650 ist einer neuartigen Motorradgattung zuzurechnen. Sie ist als 'Funduro' eine Mischung aus einer Enduro und einem daraus abgeleiteten Straßen-Fun-Bike. Niedrige und bequeme Sitzposition und ein harmonisches Erscheinungsbild galten als Design-Vorgaben. Letzteres sollte auch beim Motor verwirklicht werden, der dafür neue Gehäuseteile bekam, welche Anklänge an bisherige BMW Aggregate aufweisen.

Modell	F 650
Produktionszeit	1993-
Zylinder	1
Bohrung x Hub	100 x 83 mm
Hubraum	652 ccm
Ventile	4, dohc
Verdichtung	9,7:1
Leistung	48 PS bei 6500 U/min (34 PS bei 5700 U/min)
Gemischaufbereitung	2 Mikuni-Gleichdruckvergaser 33 mm
Elektr. Anlage	Kontaktlose Transistor-Doppelzündung Drehstromgenerator 290 Watt
Kupplung	Mehrscheiben im Ölbad
Getriebe	5-Gang
Rahmen	Stahlrohrprofile
Radaufhängungen	Teleskopgabel vorne, Schwinge mit Zentral Federbein hinten
Reifen	100/90 S 19 vorne, 130/80 S 17 hinten
Bremsen	Scheibenbremsen, 300 mm vorne, 240 mm hinten
Länge	2180 mm
Breite	880 mm (Lenker)
Höhe	810 mm (Sattel)
Tankinhalt	17,5 l
Leergewicht	(vollgetankt) 189 kg
Höchstgeschwindigkeit	163 km/h
Preis	10 950,- DM (1993)

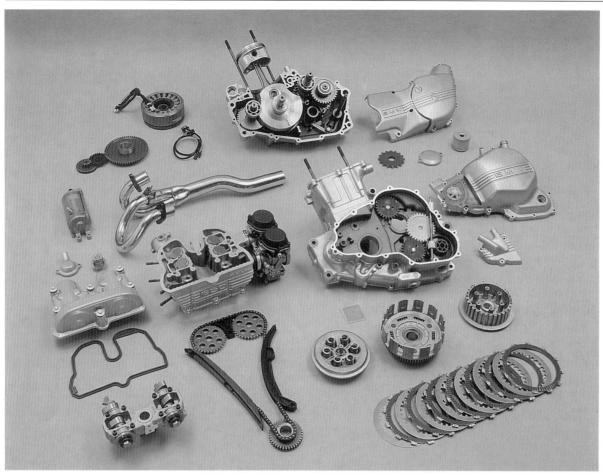

Der erste BMW Motor, der nicht in einem BMW Werk gebaut wird: das F 650-Aggregat ist ein moderner Einzylindermotor, wassergekühlt, vier Ventile, durch zwei obenliegende Nockenwellen (kettengetrieben) betätigt. Vor der Kurbelwelle rotiert eine Ausgleichswelle; über Zahnräder wird das im selben Gehäuse untergebrachte Getriebe angetrieben, der Endantrieb erfolgt über eine Kette.

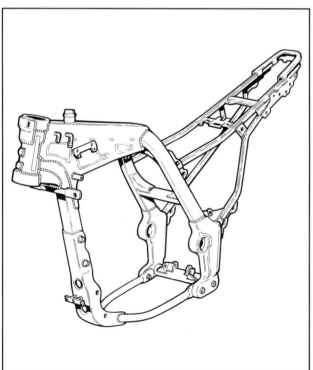

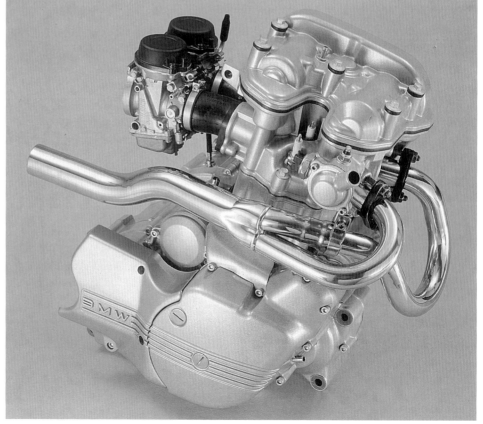

Der Rahmen wird aus Rohrprofilen zusammengebaut, im Oberteil befindet sich der Ölvorrat. Rechts, der Einzylinder hat zwei Vergaser und zwei Zündkerzen.

Links und oben, für das Modelljahr 1997 wurde die F 650 leicht überarbeitet, das Verkleidungs-Vorderteil bekam eine neue Form, ein hochgezogenes Windschild kam hinzu.

Unten, mit einem kleineren 18 Zoll-Vorderrad, einem anderen Schutzblech, modifizierten Kunststoffteilen und kürzeren Federwegen wurde aus der Funduro das mehr straßenorientierte Modell F 650 ST.

BMW R 1100 GS 1994–

Mit der ersten Erweiterung des neuen Boxer-Programms setzte BMW neue Maßstäbe in der 14 Jahre zuvor selbst ins Leben gerufenen Kategorie der hubraumstarken Enduro-Modelle. Die R 1100 GS basiert trotz des völlig anderen Erscheinungsbilds sehr eng auf dem Sporttourer, denn zusammen mit dem Vierventil-Boxer fand auch das gleiche Fahrwerkskonzept Verwendung. Der Motor wurde in der Leistungscharakteristik verändert und mehr auf Durchzug ausgelegt. Kreuzspeichenräder und ein verstellbares Federbein an der Vorderradgabel kamen hinzu, ebenso ein hydraulisch verstellbares Federbein hinten. Erstmals wurde bei einer Enduro eine ABS-Bremsanlage eingesetzt, die Anti-Blockier-Wirkung läßt sich für den Geländeeinsatz jedoch abschalten.

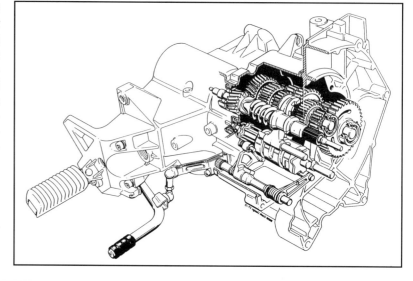

Rechts, auch beim neuen Boxer kam wieder ein Dreiwellen-Fünfganggetriebe mit Rückdämpfer zum Einsatz.

Modell	R 1100 GS
Produktionszeit	1994-
Zylinder	2
Bohrung x Hub	99 x 70,5 mm
Hubraum	1085 ccm
Ventile	4, hc
Verdichtung	10,3:1
Leistung	80 PS bei 6750 U/min
Gemischaufbereitung	Bosch Motronic
Elektr. Anlage	Zündung in Motronic integriert, Drehstromgenerator 700 Watt
Kupplung	Einscheiben, trocken
Getriebe	5-Gang
Antrieb	Kardanwelle
Rahmen	Motor mittragend, Vorderteil Gußprofil, Rohr-Heckteil
Radaufhängungen	Kugelgelenk-Längslenker Telelever vorne, Einarmschwinge Paralever hinten
Reifen	110/80 H 19 vorne, 150/70 H 17 hinten
Bremsen	Doppelscheibenbremse 305 mm vorne, einfach 276 mm hinten
Länge	2196 mm
Breite	820 mm (Lenker)
Höhe	840 - 860 mm (Sattel)
Tankinhalt	25 l
Leergewicht	(vollgetankt) 243 kg
Höchstgeschwindigkeit	195 km/h
Preis	17 450,- DM (1994)

Als hubraumstärkste Enduro der Welt bietet die R 1100 GS imposante Dimensionen. Der 25 l fassende Tank ist über Rahmenkopf und der elektrischen Anlage recht ausladend geworden. Der Fahrersitz ist verstellbar und der Soziusplatz zugunsten einer größeren Gepäckbrücke abnehmbar.

Unter dem weit nach vorne gesetzten Scheinwerfer ist ein Ölkühler montiert, dessen Luftzufuhr das speziell gestaltete Schutzblech übernimmt.

Wie bereits die anderen BMW Enduromodelle avancierte auch die R 1100 GS schnell zum bevorzugten Touren- und Reisemotorrad.

BMW R 850 R, R 1100 R 1994–

Einhergehend mit der weitergreifenden Spezialisierung des Motorradangebots – Superbike, Sporttourer, Reiseenduro und so fort – fanden auch ‚normale' Motorräder wieder mehr Zuspruch, sie hießen nun allerdings ‚Naked Bikes'. Bei BMW ließ nach dem großen Erfolg der R 100 R eine entsprechende Neuauflage für die Modellreihe R 259 nicht lange auf sich warten. Zusätzlich zur R 1100 R kam aber auch mit der R 850 R die erste Hubraum-Variante ins Programm. Das zweite R in der Modellbezeichnung steht für Roadster, und um entsprechend agile Straßenmotorräder handelt es sich auch.

In der Seitenansicht ist die Betonung einer komfortablen Fahrerhaltung deutlich zu erkennen.

Die R-Modelle stellten eine besondere Herausforderung für die BMW Designer dar, statt glattflächiger Verkleidungen griffen sie hier zu Kontrastfeldern um die Dominanz des Motorblocks zu mildern und eine schwungvolle Linienführung darüberlegen zu können.

Über den Zylindern ist auf beiden Seiten je ein kleiner Ölkühler montiert.

Unten, die Frontpartie wurde 1997 geändert: zum vergrößerten Scheinwerfer mit Chrom-Gehäuse kam ein entsprechendes Instrumentenbrett dazu.

Modell	R 850 R	R 1100 R
Produktionszeit	1994	1994
Zylinder	2	2
Bohrung x Hub	87,8 x 70,5 mm	99 x 70,5 mm
Hubraum	848 ccm	1085 ccm
Ventile	4, hc	4, hc
Verdichtung	10,3:1	10,3:1
Leistung	70 PS bei 7000 U/min	80 PS bei 6750 U/min
Gemischaufbereitung	Bosch Motronic	
Elektr. Anlage	Zündung in Motronic integriert, Drehstromgenerator 700 Watt	
Kupplung	Einscheiben, trocken	
Getriebe	5-Gang	
Antrieb	Kardanwelle	
Rahmen	Motor mittragend, Vorderteil Gußprofil, Rohr-Heckteil	
Radaufhängungen	Kugelgelenk-Längslenker-Gabel Telelever vorne, Einarmschwinge Paralever hinten	
Reifen,	120/70 ZR 17 vorne, 160/60 ZR 18 hinten	
Bremsen	Doppelscheibenbremse 305 mm vorne, einfach 276 mm hinten	
Länge	2197 mm	
Breite	729 mm (Lenker)	
Höhe	760 - 800 (Sattel)	
Tankinhalt	21 l	
Leergewicht	(vollgetankt) 235 kg	
Höchstgeschwindigkeit	187 km/h	197 km/h
Preis	15 500,- DM (1995)	16 500,- DM (1995)

BMW R 1100 RT

1995–

Für den Tourer im neuen Boxer-Programm entstand auf Basis von Fahrwerk und Antrieb der R 1100 RS ein völlig neues Karosserie-Design, denn bei der neuen RT konnte nun wirklich nicht mehr von Verkleidung gesprochen werden. Ein ausgeklügeltes Be- und Entlüftungssystem wurden nicht nur für den luft- und ölgekühlten Motor geschaffen sondern auch für den Fahrer. Wie Oberhaupt bei diesem Motorrad Komfort und Bequemlichkeit groß geschrieben wurde ohne daß Handlichkeit und Fahrspaß zu kurz kamen. Elektrisch verstellbares Windschild, System-Koffer, ABS und geregelter Katalysator gehören zur Serienausstattung der R 1100 RT.

Unten, sie mag auf den ersten Blick nicht so wirken, aber bei der R 1100 RT ließen sich Komfort und leichtes Handling vereinen. Rechts, die Gepäckkoffer wurden möglichst eng am Heck montiert um Baubreite zu sparen.

Ein bestens geschützer Fahrerplatz: auf Wunsch kann Frischluft oder Warmluft durch die Düsen strömen, fast schon wie im Auto. Die Frontansicht ist imposant, fast übersieht man die seitlich herausragenden Zylinder des BMW Boxers.

Modell	R 1100 RT
Produktionszeit	1995
Zylinder	2
Bohrung x Hub	99 x 70,5 mm
Hubraum	1085 ccm
Ventile	4, hc
Verdichtung	10,7:1
Leistung	90 PS bei 7250 U/min
Gemischaufbereitung	Bosch Motronic
Elektr. Anlage	Zündung in Motronic integriert, Drehstromgenerator 700 Watt
Kupplung	Einscheiben, trocken
Getriebe	5-Gang
Antrieb	Kardanwelle
Rahmen	Motor mittragend, Vorderteil Gußprofil, Rohr-Heckteil
Radaufhängungen	Kugelgelenk-Längslenker-Gabel Telelever vorne, Einarmschwinge Paralever hinten
Reifen	120/70 ZR 17 vorne, 160/60 ZR 18 hinten
Bremsen	Doppelscheibenbremse 305 mm vorne, einfach 276 mm hinten
Länge	2195 mm
Breite	898 mm
Höhe	780 - 820 mm (Sattel)
Tankinhalt	26 l
Leergewicht	(vollgetankt) 282 kg
Höchstgeschwindigkeit	196 km/h
Preis	24 500,- DM (1996)

BMW K 1200 RS 1997–

Angesichts des überwältigenden Erfolgs der neuen Boxer-Modelle schien die Zukunft der K-Reihe in Frage gestellt, doch es gab noch einiges an Entwicklungspotential. Die Verwendung der Telelever-Vorderradgabel war zu erwarten, nicht jedoch ein völlig neuartiges Rahmenkonzept mit einem Aluminiumgußprofil als zentrales Rückgrat und noch viel weniger ein 130 PS-Motor. Trotz dieser Leistungsausbeute wird die K 1200 RS wieder als Sporttourer angeboten, mit einer neuen Zusammenstellung von sportlichen Fahreigenschaften und Tourentauglichkeit durch Komfort- und Ausstattungsdetails in BMW-typischer Manier.

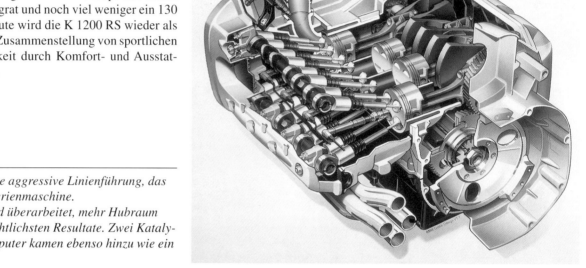

Unten, geducktes Erscheinungsbild ohne aggressive Linienführung, das ist der Charakter der stärksten BMW Serienmaschine.
Rechts, der K-Motor wurde grundlegend überarbeitet, mehr Hubraum und mehr Leistung sind nur die offensichtlichsten Resultate. Zwei Katalysatoren und ein Mobiler Diagnose Computer kamen ebenso hinzu wie ein neu konstruiertes Sechsganggetriebe.

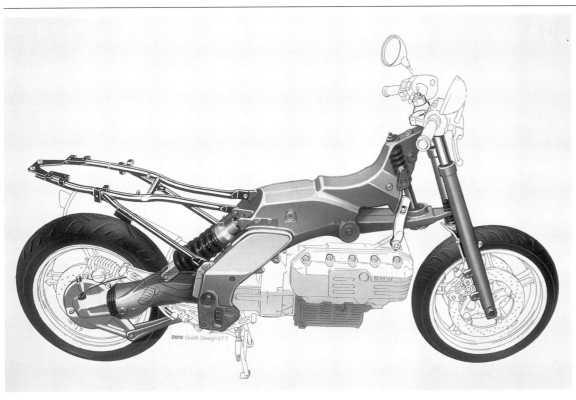

Verstellbar sind wiederum Lenker und Sitzbank, nun aber zusätzlich auch die Fußrasten.

Der Motor hängt schwingungsentkoppelt im Aluminiumgußrahmen, Telelever vorn und Paralever vorn wurden neu gestaltet.

Das Dekor auf der Verkleidung ist zurückhaltend, sehr viel Detailentwicklung galt wiederum den Bedienungselementen.

Modell	K 1200 RS
Produktionszeit	1997-
Zylinder	4
Bohrung x Hub	70,5 x 75 mm
Hubraum	1171 ccm
Ventile	4 Ventil-dohc
Verdichtung	11,5:1
Leistung	130 PS bei 8750 U/min (98 PS bei 7000 U/min)
Gemischaufbereitung	Bosch Motronic
Elektr. Anlage	Zündung in Motronic integriert Drehstromgenerator 720 Watt
Kupplung	Einscheiben, trocken
Getriebe	6-Gang
Antrieb	Kardanwelle
Rahmen	Leichtmetall-Guß, Rohr-Heckteil
Radaufhängungen	Kugelgelenk-Längslenker-Gabel Telelever vorne, Einarmschwinge Paralever hinten
Reifen	120/70 ZR 17 vorne, 170/60 ZR 17 hinten
Bremsen	Doppelscheibenbremse 305 mm vorne, einfach 285 hinten
Länge	2250 mm
Breite	680 mm (Lenker)
Höhe	770 - 800 mm (Sattel)
Tankinhalt	21 l
Leergewicht	(vollgetankt) 285 kg
Höchstgeschwindigkeit	245 km/h (225 km/h)
Preis	27 400,- DM (1997)

BMW R 1200 C

1997–

Ein ‚Chopper' hat traditionell einen V-Zweizylindermotor, aber wenn BMW ein solches Motorrad vorstellt, dann muß es eben einen Boxer haben. Für die R 1200 C bekam dieser erneut mehr Hubraum, nicht wegen der Leistung sondern für einen eindrucksvollen Drehmomentverlauf der zum mühelosen Dahingleiten einladen soll. Telelever und Einarmschwinge sind ebenfalls wieder zu finden, aber ein neuer Rahmen sorgt für die erwünschte niedrige Sitzhöhe und die entspannte Fahrerhaltung hinter dem hohen Lenker.

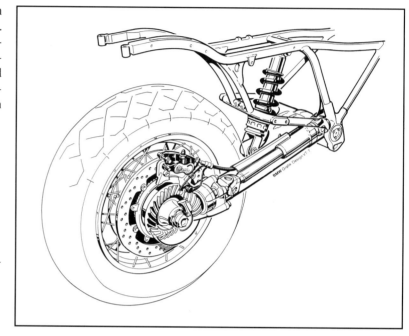

Unten, ungewöhnlich doch unverkennbar ein BMW Boxer, die R 1200 C kommt hochmodisch daher.
Rechts, die wesentlich längere Schwinge erübrigt die Doppelgelenk-Bauweise wie beim Paralever.

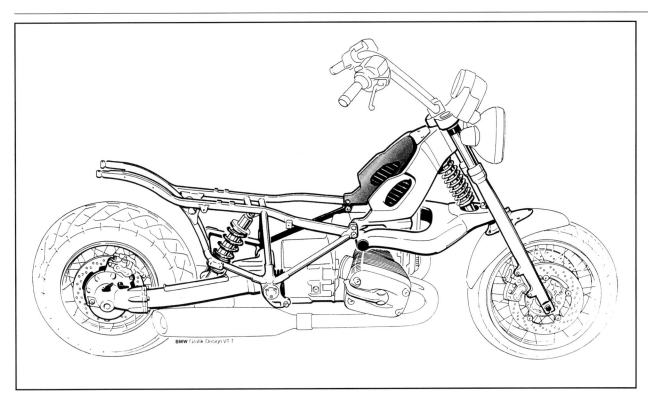

*Sehr viel Detailarbeit wurde in das Design investiert, bis hin zur Oberflächengestaltung der einzelnen technischen Komponenten. Entspannt soll man auf dem ‚Cruiser' thronen und neues Motorradvergnügen entdecken, teilten Entwickler und Werbeleute mit, die für ihr jüngstes Produkt eine große Zukunft sehen.
Bei der R 1200 C besteht der neue Rahmen auch wieder aus einem gegossenen Rahmenkopf und einem angeschraubten Heck, das allerdings nun ganz anders aussieht.*

Modell	R 1200 C
Produktionszeit	1997-
Zylinder	2
Bohrung x Hub	101 x 73 mm
Hubraum	1170 ccm
Ventile	4, hc
Verdichtung	10:1
Leistung	61 PS bei 5000/min
Gemischaufbereitung	Bosch Motronic
Elektr. Anlage	Zündung in Motronic integriert, Drehstromgenerator 700 Watt
Kupplung	Einscheiben, trocken
Getriebe	5-Gang
Antrieb	Kardanwelle
Rahmen	Motor mittragend, Vorderteil Leichtmetall-Gußprofil, Rohr-Heckteil
Radaufhängungen	Kugelgelenk-Längslenker-Gabel Telelever vorne, Einarmschwinge
Reifen	100/90 H 18 vorne, 170/80 H 15 hinten
Bremsen	Doppelscheibenbremse 305 mm vorne, einfach 285 mm hinten
Länge	2340 mm
Breite	775 mm (Lenker)
Höhe	740 mm (Sattel)
Tankinhalt	17 l
Leergewicht	(vollgetankt) 256 kg
Höchstgeschwindigkeit	168 km/h
Preis	23 400,- DM (1997)

BMW-Seitenwagen

Die R 32 erwies sich vom Konzept her (gute Kühlung der Zylinder, durchzugskräftiger Motor, stabiler Rahmen) als ideal für den Gespannbetrieb und so entschloß man sich bei BMW Ende 1924, auch einen geeigneten Seitenwagen anzubieten. Dieser wurde von der, ebenfalls in München ansässigen Firma Royal exklusiv an BMW geliefert. In den darauffolgenden Jahren wurde die Zusammenarbeit mit Royal noch vertieft, so daß man auf Bestellung eine ganze Reihe von Gespann-Varianten anbieten konnte. In den dreißiger Jahren wurden auch Stoye-Seitenwagen im BMW-Programm geführt, doch nach dem Krieg war als einziger Partner Steib in Nürnberg übrig geblieben. Man arbeitete in der technischen Entwicklung eng zusammen und als Steib die Produktion einstellte, fertigte man die Seitenwagen noch einige Jahre bei BMW in eigener Regie an.

Oben, eine R 42 mit dem BMW-Seitenwagen S 49 (Fabrikat Royal). Links, der elegante Royal-Sport-Beiwagen von 1926. Unten links, ein Liefer-Seitenwagen an der R 42. Unten, der Royal-Touren-Seitenwagen mit der gegen Aufpreis lieferbaren festen Frontscheibe, seitlichen Steckscheiben und einem Klapp-Verdeck. An der BMW R 16 sind auch Beinschilder zu entdecken.

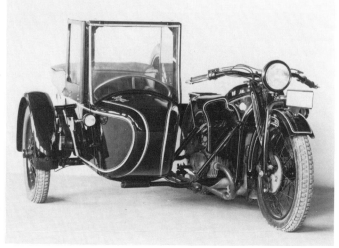

Unten, ein R 12-Militärgespann, wie es ab 1935 in großen Stückzahlen geliefert wurde. Ganz unten, eine »Luxus-Limousine« von Royal aus dem Jahre 1933. Rechts, der Paket-Transporter der Reichspost, eine R 61 mit Royal-Post-Seitenwagen.

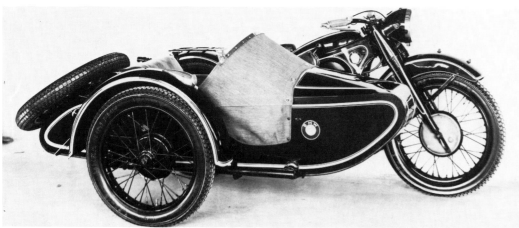

Links, Stoye-BMW-Seitenwagen 1936 an der R 12. Rechts, die entsprechende Nachkriegsausführung von Steib an der R 51/3. Unten, die R 25 von 1950 mit dem BMW-Steib-»Standard«.

Auf der gegenüberliegenden Seite ist oben das bekannteste aller BMW-Gespanne mit dem Steib TR 500 zu sehen. Darunter, R 27 mit Steib S 250 und Troika-BMW SR 80, Baujahr 1983.

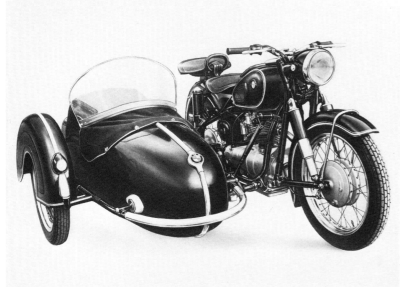

BMW-Verwandte

Nachahmungen des erfolgreichen Boxermotorkonzepts hat es eine ganze Reihe gegeben, zu den Zündapp-Modellen und der französischen Gnôme-Rhône kam während des 2. Weltkriegs mit der Harley-Davidson XA sogar noch eine amerikanische Version hinzu. Eine vollständige BMW-Kopie entstand zur gleichen Zeit in der Sowjetunion. Es hatten seit den frühen zwanziger Jahren vielfältige BMW-Kontakte nach Rußland bestanden, es ging dabei um Motoren für Militärflugzeuge, die von den Deutschen dort geflogen wurden. Russische Konstrukteure kamen in den dreißiger Jahren zur Weiterbildung auch oft nach München. Ob es in der Motorradabteilung über die Lieferung von einigen R 35 hinaus auch Kontakte im Hinblick auf größere Aufträge oder gar eine Lizenzfertigung gab, blieb bis heute ohne Bestätigung.

Trotzdem begann 1941 in Irbit, bei Swerdlowsk-Jekaterinenburg am Ural-Gebirge gelegen, die Fertigung der BMW R 71. Die Motorräder stellten derart exakte Nachbauten dar, daß entweder Unterlagen aus München vorgelegen haben müssen, oder sich die russischen Techniker ihre Mustermaschinen sehr genau angesehen hatten. Die Produktion im neuen Kriegsindustriegebiet begann unter freiem Himmel, zum Teil erhielten die Kradschützeneinheiten der Roten Armee die Gespanne mit der Typenbezeichnung M 72 sogar unlackiert. Schlechte Schweißnähte

und kyrillische Buchstaben am Zylinderfuß waren die einzigen Unterscheidungsmerkmale zur Original-R 71. Ab 1947/48 wurde die M 72 gleichzeitig auch in einem anderen Werk in Kiew gebaut, wo dann etwa sechs Jahre später mit der K 750 M das Nachfolgemodell entstand, das geänderte Ventildeckel (nicht mehr zweistöckig) und ein neues Getriebe aufwies. In Irbit löste ab 1955/56 die M 62 mit dem neuen 650 ccm-ohv-Boxer das bisherige Modell ab, in der Ural M 67-640 lebt dieser Motor im modernisierten Fahrgestell bis heute fort.

Das seitengesteuerte 750er-Gespann gab es 1959 erstmals mit Seitenwagenantrieb und Rückwärtsgang, kurze Zeit später kam eine Hinterradschwinge dazu und schließlich 1962 Vollnabenbremsen. Die Typenbezeichnung änderte sich auf MT 12 und blieb bis zum Produktionsende 1988 erhalten. Über eine Million wurden insgesamt gebaut, allesamt als Gespanne, die vorwiegend bei der Roten Armee Dienst taten.

Oben, die 650er-Ural ist ein entfernter Verwandter, doch ihre Grundlage war die BMW R 71, die ab 1941 im russischen Irbit nachgebaut wurde. Unten, die chinesische Yangtze 750 ist die Weiterführung der M 72 aus der Sowjetunion.

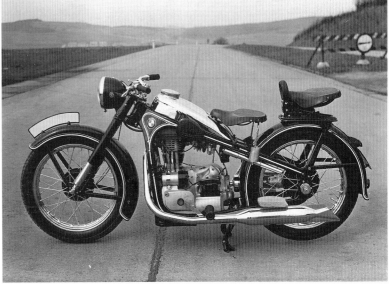
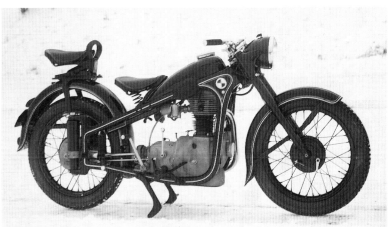

Aber auch in Kiew entstand 1963/64 mit der MT 9 ein ohv-Boxer. Wies die Ural nadelgelagerte Pleuel auf einer gebauten Kurbelwelle auf, so gab es bei der Dnepr, wie das Modell aus Kiew heißen sollte, Gleitlager und eine geschmiedete, einteilige Welle. Äußerlich unterschieden sich die Motoren an den Ventildeckeln, oval bei der Ural, eckig bei der Dnepr Erst in den siebziger Jahren erhielt die ohv-Dnepr einen Seitenwagenantrieb und konnte dann später das 750er-sv-Gespann im Militärdienst ablösen. Als Dnepr 11 ohne und Dnepr 16 mit angetriebenem Seitenwagenrad sind die 650er-Gespanne nach wie vor in Produktion.

Und auch die Geschichte der BMW R 71-Kopie ist noch nicht zu Ende. In den fünfziger Jahren lieferten die Sowjets einige M 72-Gespanne nach China. Es folgten bei der Serienumstellung in Irbit und Kiew schließlich die Konstruktionsunterlagen, so daß die Chinesen eine eigene Fertigung einrichten konnten. Als Yangtze 750 läuft das Gespann bis heute weiter und wird mittlerweile als Kuriosität auch in den Westen geliefert.

Keine so lange Geschichte hatte die BMW R 35, die, wie bereits erwähnt, ab 1945 in Eisenach eine Neuauflage erfuhr. Aus den ins BMW-Automobilwerk verlagerten Beständen aus Produktionseinrichtungen und Ersatzteilen konnten im November und Dezember 1945 für die sowjetische Militärverwaltung 40 R 35 montiert werden. Es folgten 1946 102 R12 und 232 R 75, zugleich wurde aber für die Einzylindermaschine eine umfangreichere Serienfertigung eingerichtet. Außenzughebel am Lenker waren die einzigen Änderungen zur bisherigen R 35. Das Motorrad wurde bis 1951 fast ausschließlich exportiert, vornehmlich nach Rußland und in andere osteuropäische Länder, aber auch nach Österreich oder Dänemark. Der Betrieb gehörte zur sogenannten Sowjetischen Aktiengesellschaft Awtowelo, die sowohl die Markenbezeichnung BMW als auch das weißblaue Emblem weiterführte.

Erst nach der Übergabe in DDR-Besitz kam es zur Namens- und Markenänderung: Volkseigener Betrieb IFA Automobilfabrik EMW Eisenach. Die EMW R 35 trug jedoch nicht nur rote statt den bisher blauen Feldern auf dem Tankemblem, sie war auch bereits im Vorjahr einigen Änderungen unterzogen worden und hörte auf die neue Typenbezeichnung R 35-3. Das Viergangetriebe hatte eine Fußschaltung bekommen, ein kürzerer Handhebel ragte noch zusätzlich auf der rechten Seite nach oben. Das Hinterrad lief nun in einer Geradwegfederung, und die Teleskopvordergabel hatte ein hydraulisches Dämpfungssystem erhalten, erkennbar an den blechernen Abdeckhülsen unterhalb der

Links oben, von Anbeginn wurden die russischen und die chinesischen Boxer nur als Gespanne geliefert. Während Ural und Dnepr langsam modernisiert wurden, läuft die R 71-Kopie bis heute unverändert vom Band.

In Eisenach erlebte die R 25 eine zweite Karriere: oben eine EMW R 35 als Prototyp von 1951 bereits mit gedämpfter Telegabel und Fußschaltung; darunter die EMW R 35-3, ab 1952 wurde sie ausschließlich mit Hinterradfederung und Schwingsattel gebaut.

Gabelbrücken anstelle der Gummimanschetten unten an den Gleitrohren. Der alte Zugfedern-Sattel war gegen einen Schwingsattel mit zentraler Druckfeder ausgetauscht worden.

Der Nachholbedarf auf dem ostdeutschen Fahrzeugmarkt war enorm, in Zschopau entstand die IFA 125, bei Simson in Suhl die AWO 250, und die 350er aus Eisenach war das größte Motorrad im Angebot. Nachdem bis Ende 1951 nicht einmal 5 000 der bis dahin gebauten 27 820 Exemplare im Land bleiben durften, mußte die Produktion ab 1952 auf Hochtouren laufen. Insgesamt brachte es die Eisenacher R 35 auf 83 000 Stück, den Löwenanteil stellte die R 35-3 mit etwa 50 000. Die Planwirtschaft sah für 1955 das Ende der Motorradproduktion vor, gleichzeitig sollte die Automobilproduktion von der Vorkriegsentwicklung F 9 auf den neuen Wartburg 311 umgestellt werden, dem alleinigen Produkt des Eisenacher Werks ab 1956.

BMW MOTORRÄDER IN FARBE

(Werksaufnahmen)

Die R 90 S leitete 1973 mit ihrer Lenkverkleidung und der ›Rauch-Lackierung‹ neue Trends ein. In ihren Fahrleistungen konnte diese Maschine auch von den späteren R 100-Versionen kaum übertroffen werden. Links, das Modell 1973/74, oben die 1975er-Version. Unten, die 900 ccm-Tourenmaschine von 1974, R 90/6.

Oben, die R 75/7 von 1976/77, als Übergangsmodell wurde sie 1977 von der aufgebohrten R 80/7 abgelöst. Diese stand als vorzugsweises Behördenmodell jedoch im Schatten der R 100/7. Im Bild rechts oben ist deren 1981er-Version mit Brembo-Scheibenbremsen zu sehen, darunter die ursprüngliche Ausstattung mit ATE-Bremsen. Rechts, die R 90 S-Nachfolgerin R 100 S als optisch aufgewertetes Sondermodell des Jahrgangs 1980.

Mit der R 100 RS wollte BMW keineswegs an die traditionelle Rennsportmaschine anknüpfen, das herausragende Merkmal war die zugleich sportlich anmutende und trotzdem perfekten Wetterschutz bietende Vollverkleidung. Als erster Motorradhersteller brachte BMW 1976 eine serienmäßig verkleidete Maschine auf den Markt.
Ganz oben links, die letzte Version ab 1981 mit Brembo-Bremsen und Ölkühler. Darunter, das Ausgangsmodell von 1976 mit Speichenrädern und Trommelbremse im Hinterrad. Rechts oben, die Ausführung 1978–80 mit Gußrädern und ATE-Scheibenbremsen. Links, eine detaillierte Phantomdarstellung des Boxer-Flaggschiffs.

Aus der sportlichen RS entstand durch ein neues Verkleidungsoberteil und dem hohen Lenker eine Reisemaschine par excellence, die R 100 RT.

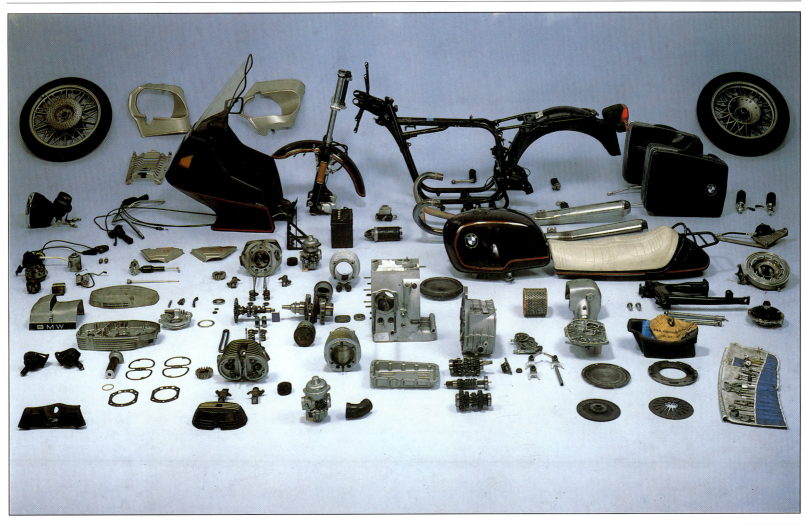

Ganz oben, eine R 100 RT zerlegt in ihre Bestandteile. Zum Abschluß ihrer Langstreckentests lassen viele Fachzeitschriftenredaktionen ihre Dauertestmaschinen bis ins kleinste Detail auf Verschleißspuren untersuchen. Darunter, zwei Designvarianten im Boxerprogramm, oben die R 65 LS von 1981, rechts die R 80 ST aus dem Jahr 1982.

Links, als erstes Modell einer überarbeiteten Boxer-Reihe kam 1984 die neue R 80 auf den Markt. Ganz unten, die Tourenversion R 80 RT mit der bekannten Verkleidung.
Links unten, die R 65 von 1978 mit dem Kurzhubmotor.
Unten, das Nachfolgemodell von 1985 mit Tourenausstattung.
Auf der gegenüberliegenden Seite ist oben die erfolgreiche 1000-ccm-Rennmaschine des BMW-Händlers Handrich zu sehen, wie sie 1987/88 bei den Läufen zur ›Battle of Twins‹-Meisterschaft eingesetzt wurde.
Darunter links, die neue R 100 RS von 1986 und rechts die Polizei-R 80 von 1988.

Die Serienversion der BMW-Enduros kam 1980 mit der R 80 G/S auf den Markt, diese wies den bekannten 797-ccm-Motor und erstmals im Serienbau eine Einarmschwinge auf. Links außen, die Version 1986/87, darunter die blaue Variante ab 1982.

Links oben, die 750er-Werksmaschine für die Sechstagefahrt 1973 in den USA. Daneben, die GS 80, das auf 871 ccm aufgebohrte Werksmodell für die Saison 1980. Unten ist eine der erfolgreichen Werksmaschinen für die Wüstenrallye Paris–Dakar zu sehen, Hubraum 1040 ccm.

Unten, die langerwartete 1000er-Enduro wurde 1987 mit der spektakulären R 100 GS vorgestellt. Nicht nur die Farbvariante in Schwarz-Gelb erregte Aufsehen, sondern auch die neue Hinterradschwinge.

Ganz unten zeigt die Phantomansicht die Doppelgelenkschwinge mit Parallelogrammabstützung. Rechts, die neue R 80 GS ohne Ölkühler, Sturzbügel und Windabweiser des hubraumstärkeren Modells.

Oben, die überarbeitete R 100 GS aus dem Modelljahr mit Cockpit-Verkleidung. Rechts, das Roadster-Modell R 100 R wurde 1991 direkt von der Enduro abgeleitet. Ebenso die R 80 R im Bild unten, die 1992 die bisherige R 80 ablöste.

Oben, ein Phantombild der K 75 S. Rechts, die Palette der 750-ccm-Dreizylinder: von links, K 75 C mit Tourenscheibe, K 75 C mit Cockpit, K 75 S und K 75.

Oben links, eine K 75 mit spezieller Polizeiausstattung wie sie bei BMW komplett bestellt werden kann. Oben, die K 75 C bei ihrer Präsentation im August 1985 am Chiemsee. Links, eine K 75 S des Modelljahrs 1988 mit Motorspoiler, Motorblock und Räder sind schwarz lackiert. Darunter, die K 75 S wie sie 1986 in Produktion ging. Unten rechts, die K 75 als optisch sehr attraktiv gestaltetes Einstiegsmodell zur K-Reihe, hier in der 1988er-Version mit tiefergelegter Sitzposition.

Links, die K 100-Palette 1985: K 100 Basis, K 100 RS und K 100 RT. Unten, eine Vorserien-K 100 im Mai 1983.

Oben, der Bestseller der K-Reihe, die K 100 RS mit ihrer außergewöhnlichen Verkleidung. Rechts außen, perfekten Wetterschutz bietet die ausladende Verkleidung der K 100 RT. Rechts, die völlig unterschiedlichen Erscheinungsbilder der drei K 100-Modelle. Links unten, das optisch enorm aufgewertete K 100-Basismodell des Modelljahrs 1988. Rechts daneben, der Luxustourer nach US-Art, K 100 LT.

Fünfmal in Folge wurde die K 100 RS in Deutschland zum ›Motorrad des Jahres‹ gewählt. Zu diesem Anlaß gab es jeweils ein Sondermodell. Unten, die ›Sonderausgabe‹ 1986, rechts das Modell 1987 und unten, die exklusive 1988er-Version, auf Wunsch mit ABS-System.

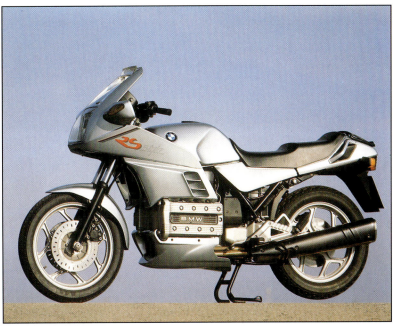

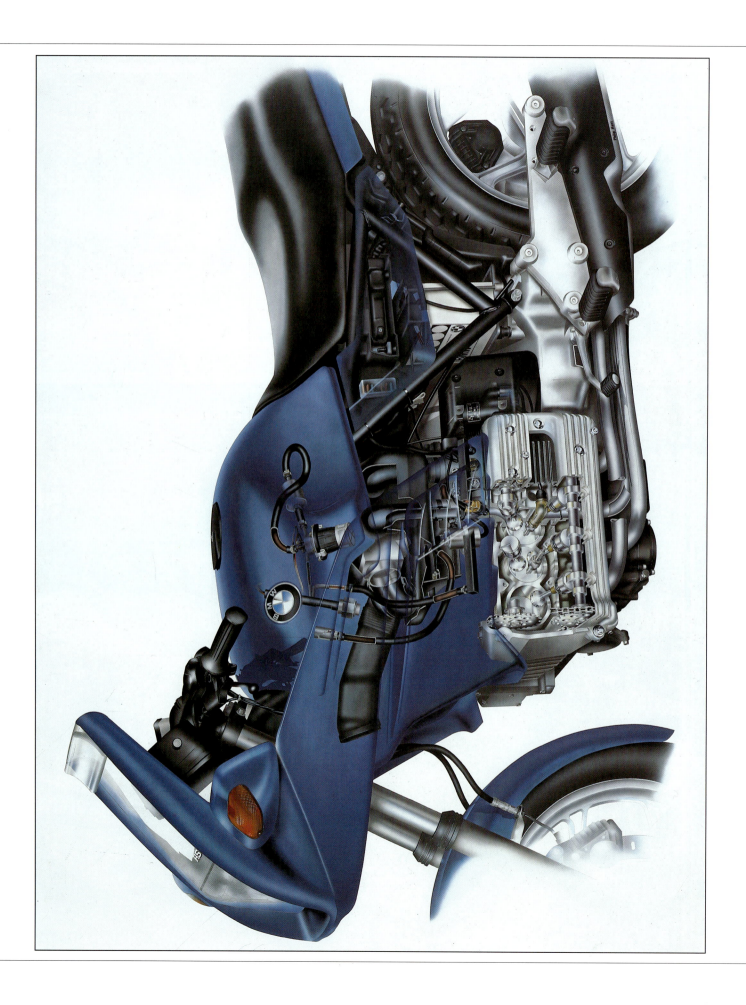

Oben, die K 1 von 1989 mit abgenommener Sitzbankverkleidung über dem Soziusplatz. Durch auffällige Kontrastlackierung und Grafik sollte das wuchtige Erscheinungsbild aufgelockert werden, ungewöhnlich war vor allem die Vorderradverkleidung. Im Bild unten ist die 1991er-Version in gedeckter Farbgebung zu sehen.

Die Änderungen bei der K 75 S von 1990 liegen im Detail, im Bild rechts sind die neuen Dreispeichenräder zu erkennen. Darunter, die K 75 RT, die 1990 die Tourerverkleidung der K 100 RT bekam und ihren Platz im Programm einnahm.

Der große Luxustourer wurde 1991 erheblich aufgewertet, dazu dienten nicht nur ein Vierventil-Zylinderkopf, neue Räder und Bremsen sowie die Paralever-Hinterradschwinge, sondern auch die Hubraumaufstockung auf 1100 ccm und die damit verbundene neue Motorabstimmung.

Die zweite Generation der K 100 RS blieb nur zwei Jahre im Programm, zum Vierventilmotor, den K 1-Rädern und Bremsen und der Paralever-Schwinge kamen Ende 1992 noch eine Hubraumerweiterung und eine neue untere Verkleidungshälfte dazu. Als K 1100 RS führte sie den Erfolg des Vierzylinder-Sporttourers weiter.

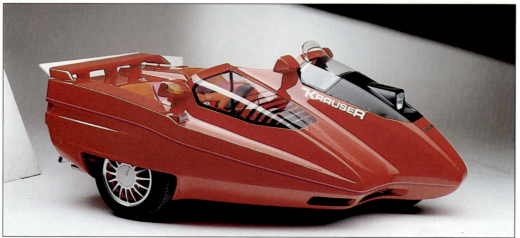

Unter der Kunststoffkarosserie des Domani-Gespanns der Firma Krauser verbirgt sich nicht nur die komplette K 100-Antriebseinheit, sondern auch ein hochmodernes Chassis wie es in der gleichen Form auch bei den Grand Prix-Gespannen zu finden ist.

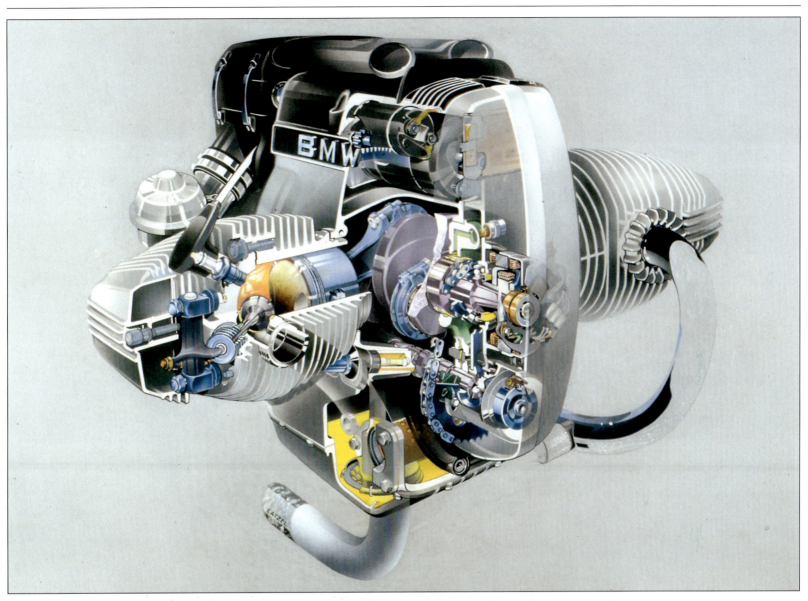

Zur Überleitung zum neuen Boxer ist hier noch einmal ein Schnittbild des weitergebauten ohv-Motors zu sehen. Links, der Beginn einer neuen BMW-Ära: die R 1100 RS von 1993.

Nur die Zylinderanordnung und die Kurbelwelle blieben so gut wie unverändert. Ein vertikal geteiltes Gehäuse, halbhoch montierte Nockenwellen (High Camshaft-Anordnung) mit Ketten angetrieben, schräg gestellte Zylinderköpfe ...
Unten links, die R 1100 RS mit der gegen Aufpreis erhältlichen Vollverkleidung. Auch aus der Schrägansicht ist die Telelever Vorderradaufhängung mit Telegabel und Längslenkerschwinge nicht auf den ersten Blick zu erkennen.

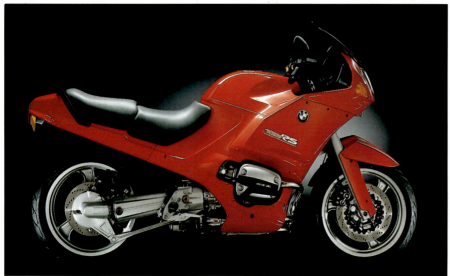

BMW MOTORRAD SPORT

Oben, die BMW-Mannschaft für das Solitude-Bergrennen am 18. Mai 1924. Hier wurde zum erstenmal die ohv-Maschine mit gekapseltem Leichtmetall-Zylinderkopf (später R 37) eingesetzt. Franz Bieber, Rudolf Schleicher und Rudolf Reich (von links) konnten in allen drei belegten Klassen die etablierte Konkurrenz auf die Plätze verweisen. Rechts, der erste Start einer Werksrennmaschine beim Solitude-Bergrennen 1923, Rudolf Reich auf dem ohv-Prototyp.

Sporterfahrungen bringen Fortschritt

Beginn der BMW-Rennsport-Aktivitäten

Die Ideen zum ersten BMW-Motorrad hatten sich nicht zuletzt aus vielen Fachsimpeleien im Kameradenkreis des ACM (Automobil-Club-München) herauskristallisiert. So verwundert es auch kaum, daß die motorradbegeisterte Schar regen Anteil an den Konstruktionsarbeiten des Ingenieurs Max Friz nahm, dem es gelang, seine Freunde gehörig zu überraschen, als er am 5. Mai 1923 zu der alljährlich vom Club ausgerichteten »Fahrt durch Bayerns Berge« nicht auf der bewährten Victoria mit dem BMW-Boxermotor Typ M 2 B 15 an den Start ging, sondern den ersten Prototypen der BMW R 32 bewegte.

Obwohl das Motorrad erst drei Tage vorher fertig geworden war, konnte Max Friz die Fahrt ohne Probleme strafpunktfrei beenden. Zugegeben, Friz' Ausfahrt war mehr eine touristische Angelegenheit gewesen, doch der ehrgeizige Konstrukteur hatte schon noch mehr auf Lager. Einen Monat später wurde eine Expedition in seine Heimat, genauer gesagt zum Solitude-Bergrennen vor den Toren Stuttgarts ausgerüstet. Max Friz wollte es seinen ehemaligen Stuttgarter Freunden und Kollegen zeigen, daß man es auch »in der Fremde« zu etwas bringen kann. Davon ausgehend, daß der seitengesteuerte Motor in

Auf den beiden Bildern oben ist Franz Bieber beim Eifelrennen des Jahres 1924 zu sehen, zu seinem Titel des Deutschen Meisters konnte er hier noch einen weiteren Sieg hinzufügen. Links, die Rennmaschine Biebers wies den langen Radstand der Serienmodelle auf und hatte auch ein Sattelstützrohr, welches bei den kürzeren Rennern weggefallen war.

seiner Leistung nur begrenzt steigerungsfähig war, hatte Friz für diesen ersten richtigen Renn-Einsatz wieder auf seine Flugmotor-Erfahrungen zurückgegriffen und obengesteuerte Zylinder anfertigen lassen. Als Fahrer für diese vielversprechenden Maschinen hatte er seine Club-Kameraden Rudolf Reich (bereits als Versuchsfahrer und Betriebsleiter bei BMW angestellt) und Franz Bieber (ein Münchner Fahrrad-Großhändler) gewinnen können, zu denen sich noch der Österreicher Rupert Karner gesellte, ein ausgesprochener Bergspezialist, der sich in den folgenden Jahren auf der englischen Sunbeam einen guten Namen machen sollte. Aber auf der 6,1 km lagen Solitude-Strecke kam für Max Friz und seine Mannschaft bald die Ernüchterung. Alle drei BMW schieden aus, und der Sieger hieß Josef Mayr auf der 500er Victoria mit dem ohv-Boxermotor von Martin Stolle. Dieser erfolgreichen Kombination mußte sich Franz Bieber auch beim Ruselbergrennen im Bayerischen Wald geschlagen geben, und beim Bergrennen in Hindelang-Oberjoch am 14. September wurde Reich auf der Stahlzylinder-BMW gar von einer Maschine mit dem seitengesteuerten BMW M 2 B 15-Motor auf Rang Zwei verwiesen – es war dies Rudolf Schleichers RS-

Rudi Reich, ebenso wie Schleicher als Ingenieur bei BMW beschäftigt, liegt hier beim ersten Solitude-Rundstreckenrennen im Jahre 1925 vor Paul Köppen in Führung. Mit seiner Werksmaschine gewann er das Rennen vor dem Berliner Privatfahrer auf einer R 37.

Eigenbau mit geschweißtem Rohrrahmen. Und dieser junge Mann, der im darauffolgenden Monat seinen Posten in der Konstruktions- und Entwicklungsabteilung antrat, sollte dann auch bald für die ersten großen BMW-Erfolge verantwortlich sein.

Als nächster Termin wurde die ADAC-Winterfahrt nach Garmisch ins Auge gefaßt. Insgesamt sechs ohv-Motoren mit Stahlzylindern für drei Motorräder wurden hierfür vorbereitet. Neben den Stammfahrern Franz Bieber und Rudi Reich saß nun natürlich auch Rudolf Schleicher im Sattel einer Werks-BMW. Am 1. Februar 1924 startete dieser in der Münchner Sonnenstraße zur Streckenfahrt nach Garmisch und erreichte trotz eisglatter Straßen und Temperaturen von 17 Grad minus das Ziel in einer Zeit von 1:59 Stunden, womit er nur sechs Minuten nach dem ersten Wagen eingetroffen war. Am nächsten Tag beim Bergrennen auf der Mittenwalder Steig fuhr er mit einem Schnitt von 45 km/h Tagesbestzeit. Wegen diesen herausragenden Einzelleistungen Schleichers fand dieser erste große BMW-Erfolg weite Verbreitung, technische Probleme blieben dabei allerdings unerwähnt.

Die Stahlzylinder der ersten BMW-Rennmaschinen waren aus einem

Oben, ein stolzer Privatfahrer mit seiner R 37: Bruno Oehms holte bei einem Rennen in Langensalza 1925 den Ersten Preis. Rechts, nochmals das Solitude-Rennen 1925, noch liegt Paul Köppen in Führung. Unten, Theo Schoth aus Berlin, einer der ersten BMW-Händler, gewann am 18. April 1925 auf seiner R 37 das Hohensyburg-Rennen.

Stück gefräst und als Sackzylinder, das heißt ohne abnehmbaren Zylinderkopf ausgeführt. Dies führte zu thermischen Schwierigkeiten, und obendrein bewegte sich der ganze Mechanismus der obengesteuerten Ventile ungeschützt im Freien, fast ohne Schmierung. So war es angeraten, Vollgas zu vermeiden und den Motor sehr gefühlvoll zu behandeln. Eine weitere Steigerung der ohnehin nicht weit über den sv-Motoren angesiedelten Leistungsausbeute (schätzungsweise 12 bis 14 PS) schied somit von vorneherein aus. Bei der Lösung dieser Probleme griffen der neue BMW-Motorenkonstrukteur Schleicher und sein engster Mitarbeiter Sepp Hopf auch wieder auf Erkenntnisse aus dem Flugmotorenbau zurück und entschlossen sich zur versuchsweisen Verwendung von Aluminium für die Entwicklung neuer Zylinderköpfe. Es entstand ein gut verrippter Alu-Kopf, den man auf einen separaten Stahlzylinder montierte. Man war gleich noch einen Schritt weiter gegangen und hatte auch den Ventiltrieb – Kipphebel, Ventilfedern und -führungen – unter einem großen Deckel staubdicht verkapselt.

Links, Josef Stelzer mit der R 39. Völlig überraschend brachte BMW 1925 eine 250-ccm-Rennmaschine an den Start, Sepp Stelzer kam damit auf Anhieb bestens zurecht und brachte der Firma auch den Deutschen Meister-Titel. Ende des Jahres gab es die R 39 auch als Serienmodell zu kaufen, eine weitere Entwicklung für den Renneinsatz unterblieb jedoch. Unten, Paul Greifzu aus Suhl in Thüringen auf seiner R 37 bei einem Bergrennen der Saison 1926.

Der neue ohv-Rennmotor erwies sich schon bei den ersten Versuchen als gelungen, und so durfte die BMW-Mannschaft der Solitude-Revanche optimistisch entgegenblicken. Am 18. Mai 1924 gelang es auch wirklich, die Schlappe vom Vorjahr voll und ganz wettzumachen. Reich, Bieber und Schleicher brachten ihre neuen BMW-Rennmaschinen in drei verschiedenen Klassen an den Start und gewannen sie alle. Franz Bieber siegte in der Industriefahrer-Klasse A, was gleichbedeutend mit dem Gesamtsieg war, und Rudi Reich fuhr die Tagesbestzeit. Wie schnell die Renn-BMW wirklich lief, zeigte Reich am darauffolgenden Wochenende bei Rekordversuchen auf der Berliner Avus, wo er mit 137,4 km/h sogar die schnellsten 1000-ccm-Maschinen hinter sich lassen konnte. Um die ADAC-Straßenmeisterschaft der Saison 1924 ging es am 15. Juni auf dem Dreieckskurs von Schleiz in Thüringen, wo Franz Bieber den Titel erringen konnte, Rudolf Schleicher allerdings durch Bremsprobleme zu Sturz kam. Er war dafür beim Eifel-Rundstreckenrennen als Betreuer und Mechaniker für Franz Bieber aktiv, und dieser konnte das Rennen durch die kleinen Dörfer der Voreifel – der Nürburgring war ja zu jener Zeit noch nicht gebaut

Rechts, Schleizer Dreieck 1926. Am Vorstart ist hier in der Mitte Toni Bauhofer auf der Werks-BMW zu sehen.

Unten, der vormalige Megola-Werksfahrer Bauhofer auf seiner BMW-Rennmaschine. Hier ist nun deutlich der verkürzte Radstand der Werksmaschinen zu erkennen. Außerdem findet sich hier anstelle der Klotzbremse am Hinterrad schon eine Kardanbremse.

Rechts unten, Theo Schoth bei der Startaufstellung zum Großen Preis von Deutschland 1926 auf der Avus, er bekam hierfür eine Werksmaschine mit aufgeschnalltem Zusatztank.

– nach 332 Kilometer mit sieben Minuten Vorsprung beenden. Bieber konnte seine Erfolgsserie bei der Dreiländerfahrt München – Innsbruck – Arlberg – Bodensee, beim nachfolgenden Arlberg-Bergrennen, dem Rennen Dornbirn – Bregenz sowie beim Ruselbergrennen fortsetzen. Der Deutsche Meister-Titel und die großen Siege in Reihe hatten die BMW-Motorräder nun endgültig in die Schlagzeilen gebracht. Franz Bieber mußte seine Laufbahn jedoch abrupt beenden, da er das elterliche Geschäft übernehmen sollte. An besonderen Erfolgen der BMW-Motorräder konnte er jedoch in der Zukunft noch oft

teilhaben, nämlich als Funktionär für Sportangelegenheiten im ADAC. Es hatte sich bei jenen BMW-Rennfahrern der ersten Stunde nicht um richtiggehende Vertragsfahrer gehandelt; die Werks-Maschinen hatte man qualifizierten Leuten jeweils zur Verfügung gestellt, und dieser Kreis begann sich ab der zweiten Jahreshälfte 1924 über die ACM-Kameraden hinaus zu erweitern. So konnte der Berliner Paul Köppen bei den Rennen in Belzig und Ruppin weitere Lorbeeren für die Münchner Firma einfahren, Max Wetzel das Gabelbach-Bergrennen, Karl Räbel die Bergprüfung Naumburg gewinnen, und Eugen Bussin-

Oben links, Ernst Henne auf der BMW-Werksmaschine 1926 beim Solitude-Rennen. Angesichts der Fahrbahnverhältnisse empfiehlt sich die sichtbar vorsichtige Fahrhaltung. Daneben ist eine Startszene beim Bergrennen in Oberwiesenthal/Erzgebirge des gleichen Jahres zu sehen. Links, zwei Teilnehmer des 1926er Avusrennens: Paul Köppen – inzwischen in die BMW-Mannschaft aufgenommen – auf der 500er und neben ihm Rudi Pohl auf seiner privaten R 39, der Einzylinder-250er.

ger sogar bei einem Motorradrennen in Paris die weiß-blauen Farben vertreten. Eine wesentlich breitere Basis für Renneinsätze mit BMW-Motorrädern wurde für die kommende Saison mit der R 37 geschaffen, die als käufliche Sportmaschine ab Anfang 1925 erhältlich war. Und viele Privatfahrer im In- und Ausland machten von diesem Angebot Gebrauch.

Die renntaugliche BMW R 37 besaß den ohv-Motor der 1924er Werksmaschinen mit der Typenbezeichnung M 2 B 36, eingebaut in das unveränderte Fahrgestell der seitengesteuerten R 32. Das eigentliche Renn-Fahrgestell war kürzer, und es fehlte das Sattelstützrohr hinter dem Getriebe. Die Werksmaschinen für 1925 unterschieden sich äußerlich auch an der erstmalig verwendeten Außenbackenbremse am vorderen Ende der Kardanwelle, und sie dürften wohl auch mehr als 16 PS (R 37) geleistet haben. Aber auch in der Fahrer-Mannschaft gab es Änderungen; zu Rudolf Reich gesellte sich nun erwartungsgemäß Paul Köppen, und nach der Schließung der Firma Megola wechselten auch Toni Bauhofer und Sepp Stelzer von München-Giesing nach München-Milbertshofen. Letzterer konnte sich im Verlauf der Saison

Oben, Start der großen Klasse (bis 750 ccm) beim Berliner Avusrennen des Jahres 1926. Im Feld sind die schnellen BMW R 37 recht zahlreich vertreten. Daneben ist der stolze Eifel-Sieger von 1926, Ernst Henne, zu sehen. Der Münchner sollte in der Folgezeit zu einem der erfolgreichsten BMW-Fahrer bei Rundstreckenrennen, Geländefahrten und natürlich seinen Rekordversuchen, werden. Nebenstehend, nicht weniger stolz waren die Privatfahrer auf ihre Erfolge mit den BMW-Rennern, hier der Dürener Club-Meister des Jahres 1926, Leo Lürken. Der großartige Siegerkranz scheint ihn schon fast zu erdrücken.

mit einer ganz neuen BMW anfreunden, der zur preislichen Abrundung des Programms nach unten konzipierten 250-ccm-Einzylinder R 39. Sportliche Erfolge sollten auch hier zur Verkaufswerbung herangezogen werden können. Und Stelzer machte seine Sache großartig, er gewann beim ersten Solitude-Rundstreckenrennen und war damit Deutscher Meister in der 250er-Kategorie; weitere Erfolge 1925 und 1926 konnten allerdings nicht zu den erwünschten Umsatzzahlen verhelfen, da es verschiedentlich zu Reklamationen kam.

Keine Probleme hatte man dagegen bei den Zweizylinder-Modellen zu verzeichnen. Rudolf Reich gewann mit der 500er einen zweiten Meistertitel und siegte auch in Schleiz. Sehr von sich reden machte Paul Köppen auf der Avus, wo er im Frühjahr mit der 500-ccm-BMW die 750er-Klasse gewinnen konnte und im Sommer gar den Großen Preis von Deutschland. Toni Bauhofer, nicht nur bayerischer Lokalmatador, sondern seit seinen spektakulären Erfolgen auf der Megola (mit Fünfzylinder-Sternmotor im Vorderrad) unbestreitbar ein Motorrad-Idol im Deutschland der zwanziger Jahre, steuerte seine Werks-BMW in der Eifel zum Sieg und ging auch im Ausland an den Start. Doch das

Links, die erfolgreichen Fahrer beim Avusrennen 1926: Ernst-Günter Burgaller (Mitte), der spätere Wagenrennfahrer, gewann die 750-ccm-Klasse, der Mabeco-Fahrer Zirrus bei den 1000ern, und Haimo Schlutius (links) wurde zweiter in der Halbliter-Kategorie. Unten: Hans Soenius auf seiner 1927er Werksmaschine, am Tank ist ein Drehzahlmesser zu sehen.

Rechts, der junge Wiener Karl Gall stürmte im August 1927 beim Tauernrennen als Schnellster den Berg hinauf. Unten, sein erfahrener Mannschafts-Kamerad Josef Stelzer gewann 1926 die als Großer Preis von Deutschland ausgeschriebene 500er-Klasse auf der Avus.

Rennen in Monza um den Großen Preis von Europa brachte dem BMW-Team außer Bauhofers Ausfall nur zwei Erkenntnisse: Trotz der ansehnlichen Erfolge in Deutschland war die BMW der internationalen Konkurrenz und da vor allem den Rennmaschinen aus England noch nicht gewachsen, und es gab in München noch einen ganz schnellen Motorradrennfahrer, dem man bisher zu wenig Beachtung geschenkt hatte – Ernst Henne.

Zur Saison 1926 wurden die BMW-Rennmaschinen einer ganzen Reihe von Modifikationen unterzogen, wobei kaum zwei Motorräder jemals identisch waren. Zum einen wurde die Ausstattung individuell nach den Ansprüchen des Fahrers, zum anderen nach den jeweiligen Einsatzbedingungen gewählt. Allen Werks-Maschinen gemeinsam waren die verbesserten Bremsen (die noch im selben Jahr in der R 42-Serienmaschine auftauchten) und Scheren-Reibungsstoßdämpfer an den kurzen, gezogenen Schwinghebeln der Vordergabel. Es gab Zusatztanks für Benzin, auf die über dem Einschubtank verlaufenden Rahmenrohre geschnallt, und auch einen zusätzlichen Öltank, im linken hinteren Rahmendreieck vor dem Hinterrad montiert, der den

Unten, Karl Gall und Sepp Stelzer auf ihren Werks-BMW vor dem Start zum Tauernrennen 1927. Diese beiden »Haudegen« sollten noch viele Jahre lang große Erfolge für die Münchner Firma erringen. Der Österreicher und der Bayer verstanden sich auch privat sehr gut.

in der Ölwanne mitgeführten Vorrat vergrößerte. Außerdem wurden während der Saison Versuche mit Zwei-Vergaser-Motoren durchgeführt, womit die Leistung nun bei gut 22 PS lag. Die Vertragsfahrer Köppen, Bauhofer, Stelzer und Henne teilten sich zehn Siege in den wichtigsten deutschen Rundstreckenrennen; Ernst Henne errang mit seinem Erfolg in der Eifel den Deutschen Meister-Titel, und Sepp Stelzer gewann den Großen Preis von Deutschland auf der Avus. Hinter ihm plazierten sich die Privatfahrer Meyer und Schlutius auf hervorragend getunten R 37, und die Privatfahrer waren es auch, die für den Löwenanteil an 105 BMW-Rennsiegen im Jahre 1926 sorgten. Es waren in dieser Bilanz bereits zahlreiche Erfolge im europäischen Ausland enthalten; so siegte beispielsweise Toni Bauhofer im halboffiziellen Einsatz bei zwei tschechischen Bergrennen. Die publicityträchtigen Auslandsstarts sollten 1927 weiter ausgebaut werden.

Ebenso wie im Vorjahr gab es an den Rennmaschinen einige Neuerungen, die später in die Serienproduktion Einzug halten sollten, so die erneut auf nunmehr 200 mm vergrößerten Bremsen (doch verzichtete man zunächst noch auf eine Trommelbremse im Hinterrad) und ein

Oben, Sepp Stelzer am Start zum Tauernrennen, er belegte hinter Gall den zweiten Rang. Links auf dem Bild kann man sich einen guten Eindruck von den Streckenverhältnissen der damaligen Rennen verschaffen: Stelzer beim Großen Preis von Österreich auf den Landstraßen vor Wien. Unten, Otto Steinfellner an einer Kontrollstelle der 24-Stunden-Fernfahrt 1929 in Österreich.

aufgebohrter Motor für die 750-ccm-Klasse (zunächst noch mit 734 ccm, später mit anderen Kurbelwellen 749 ccm). Zur Mannschaft der BMW-Werksfahrer stießen der talentierte Österreicher Karl Gall und Hans Soenius aus Köln, während der Saison jedoch wurden fallweise auch andere gute Fahrer von München aus versorgt. Der Einsatz machte sich in diesem Jahr besonders bezahlt, BMW konnte in der Tat alle wichtigen Rennen in Deutschland gewinnen. Das begann auf der Eilenriede-Rundstrecke bei Hannover, wo Paul Köppen die 500er- und Toni Bauhofer die 750er-Klasse für sich entscheiden konnten, und endete mit der Deutschen Straßenmeisterschaft für Hans Soenius (500 ccm) und Ernst Henne (750 ccm).

Bei den internationalen Konkurrenzen sah die Bilanz indessen etwas anders aus. Jedoch ein guter Auftakt wurde in Sizilien bei der Targa Florio für Motorräder gemacht; die zuverlässigen BMW-Renner zeigten sich bei dieser Langstreckenprüfung auf Schotterpisten den hochfrisierten Einzylindern italienischer und englischer Produktion überlegen, und das Rennen endete mit einem Doppelsieg für Köppen und Henne. Welch guten Griff man mit dem jungen Gall getan hatte, zeigte

Rechts, mit seiner privat präparierten BMW R 47 gewann Steinfellner im schneidigen Stil den Großen Preis von Österreich des Jahres 1929. Unten, auf der Prager Motorradausstellung des Jahres 1929 wurde diese BMW-Rennmaschine gezeigt. Es handelt sich dabei um eine Werksrennmaschine mit R 37-Rahmen und einem speziellen Motor mit nach vorn erweitertem Gehäuse (Ölvorrat).

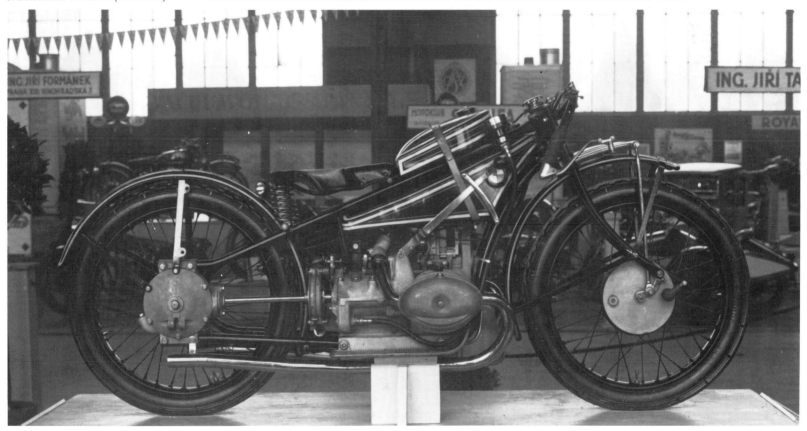

sich bei der tschechischen Tourist Trophy, als er nach dem fast vierstündigen Rennen sich von Bauhofer nur um eine Zehntelsekunde geschlagen geben mußte.

Am 18. Juni 1927 wurde der Nürburgring mit einer Großveranstaltung für Wagen und Motorräder feierlich eröffnet, und in den beiden Klassen bis 500 und bis 750 ccm waren insgesamt 14 Renn-BMW am Start. Toni Bauhofers Sieg und Tagesbestzeit veranlaßte die Verantwortlichen in München zu einigen Spekulationen in bezug auf den Großen Preis von Europa, der zwei Wochen später ebenfalls auf dem Nürburgring zur Austragung kommen sollte. In den drei großen Klassen, in denen BMW-Maschinen gemeldet waren, führte das Rennen über 18 Runden auf dem 28,3 km langen Kurs, das bedeutete Fahrzeiten zwischen fünfeinhalb und sechseinhalb Stunden, und hier würde sich Streckenkenntnis und zuverlässiges Maschinenmaterial als wichtiger Faktor erweisen. Doch es kam anders. In der 500-ccm-Klasse fielen alle acht BMW aus, sie waren dem mörderischen Tempo der englischen Haudegen Graham Walker (Sunbeam), Stanley Woods (Norton) und C. T. Ashby (Rudge) nicht gewachsen. Sepp Stelzer

Unten, der italienische Meisterfahrer Riva ist noch ganz erschöpft von dem gerade siegreich beendeten Rennen auf der Radrennbahn von Assi. Interessanterweise stand ihm an diesem 13. September 1931 eine Werks-BMW, jedoch mit Sauger statt Kompressormotor zur Verfügung. Deutlich ist die neue Kombi-Bremsanlage mit Vollnabe hinten und großem Bremsanker vorne zu sehen.

gewann zwar die Dreiviertelliter-Kategorie und war somit auch Europameister (bis 1938 jeweils in nur einem Rennen ermittelt), doch mit seiner Fahrzeit war man ganz und gar nicht glücklich: die schwach besetzte Klasse erlaubte einen Schnitt, der unter dem des 350-ccm-Siegers lag. Und besonders schmerzlich muß auch die Niederlage in der 1000-ccm-Klasse gewesen sein, wo die erste BMW (Nikolaus Graf Bismarck) auf dem vierten Rang einlief und der Sieger Sepp Giggenbach aus Mühldorf/Inn auf der Bayerland-JAP hieß... Die Erfolge beim Großen Preis von Österreich, ausgetragen in einem Sechsstunden-Rennen auf einem Straßenkurs südlich Wiens – Gesamtsieger Stelzer (BMW 750) und Klassensieger Emmerich Nagy (BMW 500) – konnten wegen des Fehlens der stärksten Engländer nicht über die Enttäuschungen hinwegtrösten.

Im Kreis der Fahrer und auch bei den Technikern wie Schleicher und Hopf hätte man zweifellos eine ganze Reihe von Verbesserungsvorschlägen für die Rennmaschinen parat gehabt, um den Abstand zu den dominierenden englischen Rennteams zu verringern. Doch diese trafen beim Chefkonstrukteur und Technischen Direktor Max Friz auf taube

Rechts, Emil Schweitzer, Polnischer Meister des Jahres 1931 in voller Fahrt. Unten, Ernst Zündorf war ebenfalls sehr erfolgreich mit der 750er BMW.

Oben, Mauricio Graupner, ein Herrenfahrer in Chile, wo er mit seiner R 47 einige Rennen gewann.
Unten: Zwischen 1927 und 1929 war die BMW-Equipe dreimal bei der Targa Florio in Sizilien erfolgreich. Die zuverlässigen BMW-Rennmaschinen konnten bei diesem harten Langstreckenrennen auch gegen stärkste Konkurrenz bestehen. Paul Köppen gewann 1927 und 1929, hier steht Ernst Henne, der Sieger von 1928 rechts neben ihm.

Ohren. Die ohnedies guten Umsätze mögen ihn zu seiner Haltung bewogen haben, denn die aufwendigen Rennprogramme hätten seiner Meinung nach kaum mehr Umsatzsteigerungen erbracht. Die ständigen internen Diskussionen hatten schließlich zum Weggang Rudolf Schleichers geführt und damit nicht zuletzt auch zu einer gewissen Stagnation in der Weiterentwicklung der Rennmaschinen.
Aber die schlagkräftige Fahrer-Mannschaft blieb auch 1928 zusammen, und so beherrschten die Münchner Boxermotoren in diesem Jahr ein weiteres Mal die deutsche Motorradsport-Szene. Hans Soenius holte wieder den Meister-Titel in der Halbliterklasse und Toni Bauhofer jenen der 1000-ccm-Kategorie. Paul Köppen wurde wieder von Ernst Henne nach Sizilien begleitet und mußte sich dort bei der Targa Florio auch mit dem zweiten Rang hinter seinem Kameraden begnügen. Ansonsten war es jedoch Karl Gall vorbehalten, im benachbarten Ausland Erfolge einzuheimsen. So war er sowohl bei der Österreichischen TT am 6. Mai als auch beim Grand Prix am 2. September vielumjubelter Sieger. Weitere Erfolge brachten die Mährische TT und das traditionelle Ecce-Homo-Bergrennen bei Brünn.

Beim Kolberger Bäderrennen saßen Bauhofer und Henne erstmals auf Kompressor-Maschinen, kamen jedoch nicht ins Ziel damit, so daß eine offizielle Premiere dieser neuen BMW-Konstruktion bis zur Saison 1929 vertagt wurde. Dann jedoch wurden die verringerten Werkseinsätze fast nur noch mit Kompressor-Motoren gefahren. Die besten Vertreter aus dem Lager der Privatfahrer konnten 1931/32 die ausgemusterten Saugmotoren aus der Rennabteilung erwerben und wurden in den nächsten Jahren auch weiterhin mit Teilen und Verbesserungsvorschlägen versorgt. Und so vermochten Leute wie Otto Steinfellner, Fritz Wiese, Ralph Roese, Ernst Zündorf und Kurt Mansfeld bis 1934 noch manchen großen Erfolg sowie Deutsche Meister-Titel auf den zuverlässigen Rennmaschinen herauszufahren.

Zu den Bildern auf der gegenüberliegenden Seite: Links oben, Hans Soenius, Deutscher Meister 1927, 1928 und 1929. Darunter, Kurt Mansfeld beim Riesengebirgsrennen 1934. Rechts oben, Mansfeld am Start zum Feldbergrennen 1934. Unten rechts, Theo Creutz aus Chemnitz mit seiner R 37.
Unten: Schleiz 1934, Kurt Mansfeld wechselt an seiner Maschine die Zündkerzen. Mansfeld war in den frühen dreißiger Jahren einer der besten BMW-Privatfahrer und wurde auch von Ingenieur Schleicher oftmals mit Rat und Tat unterstützt. Seine Zweivergaser-500er stellte 1934 die letzte Entwicklungsstufe der BMW-Saugmotor-Rennmaschinen dar, aufgebaut wurde sie von dem jungen Rennmonteur Josef Achatz.

Oben, Eilenriede 1930: Toni Bauhofer (nun im DKW-Team) betrachtet aufmerksam Karl Galls Kompressor-BMW. Rechts, die erste Kompressor-Ausführung mit quer eingebautem Zoller-Gebläse, angetrieben über Kegelräder.

Rennsport als Prestigeangelegenheit

Mit dem Kompressormotor findet BMW auch international Anschluß

Die großen Erfolge der BMW-Rennmaschinen in Deutschland täuschten zunächst über einen eventuell bestehenden Leistungsunterschied zur internationalen Szenerie hinweg, wenngleich sich erfahrene Leute wie Rudolf Schleicher aus der Gruppe der Techniker oder etwa Toni Bauhofer von den Fahrern her über dieses Manko im klaren waren. Angeregt durch Vorbilder im Automobilbau sowie bei verschiedenen Zweitaktkonstruktionen, begannen sich Schleicher und sein Mitarbeiter Sepp Hopf mit der Auflading des Motors zu beschäftigen. Verständlicherweise galt es dabei eine Menge von Problemen zu lösen, denn man konnte ja nicht einfach zu einem Kompressor-Hersteller gehen und ein passendes Instrument auswählen. Die langwierigen Versuche stießen darüber hinaus innerhalb der Firma auf weitgehendes Unverständnis, denn »unsere Motorräder sind doch überaus erfolgreich«, so wurde den beiden verbissenen Prüfstands-Forschern immer wieder entgegengehalten. Nicht einmal die Erfolge beim Rivalen Victoria, wo Gustav Steinlein – Schleichers Schwager und mit diesem in regem Gedankenaustausch befindlich – schon 1925/26 ein Kompressor-Motorrad fertig hatte, konnten die Verantwortlichen bei BMW

Oben, Galls Eilenriede-Motorrad, hier ist die neue Längs-Anordnung des Laders zu sehen, es handelt sich hier um ein Zoller-Gebläse, das über eine Welle von den Stirnrädern aus angetrieben wird. Im Zusatztank wurde nun das Schmieröl mitgeführt. Unten, eine neue Rennmaschine (kleiner Tank) mit Cozette-Kompressor. Hier sind auch wieder die neuen Bremsen zu erkennen, jedoch ohne Kombination. Rechts, Karl Gall und Karl Stegmann (rechts) kamen auf Anhieb mit den launischen Kompressor-Rennmaschinen gut zurecht, sie posieren vor der Ungarischen TT 1930 für die Kamera.

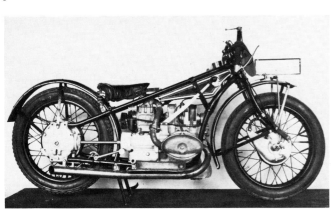

umstimmen.

Wie bereits erwähnt, zog Schleicher die Konsequenz und wechselte im April 1927 zur bekannten Automobilfirma Horch ins sächsische Zwickau. In München gab es indessen jemand, der sich für die Sache immer mehr interessierte und mit Sepp Hopf, der von der Kompressor-Idee trotz der zwischenzeitlich verfügten Einstellung der Versuche fasziniert war, über die Einsatz-Möglichkeiten beriet. Dieser Mann war Ernst Henne, und seine Gedanken drehten sich um den geeigneten Antrieb für ein Rekord-Motorrad. Die Einstellung vor allem des Technischen Direktors Max Friz änderte sich Anfang 1928, da mit der Übernahme des Lizenzbaus der amerikanischen Pratt & Whitney-Flugzeug-Sternmotoren aufgeladene Hubkolbenmotoren Einzug bei BMW hielten. So durfte Hopf am Kompressor-Projekt weiterarbeiten, und noch vor dem Ende der laufenden Rennsaison standen zwei Werksmotorräder mit Lader zur Verfügung. Diese 750-ccm-Maschinen erwiesen sich als sehr gewöhnungsbedürftig, war doch die Leistungsausbeute von etwa 32 PS auf gut 45 PS angestiegen. Es blieb vorerst bei jenem Testeinsatz beim Kolberger Bäderrennen, denn man wollte sich

danach ganz auf die Weiterentwicklung der Maschinen für die Saison 1929 konzentrieren. Die wichtigste Neuerung an den immer schwerer werdenden Rennern stellte eine neue Ankerplatte für die Vorderbremse dar, welche sich nun über ein Gelenk direkt am Gabelrohr abstützte und damit die Schwingbewegung beim Anbremsen nicht mehr blockieren konnte. Ein Wechsel vollzog sich in der Fahrer-Mannschaft. Karl Gall ging zu Standard nach Ludwigsburg, für ihn kam Karl Stegmann von DKW. Die Erfolgsbilanz während der Saison 1929 konnte man als durchwachsen bezeichnen; die neuen Motorräder machten oftmals Schwierigkeiten, so zum Beispiel beim Anschieben am Start. Doch immerhin reichte es für Hans Soenius zum dritten Meister-Titel in Reihe (500 ccm) und auch für Sepp Stelzer mit der 750er BMW. Bei einigen Veranstaltungen griff man dabei wieder auf die Saugmotoren zurück, wie etwa in Sizilien, wo erneut Paul Köppen gewann. Aber trotz Kompressor und ansehnlicher PS-Zahlen reichte es beim Großen Preis der Tschechoslowakei nur zu einem zweiten Rang in der Halbliterklasse und auf dem Nürburgring gar nur zu Platz drei. Karl Stegmann hatte alles gegeben, aber die englischen Maschinen

Auf der gegenüberliegenden Seite ist Sepp Stelzer bei Probefahrten zum Avusrennen 1933 zu sehen. Oben, Karl Gall setzte die alte Kompressormaschine auch zwei Jahre später wieder auf der Avus ein, mußte sich jedoch der Husqvarna des Schweden Sunnqvist knapp geschlagen geben. Oben rechts, Probefahrten mit der neuentwickelten Teleskop-Vordergabel an den bewährten Kompressor-Rennmaschinen im Sommer 1934. Rechts, die 1935 auf der Avus vorgestellte neue BMW-Rennmaschine brachte in der Saison 1936 die langerhofften internationalen Erfolge mit Otto Ley (vorne) und Karl Gall im Sattel.

waren nicht zu schlagen. Einen versöhnlichen Ausklang der Saison brachte Ernst Hennes erster Weltrekord.

An den Werksmaschinen für 1930 war man nun endgültig von der Kardanbremse abgekommen. BMW verwendete stattdessen eine Vollnaben-Trommelbremse im Hinterrad, deren Betätigung auch versuchsweise mit der Vorderbremse gekoppelt wurde. Die Saison begann recht erfolgversprechend auf der Eilenriede, wo Karl Stegmann mit der großen Kompressor-BMW gewinnen konnte. Er wiederholte dieses Ergebnis beim Großen Preis von Ungarn, der zurückgekehrte Karl Gall wurde Zweiter. Doch dann schlug das Schicksal zu. Stegmann verunglückte tödlich im Training zum Königsaal-Jilovischte-Bergrennen in der Tschechoslowakei, Gall erlitt in Rom einen schweren Sturz und anschließend auch auf dem Nürburgring. Bei diesem Grand Prix kam keine Werks-BMW ins Ziel, und zudem hatte man nun in Gestalt der von dem Engländer Walter William Moore konstruierten Königswellen-NSU einen überaus starken Gegner im eigenen Lande bekommen. BMW zog die Werksmannschaft für die kommenden Rennen zurück und überließ das Feld den Privatfahrern mit ihren Saugmotor-

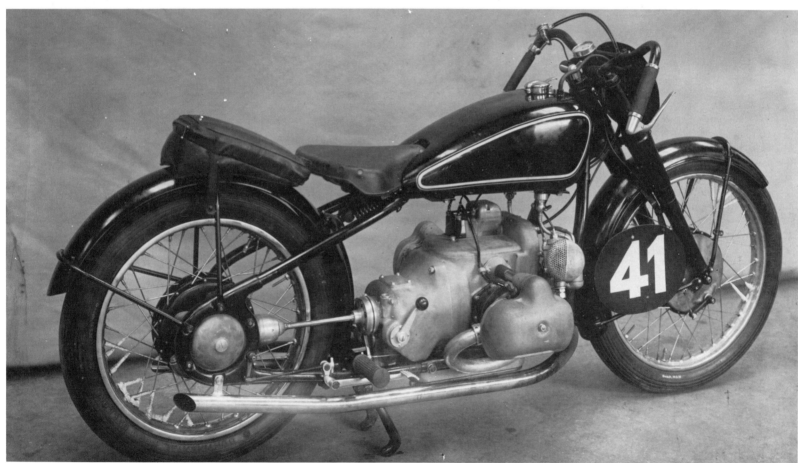

Maschinen, die zumindest in der 1000-ccm-Klasse noch glänzen konnten.

In der Absicht, einer weiteren Entwicklungsstagnation Einhalt zu gebieten, entschloß man sich, Rudolf Schleicher zur Rückkehr zu BMW zu bewegen. Er kam auch Anfang 1931 wieder nach München. Oberstes Gebot war nun, nichts zu überstürzen, zumal auch Automobil-Projekte zu seinen Aufgaben gehören sollten. Doch mit Fritz Fiedler und den später hinzugekommenen Mitarbeitern Alexander von Falkenhausen und Alfred Böning ließ sich das bewältigen. Was die Kompressor-Rennmotorräder betraf, wurde als erster Schritt ein umfangreiches Entwicklungs- und Versuchsprogramm ausgearbeitet, das innerhalb der Firma fast im Verborgenen ablief, da sich dort inzwischen eine gewisse Rennmüdigkeit breit gemacht hatte. Lediglich Ernst Hennes Weltrekord-Unternehmungen wurden voll und ganz unterstützt. Dies bedeutete, daß in den nächsten Jahren nur vereinzelt Kompressor-Motorräder an den Start kamen, bei denen es sich um Versuchsfahrzeuge handelte, die Karl Gall und Sepp Stelzer im harten Wettbewerbseinsatz testeten. Stelzer ließ 1933 mit seinem großartigen

Auf der gegenüberliegenden Seite ist oben zweimal Otto Ley auf der Kompressor-BMW von 1936 zu sehen, links beim Großen Preis von Schweden, daneben beim Training in Bremgarten. Darunter, die 1935 zum erstenmal eingesetzte neue Rennmaschine mit Königswellen-dohc-Motor und Teleskop-Vordergabel. Rudolf Schleicher und seine Mitarbeiter hatten ganze Arbeit geleistet, jedes Detail an dieser Maschine war vollkommen neu konstruiert worden. Unten, Wiggerl Kraus durfte beim Avusrennen 1935 erstmalig das neue Motorrad einsetzen und wurde damit in die Straßenrennmannschaft aufgenommen.

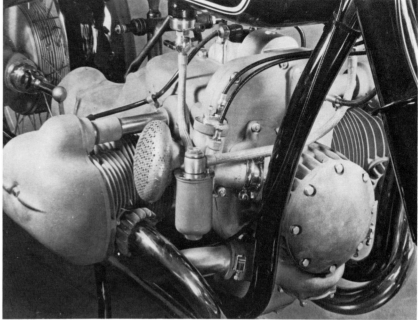

Oben, das Königswellen-Aggregat wies pro Zylinder zwei obenliegende Nockenwellen auf. Der weiterentwickelte BMW-Lader saß nun vorne und wurde von der Kurbelwelle angetrieben. Links, Karl Gall blieb weiterhin die Stütze der BMW-Mannschaft. Auf dem Bild ist auch das Schutzschild vor dem Vergaser zu sehen.

Sieg beim Großen Preis von Deutschland auf der Avus aufhorchen, hatte er doch mit 162,2 km/h einen sensationellen neuen Streckenrekord aufgestellt. Aber es sollte noch einige Zeit dauern, bevor man aus München wieder mit ähnlichen Leistungen aufwarten konnte – abgesehen von den Erfolgen Hennes sowie im Geländesport. Immerhin zahlte sich jedoch die Hilfestellung aus, die von der Rennabteilung an gute Privatfahrer ging. Fahrwerksmodifikationen, direkt an die Zylinderköpfe geflanschte Vergaser und eine Menge guter Tips verhalfen zu Siegen und Titeln.

Erst beim Avusrennen des Jahres 1935 bekamen die ungeduldigen Journalisten und Zuschauer die Ergebnisse der jahrelangen Entwicklungsarbeiten zu sehen. Ludwig (»Wiggerl«) Kraus – BMW-Mitarbeiter seit 1921 und bisher bei Sitzberger und Mauermayer im Seitenwagen mit dabei – saß auf einer vollkommen neuartigen BMW-Rennmaschine. Wie schon vor zwei Jahren kam es zu packenden Zweikämpfen mit der Husqvarna-Mannschaft aus Schweden, und am Ende mußte sich Gall bei Durchschnittsgeschwindigkeiten von über 170 km/h Ragnar Sunnqvist nur denkbar knapp geschlagen geben. Rudolf Schleicher

Links, der englische Rennfahrer Jock West bestritt 1937 erstmals die TT auf der Isle of Man mit einer Kompressor-BMW und erreichte damit für die Münchner Firma einen ersten Achtungserfolg. Hier ist er bei seinem zweiten Einsatz 1938 zu sehen.

Unten ist die Werks-BMW des Jahres 1937 zu sehen, die nun auch mit einer Hinterradfederung aufwarten konnte. Das Fahrverhalten wurde dadurch erheblich verbessert, die gute Motorleistung ließ sich besser auf den Boden bringen.

und seine Leute hatten wirklich ganze Arbeit geleistet, denn an der neuen Rennmaschine war vom leichten Doppelrohrrahmen über die öldruckgedämpfte Teleskop-Vordergabel bis zum Kompressor-Boxermotor mit jeweils zwei durch Königswellen getriebenen obenliegenden Nockenwellen und dem langerwarteten Viergang-Getriebe mit Fußschaltung alles völlig neu konstruiert. Aber trotz der langen und gewissenhaften Vorbereitung gab es noch einige Kinderkrankheiten auszumerzen, und beim zweiten Start des Jahres in Hockenheim mußten Gall und Kraus vorzeitig aufgeben.

Für die Saison 1936 waren einige Verbesserungen vorgenommen worden. Als Verstärkung der BMW-Mannschaft hatte man von DKW den Nürnberger Otto Ley abgeworben. Dieser war es dann auch, der beim Großen Preis der Schweiz mit seinem zweiten Platz hinter Jimmy Guthrie, dem Norton-Star, zu einigen Hoffnungen für die weiteren Rennen Anlaß gab. Vorerst hatte man auf dem Nürburgring und in Hohenstein-Ernstthal noch mit der starken einheimischen Konkurrenz von DKW und NSU zu tun, doch beim Großen Preis von Schweden am 30. August war der Knoten geplatzt. BMW hatte den internationa-

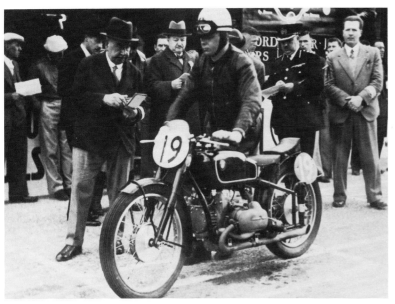

Oben, Jock West bei seinem zweiten BMW-Start auf der Isle of Man. Daneben ist er in voller Fahrt beim Ulster-Grand Prix in Nordirland zu sehen.

*Rechts, das Starterfeld zum Schleizer Dreiecksrennen am 22. August 1937: Startnummer
61 – Kurt Mansfeld/DKW,
59 – Karl Gall/BMW,
60 – Otto Ley/BMW,
62 – Karl Bodmer/DKW,
64 – Heiner Fleischmann/NSU, 63 – Werner Mellmann/NSU.*

len Anschluß geschafft, Otto Ley und Karl Gall hatten die Werksteams von Norton, FN und DKW geschlagen. Die harten Auseinandersetzungen vorher in Assen (Niederlande) mit den Norton- und nachher in Monza (Italien) mit den Moto Guzzi-Werksfahrern waren noch durch die besseren Fahrwerke zu Ungunsten von BMW entschieden worden, und so lag es über den Winter 1936/37 nahe, auch die BMW mit einer Hinterradfederung auszustatten. Zugleich wurde die Bodenfreiheit durch die Verwendung größerer Räder erhöht und die Kardanwelle verstärkt.

Was sich schon im Vorjahr abgezeichnet hatte, erfüllte sich in der Saison 1937. Schon beim Auftakt zur Deutschen Meisterschaft in der Eilenriede fuhren Gall und Ley den ersten Doppelsieg heraus, wobei sich die beiden BMW-Fahrer zur Freude des Publikums nichts schenkten. Härter ging es natürlich bei den internationalen Rennen zu, und auch hier zeigte sich die Kompressor-BMW zumeist überlegen mit dem Ergebnis, daß Karl Gall und Otto Ley zum Saisonende die erfolgreichsten Fahrer Europas in der 500-ccm-Klasse waren. Der Europameistertitel wurde indessen letztmals mit einem einzigen Ren-

Links, mit dem bekannten Geländefahrer Schorsch Meier – hier mit den BMW-Rennmonteuren Reinhold Strahm und Georg Kessler – hatte man einen Glücksgriff für die Saison 1938 getan, er wurde schon in seinem ersten Rennjahr Europameister! Links unten, den Großen Preis von Belgien in Spa gewann Meier in überlegener Manier. Unten, die BMW-TT-Mannschaft für 1938: West, Meier und Gall.

nen entschieden und ausgerechnet dort, beim Großen Preis der Schweiz, mußte Gall in Führung liegend mit einem Defekt ausscheiden. Aber wenigstens der deutsche Titel gehörte dem seit einigen Jahren eingebürgerten Wiener. In England war man inzwischen durch die immer stärker werdende BMW-Mannschaft schon recht in Aufregung, und als Jock West gar noch eine Werksmaschine zur Verfügung gestellt bekam, trotz undichtem Tank Sechster bei der Senior-TT wurde und den Ulster-Grand Prix in Nordirland überlegen gewann, ahnten die Briten größere Probleme für die Saison 1938 voraus...

Am 24. April 1938 wurde die Saison traditionsgemäß mit dem Eilenriede-Rennen eröffnet. Das Ergebnis stellte eine große Überraschung dar, denn gleich bei seinem ersten Einsatz als offizielles Mitglied der Straßenrennmannschaft von BMW hatte der vormalige Gelände-Spezialist Georg (»Schorsch«) Meier den schnellen Karl Gall geschlagen. Im Hamburger Stadtpark und auf der Avus hatte dann der erfahrenere Mann wieder die Nase vorn. Mit großen Hoffnungen wurde anschließend zur Isle of Man gefahren, dort stürzte Gall jedoch schwer im Training, und im Rennen kam Meier mit defektem Kerzengewinde nur

Rechts, Meier überholt beim Großen Preis in Hohenstein-Ernstthal einen Norton-Privatfahrer und gewinnt das Rennen vor den übrigen Werksteams.

Unten, Wiggerl Kraus hatte sich in der Saison 1939 fest etablieren können und gewann die Deutsche Meisterschaft.

wenige hundert Meter weit. Jock West konnte sein Vorjahresergebnis mit einem fünften Rang leicht verbessern. Schorsch Meier mußte wohl noch gehörige Wut im Bauch gehabt haben, als er am 26. Juni in Spa an den Start ging, denn im Rennen konnte kein Gegner je zu ihm aufschließen. Nachdem Gall noch nicht einsatzfähig war, rückte Kraus wieder in den Vordergrund und belegte in Nürnberg Platz zwei hinter Meier. Dieser holte sich dann auch die Großen Preise von Holland, Deutschland (Hohenstein-Ernstthal) und Italien (wo Wiggerl Kraus mit seinem zweiten Rang auch die Gilera-Kompressormaschinen hin-

ter sich lassen konnte) und war damit unangefochten Europameister geworden – und das in seinem ersten Rennjahr!
Schorsch Meiers Karriere ging schwungvoll weiter, denn für 1939 hatte er einen Vertrag als Grand-Prix-Fahrer bei der Auto Union bekommen, wo er die spektakulären Mittelmotor-Boliden steuern sollte. Doch mit Fahrernachwuchs für das BMW-Team war es nicht gut bestellt. Man hatte zwar seit 1937 stets in Kleinstserien Rennmodelle für Privatfahrer gebaut, doch die R 5 Super Sport oder die nachfolgende R 51 SS waren nur geringfügig modifizierte Serienmaschinen

Schorsch Meiers großartiger Senior-TT-Sieg im Jahre 1939 verhalf ihm und seiner BMW zu unvergänglichem Ruhm. Oben, als 49. machte er sich auf, die 428 km auf dem legendären Straßenkurs der Isle of Man zu bewältigen. Unten, vollste Konzentration beim Abheben in Bray Hill. Auf der gegenüberliegenden Seite rechts oben zieht Meier die BMW nach dem Eck bei Quarter Bridge wieder voll auf. Darunter, der Zieleinlauf nach sieben anstrengenden Runden. Danach darf Meier die Glückwünsche als erster Nicht-Engländer auf einer ausländischen Maschine entgegennehmen.

und der Abstand zu den Kompressormaschinen viel zu groß, als daß man hier junge Fahrer hätte trainieren können. Erst 1939 wurde dann mit der R 51 RS ein konkurrenzfähigeres Fahrzeug vorgestellt. Sepp Stelzer war federführend beim Zusammenbau dieser etwa 36 PS starken Halblitermaschinen gewesen, die nur an ausgesuchte Talente verkauft wurden.

Eigentlich wollte Karl Gall seinen Abschied vom aktiven Sport nehmen, aber er ließ sich doch überreden, die Saison 1939 zusammen mit Wiggerl Kraus zu bestreiten. Nach den Erfolgen auf der Eilenriede und beim Eifelrennen sowie einem zweiten Platz in Hamburg lag Kraus in der Meisterschaftswertung in Front. Aber aufgrund seiner fehlenden internationalen Erfahrung sollte er Gall den Vortritt bei der TT lassen. Außerdem würde dort ja auch Jock West an den Start gehen, und Schorsch Meier wollte sein Mißgeschick vom Vorjahr wettmachen. Zur Freude des Hauses BMW erhielt Meier Urlaub bei der Auto Union. In der Trainingswoche auf der Isle of Man stürzte Gall fast an der gleichen Stelle wie im Vorjahr und erlag nach einigen Tagen seinen schweren Verletzungen. Dies war ein großer Verlust für das BMW-

Team, drei Tage danach fand die Senior-TT, das Rennen der 500er statt, und vernünftigerweise wurde es Meier freigestellt, ob er starten wolle. Er hatte die Worte seines erfahrenen Teamkameraden im Ohr: »Was auch passiert, wir sind hier um Rennen zu fahren und wenn möglich, zu gewinnen«, und so schob er als Starter Nr. 49 seine Maschine an.

Auf der Isle of Man wird hintereinander gestartet, und so fährt man praktisch gegen die Uhr. Schon die ersten Zwischenzeiten ließen die Engländer unruhig werden, denn Meier lag an der Spitze. Er fuhr absolut ungefährdet einem großen Sieg entgegen, und auch seinem Teamgefährten Jock West gelang es, sich durch die Norton- und Velocette-Konkurrenz nach vorne durchzuarbeiten und hinter Schorsch Meier den zweiten Platz zu erkämpfen. Die 2 Stunden, 57 Minuten und 19 Sekunden auf der berühmtesten Motorradrennstrecke der Welt wurden zum größten Triumph Schorsch Meiers und der Kompressor-BMW. Zum erstenmal war es einem Ausländer auf einer ausländischen Maschine gelungen, in die seit 1907 von Engländern beherrschte Siegerliste der Halbliterklasse aufgenommen zu werden.

Ab 1947 konnte man die Kompressor-BMW wieder heulen hören und auch Schorsch Meier war wieder am Start. Unten, seine Premiere auf einem Rundkurs auf der Münchner Theresienwiese. Ganz unten ist das kompakte aufgeladene Rennsport-Aggregat zu sehen. Die Druckrohre für das komprimierte Verbrennungsgemisch waren nach langen Versuchsreihen in dieser Form verlegt worden. Die Leistungsabgabe hielt sich mit etwa 58 PS in Grenzen, die in Gerüchten verbreiteten Angaben von 90 bis 100 PS waren nur beim Weltrekordmotor zu finden.

Dieser perfekten Demonstration war von englischer Seite nichts entgegenzusetzen gewesen, was das fachkundige Publikum beim Zieleinlauf mit anerkennendem Beifall für Meier und seine BMW kund tat.
Es war nun Anfang Juni, und sowohl in Deutschland als auch in der internationalen Szene war die Saison voll im Gange. Bei BMW sah man sich gezwungen, einige weitere Fahrer anzuheuern. Karl Rührschneck, Hans Lodermeier und Ludwig Burkhardt bekamen den Auftrag, Wiggerl Kraus im Ringen um die Deutsche Meisterschaft zu unterstützen. Und durch seinen TT-Sieg beflügelt, willigte Schorsch Meier ein, die verbleibenden Läufe zur Europameisterschaft zu bestreiten. Dort stellte sich ihm mit dem Italiener Dorino Serafini auf der Vierzylinder-Kompressor-Gilera ein unerhört starker Gegner in den Weg, den er zwar in Holland und Belgien noch besiegen konnte, in Schweden jedoch wegen eines schweren Sturzes ziehen lassen mußte. Mit einigen Knochenbrüchen mußte Meier pausieren, und der Italiener gewann auch in Hohenstein-Ernstthal und Nordirland, womit er sich den Titel geholt hatte. Aber wenigstens hatte Kraus die Deutsche Meisterschaft gewonnen, und vielleicht hätte er sogar Meiers Führung verteidigen

Links, ein überlegenes Team, Meier, Kraus und die Kompressor-BMW. Einen Pförtner gab es im Zeltlager jedoch auch bei diesen ›Stars‹ nicht...

Oben: Nachdem sich die Firma BMW wieder einigermaßen von den Kriegsfolgen erholt hatte und auch in zunächst kleinem Umfang die Motorradproduktion wieder anlaufen konnte, machte man sich an Verbesserungen der Rennmaschinen. Das 1948er-Modell der Kompressor-BMW hatte eine geänderte Telegabel und auch Stoßdämpfer für die Hinterradfederung bekommen.

können, wenn der Endlauf in Monza stattgefunden hätte. Doch dieser Termin lag im September – und von jetzt an hatte man 1939 in Mitteleuropa keine Zeit mehr für Motorradrennen...

Mit viel Improvisation und noch mehr Begeisterung ging es schon im Sommer 1946 wieder los mit der Rennerei. Am 27. Oktober trug man sogar einen »Großen Preis von Bayern« in der Münchner Innenstadt aus, auf einer 3 km langen Strecke wurde vor 60 000 Zuschauern ein Motorrad-Renntag als Wohltätigkeitsveranstaltung abgehalten. Rennleiter war Schorsch Meier, den Streckendienst hatten Mitarbeiter der BMW-Belegschaft übernommen, und in der 500er-Klasse siegte eine BMW, gefahren von Georg Eberlein. Sein Motorrad war eine R 51 RS aus dem Jahre 1939. Am 8. Juni des darauffolgenden Jahres sah das jubelnde Münchner Publikum Schorsch Meier erstmals wieder im Sattel seiner Kompressor-BMW. Er siegte auch bei den nächsten vier Rennen und wurde somit der erste Halbliter-Meister nach dem Krieg. In großem Stil – was die Zahl der Veranstaltungen anbetraf – ging es 1948 weiter. Schorsch Meier und Wiggerl Kraus beherrschten die 500er-Klasse mit ihren Kompressor-BMW souverän, aber es war ja

Oben und rechts, Wiggerl Kraus stand ab 1948 Schorsch Meier auf der BMW kaum nach, doch sein Schicksal war und blieb der ›ewige Zweite‹. Das änderte sich erst mit seiner Rückkehr zu den Gespannen. Links unten, das BMW-Camp, Hermann Wolz, Max Klankermeier, Schorsch Meier und Wiggerl Kraus studieren zusammen mit ihren Mechanikern Emil Schumann, Ludwig Reisinger, Georg Kessler und Ernst Müller die neuesten Presseberichte. Unten rechts, für die Rückkehr ins internationale Renngeschehen arbeitete man wieder an Saugmotoren. Hier ein Versuch mit demontiertem Lader.

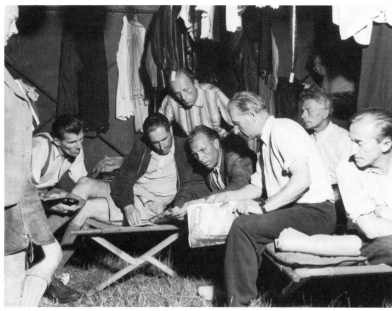

auch kaum Konkurrenz vorhanden. Die meisten Fahrer hatten sich Vorkriegs-Motorräder zurechtgemacht. Von Werks-Unterstützung konnte man bei BMW noch nicht wieder sprechen, denn die Einsätze wurden meist nur durch persönliche Initiative eines kleinen Enthusiasten-Kreises ermöglicht. Die Firma selbst stand vor Demontage und Ruin. Erst als diese Belastung gewichen war und mit der R 24 sogar die Motorradproduktion wieder in Gang kam, konnte es bergauf gehen. Und 1949 kam es in der Rennsaison zu mancher Überraschung, als gegen Ende die Kompressor-NSU von Heiner Fleischmann in der Halbliterklasse standfest wurde. Aber es sollte noch nicht zu einem Neckarsulmer Sieg reichen, so daß Meier zum drittenmal hintereinander Deutscher Meister werden konnte.

Die internationale Rennszene war ebenfalls bereits wieder sehr rege. 1949 hatte man die Premiere der ersten Motorrad-Weltmeisterschaft erlebt, die in der 500-ccm-Klasse in sechs Läufen ausgetragen wurde. Die deutschen Fahrer waren von der Teilnahme allerdings noch ausgeschlossen, da sie beim Weltverband, der F.I.M. (Fédération Internationale des Motocyclettistes), noch nicht wieder zugelassen waren, doch

Schorsch Meier, das große deutsche Motorrad-Idol, baute seine Popularität nach dem Krieg durch seine zahllosen Rennen und großen Erfolge noch weiter aus.

auf der Vollversammlung im Mai 1950 wurde der Ausschluß aufgehoben, und ab 1951 sollten auch die deutschen Fahrer und Werke wieder international an den Start gehen können. So stand die Meisterschaftssaison 1950 in Deutschland wieder im Zeichen neuer, bestärkter Aktivitäten, aber es war dies zugleich auch der Schwanengesang der Kompressormotoren, deren Einsatz von der FIM bereits im Herbst 1946 verboten worden war.

Wie schon so oft in früheren Jahren, war die Eilenriede bei Hannover 1950 wieder der Schauplatz eines packenden Rennens. Sechsmal wechselte innerhalb dieser 21 Runden die Führung zwischen Meier und Fleischmann auf seiner schnellen NSU, mit der er nun endlich die BMW schlagen konnte. In Hockenheim stürzten die beiden Kampfhähne, und so kam Wiggerl Kraus zu seinem lang verdienten Erfolg, denn der »ewige Zweite« stand schon allzu lange im Schatten von Schorsch Meier. Auf der Solitude siegte dann wieder Fleischmann auf der NSU, doch Meier hatte auf dem Nürburgring und in Schotten gewonnen, womit er in der Endabrechnung dann doch um zwei Punkte vorne lag. Beim letzten nationalen Kompressor-Rennen am

Links, Start zum Eilenriede-Rennen 1950. Zwischen Meier und Kraus schiebt hier Heiner Fleischmann seine PS-gewaltige Kompressor-NSU an. Unten, nach einem ungemein spannenden Rennverlauf mußte sich Meier dem Amberger erstmals geschlagen geben. Links unten, hier führt die Nummer Eins einmal mehr in souveräner Manier.

17. September 1950 auf dem Grenzlandring waren keine aufgeladenen BMW mehr am Start, denn die Vorbereitung der neuen Saugmotoren, die versuchsweise schon während der ganzen Saison mitgelaufen waren, hatte nach der gewonnenen Meisterschaft Vorrang. So endete die Geschichte und der großartige Siegeslauf des im Jahre 1935 erstmals eingesetzten Doppelnocken-Boxermotors mit Aufladung. An der Konstruktion war in dieser Zeit nie etwas geändert worden; man variierte zwar Verdichtung, Ladedruck und Kompressorgrößen, doch der zuverlässige Motor hatte keine große Leistungssteigerung durchlaufen. Eingebaut in ein hervorragendes Fahrwerk und mit einem unerreicht günstigen Leistungsgewicht, verhalf er der Firma BMW zu ihren größten Erfolgen mit Solo-Rennmaschinen.

Am 15. Juli 1951 gingen in Schotten erstmals wieder ausländische Spitzenfahrer an den Start. Zu diesem Kräftemessen war man bei BMW mit ›gekapptem‹ Kompressor angetreten. Schorsch Meier konnte zusammen mit seinem ›Schüler‹ Walter Zeller einen Doppelsieg landen und schlug damit ein neues Kapitel in der BMW-Rennsportgeschichte auf …

Oben, die BMW-Rennmaschine ohne Lader für die Saison 1950/51. Bei dieser Ausführung handelt es sich um die auf Saugerbetrieb umgebaute Kompressor-Maschine.

Rechts, Hans Meier auf der von Sepp Hopf aufgebauten ohv-Versuchsmaschine, genannt ›Mustang‹, beim Donauring-Rennen 1950 in Ingolstadt.

Neukonstruktion mit bewährtem Konzept

Die Sport-Tradition bei BMW wird aufrecht erhalten

Die große Welle der Begeisterung für Motorradrennen im Deutschland der Nachkriegsjahre erforderte von vielen Aktiven eine gehörige Portion an handwerklichem Geschick, um das Maschinenmaterial in Schuß zu halten. Neue Rennmotorräder aus englischer oder italienischer Produktion waren kaum zu bekommen, und so wurden betagte DKW, NSU, Norton und BMW am Leben bewahrt. Vor allem die verschiedenen BMW-Modelle erwiesen sich als dankbare »Frisier-Objekte«, wobei natürlich die ab Ende 1949 erhältliche neue Serien-Fünfhunderter, die R 51/2, recht begehrt war. Neue Fahrertalente wie Georg Eberlein, Ernst Hoske, Schorschs jüngerer Bruder Hans Meier und vor allem Walter Zeller aus dem oberbayerischen Hammerau zogen bald das Augenmerk der Münchner Firma auf sich. Und sie waren es auch, denen man während der Saison 1950 die in Entwicklung befindlichen Saugmotor-Rennmaschinen anvertraute. So war beispielsweise am 25. Juni am Schottenring Walter Zeller mit einer Werksmaschine unterwegs, die zwar Meiers Kompressor-Motorrad zum Verwechseln ähnlich sah, jedoch auf Zweivergaser-Betrieb ohne Lader umgebaut worden war. Hans Meier wiederum saß auf einer von Sepp

Unten, am Grenzlandring brachte Wiggerl Kraus 1951 den neuentwickelten Königswellen-Motor im modifizierten Rahmen an den Start. Dieses Motorrad mit der Typenbezeichnung 251 wurde 1952 mit Schwingrahmen eingesetzt. Neben Kraus steht Zeller mit der Vorjahres-Maschine. Rechts unten, hier auf der Ei-lenriede liegt Walter Zeller vor Schorsch Meier, der die neue Maschine fährt. Ganz unten, Start zum Maipokal-Rennen des Jahres 1951 in Hockenheim, Zeller steht mit seiner 1950er BMW zwischen Heiner Fleischmann mit der Vierzylinder-NSU und Enrico Lorenzetti auf Moto Guzzi.

Hopf aufgebauten ohv-Versuchsmaschine, die sich ebenfalls als erstaunlich schnell erwies.

In der Saison 1951 wurden von der Werksmannschaft Schorsch und Hans Meier sowie Walter Zeller (Wiggerl Kraus konzentrierte sich nun auf die Gespannrennen) zwei verschiedene Motoren in dem nahezu unveränderten Fahrgestell mit Geradweg-Hinterradfederung gefahren. Bei dem einen handelte es sich um den umgebauten Kompressormotor, der andere jedoch war eine weitgehende Neukonstruktion, wobei die kleineren Ventildeckel das deutlichste Unterscheidungsmerkmal darstellten, denn es handelte sich auch hier wieder um einen Königswellen-dohc-Motor. In diesem Jahr hatte Schorsch Meier viel Pech bei seinen Einsätzen und mußte schließlich in der Meisterschaft seinem Schüler, dem 24jährigen Walter Zeller, den Vortritt lassen. Ein wichtiges Rennen war der Große Preis von Deutschland auf der Solitude, wo erstmals seit 1939 wieder ein Kräftemessen mit internationalen Spitzenfahrern möglich wurde. Und man sah, daß es da noch einiges am technischen Entwicklungsstand aufzuholen galt, denn die beste Plazierung, die Meier und Zeller auf ihren BMW erreichen konnten, waren

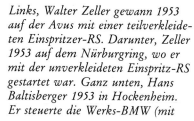

Links, Walter Zeller gewann 1953 auf der Avus mit einer teilverkleideten Einspritzer-RS. Darunter, Zeller 1953 auf dem Nürburgring, wo er mit der unverkleideten Einspritz-RS gestartet war. Ganz unten, Hans Baltisberger 1953 in Hockenheim. Er steuerte die Werks-BMW (mit verstärktem vorderen Schwingarm) auf Platz vier. Rechts unten, zwei der sechs Werksmaschinen für das Hockenheim-Rennen. Es handelt sich hier noch um Vorjahres-Motoren, erkennbar an den zwei Ventildeckel-Schrauben. Im Vordergrund Nolls Gespannmaschine.

die Ränge fünf und sechs hinter dem kompletten Norton-Team.
Im darauffolgenden Jahr war BMW mit den Vorbereitungen zeitlich arg ins Hintertreffen geraten, und so konnten die Brüder Meier und Walter Zeller erst am 13. Juli in Schotten ins Geschehen eingreifen. Hier kamen nun die Werksrennmaschinen zum erstenmal mit einer Hinterradschwinge an den Start; die endgültige Ausführung des neuen Rahmens war dann im August beim Flugplatzrennen München-Riem zu sehen, wo Walter Zeller überlegen siegen konnte. Die Meisterschaft war jedoch schon gelaufen, und bei BMW machte man sich erneut daran, weitere Verbesserungen an den Motorrädern vorzunehmen. Am 10. Mai 1953 traten Schorsch und Hans Meier, Gerhard Mette und Hans Baltisberger mit den neuen Werks-BMW an. Diese Motorräder wiesen einen neuen Doppelschleifenrahmen mit verkürztem Radstand, neue Zylinderköpfe und eine ganze Reihe weiterer Verbesserungen auf. Noch einen Schritt weiter war man an Walter Zellers Maschine gegangen. Auf der Isle of Man verwendete er eine Vorderradschwinge, und anstelle der Vergaser hatte diese BMW eine Benzineinspritzung. Zeller hinterließ bei den Engländern einen großartigen Eindruck,

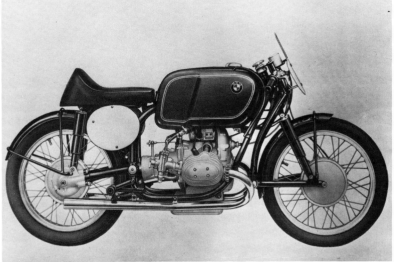

Oben, die Verkleidungs-Experimente führten manchmal zu solch eigentümlichen Formen wie hier an Zellers Einspritz-Maschine 1954 auf der Solitude. Rechts oben, so sah die für die Saison 1954 in einer kleinen Serie aufgelegte BMW RS 54 aus. Alle ausgelieferten Maschinen hatten einen Langhub-Motor (Bohrung × Hub: 66 × 72 mm).

Auf dem Foto rechts die erste Startreihe 1954 in Hockenheim: 25 – Robert Zeller (Offenbach)/ BMW RS, 32 – Nello Pagani/MV Agusta, 21 – Walter Zeller (Hammerau)/Werks-BMW, 26 – Ken Kavanagh/ Moto Guzzi.

konnte die TT jedoch wegen eines Sturzes nicht beenden. Es zeigte sich anhand der Rundenschnitte, daß man bei BMW große Fortschritte gemacht hatte, leider fiel wegen eines Fahrerstreiks der ausländischen Spitzenleute in Schotten das mit Spannung erwartete erste Kräftemessen auf einheimischer Strecke ins Wasser. Weder in Bern noch in Monza war gegen die italienischen Vierzylinder etwas auszurichten gewesen, doch dafür lief es wenigstens in der Deutschen Meisterschaft ganz nach Wunsch. Schorsch Meier holte sich den Titel nun schon zum sechsten Mal und gab damit beim letzten Rennen auf der Eilenriede

in Hannover auch seinen Rücktritt vom Straßenrennsport bekannt. Mit großer Freude wurde im Privatfahrerkreis zum Saisonende die Meldung aufgenommen, daß BMW über den Winter eine kleine Serie von neuen RS-Modellen auflegen würde. Und diesmal sollte es sich nicht um speziell präparierte Ausgaben eines Serienmodells handeln, sondern vielmehr um die exakte Kopie der Werksrennmaschinen mit Vorderradschwinge und Königswellen-Vergasermotor. Die Leistung der 8:1 verdichteten Motoren war mit 45 PS bei 8000 U/min angegeben, womit die 130 kg (Trockengewicht) leichte RS mindestens

Oben: Sowohl an Walter Zellers Solomaschine als auch an Nolls Gespann wurde 1954 auf der Hochgeschwindigkeitspiste von Monza eine Vollverkleidung ausprobiert. Diese brachte zwar eine höhere Endgeschwindigkeit, aber insbesondere an der Solomaschine auch eine verstärkte Seitenwindempfindlichkeit. Links: In Schotten hatte man deshalb die kleine Halbverkleidung montiert, womit sich der Winddruck auf den Fahrer gut verringern ließ. An der Einspritzer-Werksmaschine ist die neue doppelte Simplexbremse im Vorderrad zu sehen, sie trat an die Stelle der einseitigen Duplex-Ausführung.

195 km/h laufen mußte. Das BMW-Werksteam konnte nun natürlich verkleinert werden, da auch Privatfahrer mit solchermaßen konkurrenzfähigen Motorrädern für gute Publicity sorgen konnten. Walter Zeller war bei den Weltmeisterschaftsläufen oft vom Pech verfolgt, es gab sowohl Verletzungen als auch technische Probleme, obwohl er zum Beispiel beim Frühjahrsrennen in Hockenheim Nello Pagani auf der Vierzylinder-MV und in Schotten Ray Amm auf der Werks-Norton schlagen konnte. Er sicherte sich immerhin die Deutsche Meisterschaft mit der tatkräftigen Unterstützung des Nachwuchsta-

lents Hans Bartl, den man vernünftigerweise auch mit erstklassigem Material versorgt hatte.
Obwohl es für die Saison 1955 kein offizielles BMW-Werks-Rennteam mehr gab, liefen die Renneinsätze unbehindert weiter, und bei der Siegesserie der BMW-Gespanne waren oft auch Werksmonteure und neue Teile im Spiel. Aber auch Walter Zeller fuhr in großartiger Manier weiter; beim Eifelrennen führte er eine ganze RS-Meute an (Gerold Klinger, Hans Meier, Ernst Riedelbauch und Gerd von Woedtke), und auf der gleichen Strecke sollte er auch seinen größten Triumph der

Links: Auf dem Nürburgring ging 1955 auch John Surtees auf einer Werks-BMW an den Start. Der 21jährige stand zwar bei Norton unter Vertrag, doch dort bestritt man 1955 nur noch ausgewählte Rennen. Oben, Walter Zeller 1956 in Imola auf der neuen Kurzhub-Maschine. Unten, Schotten 1954 mit Zeller, Bartl, Bandirola und Hans Meier.

Saison 1955 erleben. Beim Großen Preis von Deutschland, der erstmals seit 1931 wieder auf dem Nürburgring stattfand, duellierte sich Walter Zeller mit dem großen Duke auf der Vierzylinder-Gilera und lag im Ziel nur denkbar knapp hinter diesem, womit er die gesamte MV Agusta-Mannschaft, die weiteren Gilera, Norton und Moto Guzzi hinter sich gelassen hatte. Duke meinte bei der Siegerehrung, daß Zeller der wahre Sieger sei, und damit war er wohl einer Meinung mit dem begeisterten Publikum.

So ging Zeller bestärkt in die WM-Saison 1956, als der erste Lauf auf der Isle of Man gefahren wurde. Mit voller Werksunterstützung (was damals jedoch nicht bekannt wurde) und einem neuen Kurzhub-Motor gelang es Zeller, einen respektablen vierten Platz hinter den drei schnellen Engländern Surtees, Hartle und Brett herauszufahren, und als er dann beim nächsten Lauf im holländischen Assen gar Zweiter hinter John Surtees' MV Agusta wurde, horchte man allerorten auf. Das gleiche Ergebnis brachte auch der belgische Grand Prix in Spa-Francorchamps. Dann stand das »Heimspiel« auf der Solitude auf dem Programm; Surtees war hier aufgrund eines Trainingssturzes nicht am

Links: 1956 wollte der populäre Engländer Fergus Anderson noch eine Saison auf der werksunterstützten RS anhängen. Hier ist er bei Versuchsfahrten zusammen mit Rennmonteur Gustl Lachermair zu sehen.

Rechts, Zeller beim WM-Endlauf 1956 in Monza. Er verfehlte den Titel nur um zwei Punkte. Unten links, Ernst Hiller und Dickie Dale beim Großen Preis des Saarlands 1958 in St. Wendel. Rechts unten, Norisring 1957: 14 – Klinger, 21 – Zeller bei einem seiner letzten Rennen und 18 – Hiller.

Start, und so hatte Zeller die große Chance, in der Punktewertung aufholen zu können. Doch die italienischen Maschinen schienen auf diesem schnellen Kurs nicht bezwingbar, Zellers enorme Jagd quittierte die BMW in der fünften Runde mit einem Getriebeschaden. Daß er bestimmt noch eine gute Chance gehabt hätte, zeigte Gerold Klingers vierter Rang. In Belfast beim Ulster-Grand Prix fiel er leider auch aus, und so mußte er sich in Monza noch einmal den Vierzylindern stellen. Hier warf ihn dann ein Boxen-Aufenthalt auf die sechste Position zurück, doch die Vize-Weltmeisterschaft hatte er sichergestellt!

Walter Zeller begann auch die Saison 1957 wieder recht vielversprechend, als er in Hockenheim hinter den Gilera von Liberati und McIntyre Platz Drei belegen konnte. Dem folgte noch einmal die gleiche Plazierung in Assen, doch dann kam die allseits bedauerte Nachricht, daß Zeller dem Rennsport Lebewohl sagen mußte, um den elterlichen Betrieb weiterführen zu können. Motorsportliche Ambitionen hatten in den Hintergrund zu treten. Ernst Hiller und Hans-Günter Jäger traten im nationalen Renngeschehen an seine Stelle und stellten als Privatfahrer den Deutschen Meister-Titel für die nächsten

*Rechts, die Werks-BMW, Typenbezeichnung 256, in ihrer letzten Ausführung 1958 mit ›Delphin‹-Verkleidung und hydraulischer Hinterradbremse. Ganz außen ist der Österreicher Gerold Klinger beim Solitude-Rennen 1955 zu sehen. Er war auf seiner privaten RS sehr erfolgreich und wurde später auch vom Werk unterstützt.
Unten: Der Engländer Dickie Dale war 1958 von Guzzi zu BMW übergewechselt und brachte BMW einen dritten Rang in der WM ein. Hier ist er bei der TT 1959 zu sehen.*

Jahre sicher, wobei sie auch international einige gute Resultate herausfahren konnten.

Als sich Ende 1957 die italienischen Werke offiziell aus dem Rennsport zurückzogen, wurden zahlreiche Vertragsfahrer »arbeitslos«. Bei BMW erkannte man die Chance und verpflichtete ohne allzuviel Aufhebens in der Öffentlichkeit den kämpferischen Moto Guzzi-Fahrer Dickie Dale und den sechsfachen Weltmeister Geoffrey Duke. Beim Frühjahrsrennen in Hockenheim erfreute Duke die Verantwortlichen im Werk sowie das Publikum mit seinem ersten BMW-Sieg.

Doch sollte dies der einzige Erfolg bleiben, denn er konnte sich mit der Kardan-Maschine nie recht anfreunden und wechselte bald auf eine Norton. Dickie Dale startete die WM-Serie mit einem zehnten Rang auf der Isle of Man, gefolgt von einem fünften Platz in Spa und ähnlichen Resultaten in allen weiteren Läufen, mit der Folge, daß er in seinem ersten BMW-Jahr schon Dritter in der 500-ccm-Weltmeisterschaft werden konnte. Zusammen mit Ernst Hiller fuhr Dale auch 1959 weiterhin auf einer Werks-RS, doch die Weiterentwicklung stagnierte und die guten Resultate auf internationaler Ebene wurden immer

Oben links, die von der englischen BMW-Vertretung MLG eingesetzte R 69 beim 500-Meilen-Rennen 1959 in Thruxton. Die siegreichen Fahrer hießen Bruce Daniells und John Lewis. Oben, Hans-Otto Butenuth bei der 750-ccm-Production-TT 1971. Neben dieser halboffiziellen Werks-R 75/5 fuhr Butenuth in der Senior-TT nochmals seine modifizierte BMW RS. Links: Mit dieser leichtgewichtigen 750-ccm-Stoßstangen-BMW bestritt der Münchner Privatfahrer Helmut Dähne 1972/73 einige Läufe zur Formel 750, so auf der Isle of Man und in Imola.
Auf der gegenüberliegenden Seite ist oben eine R 100 S nach dem Superbike-Reglement bei einem 6-Stunden-Rennen in Australien zu sehen. Darunter links, die mit Werksunterstützung 1976 in den USA aufgebaute Daytona-Maschine auf Basis R 90 S. Rechts unten, Helmut Dähne mit der R 75/5 bei der Production-TT 1973, er belegte den vierten Rang. Ein Jahr später wurde er in der 1000 ccm-Klasse Dritter hinter Hans-Otto Butenuth und 1976 durften sie miteinander den langverdienten Sieg feiern.

weniger. In der Deutschen Meisterschaft hingegen waren die BMW-RS-Solomaschinen noch lange Jahre zu finden, und Hans-Otto Butenuth fuhr sogar noch Anfang der siebziger Jahre zur TT mit einer solchen altbewährten BMW.
Während in der Straßenweltmeisterschaft die Tage der BMW-Solomaschinen offensichtlich gezählt waren, zeichneten sich mit den neuen sportlichen Serienmaschinen der Typenreihe R 50 S und R 69 S neue Möglichkeiten ab. So gewannen beispielsweise englische Fahrerteams 1959 das 500-Meilen-Serienmaschinenrennen von Thruxton und auch die 24 Stunden von Montjuich in Spanien; dies konnte 1961 wiederholt werden, um auch noch die 1000 km von Silverstone siegreich zu beenden. 1960 gewann eine französische Mannschaft den Bol d'Or, das legendäre französische 24-Stunden-Rennen, damals noch in Montlhéry ausgetragen. Bei diesem Rennen (später in Le Mans) waren stets BMW-Motorräder im Einsatz zu sehen, und Anfang der siebziger Jahre gab es auch Auftritte auch von werksunterstützen Teams, die jedoch gegen die wesentlich stärkeren japanischen Vierzylinder nur in der Zuverlässigkeit zu konkurrieren vermochten.

Wie schon in der zweiten Hälfte der fünfziger Jahre, gab es bei vielen Unternehmungen mehr oder weniger weitreichende Unterstützung für erfolgversprechende Privatteams, doch wie stets, geschah dies von der Öffentlichkeit nahezu unbemerkt. So auch bei den Einsätzen von Helmut Dähne, der 1974 mit einem zweiten Platz in der Production-TT auf der Isle of Man (Hans-Otto Butenuth wurde Dritter) einen vielbewunderten Erfolg feiern konnte. Vielleicht versäumte das Werk hier eine Chance, durch gezielte Öffentlichkeitsarbeit seine erfolgreichen Arbeiten angemessen herauszustellen...

In den siebziger Jahren blieben die BMW-Boxer weiterhin bei den Rennen zur Deutschen Zuverlässigkeitsmeisterschaft erfolgreich: oben ist Kurt Fischer auf einer Knoscher-R 90 S 1979 in Hockenheim unterwegs. Links, Steve McLaughlin (83) und Reg Pridmore (163) auf den beim Importeur Butler & Smith aufgebauten 1000 ccm-Rennmaschinen in Daytona. McLaughlin siegte bei diesem prestigeträchtigen Rennen während Pridmore die Saison mit dem US-Superbike-Titel krönte. Erfolgreichster BMW-Fahrer bei der deutschen Battle of Twins (BoT)-Serie war stets Herbert Enzinger. Unten, 1989 auf dem Nürburgring.

Auch 1990 basierte Enzingers BoT-Renner wieder auf der früheren Krauser-BMW mit Gitterrohrrahmen und Vierventil-Zylinderköpfen. Trotz beherzter Fahrweise ließ sich mit etwa 104 PS gegen die Ducati-Übermacht wenig ausrichten. Unten, das neue Motorrad für die Saison 1991, das nun als mehr oder weniger offizielle Werksmaschine vorgestellt wurde. Der Leichtmetallprofilrahmen war beim holländischen Spezialisten Nico Bakker in Auftrag gegeben worden, den Motor überarbeitete der Bahnsporttuner Otto Lantenhammer. Nur wenigen Betrachtern fiel die besondere Vorderradgabel auf, es handelte sich um den Telelever, wie er 1993 an der R 1100 RS Premiere feierte. Mit etwa 112 PS bei 9000 U/min und 156 kg für das vollgetankte Motorrad war das Boxer-ohv-Konzept jedoch an der Grenze angelangt. Der von vielen BMW-Fans erwartete Einsatz des neuen Motors fand trotzdem 1992 nicht statt.

Links, Alois Sitzberger mit Beifahrer Fuchsgruber auf einer R 37 mit Royal-Sportseitenwagen. Er gewann mit Wiggerl Kraus 1927–29 so ziemlich alle Bergrennen in Bayern.

Unten, der Berliner Privatfahrer Beiß beim Buckower Dreiecksrennen 1926. Er verwendete an seiner R 37 einen Seitenwagen englischer Bauart mit Aluminium-Boot.

Große Erfolge auf drei Rädern

Seitenwagenrennen als langjährige BMW-Domäne

Der Anschluß eines Seitenwagens an das Motorrad eröffnete diesem Fahrzeug breitere Anwendungsmöglichkeiten. Man konnte nun außer dem Sozius noch ein bis zwei weitere Passagiere befördern oder aber Lasten transportieren. Als 1923 die BMW R 32 auf den Markt kam, war die Idee des Motorrad-Gespanns bereits allgemein eingeführt, und so bot BMW in Zusammenarbeit mit der ebenfalls in München ansässigen Firma Royal komplett montierte Gespanne an. Nach einigen Verbesserungen wurde von Royal an BMW ein Sondermodell geliefert, das dann auch unter der Bezeichnung »BMW-Seitenwagen« ab 1925 im Katalog zu finden war. Die konstruktiven Voraussetzungen der BMW wurden von Anfang an als denkbar gut für den Gespannbetrieb erkannt. Nach ersten Einsätzen bei Zuverlässigkeitsfahrten zeigte sich der Seitenwagen-Rahmen von Royal den mit der BMW möglichen Fahrmanövern sogar noch unterlegen. Als dann aber unter Mitwirkung von BMW – in der Hauptsache war es Rudolf Schleicher – ein stabiler Viereck-Rahmen gebaut wurde, konnte man auch darangehen, einen Seitenwagen im Rennbetrieb, angeschlossen an eine R 37, einzusetzen. Die Seitenwagenrennen standen zunächst noch etwas im Schatten der

Oben, der von Victoria zu BMW übergewechselte Gespannfahrer Theobald mit dem R 63-Renngespann (extra flacher Seitenwagen) 1929 auf der Solitude. Unten, eines der zahlreichen Avus-Duelle Anfang der dreißiger Jahre zwischen Theo Schoth/BMW R 63 und Heinz Kürten/Tornax-JAP. Rechts, der Stettiner Privatfahrer Strietzel auf seiner R 42 bei einer Fernfahrt des Jahres 1926.

damals wesentlich zahreicheren Solo-Klassen, und so gab es auch kaum Werksbeteiligungen in diesen Kategorien. Der erste erfolgreiche BMW-Exponent war der Berliner BMW-Händler Theo Schoth, der erstmals mit seinem Sieg beim Buckower Dreiecksrennen vor den Toren seiner Heimatstadt auf sich aufmerksam machte. Das war im Jahre 1925, doch auch 1927/28 konnte er diesen Erfolg wiederholen. Auf der Avus mußte Schoth sich indessen dem Lokalrivalen Erich Eydam, ebenfalls auf BMW, geschlagen geben. Schoth hatte natürlich als Händler gute Beziehungen zur Münchner Firma, doch als in der Saison das Gespann Alois Sitzberger/Ludwig Kraus bei den Bayerischen und Tiroler Bergrennen buchstäblich »abräumte«, wurde der Verdacht auf eine Werksmaschine laut. Das aber stimmte nur insofern, als daß beide in der Motorradfertigung bei BMW beschäftigt waren, jedoch nichts mit der Rennabteilung zu tun hatten und den Sport als Hobby betrieben. Zwischen seinen Einsätzen für Victoria und seiner späteren Karriere auf vier Rädern war auch der Breslauer Adolf Brudes mit einem BMW-Renngespann unterwegs und gewann 1930 in Bad Flinsberg im Isergebirge sowie 1931 den Großen Preis von Polen.

Zwei Sekunden bis zum Start! Bei diesem nationalen italienischen Rennen am 31. Juli 1932 in Bra (Piemont) werden die Gepsanne einzeln auf die Reise geschickt.

Theo Schoth hatte im Lauf der Zeit viele Details an seinem Gespann verbessert und wohl auch die Motorleistung stets gesteigert. So siegte er 1932 endlich auch auf der Avus, und ein Jahr später gelang ihm dort eine Wiederholung seines Erfolgs, diesmal beim Großen Preis von Deutschland. Ein Meistertitel blieb ihm jedoch versagt, denn der Aachener Paul Weyres mit seinem Harley-Davidson-Gespann hatte im Verlauf der Saison mehr Punkte sammeln können. In diesen Jahren hatte sich BMW fast vollständig aus dem werksseitigen Renneinsatz zurückgezogen und das Feld den Privatfahrern überlassen. Das änderte sich jedoch 1935/36, als mit der neuen dohc-Kompressor-Rennmaschine endlich wieder ein vielversprechendes Fahrzeug zur Verfügung stand.

Mittlerweile hatte die Seitenwagenklasse bei den Straßenrennen an Popularität gewonnen, was nicht zuletzt auch auf das Engagement der beiden größten deutschen Motorradfirmen, nämlich DKW und NSU, zurückzuführen war. Sepp Stelzer, langjähriger BMW-Mitarbeiter und in den zwanziger Jahren erfolgreicher Rennfahrer auf BMW-Solomaschinen, bereitete für die Saison 1936 ein neues Gespann auf Basis der

Großer Preis von Deutschland 1933 auf der Avus: Theo Schoth konnte sich einmal mehr mit seiner 750er BMW in der 1000-ccm-Beiwagen-Kategorie durchsetzen.

neuen Kompressor-Rennmaschine vor. Der erste Start der Mannschaft Stelzer/Josef Müller erfolgte am 5. April 1936 auf der Eilenriede-Rennstrecke bei Hannover, wo sie indessen das Rennen wegen eines Defekts nicht zu Ende fahren konnten. Beim Großen Preis der Schweiz, vier Wochen später, fuhr der Vorjahressieger Ernst Stärkle Stelzers Kompressor-Gespann auf den zweiten Platz hinter Babl/Beer auf DKW, jedoch vor seinem Bruder Hans Stärkle auf NSU. Auf der Solitude und beim Eifelrennen hatte Stelzer nach verheißungsvollem Beginn wieder Ausfälle zu verzeichnen, doch am 2. August in Hockenheim war es dann soweit: Stelzer/Müller gewannen die Seitenwagenklasse bis 600 ccm überlegen und waren mit einem Schnitt von 125,8 km/h auch weit schneller unterwegs als die in der 1000-ccm-Klasse angetretenen 709-ccm-NSU-Einzylinder. Das gleiche Bild bot sich eine Woche später beim Münchner Dreiecksrennen. Damit war jedoch die Geschichte des Kompressor-Gespanns auch schon wieder zu Ende, denn in den Vorbereitungen für die Rennsaison 1937 war keine Kapazität mehr dafür vorhanden, das Interesse der Rennabteilung war voll und ganz den verbesserten Solomaschinen mit der

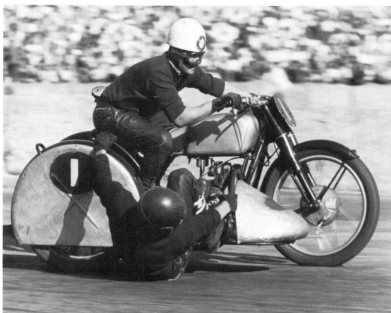

Links, die Privatfahrer Müller/Wenshofer mit ihrem 750-ccm-Eigenbau-Gespann 1949 auf dem Norisring. Darunter, Klankermeier/Wolz fahren beim Rundstreckenrennen in München-Riem 1949 einem Sieg entgegen.

Unten, Sepp Müller mit Karl Rührschneck im Boot 1949 in Schotten.

Hinterradfederung gewidmet. Und die Gespannrennen an sich lebten in Deutschland ohnehin nur noch eine Saison, sie wurden aufgrund der vielen schweren Unglücke untersagt. Im Ausland, vor allem in Italien und Ungarn, waren indessen noch einige Gespann-Mannschaften auf BMW aktiv und gewannen eine ganze Reihe von Berg- und Rundstreckenrennen.

1946, als die ersten Rennen nach Kriegsende ausgetragen wurden, waren selbstverständlich auch die Beiwagenmaschinen wieder am Start. Die erste Veranstaltung war das Ruhestein-Bergrennen im Schwarzwald, und hier gewannen am 21. Juli Thomas Seppenhauser und Franz Höller aus München auf ihrem BMW-Gespann die Beiwagenklasse bis 1000 ccm. Auf dem Stadtkurs »Quer durch Neuwied« waren Eugen Haselbeck und Karl Bauer in der 600-ccm-Kategorie erfolgreich, doch insgesamt hatte bei den vier Rennen des Jahres 1946 die NSU-Mannschaft Böhm/Fuchs die besseren Resultate erzielt. Eine reguläre Deutsche Meisterschaft wurde jedoch erst im darauffolgenden Jahr ausgetragen, als sich die ganze Rennorganisation wieder eingespielt hatte. Zu den schon im Vorjahr erfolgreichen Gespannen gesellte sich noch Sepp

Unten, Max Klankermeier (r.) und Hermann Wolz beherrschten mit ihrem Kompressor-Gespann 1949/50 die 600er-Seitenwagenrennen in Deutschland. Mit diesem im Werk aufgebauten Fahrzeug wurde die Vorkriegs-Entwicklung von Sepp Stelzer erfolgreich weitergeführt.

Oben, Julius Beer und Gernot Zingerle auf einem schnellen 600-ccm-ohv-Gespann, sie gewannen den Großen Preis von Österreich 1950 in ihrer Heimat Vorarlberg. Unten, das Saugmotor-Gespann, das 1948 von Max Klankermeier und 1950 von Wiggerl Kraus gefahren wurde. Den R 75-Motor hatte man auf 905 ccm vergrößert und in das Fahrgestell der Kompressormaschinen eingebaut.

Müller, Beifahrer Sepp Stelzers in den Vorkriegsjahren und nun zusammen mit Josef Wenshofer auf einem jener typischen Nachkriegs-Gespanne der großen Klasse. Es handelte sich dabei um eine Konstruktion – oder genauer gesagt einen Eigenbau – auf Basis der R 75, jener Wehrmachts-BMW mit dem standfesten 750-ccm-ohv-Motor. Und die Mannschaft Müller/Wenshofer holte sich auch am Ende der Saison die Meisterschaft nach den Siegen in Hockenheim, Hamburg, München und beim Eifelrennen. 1948 gab es dann nicht weniger als 16 Gespann-Erfolge bei deutschen Straßenrennen, und Sepp Müller konnte seinen Titel verteidigen, zuerst mit Hermann Böhms »Schmiermaxen« Karl Fuchs im Boot, später dann mit dem früheren Solofahrer Karl Rührschneck. Hart bedrängt wurde Müller wieder von Seppenhauser/Höller und der neuen Mannschaft Max Klankermeier/Hermann Wolz. Max Klankermeier war kein Unbekannter, er war ebenfalls BMW-Mitarbeiter und seit dem Wiederbeginn der Motorradfertigung im Versuch tätig. Sein Gespann wurde von einem aufgebohrten R 75-Motor mit knapp 900 ccm Hubraum angetrieben. Doch in der Saison 1949 war er noch wesentlich besser motorisiert, als er in der kleineren

Oben links, Kraus/Huser mit dem 900er-Gespann 1950 am Schauinsland. Oben, ›Rund um Schotten‹ 1950: Kraus vor Seppenhauser und Müller. Links, das große Hockenheim-Duell zwischen Kraus und Oliver im Jahre 1951. Hier fällt gerade die Entscheidung in der letzten Runde, Kraus schlüpft innen durch, damit war der amtierende Weltmeister geschlagen.

Seitenwagen-Kategorie (bis 600 ccm) mit einer Kompressor-BMW antreten konnte. Obwohl er in Hermann Böhm auf der NSU einen harten Gegner hatte, gewann er souverän die Meisterschaft. Die Kompressor-NSU gab zwar einige Pferdestärken mehr ab, krankte jedoch während der ganzen Saison. Sepp Müller und Karl Rührschneck hatten in der 1200-ccm-Klasse erneut die Nase vor Seppenhauser/Wenzhofer. Der Zweikampf in der 600er-Seitenwagen-Kategorie spitzte sich 1950 noch weiter zu. Diesmal unterlagen Klankermeier/Wolz; sie konnten die NSU-Mannschaft lediglich in Schotten und auf dem Norisring bezwingen. Auch Sepp Müllers Siegesserie wurde unterbrochen, und zwar von einem Mann aus den eigenen Reihen. Wiggerl Kraus, der »ewige Zweite« in den Solorennen, besann sich auf den Anfang seiner Motorsport-Karriere, nur daß er diesmal selbst am Lenker des Gespanns saß. Er verstand es in dieser Saison ausgezeichnet, zwischen Solo- und Gespannrennen hin- und herzupendeln und sicherte sich mit seinem Beifahrer Bernhard Huser auf dem 900-ccm-Saugmotor-Gespann den Deutschen Meister-Titel in der großen Kategorie. Nachdem BMW Max Klankermeier dringend in der Entwicklungsab-

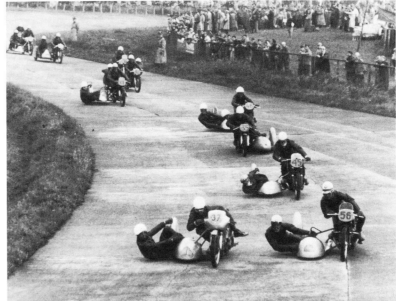

Oben links, die Norton-Gespanne verfolgen Kraus im Windschatten, doch er behält 1952 auf dem Grenzlandring die Führung bis ins Ziel. Daneben, Nürburgring 1953, eingangs der Südkurve, Kraus fällt gegenüber dem Norton-Fahrer zurück, denn der Einspritzmotor zeigt Aussetzer. Rechts, mit 44 Jahren fuhr Wiggerl Kraus 1951 noch einmal an die Spitze der deutschen Gespannklasse. Und die Erfolge sollten auch noch weitere zwei Jahre anhalten. In seinem Gespann ist der sogenannte ›gekappte‹ Kompressormotor zu sehen.

teilung benötigte, waren Kraus/Huser 1951 innerhalb des BMW-Werksteams für die 500-ccm-Gespannklasse vorgesehen. In der Eilenriede standen sie erstmals mit dem neuen Saugmotor-Gespann (gekappter Kompressor) am Start, neben ihnen in der ersten Reihe war auch die Vierzylinder-NSU von Böhm/Fuchs zu sehen. Diese fiel jedoch bald aus – das BMW-Gespann siegte mit einem weiten Abstand zur Konkurrenz. In Hockenheim sollte es dann zur ersten Konfrontation mit dem zweimaligen Weltmeister Eric Oliver und seinem Norton-Gespann kommen. Es gelang der bayerischen Mannschaft, die hochgesteckten Erwartungen der 150000 Zuschauer zu erfüllen: Die beiden Gespanne klebten während der 13 Runden förmlich aneinander, so daß das Publikum vor Aufregung tobte. Kraus hatte sich taktisch sehr klug verhalten und nützte in der letzten Linkskurve den Umstand, daß der Engländer den Seitenwagen links an der Maschine hatte und sich am Kurvenausgang deshalb nach außen tragen lassen mußte. Wiggerl Kraus hatte dadurch den Weg frei und überfuhr die nahe Ziellinie mit einer Radlänge Vorsprung.

Ebenso spannend gestaltete sich zwei Wochen später, am 28. August

Die beiden großen Gespann-Stars der frühen fünfziger Jahre: Wiggerl Kraus und Hermann Böhm, hier am Start auf der Eilenriede 1951. Der Königswellen-BMW stand ein NSU-Vierzylinder gegenüber.

1951, der erste Motorrad-Weltmeisterschaftslauf in Deutschland. Auf der Solitude hatte Oliver jedoch außergewöhnliches Pech, als er das Seitenwagenrad verlor; so hießen die Sieger abermals Kraus/Huser. International traten die beiden in diesem Jahr zwar nicht mehr in Erscheinung, doch sie sicherten sich auf jeden Fall die Deutsche Meisterschaft.

Die Saison 1952 begann für BMW mit einiger Verzögerung, da die verbesserten Motoren nicht rechtzeitig fertig geworden waren. Kraus gewann nur drei Meisterschaftsläufe (Schotten, München-Riem und Grenzlandring), während sich Eberlein/Sauer aus Nürnberg vor Noll/Cron die Meisterschaft holten. Letztere wurden im Laufe des Jahres 1953 auch von der BMW-Rennabteilung unterstützt und erreichten bei den Weltmeisterschaftsläufen in Spa (6.) und Bern (3.) gute Resultate. Wiggerl Kraus hatte als erster Werksfahrer den Einspritzer-RS-Motor bekommen, doch traten in diesem Jahr Oliver/Dibben mehrmals in Deutschland auf und konnten den mit technischen Problemen kämpfenden BMW-Fahrer stets besiegen. In Spa war Kraus ebenfalls an den Start gegangen, hier belegte er einen achtbaren dritten Platz hinter

Oben, Wilhelm Noll und Fritz Cron mit ihrem 1953er Werksgespann. Daneben, Hillebrand/Barth auf der 750-ccm-BMW 1952 in Schotten. Fritz Hillebrand war schon seit einigen Jahren aktiv, doch die ganz großen Erfolge sollten erst noch kommen. Unten, eine großartige Erfolgsserie stand als nächstem Noll/Cron bevor. Rechts, Kraus/Huser bei einem ihrer letzten Straßenrennen 1953 auf dem Einspritzer-Werksgespann.

Oliver und Cyril Smith, dem regierenden Weltmeister, der auch auf einer Norton unterwegs war. Zum Ende seiner Straßenrenn-Laufbahn sicherte sich aber Kraus zumindest noch seinen vierten Deutschen Meister-Titel.

Wilhelm Noll und Fritz Cron waren seit ihrem ersten Erfolg 1950 beim Feldberg-Rennen immer mehr in den Vordergrund getreten. 1954 traten sie die Nachfolge Kraus/Huser im BMW-Werksteam an, aber sie bekamen auch harte Konkurrenz aus eigenen Reihen, da nämlich eine ganze Reihe deutscher Fahrer in dieser Saison Gespanne mit der käuflichen BMW-RS an den Start brachten. Wie konkurrenzfähig diese Fahrzeuge auf Anhieb waren, sollte sich der internationale Seitenwagen-Elite auf der Isle of Man erweisen, wo drei Neulinge aus Deutschland unter die ersten vier gelangten: 2. Hillebrand/Grunwald, 3. Noll/Cron, 4. Schneider/Strauß. Als diese drei auch beim nachfolgenden Grand Prix in Belfast (Nordirland) unter den ersten fünf lagen, ahnten die Engländer nichts Gutes für den weiteren Verlauf der Saison. Oliver gewann zwar mit dem Großen Preis von Belgien seinen dritten Lauf, dann aber löste ihn Wilhelm Noll bei den nächsten drei Grand Prix ab.

Oben, Monza 1954: Noll/Cron brachten auf dem schnellen Kurs erstmals ein vollkommen verschaltes Gespann an den Start. Vor diesem letzten Weltmeisterschaftslauf führten Oliver/Nutt die Tabelle an, doch mit seinem Sieg konnte Wilhelm Noll den Titel erstmals nach Deutschland entführen. Links, Feldbergrennen 1954. In der ersten Startreihe sind die BMW RS-Gespanne von Schneider/Strauß (52), Noll/Cron (43) und Faust/Remmert (53) zu sehen. Hinter Nolls teilverkleideter Werks-BMW lugt Olivers berühmter Norton-Watsonian ›Streamliner‹ hervor.

Nach dem Endlauf in Monza hatten sich aufgrund der besseren Plazierungen Wilhelm Noll und Fritz Cron mit ihrem BMW-Gespann die Weltmeisterschaft gesichert.

Auf allgemeines Unverständnis angesichts dieser Erfolge stieß der Entschluß von BMW, sich 1955 nicht mehr werksseitig am Rennsport zu beteiligen. Und trotz dieses Rückzuges steigerten sich die Erfolge insbesondere in der Seitenwagen-Weltmeisterschaft, denn in diesem Jahr sahen alle sechs Grands Prix eine BMW als Sieger. Der Titelgewinn für Willy Faust und Karl Remmert war das Resultat eines erbitterten Dreikampfes mit Noll/Cron und Schneider/Strauß. Zusammen mit der Seitenwagenfirma Watsonian hatte der Engländer Cyril Smith 1953/54 eine Stromlinien-Verkleidung für sein Norton-Gespann entwickelt, auch Oliver und Noll arbeiteten an windschnittigen Abdeckungen. Noll hatte 1954 in Monza mit einer Vollverkleidung für Aufsehen gesorgt; mehr oder weniger abgewandelt wurde dies in den nächsten Saisons zum Standard für die Spitzengespanne. So standen 1956 in den ersten Startreihen nurmehr verkleidete Fahrzeuge, bei denen auch der Raddurchmesser schrittweise verkleinert wurde, um

Ganz oben, Dieburg 1955: Schneider/Strauß haben Nolls Verkleidung bekommen, während dieser mit ›Karosserie‹ fährt, hinten ist noch Faust/Remmert zu sehen. Darunter, in Schotten haben sich nun alle drei für die Stromlinie entschieden.

Rechts, Jacques Drion und Inge Stoll mit ihrem RS-Gespann, diese Fahrzeuge waren 1954 in kleiner Stückzahl erhältlich.

die Bauhöhe abzusenken. Letzteres war natürlich mit dem flachen BMW-Boxermotor wesentlich einfacher zu bewerkstelligen als bei Maschinen mit aufrecht stehenden Einzylindern oder Reihenmotoren. In diesem Jahr hatten Fritz Hillebrand und Manfred Grunwald furios mit Siegen auf der Isle of Man und in Assen begonnen, wenngleich dies für das Team, das dem Erfolg nun schon seit so vielen Jahren nachlief, noch nicht reichte, denn Noll/Cron packten noch einmal an und verdrängten sie im Endklassement auf den zweiten Rang. Dafür hatte Hillebrand nach Nolls Rücktritt vom aktiven Sport 1957 freie Bahn.

1958 machte BMW dem Versteckspiel ein Ende. Jetzt gab es statt der bisherigen Werksunterstützung nun wieder »echte« Werksfahrer; in der Gespannklasse waren dies Walter Schneider/Hans Strauß, Helmut Fath/Fritz Rudolf und die Schweizer Florian Camathias/Hilmar Cecco.

Die Saison selbst war gekennzeichnet durch die großen Duelle Schneider – Camathias, die bei allen Läufen die ersten beiden Plätze einnahmen, doch mit drei Siegen fiel die Entscheidung zugunsten von Schneider/Strauß. Der Zweikampf ging auch 1959 weiter, und erneut behielt

Links, die Belgier Deronne/Leys auf ihrem noch 1955 bei BMW erstandenen RS-Gespann vor den Franzosen Murit/Flahaut auf dem Ex-Drion-Gespann beim Großen Preis von Holland 1955. Unten, Schneider/Grunwald belegten mit ihrem verkleideten RS-Gespann beim Großen Preis von Deutschland 1955 auf dem Nürburgring Rang drei hinter Faust und Noll.

Schneider die Oberhand. In diesem Jahr waren zum erstenmal nur BMW-Gespanne auf den ersten fünf Rängen zu finden, wobei auffiel, daß sich hinter Schneider gleich drei Schweizer plazieren konnten: Camathias, Scheidegger und Strub.

1960 waren integrierte Gespanne, das heißt mit fest verschweißtem Rahmen für Motorrad und Beiwagen, allgemein üblich, und auch die Radgrößen waren auf nunmehr 16 Zoll geschrumpft. In diesem Jahr dominierte Helmut Fath mit seinem Einspritzmotor; er gewann vier der fünf WM-Läufe. Nach einigen Jahren war nun auch wieder ein englischer Fahrer vorne mit dabei, Pip Harris, der ebenfalls einen BMW-RS-Motor fuhr. Fath/Wohlgemuth begannen auch 1961 mit einem Sieg in Barcelona, aber ein tragischer Unfall beim Eifelrennen beendete vorerst deren Karriere. Camathias hatte in Modena einen Unfall und mußte ebenfalls pausieren. So rechnete sich Fritz Scheidegger einige Chancen aus, wurde aber bald von einer jungen Mannschaft aus Deutschland überrascht. Am Ende hatten Max Deubel und Emil Hörner einen Grand Prix mehr gewonnen, und damit gehörte der Titel ihnen. Für die folgenden drei Jahre wurde die »BMW-Weltmeister-

Rechts, Noll/Cron beim Training zur 1955er TT, im Rennen fielen sie jedoch nach einem Sturz aus. Unten, die Weltmeister des Jahres 1957, Hillebrand/Grunwald, ein Jahr zuvor mit einem Einspritzer-Gespann in Monza. Ganz unten, TT-1956 auf dem Clypse-Kurs: Pip Harris-Norton vor Schneider, Hillebrand und Noll.

schaft« zusätzlich eine Deubel-Hörner-Serie, denn die beiden gewannen den WM-Titel in vier aufeinanderfolgenden Jahren. Inzwischen waren immer mehr Fahrer auf »Kneeler« umgestiegen, jene Gespanne, in denen der Pilot nicht mehr auf einem tiefen Sitz kauerte, sondern in Knieschalen kniete. Einer der ersten, die mit einem solchen Gespann aufkreuzten, war 1961 Fritz Scheidegger gewesen. Die anderen Gespann-Bauer – und das waren in fast allen Fällen die Teams in eigener Regie – zogen nach. Scheidegger war es auch, der nicht nur Deubels Siegesserie beenden konnte, sondern auch den seit Haldemanns WM-Einsätzen im Jahre 1949 sehnlichst erwünschten ersten schweizerischen Erfolg erringen konnte. In all dem Jubel im Heimatland mischte sich allerdings auch Trauer, denn der große Abenteuerer Florian Camathias (er war viermal Vize-Weltmeister und einmal Dritter) verunglückte tödlich im Oktober in Brands Hatch. Um so größer trumpften Scheidegger/Robinson 1966 auf, als sie ihren Titel mit fünf Siegen bei den fünf WM-Läufen verteidigten. Deubel/Hörner, die jeweils Vize-Weltmeister geworden waren, beendeten danach ihre Laufbahn und machten so den Weg frei für eine Mannschaft, die ein

Oben, letzter WM-Lauf 1959: 22 – Camathias/Cecco, 18 – Schneider/Strauß, 14 – Scheidegger/Burckhardt und 38 – Harris/Campbell, alle auf BMW RS.

Rechts, mit seinem Sieg in Spa konnte Walter Schneider auch 1959 den Titel gegen Florian Camathias verteidigen. Unten ein weiteres Foto vom Fahrstil des draufgängerischen Schweizer BMW-Gespannfahrers.

würdiger und auch äußerst erfolgreicher Nachfolger werden sollte. Das Jahr 1967 brachte eine Wende in der Seitenwagen-Klasse, weniger technischer als vielmehr personeller Art. Es begann die große Zeit der zweiten Generation deutschen Privatfahrer. Was man von BMW damals noch bekommen konnte, waren allenfalls Ersatzteile. In München schien die Motorradproduktion am Absinken zu sein. Klaus Enders und Rolf Engelhardt holten sich bis einschließlich 1974 zwar noch einmal sechs Gespann-Weltmeisterschaften mit dem RS-Boxermotor von BMW, die Serie wurde nur 1968 und 1971 von Helmut Faths Eigenbau-Vierzylinder URS unterbrochen, doch die große Zahl der dahinter plazierten BMW-motorisierten Gespanne verhalf auch in diesen beiden Jahren BMW zur Marken-WM. Somit hatte der RS-Boxermotor in ununterbrochener Reihenfolge 19 Titel für die Münchner Firma eingefahren. Von all den Privatfahrern wie Sigi Schauzu, Georg Auerbacher, Arsenius Butscher, Colin Seeley, Tom Wakefield, Richard Wegener, Otto Kölle, Johann Attenberger oder Jean-Claude Castella, um nur die bekanntesten Männer zu nennen, blieb es nach dem großen Zweitakter-Einbruch ab 1975 Heinz Luthringhauser und

Oben, der zweite große Schweizer Seitenwagenpilot Ende der fünfziger Jahre war Fritz Scheidegger, hier mit seinem Beifahrer Horst Burckhardt bei der TT 1959. Erst nach drei Vize-Titeln und drei dritten Rängen gelang ihm 1965 und 1966 der langverdiente Erfolg in der Weltmeisterschaft. Links, der ganz große Gegner für Scheidegger und die BMW-Gilde aus Deutschland war sein Landsmann Florian Camathias. Trotz unzähliger Erfolge, härtestem Einsatz und guten technischen Kenntnissen blieb ihm in seinen neun WM-Saisonen der Titel versagt. Hier ist er mit Beifahrer Ruffenacht 1960 in St. Wendel zu sehen. Unten, Harris/Campbell, TT 1960. Pip Harris fuhr anstelle seiner Norton ab 1959 ebenfalls eine BMW RS.

Otto Haller vorbehalten, auf einer letzten Entwicklungsstufe des Viertakt-Boxermotors noch einmal ein BMW-Comeback zu versuchen. Doch zuerst machten ein gewisses Leistungsmanko und dann verschärfte Lärm-Vorschriften dem unter der Regie des BMW-Händlers und Motorrad-Zubehörfabrikanten Michael Krauser stehenden Projekt endgültig den Garaus. Und damit endete die lange Geschichte der BMW-Gespannerfolge unverdient sang- und klanglos.

Links, das werksunterstützte Gespann von Max Deubel und Emil Hörner 1966 in Hockenheim. In dieser Saison wurde das Erfolgsteam von Fritz Scheidegger regelrecht ›überfahren‹, denn der Schweizer konnte alle fünf WM-Läufe für sich entscheiden. Darunter sind Deubel/Hörner in Assen zu sehen, beim vorletzten WM-Lauf ihrer glänzenden Karriere. Von 1961 bis 1965 hatten die beiden Weltmeister-Titel in ununterbrochener Reihenfolge errungen.

Oben, Helmut Fath und Alfred Wohlgemuth bei der TT 1960. Sie gewannen in diesem Jahr den WM-Titel, ein schwerer Unfall unterbrach jedoch im Jahr darauf die Karriere. Vom allerersten Gespann nach Kneeler-Bauweise im Jahre 1955 bis zum Eigenbau-Vierzylinder ›URS‹, 13 Jahre danach, prägte der ehrgeizige Techniker die Gespann-Entwicklung entscheidend mit.

Oben links, Georg Auerbacher, hier mit Beifahrer Eduard Dein, war von 1963 an neun Jahre in der Weltspitze zu finden, doch blieb die Erfolgsausbeute auf drei Vize-Weltmeisterschaften beschränkt. Er stand dabei meist im Schatten des Gespannes rechts oben, Klaus Enders und Ralf Engelhardt. Dieses Team beherrschte die Seitenwagenklasse über acht Jahre hinweg, die Siegesserie konnte nur durch Faths Vierzylinder unterbrochen werden. Links, ein typisches Privatfahrer-Gespann mit dem ohv-Motor der R 50 S.

Rechts noch einmal Deubel/ Hörner mit ihrem Max- und-Moritz auf der Verkleidung. Deubels Gespann war der letzte Vertreter der alten Bauweise, wo der Fahrer noch auf einem tiefen Sitz hockte. An Auerbachers Gespann auf dem Bild ganz oben sieht man die Knieschalen hinter dem Zylinder, in denen der Fahrer eines ›Kneelers‹ regelrecht kniete.

355

Rechts, Siegfried Schauzu und Wolfgang Kalauch gehörten ebenfalls über viele Jahre hinweg zu den erfolgreichsten BMW-Gespannfahrern. Mit seinen acht Siegen und vier zweiten Plätzen in den Jahren 1967 bis 1974 gilt Schauzu als TT-König.

Oben, das Brüderpaar Vanneste aus Belgien erreichte in der Saison 1973 auf dem BMW RS-Gespann einige gute Plazierungen. Links, der erfolgreichste deutsche Motorradsportler aller Zeiten ist der sechsfache Gespann-Weltmeister Klaus Enders aus Wetzlar. Hier steht er zusammen mit Ralf Engelhard auf dem Podest; dieser war an fünf Titeln beteiligt.

Oben, ein regnerisches Eifelrennen im Jahre 1973: von links, Binding/Fleck, Wegner/Kapp, Pape/Kallenberg und Enders/Engelhardt. Hier dominieren die BMW-Gespanne noch eindeutig, doch die Zweitakter sind im kommen.
Links unten, die letzte Weiterentwicklung führte Willy Roth unter der Regie von Michael Krauser 1975/76 durch, doch Otto Haller und Max Haslbeck hatten mit dem Vierventiler kein Glück. Daneben ist Heinz Luthringshauser zu sehen (Beifahrer Jürgen Cusnik), der sich als letzter BMW-Vertreter den Königs und Yamahas geschlagen geben mußte.

Ein Mann und seine Idee

Die Tradition der BMW-Weltrekorde

Als der 24jährige Ernst Jakob Henne 1928 seine Hochzeitsreise nach Paris unternahm, führte er etwas ganz bestimmtes im Schilde. Er, der er schon mit 21 Jahren in Monza beim Großen Preis von Europa am Start gewesen war und in den beiden folgenden Jahren als BMW-Werksrennfahrer zweimal Deutscher Meister werden konnte, war auf der Suche nach einer neuen Herausforderung. Henne hatte den Gedanken gefaßt, schnellster Mann auf zwei Rädern zu werden, er wollte dem Motorrad-Geschwindigkeitsweltrekord nachjagen und erkundigte sich deshalb sehr gewissenhaft anläßlich jener Reise nach Paris nach Einzelheiten bei der internationalen Sportbehörde. Über die Formalitäten wußte er alsbald Bescheid, und nun ging es an die technische Vorbereitung.

Henne hatte großen Anteil an den Erfolgen der BMW-Motorräder, und das nicht nur bei seinen Renneinsätzen, sondern auch als Motorradhändler in seinem eigenen Betrieb in der Münchner Kidlerstraße. Somit hatte er auch eine günstige Basis, um sich bei den Verantwortlichen in Milbertshofen Gehör für sein Vorhaben zu verschaffen. Dort hatte man noch den Höhenflug-Weltrekord von 1919 in Erinnerung

*Auf der gegenüberliegenden Seite ist ganz links die erste Weltrekordfahrt von Ernst Henne am 19. 9. 1929 auf der Ingolstädter Landstraße im Norden Münchens zu sehen. Daneben der Start zur Eisrekord-Fahrt in Schweden und darunter ein Rekordversuch im Jahre 1931 mit Stromlinien-Stachel am Anzug.
Rechts, ein weiterer Versuch in München 1932, rechts im Bild Franz Bieber als Rennleiter.
Unten links, der 25jährige Weltrekord-Inhaber mit seiner Kompressor-BMW. Daneben ist der 750er-Motor mit kettengetriebenem Lader zu erkennen.*

und zeigte sich von der Idee sogleich angetan. Auf Geheiß des BMW-Generaldirektors Popp wurde die Arbeit an dem von Schleicher und Hopf begonnenen Kompressor-Motor wieder aufgenommen, und es beteiligte sich nun sogar Max Friz selbst an der Verbesserung des Laders. Um die Vorbereitung des richtigen Fahrgestells kümmerte sich Henne gemeinsam mit Hopf in seiner eigenen Werkstatt.
Am 19. September 1929 war es dann soweit. Auf der Ingolstädter Landstraße am nördlichen Münchner Stadtrand konnte nach langen Testfahrten an jenem Donnerstag kurz nach Tagesanbruch der erste Versuch gewagt werden. Erst vier Wochen zuvor hatte der Engländer Bert Le Vack erstmals die 200 km/h-Marke überschritten (206,4 km/h), aber Ernst Henne war dennoch optimistisch, denn sein Motorrad war im Training schon 220 km/h gelaufen. Die Versuche zogen sich an diesem Tag recht lang hin, es gab auch einige Reifendefekte, und es bedeutete für den Fahrer eine enorme Anstrengung, die Maschine jedesmal wieder stur auf Kurs zu halten. Doch die Resultate konnten sich schließlich sehen lassen. Ernst Henne hatte an diesem Tag mit dem 750-ccm-BWM-Kompressormotor insgesamt vier neue Weltbestlei-

Oben, Ernst Henne vor einem Rekordversuch 1930, man hat nun auch die Zylinder aerodynamisch verkleidet. Unten links, die 750-ccm-Maschine im Jahre 1932. Links, das ›Ei‹, die vollverkleidete 500-ccm-Rekordmaschine von 1936. Mit diesem schwer zu fahrenden Vehikel erreichte Henne 272 km/h. Unten, die verbesserte Version von 1937. Henne ist in die Karosserie eingepfercht.

stungen erzielt, da die erreichten Werte auch für die 1000-ccm-Kategorie galten. Den absoluten Weltrekord hatte er dabei auf 216,75 km/h geschraubt und die Meile bei stehendem Start mit 161,88 km durchfahren. Das Vorhaben, mit dem 500-ccm-Motor weitere Bestleistungen zu erzielen, wurde um 1 Uhr mittags abgebrochen und auf den 15. Oktober vertagt, wo dann mit 196,72 km/h ein weiterer Rekord aufgestellt wurde.

Nach einigen recht gefährlichen Eisrekorden in Schweden (er fuhr dabei mit der 750er-Kompressormaschine knapp 200 Stundenkilometer), war Henne im September 1930 erneut zur Stelle, als es darum ging, den kurz vorher von dem Engländer Joe Wright überbotenen Weltrekord zurückzuholen. Es ging dabei denkbar knapp zu, denn mit 221,54 km/h lief die BMW nur ganze 0,6 km/h schneller als Wrights Zenith (in den offiziellen Listen taucht eine OEC-Temple auf, doch Wright hatte nach einem Motorschaden seine eigene Zenith gefahren) mit aufgeladenem JAP-1000-ccm-V-Zweizylinder. Nach einigen Modifikationen holte Wright am 6. November 1931 in Cork (Irland) zu einem mächtigen Gegenschlag aus; er kam auf 242,54 km/h und

Rechts, Vorbereitungen zu den Rekordfahrten auf der Autobahn Frankfurt – Darmstadt im Oktober 1936. Henne bespricht noch einige Einzelheiten mit Direktor Schleicher. Am Fahrzeug erkennt man Stützräder, die ein Umkippen im Auslauf verhindern sollten. Unten, die 256 km/h schnelle ohv-750er von 1935.

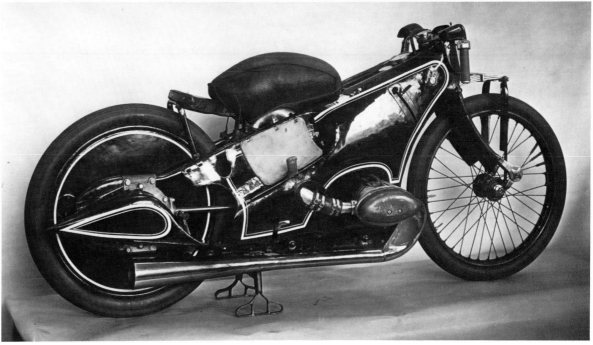

hatte damit auch Hennes verbesserten Wert vom 19. April entscheidend überboten. Aber zumindest blieb diesem die Bestmarke für Seitenwagen-Gespanne mit 190,83 km/h.

Im Jahre 1932 war Henne sehr aktiv. Er fuhr insgesamt 12 Klassenrekorde auf der Neunkirchner Allee vor den Toren Wiens und auf der Avus. Im November wurde dann der absolute Weltrekrod wieder in Angriff genommen. Bei BMW hatte man inzwischen nach der Rückkehr des Motorenkonstrukteurs Rudolf Schleicher das Kompressor-Aggregat weiter verbessern können, und für die Rekordversuche hatte man sich zu einer Expedition nach Ungarn zur flachen Betonpiste in Tat entschlosen. Mit 244,40 km/h konnte sich Henne dort am 3. November den Weltrekord zurückerobern. Um sich von der Konkurrenz deutlicher abzusetzen zu können, führten Henne und BMW in den Jahren 1934 und 1935 in Gyon (Ungarn) und auf der neuen Reichstautobahn Frankfurt–Darmstadt weitere Rekordfahrten durch. Es wurden zwar in dieser Zeit keine weiteren Erfolge anderer Rekordfahrer bekannt, doch wußte man bei BMW, daß die Engländer nicht so schnell aufgeben würden. So entschloß man sich in München, die neue

Links, am 28. November 1937 gelang Ernst Henne mit 279,5 km/h ein neuer Weltrekord. Unten, man hatte hierzu die Stromlinienkarosserie der 500-ccm-Kompressormaschine nach Angaben des Aerodynamik-Fachmanns Koenig-Fachsenfeld mit einer Stabilisierungsflosse versehen und auf Bitten Hennes die Kanzel entfernt.

Straßenrennmaschine mit dem 500-ccm-Königswellenmotor und vorne montiertem Kompressor auch für Rekordfahrten vorzubereiten. Hatten sich die bisherigen Aerodynamik-Verbesserungen nur auf einen glatten Motorradkörper, verkleidete Gabelscheiden und Lenkerhälften sowie auf Hennes stromlinienförmigen Helm und »Stachel« bezogen, so ging man 1936 daran, dem Motorrad eine geschlossene Stromlinien-Karosserie zu verpassen. Das enge »Ei« erforderte vom Fahrer besondere Konzentration, da es natürlich sehr seitenwindempfindlich und schwer auf Kurs zu halten war. Bei den Probefahrten hatte Henne wegen des dröhnenden Lärms und der Abgase Schwindelanfälle, und einmal kippte das kaum manövrierfähige Vehikel im Auslauf um. Aber trotzdem erreichte Henne am 12. Oktober 1936 mit 272,0 km/h einen sensationellen Bestwert. Um so überraschender war ein halbes Jahr darauf die Nachricht aus Gyon, daß der Engländer Eric Fernihough auf einer Brough-Superior noch um 1,2 km/h schneller gefahren war, wobei er nur eine sonderbare Teilverkleidung an seiner Maschine gehabt hatte. Am 21. Oktober 1937 überbot dann der Italiener Piero Taruffi mit seinem großen Stromlinienfahrzeug und dem Vierzylinder-

Rechts, mit der Zurückeroberung seines Weltrekords nahm Ernst Henne 1937 seinen Abschied vom Motorradsport. Unten, im Jahre 1954 fuhr man mit der RS in Montlhéry einige Langstrecken-Rekorde über 8 und 9 Stunden. Walter Zeller, Schorsch und Hans Meier kamen dabei auf 166,6 und 165,4 km/h.

Kompressormotor von Gilera (Rondine) diesen Wert auf nunmehr 274,18 km/h. BMW hatte auf Fernihoughs Fahrt hin noch einmal am Motor gearbeitet – er soll damals knapp auf 100 PS Leistung gebracht worden sein – und auf Drängen Hennes die Karosserie der Rekordmaschine neu gestaltet. Der Aerodynamik-Fachmann Reinhard Freiherr von Koenig-Fachsenfeld, Leiter eines Forschungsinstituts in Stuttgart, hatte vorgeschlagen, eine Stabilisierungsflosse am Heck zu integrieren. Und sehr zu Hennes Erleichterung hatte man jetzt das Dach weggelassen. Mit diesem »Cabriolet« fuhr er dann am 28. November 1937 279,50 km/h und hatte damit den Weltrekord sicher in der Tasche. Nachdem das restliche angesetzte Programm der verschiedenen Klassenrekorde abgespult war, sagte Henne: »Heute war meine letzte Fahrt.« Nach insgesamt 76 Weltbestleistungen in acht Jahren verabschiedete sich der wohl berühmteste Rekordfahrer vom Motorradsport. Sein letzter Rekord sollte übrigens noch fast 14 Jahre bestehen bleiben.

Ein Angriff auf den absoluten Geschwindigkeitsweltrekord erfolgte von seiten BMW nachher nicht mehr, doch einige Langstreckenre-

korde wurden 1954/55 in Montlhéry durch die Mannschaften Schorsch Meier, Hans Meier und Walter Zeller auf der RS-Solomaschine und Wilhelm Noll, Fritz Hillebrand, Walter Schneider auf dem Gespann gebrochen. Vor allem die Gespannfahrten brachten so gute Ergebnisse, daß man Noll am 5. Oktober 1955 auf der Autobahn München – Ingolstadt doch noch einmal einen Rekordversuch unternehmen ließ, und die dabei erzielten 280 km/h haben heute noch Gültigkeit als absoluter Weltrekord für Gespanne. Ebenfalls noch unübertroffen sind die Bestleistungen über Zeiten von 1 bis 24 Stunden in der 1000-ccm-Klasse, aufgestellt von einem BMW-Team auf einer kaum veränderten R 100 RS-Serienmaschine 1977 und dann 1980 in Nardo, Süditalien. Man darf gespannt sein, ob auch die 1983 vorgestellte BMW K 100 mit Vierzylindermotor zur Aufstellung neuer Weltrekorde herangezogen wird...

Auf der gegenüberliegenden Seite gratuliert gerade Rennleiter von Falkenhausen Wilhelm Noll zur Erringung eines neuen 24-Stunden-Weltrekords für Gespanne. Rechts neben Noll sind seine Fahrer-Kollegen Walter Schneider und Fritz Hillebrand sowie Wiggerl Kraus zu erkennen. Ein Jahr später (1955) fuhr Noll für BMW auch noch absoluten Gespann-Weltrekord mit 280,2 km/h. Oben, Startvorbereitungen am Stromlinienfahrzeug. Rechts daneben: Ein Foto vom Start der Rekordfahrt auf der Autobahn München – Ingolstadt.

Mit den neuen 1000-ccm-Serienmodellen fuhr BMW in den Jahren 1977 und 1980 auf der Hochgeschwindigkeitspiste von Nardo in Süd-Italien Rekorde über 10, 100 und 1000 km, sowie 1, 6, 12 und 24 Stunden, wobei sich der Durchschnitt von 222,4 km/h über 1000 km wohl besonders imposant ausnimmt. Rechts, der Start einer kaum modifizierten R 100 RS. Unten, Helmut Dähne in voller Fahrt in der überhöhten Kurve.

Harte Beanspruchungen für zuverlässige Motorräder

65 Jahre Geländesport mit BMW

Oben, Piovano, Moniotto und Bocca, drei italienische Langstreckenfahrer bei dem ›Raid Piemont-Sud‹ 1930. Links, der BMW-Konstrukteur Rudolf Schleicher auf seiner R 37 bei einer Zuverlässigkeitsfahrt der Saison 1925.

Als Max Friz am 5. Mai 1923 mit dem ersten BMW-Motorrad an der »Fahrt durch Bayerns Berge« teilnahm, war ein Grundstein gelegt zu einer der ganz großen deutschen Motorradsport-Traditionen. Denn auf Zuverlässigkeitsfahrten und den im Laufe der Zeit daraus entstandenen Geländeprüfungen erwarben sich gerade die deutschen Fabrikate einen bis heute ungebrochenen Weltruf. Im Mutterland des Motorsports, in England, sorgten bei der Internationalen Sechstagefahrt des Jahres 1926 zwei junge Deutsche für Aufsehen, es waren dies Rudolf Schleicher und Fritz Roth. Die beiden Münchner waren mit vom Werk zur Verfügung gestellten R 37-Sportmaschinen auf eigene Faust und auf eigene Kosten über den Kanal gereist. Erstaunt nahmen sie zur Kenntnis, daß man in England für solche Geländewettbewerbe spezielle grobstollige Reifen verwendete, die sie natürlich nicht besaßen. Um so größer war die Überraschung im Ziel, als Schleicher eine goldene und Roth eine silberne Medaille errungen hatten. Daraufhin wuchs natürlich auch in Deutschland das Interesse an solchen Geländefahrten, die sich in den dreißiger Jahren durch die militärische Förderung zu einer populären Sparte des Motorradsports entwickelten.

Links oben, die erfolgreichste BMW-Gespannmannschaft im Gelände, Sepp Mauermayer/Wiggerl Kraus mit einem R 16-Gespann bei der Dreitage-Harzfahrt des Jahres 1930. Daneben ist die erste offizielle BMW-Sixdays-Mannschaft zu sehen. Wiggerl Kraus sitzt im Beiwagen, Mauermayer und Stelzer stehen neben ihren Maschinen, das dritte Motorrad wurde von Ernst Henne gefahren. Diese vier holten 1933 in Wales auch prompt den Trophy-Sieg. Links, Henne auf der R 4 bei einer schwierigen Wasserdurchfahrt der 1933er Harz-Fahrt. Unten, ein Teilnehmer der Reichswehr bewältigt bei der selben Veranstaltung mit seiner R 62 eine Steilauffahrt.

Im Jahre 1933 schickte BMW eine Werks-Mannschaft auf R 16-Serienmaschinen nach Llandrindod Wells in Wales zur 15. Internationalen Sechstagefahrt. Zur allgemeinen Verwunderung vermochten die Neulinge die pompöse Sixdays-Trophy von Großbritannien nach Deutschland zu entführen. Die »Neulinge« waren jedoch sehr erfahrene Motorradsportler: Sepp Stelzer, Ernst Henne und Josef Mauermayer/Ludwig Kraus.
Nach dem Reglement wurde im darauffolgenden Jahr die Veranstaltung im Land des Siegerteams abgehalten, und so fanden 1934 in Garmisch die Sixdays erstmals auf deutschem Boden statt. Die BMW-Mannschaft konnte in ihrer bayerischen Heimat die in sie gesteckten Erwartungen erfüllen und einen weiteren Erfolg landen. Für die Sixdays 1935 in Oberstdorf hatte BMW eine spektakuläre Maschinen-Auswahl getroffen: Henne, Stelzer und Kraus/Müller traten mit Kompressor-Rennmaschinen an. Die Entscheidung kam aufgrund ähnlicher Praktiken der englischen Teams zustande, denn diese setzten ebenfalls leicht abgeänderte Straßenrenner ein und konnten damit im Schlußrennen stets viel wettmachen. Die komplizierten BMW-Renner schienen

Links oben, Internationale Sechstagefahrt 1934 in Garmisch-Partenkirchen, Mauermayer/Kraus starten gerade zum Schlußrennen. Oben, der Berliner Privatfahrer Reil auf seiner R 4 ›Gelände-Sport‹ bei der Harz-Fahrt 1935. Diese dreitägige Gelände-Veranstaltung zählte in den dreißiger Jahren zu den härtesten Prüfungen. Links, Stelzer und Henne auf den abgewandelten dohc-Königswellen-Rennmaschinen, allerdings hier ohne Kompressor, zwischen ihnen Xaver Gmelch auf einer R 4. Mit diesem Einsatz bei der Mittelgebirgs-Fahrt 1935 wollte man die Tauglichkeit der starken Motorräder für die bevorstehenden Sixdays in Oberstdorf überprüfen.

zwar denkbar ungeeignet für diesen Zweck, was aber die »Haudegen« nicht von einem weiteren Trophy-Gewinn abhalten konnte.

In der einheimischen Szene gab es eine weitere BMW-Mannschaft, die ebenfalls von sich reden machte. Sie bestand aus drei Angehörigen der Landespolizei in München und fuhr das Behördenkrad R 4. Diese schwergewichtige 400-ccm-Einzylinder-BMW wurde in der Werbung als Geländesportmodell angepriesen, ein Verdienst der zahllosen Erfolge von Josef Forstner, Fritz Linhardt und Georg Meier. Neben diesen dreien, die bald unter der Bezeichnung »die Gußeisernen« landauf landab große Popularität errangen, wären noch Rudi Seltsam, Xaver Gmelch und der BMW-Konstrukteur Alex von Falkenhausen als bekannte Geländesportler zu erwähnen. Die Sechstagefahrt gewannen 1936 indessen wieder einmal die Engländer, doch die BMW-Fahrer dominierten auf den Ergebnislisten mit nicht weniger als 22 Goldmedaillen, sechs silbernen und vier bronzenen.

Als vor den Sixdays des Jahres 1937 Ernst Henne wegen Krankheit ausfiel, war man bei BMW gezwungen, sich kurzfristig nach einem Ersatzmann umzusehen, und da kam endlich nur einer in Frage. Man

Links, zur Sechstagefahrt 1935 traten Kraus/Müller, Henne und Stelzer dann mit Kompressormotoren an. Darunter, die R 5 und ein R 51-Prototyp 1937 in Wales. Unten, im Jahr darauf gewannen Forstner, Seltsam und Schorsch Meier die Silvervase.

»lieh« sich von der Wehrmacht den Oberfeldwebel Meier, seit 1934 Seriensieger bei Geländefahrten und 1936 wie 1937 Deutscher Heeresmeister. Obwohl es in England nicht zu einem Trophy-Gewinn reichte, fand dieser Georg Meier in der englischen Presse große Beachtung, hatte er doch das Schlußrennen in solch überlegener Manier gewonnen, daß man sich fragen mußte, warum dieser Mann nicht auch auf einer Rennmaschine sein Können unter Beweis stellte. Und dies tat er dann auch bald recht eindrucksvoll. 1938 unterbrach er seine neue Rennfahrer-Laufbahn, um zusammen mit Josef Forstner und Rudi Seltsam auf R 51-Maschinen in England bei den Sixdays die Silvervase zu gewinnen. Danach jedoch wurde der Geländesport ganz vom Militär vereinnahmt...

Nach dem Krieg ging es nur langsam wieder voran im deutschen Geländesport. Doch es gab schon bald wieder eine Reihe von Zuverlässigkeitsfahrten wie die ADAC-Winterfahrt oder die 1000 km-Deutschlandfahrt. Mit der Wiederzulassung Deutschlands im internationalen Motorsport wurde bei BMW auch die werksseitige Geländesport-Beteiligung wieder belebt, und wie schon vor dem Krieg wurden hier

*Die Internationale Sechstagefahrt wurde Ende August 1939 im Salzkammergut ausgetragen. Sie wurde jedoch nach dem Einmarsch der deutschen Truppen in Polen vorzeitig abgebrochen, um den ausländischen Teilnehmern die Heimreise zu ermöglichen.
Links, Duckerschein mit einem R 66-Gespann auf der Großglockner-Hochalpenstraße.
Unten, Lodermeier vor Luber, ebenfalls am Großglockner. Bei den Motorrädern handelt es sich um speziell vorbereitete R 51 mit langen Knebeln an den Steckachsen und einer Preßluftflasche zum Reifenfüllen.*

die Straßenrennfahrer eingesetzt. Zur Sechstagefahrt 1951 in Varese in Italien, zur Österreichischen Alpenfahrt 1952 und den gleichfalls in Österreich stattfindenden Sixdays (Bad Aussee) wurden wie einst große BMW-Mannschaften entsandt, und wieder gab es Goldmedaillen in Serie für Kraus/Huser, Klankermeier/Wolz und Schorsch Meier.

Doch die Geländeprüfungen nahmen nun eine eigenständige Entwicklung. Man bevorzugte zunehmend schweres Gelände mit Trial-Passagen und Geschwindigkeits-Etappen, so daß reine Geländespezialisten unter den Aktiven immer mehr in den Vordergrund traten. Bei BMW wurde indessen die lange Tradition aufrecht erhalten, und man unterstützte erfolgversprechende Fahrer mit vielen Spezialteilen und Prämien. So waren in den Ergebnislisten der Deutschen Geländemeisterschaft und auch bei der Internationalen Sechstagefahrt weiterhin BMW-Motorräder stets an der Spitze ihrer Kategorie zu finden. Große Könner wie Sebastian Nachtmann, der Gespannmeister Karl Ibscher, die Gebrüder Noss und Hartmann oder Herbert Schek verhalfen der Marke BMW auch weiterhin zu großartigen Erfolgen. Große Werkseinsätze blieben jedoch die Ausnahme. Als die Internationale Sechsta-

Oben, Schorsch Meier auf der brandneuen R 51/3 bei den Sixdays 1951 in Varese (Italien). Rechts außen, Klankermeier/ Wolz, ebenso wie Meier, Zeller und Kraus als Straßenrennfahrer auch im Gelände im Werksauftrag unterwegs. Hier bei der Österreichischen Alpenfahrt des Jahres 1952. Unten, Hans Meier auf R 68 im Geländeeinsatz. Daneben, sein Bruder Schorsch mit der schnellen 600er.

gefahrt 1973 erstmals in den USA stattfand, war man sich jedoch der zu erwartenden Werbewirksamkeit bewußt und entsandte eine aufwendige Expedition. Doch danach dauerte es wiederum ganze sechs Jahre bis zu einem ähnlichen Einsatz. Als die Gelände-Europameisterschaft eine eigene Viertakt-Kategorie über 500 ccm Hubraum bekam, formierte man bei BMW 1979 wieder ein schlagkräftiges Werksteam. Seit 1980 nun hat man mit der prestigeträchtigen Fernfahrt Paris – Dakar ein neues Betätigungsfeld gefunden, und auch hier gab es schon drei großartige Siege (1981, 1983 und 1984) zu verzeichnen.

Rechts, Ibscher/Hintermaier mit ihrem R 69 S-Geländegespann. Der hühnenhafte Karl Ibscher beherrschte die schweren Geländefahrten bis 1965 und wurde dabei auch viermal hintereinander Deutscher Meister.

Unten, Schorsch Meier bei den Sixdays 1953 in Gottwaldov (Tschechoslowakei), es gehörte schon großes Geschick dazu, die schwere R 51/3 auf solchen Passagen zu halten. Rechts unten, Kraus/Prütting bei den Sixdays 1955, ebenfalls in Gottwaldov. Hier beim Schlußrennen hatte sich die BMW-Crew einmal mehr der Zündapp-Konkurrenz zu erwehren.

Links, der erfolgreichste BMW-Geländefahrer war Sebastian Nachtmann, hier auf der R 26 bei der Niederrheinischen Zuverlässigkeitsfahrt 1956.

Unten, eine R 25/2 in Geländetrim, wie sie von Max Klankermeier bei der ADAC-Deutschlandfahrt 1951 eingesetzt wurde. Rechts, eine R 51/3 für die Sechstagefahrt 1951, aufgebaut wie die R 68.

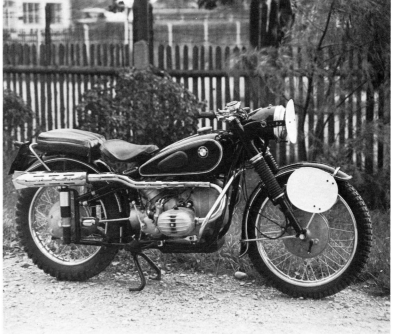

Links oben, Manfred Sensburg 1965 auf der neuen Werks-Gelände-BMW, zusammen mit Sebastian Nachtmann hielt er in den sechziger Jahren auch weiterhin die BMW-Fahne hoch. Daneben, Sixdays 1966 in Schweden. Der Wangener Herbert Schek war neu zur BMW-Equipe hinzugestoßen. An der Werksmaschine ist bereits die neue Serien-Telegabel zu sehen, wie sie zunächst die US-Modelle bekamen. Links, Sebastian Nachtmann bei einer früheren Sechstagefahrt auf der R 69 S. Hier beim Schlußrennen machte er mit der 600er BMW eine gute Figur, zumal er auch einige Straßen-Rennerfahrung vorweisen konnte.

Ganz unten ist der erste zaghafte Versuch zu sehen, auch auf Basis der R 75/5 eine Geländemaschine zu erstellen; 1970 blieb es jedoch bei einem Prototyp.

Unten, die Sixdays-BMW von 1973. Für den Einsatz in Florida wurde aus der R 75/5-Serienmaschine diese Geländeversion abgeleitet. Rechts, Herbert Schek führte stets eigene Entwicklungen für eine Gelände-BMW durch und schuf so auch 1978 die Vorstufe zur GS 80.

Oben links, Werner Schütz auf der Werksmaschine des Jahres 1980. Hier wurde erstmals die einseitige Federbein-Aufhängung angewandt (BMW->Monolever‹), wie sie dann Ende des Jahres bei der Serien-Enduro R 80 G/S zu finden war. Oben, die erfolgreiche BMW-Mannschaft der Saison 1979: Einsatzleiter Ekkehard Rapelius, Techniker und Fahrer Laszlo Peres, Sixdays-Klassensieger Fritz Witzel, der Geschäftsführer der BMW-Motorrad GmbH Karl Gerlinger, Herbert Schek, der Deutsche Geländemeister (Klasse über 750 ccm) Richard Schalber, Vizemeister Rolf Witthöft, Kurt Fischer und Teamchef Dietmar Beinhauer. Links, die 871 ccm-55 PS-Maschine der obigen Mannschaft. Diese GS 80 weist eine Cantilever-Hinterradschwinge mit zentralem Federbein auf und außerdem zwei einzelne Auspuffanlagen.

Bei der Internationalen Sechstagefahrt, der Gelände-WM 1979 in Neunkirchen im Siegerland trat BMW mit zwei Werksteams an. Fritz Witzel siegte schließlich in der Klasse über 750 ccm.

In Broude in Frankreich kamen ebenfalls wieder sechs BMW-Boxer zum Einsatz. Rolf Witthöft stand vorher schon als Europameister fest und trug nun mit der 871 ccm-BMW zum Silbervasen-Sieg der deutschen Nationalmannschaft bei. Die mit einem Trockengewicht von nur noch 136 kg überraschend leichten Maschinen zeigten sich beim morgendlichen Startvorgang widerspenstig.

Links, der Kompaß und ein Halter für das Roadbook zählen zu den wichtigsten Ausrüstungsgegenständen bei der 6000 km Fernfahrt Paris-Dakar. Herbert Schek präparierte für BMW France 1979 das erste Motorrad. Fenouil war, an aussichtsreicher dritter Position liegend, vorzeitig ausgeschieden. 1980 ging er zusammen mit Hubert Auriol wieder an den Start, aber erst 1981 gelang Auriol der erste BMW-Sieg.

Auf der gegenüberliegenden Seite ist links oben die 1981er Siegermaschine abgebildet. Sie entstand in der Werkstatt von Alfred Halbfeld, Klaus Pepperl und Michael Neher. Oben, auch die Werksmotorräder für Paris-Dakar 1982 wurden bei HPN gebaut. Links, 1982 kam die Einarmschwinge zum Einsatz, im Jahr darauf jedoch eine koventionelle Schwinge mit beidseitigen Federbeinen.

Auf der gegenüberliegenden Seite ist rechts oben Hubert Auriol 1983 bei seiner zweiten Siegesfahrt in der nordafrikanischen Wüstenlandschaft zu sehen. Die 70 PS starken 1000 ccm-Motoren hatte wiederum Herbert Schek vorbereitet, der auf dem großen Foto darunter in Aktion ist. Er gewann 1984 die Marathonwertung für Privatfahrer.

Rivalen im BMW Werksteam 1984 Hubert Auriol und Gaston Rahier (links): der belgische Motocross-Weltmeister hatte beim Doppelsieg die Nase vorn. Die dritte Werks-BMW fuhr Raymond Loizeaux. Unten, Hubert Auriol 1984 letztmals auf BMW unterwegs.

Oben, Gaston Rahier wiederholte 1985 seinen Erfolg und bescherte damit BMW den vierten Paris-Dakar-Sieg. Die auf 1043 ccm Hubraum vergrößerten Boxer boten Durchzug, Standfestigkeit und einen tiefen Schwerpunkt trotz der großen Spritladung im 45 Liter-Tank. Mit einem kleineren Behälter und kürzerer Hinterradschwinge waren die Maschinen auch bei Baja California erfolgreich. Die Fotos zeigen die Version 1984/85.

Links, Eddy Hau war 1986 zum zweitenmal im BMW Paris-DakarTeam am Start und konnte sich mit Rang 7 sogar besser platzieren als Rahier. Dieser beklagte sich bitter über den Service und wollte nie wieder BMW fahren. Unten, das Team schloß natürlich auch 1986 wieder den unermüdlichen Raymond Loizeaux ein, der seit 1982 seine Rolle als ›Wasserträger‹ für die Stars sah.

Man sollte nie Nie sagen. Unter eigener Regie setzte Gaston Rahier auch 1987 wieder ein BMW-Team ein. Die Vorjahresmaschinen waren unter anderem mit modernen Upside-Down-Gabeln und einer neuen Cockpitverkleidung ausgestattet worden. Mit Cyril Neveu auf Honda und Hubert Auriol auf Cagiva (beide mit 80 PS starken V-Zweizylindermotoren) kämpfte Rahier um die Spitze, er mußte sich jedoch im Ziel mit dem dritten Platz zufriedengeben.

Rechts, Gaston Rahier und Teamkollege Gianpiero Findanno in voller Fahrt bei der Rallye Paris-Dakar im Jahr 1987. Zur Mannschaft gehörten noch Andre Boudou und natürlich Raymond Loizeaux.

Unten, Eddy Hau und Richard Schalber fuhren 1988 auf käuflichen HPN-BMW in der Marathonklasse, wo Privatfahrer seriennahe Fahrzeuge an den Start bringen müssen. Hau wurde Klassensieger, Schalber war ihm dicht auf den Fersen, fiel aber dann zurück.

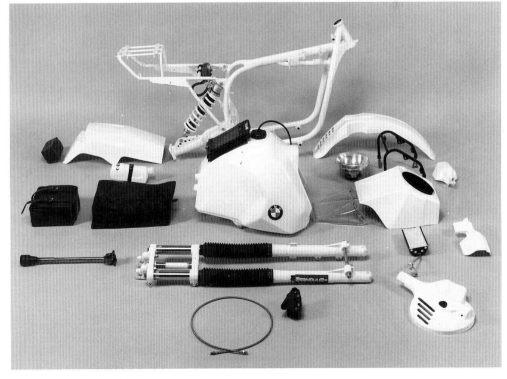

Ganz oben, Richard Schalber und Jutta Kleinschmidt mit der BMW für die Rallye Pharao in Ägypten. Aber 1989 war gegen die anderen Werksteams auf den 5300 Wüsten-Kilometern nichts auszurichten. Darunter, die HPN-Spezialmaschine, wie sie in Einzelanfertigung für Privatkunden entsteht, rechts daneben ist der gesamte Fahrwerkskit in Einzelteilen zu sehen.

Links, Jutta Kleinschmidt und Richard Schalber gingen auch 1990 wieder bei der Rallye Pharao an den Start. Dazu entstand eine komplett überarbeitete BMW bei HPN mit Cantilever-Hinterradschwinge. Jutta Kleinschmidt hielt nur ein Kupplungsschaden kurz vor dem Ziel vom Sieg in der Marathonklasse ab.

Unten, die Wettbewerbsversion der HPN-BMW, die in dieser Form im Gegensatz zu der auf der vorhergehenden Seite abgebildeten Maschine nicht zum Straßenverkehr zugelassen wird.

Statt nur bis Dakar an der Westafrikanischen Küste ging es 1992 bis nach Kapstadt. Die Distanz von 12 700 km wurde in 23 Tagen absolviert. Jutta Kleinschmidt kam als 23. von 45 durchgehaltenen Motorradfahrern ins Ziel, und das trotz eines gebrochenen Mittelfußknochens.

Mit einer fast serienmäßigen BMW R 100 GS belegte die Münchnerin Rang Fünf in der Marathonwertung und gewann selbstverständlich die Damenwertung. Aber schon die Zielankunft allein verdiente Bewunderung.

BMW MOTORRAD ENTWICKLUNG

Links, eines der ersten Versuchsfahrzeuge für die K-Reihe mit 1000 ccm-Dreizylindermotor von 1978, der Zylinderkopf mit einer Nockenwelle lag auf der rechten Seite. Links darunter, die endgültige Vierzylinderversion als Dummy am Beginn der Rahmenentwicklung 1979/80. Unten, ein K 100-Prototyp von 1980. Ganz unten links, zum Vergleich das K 3 genannte Fahrzeug von 1978.

Oben, nach einem 300 Stunden-Motor-Dauerlauf werden die Zylinder-Bohrungen vermessen. Unten, der Motorblock mit eingegossenen Lagerböcken und Zylinderlaufbahnen von der Kurbelwellenseite her betrachtet. Rechts, der Initiator des BMW Compact Drive System, der längsliegenden Reihenmotoranordnung, Josef Fritzenwenger im Gespräch mit einem Konstrukteurskollegen. Unten rechts, Fahrwerksabstimmung an einem Prototyp 1981 auf dem BMW-Testgelände in Ismaning. Der frühere Geländefahrer Laszlo Peres war maßgeblich an der Entwicklung der Telegabel beteiligt.

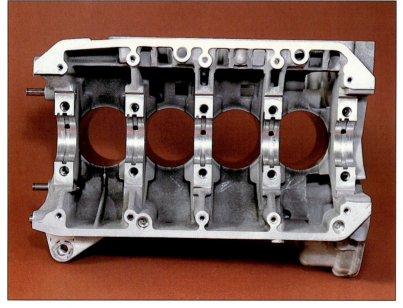

Oben, Designskizzen über Detailvariationen an der RS-Verkleidung. Rechts oben, der Leiter der BMW Motorrad Designabteilung Klaus Volker Gevert bespricht mit dem K 100-Designer Karl-Heinz Abe die endgültigen Versionen. Rechts, der Aufbau für die interne Präsentation 1982 wurde so nicht weiterverfolgt, an den Verkleidungsseitenteilen kamen Entlüftungsschlitze dazu, die Fußrastenhalter wurden neu konstruiert und der Tank geändert. Auf den Bildern unten sind nicht nur zwei provisorische Fußrastenhalterungen an verschiedenen K 100-Prototypen zu sehen, interessant ist links die Kombination von Schaltwellenabdeckung und Rastenplatte gelöst. Zu erkennen ist ebenfalls die abwechselnde Montage von Lichtmaschine (Bild links) oder Anlasser (Bild rechts) am Kupplungsgehäuse.

Der damalige BMW-Designer Steve Winter legte 1981 ein recht aggressiv wirkendes Erscheinungsbild für das Dreizylinderprojekt K 569 vor. Das Basismodell sollte auch schon eine kleine Cockpitverkleidung bekommen wie sie an Karl-Heinz Abes Rendering im Bild rechts weitergeführt wird.

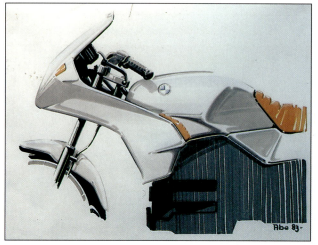

Eine enganliegende Halbverkleidung war die Aufgabenstellung für das Sportmodell K 75 S. Ganz oben rechts ist das Präsentationsmodell von 1982 zu sehen, das noch einmal einer weitgehenden Überarbeitung unterzogen wurde. Links, eine der erste Skizzen.

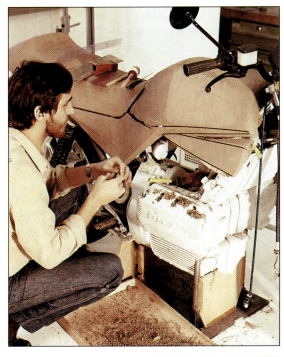
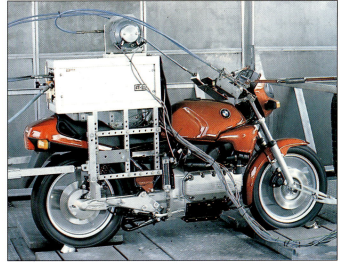

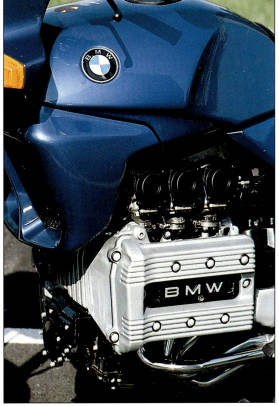

Links oben, Modelleur Gerhard Herchet bei der Formfindung der Basis K 75. Ganz oben, die Bauteile des Dreizylindermotors. Links außen, ein Versuchsmotor mit drei japanischen Vergasern. Mitte, Doppelrollenprüfstand für rechnergesteuertes Einfahren von Versuchsfahrzeugen, daneben, K 100-Rahmen mit geändertem Unterzug für den Dreizylinder. Links, drei verschiedene Ausgleichsgewichte auf der Antriebszwischenwelle aus den langwierigen Versuchsreihen.

Links oben, Karl-Heinz Abes Skizzen für ein vollverkleidetes Sportmodell zeigten den Weg zur K 1 schon deutlich auf. Links, ein Weg der nicht verfolgt wurde, ebenso wie Glynn Kerrs Vorschlag im Bild unten. Oben ist das fertige Plastilinmodell der vollständigen K 1-Karosserie zu sehen. Ganz unten links, eine Versuchsanordnung von Luftschächten zur Bremsenkühlung unter der Vorderradverkleidung.

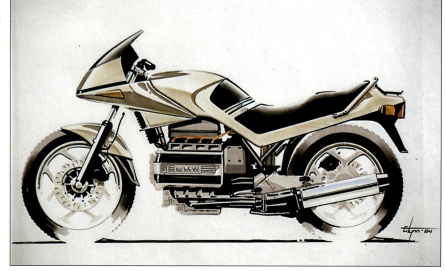

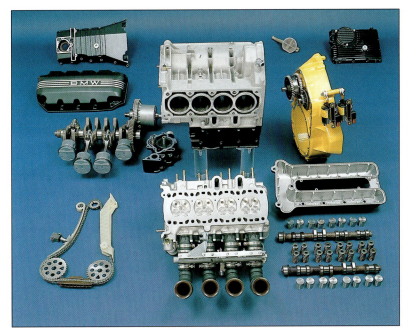
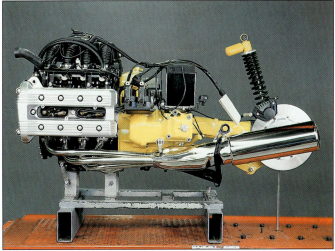
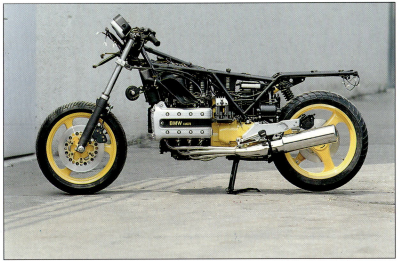

Schritt für Schritt entsteht die BMW K 1: Zuerst wird der Vierventilmotor montiert, dann kommen Getriebe und Hinterradantrieb dazu. Die komplette Einheit wird in den unten offenen Gitterrohrrahmen gehängt, Vorderradgabel und Räder kommen als nächstes dazu. Es folgen Tank, Sitzbankheck und Verkleidungsvorderteil. Die komplettierte Maschine war länger als irgendein Motorrad zuvor im Windkanal, ein aerdynamisch optimiertes Verkleidungssystem stellte das Ergebnis dar.

Links, so sah das erste Designkonzeptmodell der neuen BMW-Boxer-Baureihe in Originalgröße aus. Es wurde im April 1986 der Geschäftsleitung vorgestellt. Unten links, eine zeichnerische Weiterentwicklung von 1989; daneben, eine Variante mit Vollverkleidung und Koffersystem in einer Skizze von Anfang 1990.

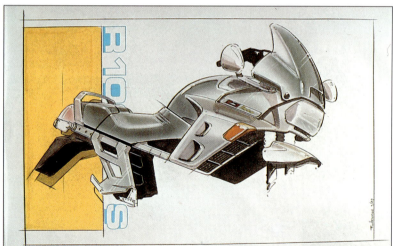

Ein zweites Designmodell entstand 1989 nach den Entwürfen des BMW-Motorrad-Designers Edgar Heinrich - rechts im Bild mit dem Leiter der Designentwicklung Klaus-Volker Gevert. Aber auch dieser Entwurf wurde in mehreren Stufen nochmals komplett überarbeitet.

Ganz links, die Entstehung des nahezu endgültigen Karosseriemodells aus einer Knetmasse. Links, das Referenzmodell wird für die CAD-Entwicklung des Karosserie-Urmodells abgetastet. Links unten, Anströmversuche der Vorderradabdeckung im Windkanal. Unten, das Cubing-Modell dient als maßhaltige Vorgabe für den Werkzeugbau. Die Karosserie-Konstrukteure Markus Poschner und Sven Bogdol überprüfen den Formverlauf.

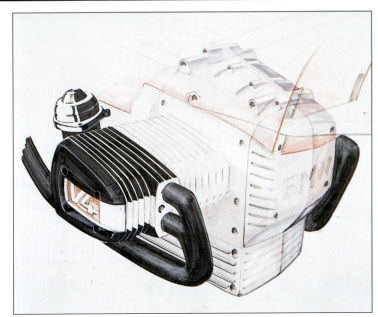
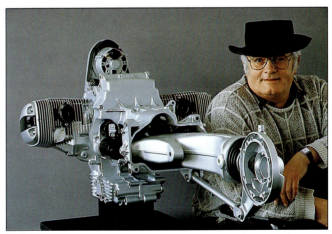

Der neue Boxermotor stellte ein eigenes Aufgabengebiet für die Designer dar. Im Bild links, ein früher Entwurf bei dem der Generator noch unter dem Stirndeckel saß. Oben, BMW-Designer Wolfgang Seehaus mit dem endgültigen Modell, das hier noch ganz aus Holz besteht.

Bei der langwierigen Entwicklungsarbeit am neuartigen Fahrwerkskonzept, das ohne durchgehenden Rahmen auskommt und eine Kombination aus Telegabel und Schwinge als Vorderradführung aufweist, zeigten sich die Fortschritte der Computer-Unterstützung sehr hilfreich.

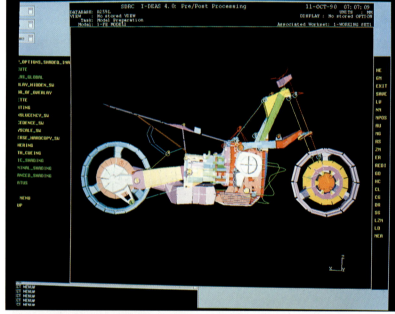

Ganz oben, einer der ersten Versuchsträger von 1988 mit dem damaligen Entwicklungschef Peter Stark im Sattel, Martin Probst, links neben ihm, leitete die Grundentwicklung von Motor und Fahrwerk. Ganz oben rechts, eine frühe Telelever-Gabel mit kurzen Standrohren. Oben, verschiedene Bauweisen für Längslenker in Profil- oder Schalenform aus Leichtmetall. Rechts, eine CAD-Bildschirmdarstellung des Kräfteverlaufs in allen Belastungszuständen.

Das Projekt R 259 durchlief mehrere Prototypenphasen: oben, die erste Version von 1988 mit K 100-Verkleidung, darunter, 1989 mit Vergasermotor. Rechts oben, das selbe Motorrad, hier ist der in einer Einheit zusammengefaßte Druckmodulator für das ABS II-System vorn unter dem Tank zu sehen. Rechts, ein Prototyp auf dem Handlingkurs der BMW-Teststrecke.

Die Dauererprobung der neuen Boxer begann im Frühjahr 1989 und lief mit den verschiedenen Baustufen über insgesamt 300 000 Kilometer auf den unterschiedlichsten Straßen in ganz Europa. Dazu gehörten Bergpässe (rechst) genaus wie kleinste Wege (unten) oder Hochgeschwindigkeitsovale (ganz unten). Zu den komplizierten Meßeinrichtungen am Fahrzeug ist heute ein direkter Datenzugriff per PC-Bildschirm möglich, im Bild rechts unten wird das Programm für die Steuerung der ABS-Bremsanlage beim Fahrversuch geändert.

Links, die Verfügbarkeit aller gewünschten Daten über die Computermessungen erlaubt schnelles Reagieren im Versuchsbetrieb, hier wird ein neu programmiertes EPROM für eine veränderte Regelung in das ABS-Steuergerät eingesetzt. Rechts, die Komponenten für das ABS II.

Noch ein Schritt weiter ging BMW mit diesem Motorrad, das von vornherein als Meßfahrzeug aufgebaut wurde und mit einer Vielzahl von elektronischen Vorrichtungen und Aufzeichnungsmöglichkeiten ein bisher unerreichtes Daten-Spektrum von einem fahrenden Motorrad erstellen hilft.

Links oben, die BMW-Motorenkonstrukteure Georg Emmersberger (links im Bild) und Heinz Hege bei Detailmodifikationen. Links ist eine Hälfte des erstmals vertikal geteilten Motorgehäuses zu sehen, es wird im Druckgußverfahren hergestellt. Mitte links, Zylinder, Kopf, Ventildeckel, Pleuel und Kolben von einem Versuchsmotor, Stand 1990.

Rechts in der Mitte ist der Steuerungsträger zu sehen, in dem Nockenwelle, Stößel und Kipphebel montiert werden. Rechts, ein Computer-Schaubild der Ventilsteuerung, daneben, eines von der Kurbelwelle.

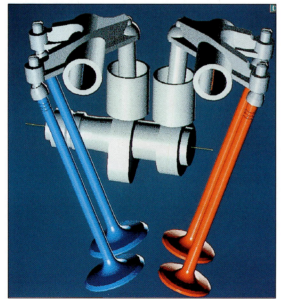
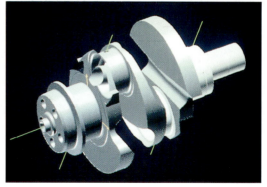

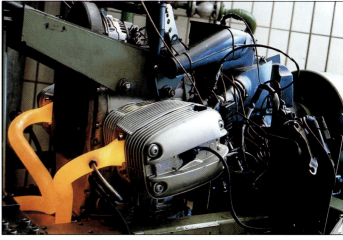

Oben, einer der ersten Versuchsmotoren, die Lichtmaschine sitzt noch unter dem Stirndeckel. Er hatte 1988 auch noch einen Hubraum von 1000 ccm und wurde mit 44 mm-Bing-Vergasern ausgestattet. Unten, die Steuerkanzel für einen Motorenprüfstand, automatischer Betrieb ist bei Dauerläufen möglich.

Oben, trotz aufwendiger Gebläsekühlung kommt es auf dem Prüfstand oft zu glühenden Auspuffkrümmern, dazu ist manchmal gar nicht Vollast nötig. Unten, am teildemontierten Motor sind sowohl die vordere Kette zur Zwischenwelle unterhalb der Kurbelwelle als auch die Anordnung des Steuerträgers auf dem Zylinderkopf gut zu sehen.

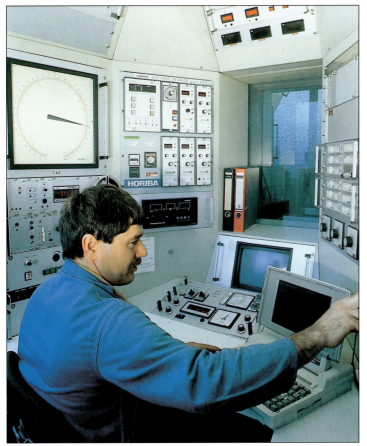

Oben und unten, Fahrwerk und Motor der R 1100 in gestrippter Form. Auf diese Weise wird die Bandbreite an neuartigen technischen Lösungen erst richtig deutlich: Vorderradaufhängung, selbsttragender Motorblock, kein durchgehender Rahmen mehr; es blieb nicht beim neuen Boxermotor allein, BMW hat sich im Entwicklungsumfang weit über alle derzeitigen Konzepte hinaus begeben.

Stellvertretend für das gesamte Team gruppierten sich um die R 1100 RS: von links, Wolfgang Dürheimer (Projektplaner), Klaus-Volker Gevert (Leiter Design- und Karosserieentwicklung), Markus Poschner (Leiter Entwicklungsmodul Karosserie), Dr. Burkhard Göchel (Entwicklungschef der BMW Motorrad GmbH), Jürgen Kurzhals (Modulleiter Elektrik und Elektronik), Christoph Schausberger (Modulleiter Antrieb), Richard Kramhöller (Projektleiter), Lothar Scheungraber (Modulleiter Fahrwerk).

Alle BMW Motorräder 1923-1997

Zusammenfassung der wichtigsten Daten

Modell	Zylinder	B x H mm	ccm	PS U/min	Bauzeit	Stückzahl
BMW R 32	2	68 x 68	494	8,5/3300	1923-26	3 090
BMW R 37	2	68 x 68	494	16/4000	1925-26	152
BMW R 39	1	68 x 68	247	6,5/4000	1925-26	855
BMW R 42	2	68 x 68	494	12/3400	1926-28	6 502
BMW R 47	2	68 x 68	494	18/4000	1927-28	1720
BMW R 52	2	68 x 68	494	12/3400	1928-29	4 377
BMW R 57	2	68 x 68	494	18/4000	1928-30	1 006
BMW R 62	2	78 x 78	745	18/3400	1928-29	4 355
BMW R 63	2	83 x 68	735	24/4000	1928-29	794
BMW R 11	2	78 x 78	745	18/3400	1929-33	7 500
				20/4000	1934	
BMW R 16	2	83 x 68	735	25/4000	1929-31	1 106
				33/4000	1932-34	
BMW R 2	1	63 x 64	198	6/3500	1931-33	15 207
				8/4500	1934-36	
BMW R 4	1	78 x 84	398	12/3500	1932-33	15 295
				14/4200	1934-37	
BMW R 3	1	68 x 84	305	11/4200	1936	740
BMW R 12	2	78 x 78	745	11/4200	1935-41	36 008
BMW R 17	2	83 x 68	735	33/5000	1935-37	434
BMW R 5	2	68 x 68	494	24/5800	1936-37	2 652
BMW R 6	2	70 x 78	596	18/4800	1937	1 850
BMW R 35	1	72 x 84	342	14/4500	1937-40	15 386
BMW R 20	1	60 x 68	192	8/5400	1937-38	5 000
BMW R 23	1	68 x 68	247	10/5400	1938-40	9 021
BMW R 51	2	68 x 68	494	24/5600	1938-40	3 775
BMW R 66	2	70 x 78	597	30/5300	1938-41	1 669
BMW R 61	2	70 x 78	597	18/4800	1938-41	3 747
BMW R 71	2	78 x 78	745	22/4600	1938-41	3 458
BMW R 75	2	78 x 78	745	26/4000	1941-44	18 000 (ca.)
BMW R 24	1	68 x 68	247	12/5600	1948-50	12 020
BMW R 25	1	68 x 68	247	12/5600	1950-51	23 400
BMW R 25/2	1	68 x 68	247	12/5600	1951-53	38 651
BMW R 25/3	1	68 x 68	247	13/5800	1953-56	47 700
BMW R 51/2	2	68 x 68	494	24/5800	1950-51	5 000
BMW R 51/3	2	68 x 68	494	24/5800	1951-54	18 420
BMW R 67	2	72 x 73	594	26/5500	1951	1 470
BMW R 67/2	2	72 x 73	594	28/5600	1952-54	4 234
BMW R 67/3	2	72 x 73	594	28/5600	1955-56	700
BMW R 68	2	72 x 73	594	35/7000	1952-54	1 452
BMW R 50	2	68 x 68	494	26/5800	1955-60	13 510
BMW R 50/2	2	68 x 68	494	26/5800	1960-69	19 036
BMW R 69	2	72 x 73	594	35/6800	1955-60	2 956
BMW R 60	2	72 x 73	594	28/5600	1956-60	3 530
BMW R 60/2	2	72 x 73	594	30/5800	1960-69	17 306
BMW R 26	1	68 x 63	247	15/6400	1956-60	30 236
BMW R 27	1	68 x 68	247	18/7400	1960-66	15 364
BMW R 50 S	2	68 x 68	494	35/7650	1960-62	1 634

Modell	Zylinder	B x H mm	ccm	PS U/min	Bauzeit	Stückzahl
BMW R 69 S	2	72 x 73	594	42/7000	1960-69	11 317
BMW R 50/5	2	67 x 70,6	496	32/6400	1969-73	7 865
BMW R 60/5	2	73,5 x 70,6	599	40/6400	1969-73	22 721
BMW R 75/5	2	82 x 70,6	745	50/6200	1969-73	38 370
BMW R 90/6	2	90 x 70,6	898	60/6500	1973-76	21 070
BMW R 90 S	2	90 x 70,6	898	67/7000	1973-76	17 455
BMW R 60/62	2	73,5 x 70,6	599	40/6400	1973-76	13 511
BMW R 75/6	2	82 x 70,6	745	50/6200	1973-76	17 587
BMW R 60/7	2	73,5 x 70,6	599	40/6400	1976-80	11 163
BMW R 75/7	2	82 x 70,6	745	50/6200	1976-77	6 264
BMW R 80/7	2	84,8 x 70,6	797	55/7250	1977-84	18 552
BMW R 100/7	2	94 x 70,6	980	60/6500	1976-80	17 035
BMW R 100 S	2	94 x 70,6	980	65/6600	1976-80	11 805
BMW R 100 RS	2	94 x 70,6	980	70/7250	1976-84	33 648
BMW R 100 RT	2	94 x 70,6	980	70/7250	1978-84	19 870
BMW R 100 T	2	94 x 70,6	980	65/6600	1978-80	486
BMW R 100	2	94 x 70,6	980	67/7000	1980-84	10 111
BMW R 100 CS	2	94 x 70,6	980	70/7000	1980-84	4 038
BMW R 45	2	70 x 61,5	473	27/6500	1978-85	28 158
BMW R 65	2	82 x 61,5	649	45/7250	1978-85	29 454
BMW R 65 LS	2	82 x 61,5	649	50/7250	1981-85	6 389
BMW R 80 G/S	2	84,8 x 70,6	797	50/6500	1980-87	21 864
BMW R 80 ST	2	84,8 x 70,6	797	50/6500	1982-84	5 963
BMW R 80 RT	2	84,8 x 70,6	797	50/6500	1982-84	7 315
BMW K 100	4	67 x 70	987	90/8000	1983-90	12 871
BMW K 100 RS	4	67 x 70	987	90/8000	1983-89	34 804
BMW K 100 RT	4	67 x 70	987	90/8000	1984-89	22 335
BMW K 100 LT	4	67 x 70	987	90/8000	1986-91	14 899
BMW K 75	3	67 x 70	740	75/8500	1986-96	18 485
BMW K 75 C	3	67 x 70	740	75/8500	1985-90	9 566
BMW K 75 S	3	67 x 70	740	75/8500	1986-95	18 649
BMW K 75 RT	3	67 x 70	740	75/8500	1990-96	21 264
BMW R 65	2	82 x 61,5	649	27/5500	1985-87	8 260
BMW R 80	2	84 x 70,6	798	50/6500	1984-95	13 825
BMW R 80 RT	2	84 x 70,6	798	50/6500	1984-95	22 069
BMW R 100 RS	2	94 x 70,6	980	60/6500	1986-92	6 081
BMW R 100 RT	2	94 x 70,6	980	60/6500	1987-96	9 738
BMW R 65 GS	2	82 x 61,5	649	27/5500	1988-92	1 727
BMW R 80 GS	2	84 x 70,6	798	50/6500	1987-96	11 020
BMW R 100 GS	2	94 x 70,6	980	60/6500	1987-94	22 093
BMW R 100 GS PD	2	94 x 70,6	980	60/6500	1988-96	11 914
BMW K 1	4	67 x 70	987	100/8000	1989-93	6 921
BMW K 100 RS 4V	4	67 x 70	987	100/8000	1990-92	12 666
BMW K 1100 LT	4	70,5 x 70	1092	100/7500	1992-	
BMW K 11 00 RS	4	70,5 x 70	1092	100/7500	1992-96	12 179
BMW R 100 R	2	94 x 70,6	980	60/6500	1991-96	19 989
BMW R 80 R	2	84 x 70,6	798	50/6500	1992-94	3 593
BMW R 1 100 RS	2	99 x 70,5	1085	90/7250	1993-	
BMW F 650	1	100 x 83	652	48/6500	1993-	
BMW R 1100 GS	2	99 x 70,5	1085	80/6750	1994-	
BMW R 850 R	2	87,8 x 70,5	848	70/7000	1994-	
BMW R 1100 R	2	99 x 70,5	1085	80/6750	1994	
BMW R 1100 RT	2	99 x 70,5	1085	90/7250	1995-	
BMW K 1200 RS	4	70,5 x 75	1171	130/8750	1997-	
BMW R 1200 C	2	101 x 73	1170	61/5000	1997-	

Motorrad-Jahresproduktion der Bayerischen Motoren Werke 1923-1997

Die Angaben für den Zeitraum 1923-39 basieren auf den Baujahrslisten des Reichsverbands der Automobilindustrie e.V. (Berlin 1923-45), es fehlte die Möglichkeit einer Gegenkontrolle mit Hilfe von Werksunterlagen, weshalb die Zahlen nur im Zusammenhang dieser Aufstellung betrachtet werden können.

Die Produktionszahlen für die Kriegsjahre 1940-44 stellen Schätzungen aufgrund der Stückzahlenverteilung zwischen den einzelnen Modellen dar. Erst für den Zeitraum ab 1948 stand eine exakte Statistik der BMW AG zur Verfügung.

Jahr	Zahl der produzierten Motorräder	Jahr	Zahl der produzierten Motorräder
1923	einige Vorserienexemplare der R 32	1960	9473
1924	ca. 1 500	1961	9 460
1925	1 640	1962	4 302
1926	2 360	1963	6 043
1927	3 397	1964	9 043
1928	4 932	1965	7 118
1929	5 680	1966	9 071
		1967	7 896
1930	ca. 6 000	1968	5 074
1931	6 681	1969	4 701
1932	4 652		
1933	4 734	1970	12 287
1934	9 689	1971	18 772
1935	10 005	1972	21 122
1936	11 922	1973	15 078
1937	12 549	1974	23 160
1938	17 300	1975	25 566
1939	21 667	1976	28 209
		1977	31 515
1940	16 211	1978	29 580
1941	ca. 10 250	1979	24 415
1942	ca. 7 000		
1943	ca. 7 000	1980	29 260
1944	ca. 2 000	1981	33 120
1945/1946/1947	–	1982	30 559
1948	59	1983	28 048
1949	9400	1984	34 001
		1985	37 104
1950	17 061	1986	32 054
1951	25 101	1987	27 508
1952	28 310	1988	23 817
1953	27 704	1989	25 761
1954	29 699		
1955	23 531	1990	31 589
1956	15 500	1991	33 980
1957	5 429	1992	35 910
1958	7 156	1993	36 990
1959	8 412	1994	44 435
		1995	52 635
		1996	48 950
		1997	ca. 53 500

Literatur-Verzeichnis

Bacon, Roy, BMW Twins & Singles, Osprey - London 1982
Croucher, Robert, The Story of BMW Motorcycles, PSL - London 1983
Edler, Karl-Heinz, und Roediger, Wolfgang, Die deutschen Rennfahrzeuge, Fachbuchverlag- Leipzig 1956
Gruber, Wolfgang, Akrobaten auf drei Rädern, Motorbuch - Stuttgart 1969/71
Härtel, Heinz, BMW Motorräder, Typen und Technik, Ariel - Frankfurt/M. 1976
Hütten, Helmut, Schnelle Motoren seziert und frisiert, R. C. Schmidt - Braunschweig 1955/77
Krackowizer, Helmut, und Carrick, Peter, Motorrad Sport, Welsermühl-Wels - München 1972
Krackowizer, Helmut, Motorräder, Berühmte Marken, Welsermühl-Wels - München 1981
Mai, Hans Joachim, 1000 Tricks für schnelle BMWs, Motorbuch Stuttgart 1971
Mönnich, Horst, Vor der Schallmauer, Econ - Düsseldorf/Wien 1983
Nadolny, Burkhard, Weltrekorde, Sporterfolge, 50 Jahre BMW, BMW AG, Hafis - München 1966
Oswald, Werner, Kfz und Panzer der Reichswehr, Wehrmacht, Bundeswehr, Motorbuch- Stuttgart 1970/82
Pignacco, Brizio, Le Favolose Moto Straniere, Edisport- Milano ca. 1973
Rauch, Siegfried, 60 Jahre Zündapp-Technik, Zündapp-Werke - München 1977
Rauch, Siegfried, und Sengfelder, Günter, Zündapp KS 750, Motorbuch - Stuttgart 1978
Rauck, Max, Die ersten Motorräder in München, Deutsches Museum - München 1978
Rosellen, Hanns Peter, BMW, Portrait einer großen Marke, Bleicher-Gerlingen 1973
Rosellen, Hanns Peter, Das weiß-blaue Wunder, Seewald - Stuttgart 1983
Schrader, Halwart, BMW Automobile, Vom ersten Dixi bis zum BMW Modell von morgen, Bleicher - Gerlingen 1978/82
Seherr-Thoss, Hans Christoph Graf von, Die Deutsche Automobil-Industrie, DVA - Stuttgart 1974/79
Setright, L. J. K., Bahnstormer, The Story of BMW Motorcycles, Transport Bookman - London 1977
Tragatsch, Erwin, Motorräder in Deutschland, Österreich, Tschechoslowakei 1894-1971, Motorbuch - Stuttgart l971
Tragatsch, Erwin, Motorräder, Berühmte Konstruktionen, Bielefelder Verlagsanstalt 1976
Tragatsch, Erwin, Renn-Motorräder in Deutschland, Österreich, Schweiz, Motorbuch - Stuttgart 1982
Viasnoff, Nicolas, und Borge, Jacques, Les Motos et la Guerre, Balland - Paris 1976

Fachzeitschriften:
Allgemeine Automobil-Zeitung, Das Auto, Das Auto, Motor & Sport, Automobil & Motorrad Chronik, BMW Blätter, BMW Journal, Cycle (USA), Cyclc World (USA), Illustrierte Motorzeitung, mo - Motorradmagazin, The Motor Cycle (GB), Motorcycling (GB), Moto Revue (F), Das Motorrad, PS - Die Motorradzeitung, Radfahr-Chronik, Radmarkt, RDA-Typentafeln

Register

Personenregister

Abe, Karl-Heinz 371, 372, 374
Achatz, Josef 83, 87, 90, 91, 287
Allner, Hartmut 187
Altmann, Christoph 106
Amm, Ray 310
Anderson, Fergus 312
Apfelbeck, Ludwig 98
Ashby, C. T. 283
Attenberger, Johann 332
Auerbacher, Georg 332, 345
Auriol, Hubert 105, 358, 360, 363

Babl, Toni 321
Baden, Prinz Max von 14
Bakker, Nico 317
Baltisberger, Hans 308
Bandirola, Carlo 311
Barth, Georg 327
Bartl, Hans 310, 311

Bauer, Karl 322
Bauhofer, Toni 32, 36, 277, 278, 279, 280, 281, 282, 283, 285, 286, 287
Beer, Julius 321, 323
Behringer, Hermann 70
Beinhauer, Dietmar 356
Beiß 318
Benz, Carl 8
Bieber, Franz 19, 24, 25, 28, 31, 134, 272, 273, 274, 276, 277, 339
Biefang, Ernst 70
Binding, Hermann 337
Bismarck, Nikolaus Graf 284
Bocca 346
Bodmer, Karl 295
Bogdol, Sven 377
Böhm, Hermann 322 - 326
Böning, Alfred 47, 51, 52, 58, 65, 66, 67, 69, 70, 71, 77, 292
Bönsch, Helmut Werner 72, 74, 78, 83, 89, 90, 93, 94

Boudou, André 364
Bourne, Arthur 74
Brenner, Dr. Franz 45
Brett, Jack 311
Bruckmayer, Ludwig 17
Brudes, Adolf 319
Burckhardt, Horst 332, 333
Burgaller, Ernst Günter 280
Burkhardt, Ludwig 300
Bussinger, Eugen 277
Butenuth, Hans Otto 314, 315
Butscher, Arsenius 332

Camathias, Florian 329-333
Campbell, Ray 332, 333
Castella, Jean Claude 332
Castiglioni, Camillo 14, 18, 19, 21, 22, 27, 41
Cecco, Hilmar 329, 332
Colani, Luigi 102
Craig, Joe 80
Creutz, Theo 37, 287

Cron, Fritz 326-331
Cusnick, Jürgen 337

Dähne, Helmut 314, 345
Daimler, Gottlieb 8, 9, 47
Daimler, Paul 13, 36, 47
Dale, Dickie 312, 313
Daniells, Bruce 314
Deby, Kurt 68
Dein, Eduard 335
Deronne, Julien 330
Deubel, Max 330-333
Dibben, Stan 326
Diemer, Zeno 15
Donath, Kurt 68, 69, 70, 71, 76, 77, 80, 87, 88
Drion, Jacques 329, 330
Dürheimer, Wolfgang 384
Duckerschein 350
Duckstein, Martin 53
Duke, Geoff 311, 313

Eberlein, Georg 301, 306, 326
Ebert, Friedrich 14
Eisner, Kurt 14, 15
Emmersberger, Georg 115, 382
Enders, Klaus 332, 335, 336, 337
Engelhardt, Ralf 332, 335, 336, 337
Enzinger, Herbert 316, 317
Ettlich, Harald 91
Eydam, Erich 319

Falkenhausen, Alexander von 53, 58, 65, 66 87, 88, 92, 102, 106, 292, 313, 316, 345, 348
Fath, Helmut 329-335
Faust, Willy 328, 329, 330
Feith, Dr. Hans 88
Fenouil 358
Fernihough, Eric 342
Fiedler, Fritz 51, 292
Findanno, Gianpiero 364
Fischer, Kurt 316, 356
Flahaut, Francis 330
Fleck, Helmut 337
Fleischmann, Heiner 295, 302, 303, 304, 307
Forstner, Josef 51, 348, 349
Fränkel, Herbert 17
Fritzenwenger, Josef 101, 102, 370
Friz, Max 13, 15, 16, 17, 18, 19, 21, 22, 23, 24, 25, 27, 28, 29, 33, 35, 36, 39, 45, 47, 53, 130, 272, 273, 284, 289, 339
Fuchs, Karl 322, 323, 325
Fuchsgruber 318

Gall, Karl 45, 54, 56, 280-298
Geisenhof, Hans 8, 12
Gerlinger, Karl 100, 103, 107, 356
Gevert, Klaus Volker 100, 371, 376
Giggenbach, Sepp 284
Glas, Hans jun. 103, 108
Gmelch, Xaver 348
Gockerell, Fritz 17, 21

Göschel, Dr. Burkhard 111, 384
Graupner, Mauricio 285
Greifzu, Paul 276
Grewenig, Hanns 80
Grunwald, Manfred 327, 329, 331, 344, 345
Guthrie, Jimmy 294
Gutsche, Rüdiger 91, 100

Hacker, Oskar 30
Hahnemann, Paul Gerhard 92, 93
Haldemann, Hans 331
Haller, Otto 332, 337
Hanfland, Curt 21
Harris, Pip 330-333
Hartle, John 311
Hartmann, Gebrüder 350
Haselbeck, Eugen 322
Haslbeck, Max 337
Hau, Eddy 362, 364
Hege, Heinz 382
Heinrich, Edgar 376
Henne, Ernst 39, 40, 42, 46, 47, 48, 51, 54, 56, 57, 65, 83, 97, 278, 279, 280, 281, 282, 285, 286, 289, 291, 292, 293, 338-343, 347, 348
Herchet, Gerhard 373
Hertweck, Carl 73, 77, 78, 90
Heuss, Theodor 75
Heydenreich, Richard 100
Hildebrand, Heinrich 8, 9, 10
Hill, Nigel 116
Hille, Fritz 66
Hillebrandt, Fritz 327, 329, 331, 344, 345
Hiller, Ernst 312, 313
Hindenburg, Paul von 49
Hintermaier, Sepp 352
Hitler, Adolf 27, 49, 51, 68
Höller, Franz 322, 323
Hörner, Emil 330, 331, 334, 335
Hoffmann, Hans 53
Hopf, Sepp 33, 35, 36, 39, 47, 49, 53, 58, 67, 77, 87, 90, 275, 284, 288, 289, 306, 359
Hoske, Ernst 306
Huser, Bernhard 324, 325, 326, 327, 350

Ibscher, Karl 350, 352
Ischinger, Leonhard 53, 83

Jardin, Ferdinand 53, 92, 98
Jäger, Hans Günter 312

Kämpfer, Dr. Hartmut 116
Kalauch, Wolfgang 336
Kallenberg, Franz 337
Karner, Rupert 25, 273
Kavanagh, Ken 309
Kerr, Glynn 374
Kessler, Georg 296
Klankermeier, Max 73, 77, 78, 83, 87, 91, 302, 322, 323, 324, 350 ff
Kleinschmidt, Jutta 365, 366
Klinger, Gerold 310, 312, 313

Koch, Hans 100
Kölle, Otto 332
Koenig-Fachsenfeld, Reinhard Freiherr von 342, 343
Köppen, Paul 274, 275, 277, 278, 281, 282, 285
Kramhöller, Richard 384
Kraus, Ludwig (»Wiggerl«) 51, 54, 67, 73, 77, 80, 82, 293, 294, 297, 298, 300, 301, 302, 303, 304, 307, 318, 319, 324, 325, 327, 345, 347, 348, 349, 350, 352
Krauser, Michael 332, 337
Küchen, Richard 49
Küchen, Xaver 49
Kuenheim, Eberhard von 95, 99, 108, 111, 112
Kürten, Heinz 319
Kurzhals, Jürgen 384

Lachermair, Gustl 128, 312
Lantenhammer, Otto 317
Ledwinka, Hans 23
Le Vack, Bert 39, 47, 339
Leverkus, Ernst 90, 96
Lewis, John 314
Ley, Otto 56, 291, 293, 294, 295
Leys, Bruno 330
Liberati, Libero 312
Lilienthal, Otto 8
Linhardt, Fritz 51, 77, 348
Lodermeier, Hans 300, 350
Loizeaux, Raymond 360, 362, 364
Loof, Ernst 87
Lorenzetti, Enrico 307
Low, Arthur 32
Luber 350
Luckner, Helmut 99
Lürken, Leo 279
Ludendorff, Erich 14
Luthringshauser, Heinz 332, 337

Mangoldt-Reiboldt, Dr. Hans Karl von 70
Mansfeld, Kurt 286, 287, 295
Maronde, Dietrich 107
Marwitz, Hans Günther von der 92, 96, 100
Mauermayer, Josef 51, 293, 337, 338
Maybach, Wilhelm 8, 9
Mayr, Josef 25, 273
McIntyre, Bob 312
McLaughlin, Steve 316
Meier, Hans 87, 306, 307, 308, 310, 311, 343, 344, 351
Meier, Schorsch 51, 60, 73, 77, 80, 82, 83, 87, 97, 107, 296, 297, 298, 299, 300, 301, 302, 303, 304, 305, 307, 308, 309, 343, 344, 348, 349, 350, 351, 352
Mellmann, Werner 295
Mette, Gerhard 308
Meyer 281
Milch, Erhard 64
Moniotto 346
Moore, Walter William 291
Müller, Ernst 302

409

Mueller, Gustav 42, 45, 59, 72
Müller, Sepp 54, 73, 321, 322, 323, 324, 337, 339
Murit, Jean 330
Muth, Hans A. 97, 100

Nachtmann, Sebastian 91, 92, 350, 353, 354
Nagy, Emmerich 284
Neumeyer, Fritz 14
Neumeyer, Hans Friedrich 71
Nickel, Klaus 11
Nicol, Hugh 116
Niegtsch, Walter Egon 71
Noll, Wilhelm 87, 308, 310, 326, 327, 328, 329, 330, 331, 344, 345
Noss, Gebrüder 350
Nutt, Les 328

Oehms, Bruno 275
Oliver, Eric 324-328
Osswald, Bernhard 92
Otto, Gustav 12, 17, 19
Otto, Nicolaus August 8, 12

Pachernegg, Stefan 103, 106, 108
Pagani, Nello 309, 310
Pape, Gustav 337
Peregrin, Peter 89
Peres, Laszlo 100, 356, 370
Piovano 346
Plessl, Hans 83
Pohl, Rudi 278
Popp, Franz Josef 12, 13, 15, 16, 17, 18, 19, 21, 22, 23, 24, 27, 30, 33, 39, 41, 45, 47, 51, 64, 65, 66, 69, 339
Poschner, Markus 377, 384
Porsche, Ferdinand 12, 22
Pridmore, Reg 316
Probst, Martin 100, 102, 108, 378
Prütting, Hans 352

Quandt, Harald 88
Quandt, Herbert 88

Räbel, Karl 277
Rahier, Gaston 104, 105, 360, 361, 362, 363, 364
Rapelius, Ekkehard 100, 356
Rapp, Karl 12, 13
Rauch, Siegfried 89
Reich, Rudolf 25, 28, 29, 134, 272, 273, 274, 276, 278, 279
Reil 348
Reisinger, Ludwig 302
Remmert, Karl 328, 329
Richter-Brohm, Dr. Heinrich 88
Riedel, Hans 111
Riedelbauch, Ernst 310
Riedl, Carl 53, 58
Riemerschmidt 52
Rieß, Helmut 91
Riva 284
Robinson, John 331

Roese, Ralph 46
Rosche, Paul 102
Roth, Fritz 32, 346
Roth, Willy 337
Rudolf, Fritz 329
Rüb, Ludwig 10, 11
Rücker, Claus von 53, 68, 91
Rühmer, Dr. Karl 20, 21, 22, 28, 30
Rührschneck, Karl 300, 322, 323, 324
Rüffenacht, Jean 333

Sachs, Hans 67
Sarfert, Dr. Eberhardt C. 100, 102, 103, 107, 108, 111
Sauer, Ernst 326
Schalber, Richard 356, 364, 365, 366
Schausberger, Christoph 384
Schauzu, Siegfried 332, 336
Seehaus, Wolfgang 377
Schek, Herbert 350, 354, 355, 356, 358
Scheidegger, Fritz 330, 331, 332, 333, 334
Scheungraber, Lothar 384
Schleicher, Rudolf 24, 27, 28, 29, 31, 32, 33, 35, 36, 45, 47, 51, 53, 54, 57, 58, 66, 67, 71, 87, 106, 134, 272, 273, 274, 276, 284, 285, 287, 288, 289, 292, 293, 318, 339, 341, 346
Schlutius, Haimo 280, 281
Schneider, Walter 327, 328, 329, 330, 321, 332, 344, 345
Schoth, Theo 275, 277, 319, 320, 321
Schröder 34
Schütz, Werner 356
Schuhmann, Emil 302
Schulenburg, Rudolf Graf von der 100
Schweitzer, Emil 285
Seeley, Colin 332
Seifert, Hans 91
Seltsam, Rudi 348, 349
Sensburg, Manfred 92, 354
Seppenhauser, Thomas 322, 323, 324
Scrafini, Dorino 300
Sitzberger, Alois 34, 36, 37, 293, 318, 319
Skorpil, Sophie 36
Smith, Cyril 326, 328
Soenius, Hans 280, 282, 287, 290
Spintler, Horst C. 93
Stark, Peter 108, 378
Stauss, Dr. Emil Georg von 35, 41, 65
Stärkle, Ernst 321
Stärkle, Hans 321
Stegmann, Karl 289, 290, 291
Steinfellner, Otto 282, 283, 286
Steinlein, Gustav 36, 288
Stelzer, Sepp 32, 45, 46, 51, 54, 57, 65, 87, 136, 276, 278, 279, 280, 281, 282, 283, 284, 290, 291, 292, 298, 320, 321, 323, 337, 338
Stoll, Inge 329
Stolle, Martin 15, 16, 17, 18, 19, 21, 22, 23 25, 273
Strahm, Reinhold 296
Strauß, Franz Josef 95
Strauß, Hans 327, 328, 329, 332

Stresemann, Gustav 27
Strietzel 319
Strobel, Alfons 10, 11
Strub, Edgar 330
Sunqvist, Ragnar 291, 293
Surtees, John 87, 311

Taruffi, Piero 342
Theobald, Richard 319
Thusius, Alexander 46
Todd, Phill 116
Trötzsch, Fritz 71, 72

Udet, Ernst 17
Ullmann, Rudi 37

Vanneste, Gebrüder 336
Vielmetter, Johann Philipp 18, 21

Walker, Graham 59, 82, 283
Wakefield, Tony 332
Wegener, Richard 332, 337
Wenshofer, Josef 322, 323, 324
West, Jock 294, 295, 296, 297, 298, 299
Wetzel, Max 277
Weyres, Paul 320
Wiese, Fritz 286
Winter, Steve 372
Wirth, Gerd 100
Witthöft, Rolf 356, 357
Witzel, Fritz 356, 357
Woedtke, Gerd von 300
Wolff, Eberhard 78, 83
Wolfmüller, Alois 8, 9, 10, 11
Wolgemuth, Alfred 330, 334
Wolz, Hermann 302, 322, 323, 324, 350, 351
Woods, Stanley 283
Wright, Joe 340

Zeller, Robert 309
Zeller, Walter 73, 77, 83, 87, 88, 128, 305, 306, 307, 308, 309, 310, 311, 312, 343, 344, 351
Zündorf, Ernst 46, 285, 286
Zingerle, Gernot 323
Zirrus, Walter 280

Sachregister

Aachener Stahlwarenfabrik Carl Schwanemeyer 11
ABC, England 24
ADAC-Deutschlandfahrt 75, 349, 353
ADAC-Motorwelt 46
ADAC-Straßenwacht 85
ADAC-Winterfahrt 27, 51, 65, 274, 275, 349
Adler, Frankfurt 9, 87
AFM (Alexander Falkenhausen München) 87
Albatros, Berlin 12
Amsterdamer Salon 78
Aprilia, Italien 113, 114, 117
Ardie, Nürnberg 55
Ariel, England 56
Assen 297, 311, 312, 329, 330, 334
Austin, England 41
Austro-Daimler, Österreich 12, 30
Automobilclub München (ACM) 17, 18, 23, 24, 28, 272
Auto, Motor & Sport 78
Auto Union-Rennwagen 297, 298
Avusrennen 25, 29, 54, 91, 278, 279, 280, 281, 293, 295, 298, 310, 318, 319, 320, 321
Awtowelo, Eisenach 69, 70, 247

Barcelona 330
Bayerische Fliegerersatzabteilung 17
Bayerische Flugzeugwerke AG, München-Neulerchenfeld 12, 19, 20, 21, 22, 29, 121
Bayerische Motoren Werke GmbH, München, Schleißheimer Str. 288 Seite 13
Bayerische Motoren Werke AG, München, Moosacher Straße Seite 13-21
Bayerische Motoren Werke AG, München, Neulerchenfeldstr. 16 (später Lerchenauer Straße) ab Seite 21
Bayerisches Motorradderby 18
»Bayern-Kleinmotor« 19
»Bayernmotor« 18
Bayerische Postverwaltung 39
Berliner Automobilausstellung 18, 23, 35, 51, 54
Bern-Bremgarten 292, 296, 321, 326
Bing-Vergaser 72, 94, 115, 177, 178, 179, 183, 185, 191, 195, 197, 200, 201, 203, 205, 209, 211, 213, 225, 227, 233, 383
Bison, Österreich 30
BMW Allach 64, 69, 88, 94
BMW Berlin-Spandau 93, 94, 99, 103, 104, 108, 111, 116
BMW Dingolfing 84
BMW Flugmotorenbau GmbH 51, 64
BMW Motorrad GmbH 100, 101, 102, 103, 104, 107, 111, 113, 116, 384
BMW Museum 95, 96, 97
Bohnenberger & Wimmer, München 31
Bollee, Frankreich 11
Bosch-Elektrik 31, 33, 55, 67, 103, 132, 133, 135, 137, 139, 140, 143, 147, 149, 152, 161, 163, 165, 168, 179, 195, 197, 200, 203, 205, 209, 211, 213, 216, 219, 225, 231, 235, 237

Bosch-Douglas-Motor 22
Brandenburgische Motorenwerke (Bramo), Berlin-Spandau 64, 94
Brembo, Italien 110, 112, 206, 230
Brough Superior, England 39, 342
Brüsseler Salon 84
BSA, England 28, 56
Buchmann-Design, Frankfurt 102

Calthorpe, England 58
Cemec, Frankreich 67
CMR, Frankreich 67
Cockerell-Motor 21
Coventry Victor, England 30
Cozette-Kompressor 289
Cycle 85

Daimler-Benz, Stuttgart 33, 38
Daimler-Motoren-Gesellschaft, Stuttgart 12, 13, 36
Darmstädter und National-Bank (Danat) 42
Das Auto 72
Das Motorrad 42, 59, 72, 73, 74, 77, 78, 84, 85, 90, 92, 93, 96, 98, 99, 100, 104, 107, 113, 116
Daytona 314, 316
De Dion, Frankreich 11
Dell'Orto-Vergaser 97, 187, 203
Denzel-BMW Import Österreich 98
Der Motor 32, 33
Deutsche Bank 35, 69, 88
Deutsches Museum München 132
DFW, Berlin 15
Dixi-Automobile 41, 42, 46
DKW, Ingolstadt 89
DKW, Zschopau 19, 39, 46, 53, 55, 83, 288, 290, 294, 295, 306, 320, 321
Dnepr, Ukraine 247
Dornier, Friedrichshafen 33
Douglas, England 11, 15, 17, 18, 20, 21, 28, 51
D-Rad, Berlin 39
Dreitage-Harzfahrt 347
Dürkopp & Cie, Bielefeld 9
Dürrerhof 53, 64

Eberspächer-Filter 82
Eifelrennen 273, 276, 279, 281, 298, 310, 321, 323, 330, 337
Eilenriederennen 282, 288, 296, 298, 303, 304, 309, 321, 325, 326
EMW, Eisenach 247
»Erste Münchner Velozipedfabrik« 11
Escorts Ltd., Indien 112
Express, Neumarkt 53, 89

Fafnir-Motor 11, 17, 18
FAG-Kugelfischer, Schweinfurt 108
Fahrradwerke Riesenfeld 12
Fahrt durch Bayerns Berge 24, 272
Fahrzeugfabrik Eisenach 41, 42, 47, 66, 67, 68, 69
Feldbergrennen 287, 327, 328
Fichtel & Sachs, Schweinfurt 103
FIM (Federation Internationale des Motocyclettistes) 302, 303

Fischer-Amal-Vergaser 45, 56, 144, 147, 148, 149, 157, 161, 165, 168, 187
Flink-Leichtmotorrad 19, 20, 21, 22, 23, 121, 130
Flottweg-Mofa 14, 17, 21
Flugwerke Deutschland, Aachen 12
Flugzeugwerke Gustav Otto, München 12, 33, 35
FN, Belgien 11, 24, 295
Focke Wulf, Bremen 41
Frazer Nash, England 55
Frimo-Motoren 21

Genfer Salon 71, 174
Germania-Motorräder 11
Gilera, Italien 297, 300, 301, 311, 343
Glas, Dingolfing 83, 94
Gnome Rhone, Frankreich 51, 246
Goossens, Lochner & Co, Brand bei Aachen 30
Gothaer Waggonfabrik 41
Graetzin-Vergaser 168, 172
Grenzlandring 304, 307, 325, 326

Hamburger Stadtparkrennen 296, 298, 323
Hannover Messe 71
Harley-Davidson, USA 11, 17, 31, 39, 114
Heereswaffenamt 65
Heinkel-Roller 92
Hella, Lippstadt 108
Helios-Motorrad 20, 21, 22, 23, 24, 25, 26, 27, 28, 29, 36, 121, 130
Hella-Motoren, München 21
Heller, Nürnberg 30
Hildebrand & Wolfmüller, München 9, 10, 11, 12, 27
Hindelang-Oberjoch-Bergrennen 28, 273
HPN, Seibersdorf 358, 364, 365, 366
Hockenheimring 294, 303, 307, 308, 309, 310, 312, 313, 316, 321, 323, 324, 325, 334
Hoffmann, Lintorf 84
Hohensyburgrennen 275
Honda, Japan 97, 113
Horch, Zwickau 47, 51
Horex, Bad Homburg 73
Hornet-Flugmotor 41, 42, 61
Husqvarna, Schweden 54, 291, 293

IAA, Frankfurt 87, 88, 91, 117
IFMA, Frankfurt 74, 81, 83, 90, 186, 196
IFMA, Köln 92, 96, 98, 99, 100, 102, 104, 106, 108, 110, 111, 114
Illustrierte Motorzeitung 17, 21, 24, 27
Imola 311, 314
Imperia, Bad Godesberg 87
Indian, USA 11, 17, 31, 39
Internationale Reichsfahrt 18
Internationale Sechstagefahrt 29, 32, 51, 54, 80, 266, 346, 347, 348, 349, 350, 351, 352, 353, 354, 355, 357
Isle of Man TT 60, 107, 294, 295, 296, 298, 299, 308, 313, 314, 315, 327, 329, 331, 334

Iso, Italien 88
JAP, England 29, 340
Joos & Söhne, München 11
Junkers, Dessau 22, 33, 41

Kaiserliches Patentamt 8, 10, 13
Kaiserpreis 12
Karü-Motorräder 22
Kawasaki, Japan 110
Knecht-Filter 82, 193
Knorr-Bremse AG, Berlin 18, 19, 21
Königlich Bayerische Staatsbahn 18
König-Motoren 337
KR-Motorräder 30
Krauser, Mering 268
Kreidler, Kornwestheim 92
Krieger-Gnädig, Suhl 24
Kronprinz-Räder 70
K. u. K. Österreichisches Kriegsministerium 12
Kurier-Motoren 20, 21

Lambretta, Italien 84
Laverda, Italien 100, 116
Londoner Motorradausstellung 40, 55
Lufthansa 41

Mabeco, Berlin 29, 39, 280
MAG, Schweiz 29
Mailänder Motorradausstellung 48
Marzocchi, Italien 106, 110, 226
Maschinenfabrik Augsburg-Nürnberg (MAN) 12, 88, 94
Matchless, England 83
Megola-Motorräder 17, 277, 278
Mercedes-Automobile 88
Metallurgique, Belgien 17
Metzeler-Reifen 70
Mittelgebirgsfahrt 54, 349
Mittenwalder Steig-Bergrennen 27
Montlhery 87, 89, 314, 343, 344
Montjuich 314
Monza 87
Moto Guzzi, Italien 56, 58, 295, 307, 309, 311, 313
Motor Cycling 51, 59, 82
»Motor-Rad« 10, 11
Motor und Sport 42, 59
München Riem (Flugplatzrennen) 308, 321, 322, 323, 326
Münchner Motorfahrzeuge GmbH 30
MV Agusta, Italien 84, 106, 309, 310, 311

Nähmaschinenfabrik Strobel, München 11
Nardo 344, 345
Neue Otto Werke GmbH, München 12, 21
Noris-Elektrik 65, 70, 172, 177, 185, 191, 195
Norisring 312, 322, 324
Norton, England 38, 56, 58, 83, 92, 294, 295, 299, 306, 308, 310, 311, 313, 325, 327, 328, 333
NSU, Neckarsulm 11, 29, 47, 52, 53, 55, 71, 72, 84, 87, 89, 264, 295, 302, 303, 304, 307, 320, 321, 322, 324, 325, 326

Nürburgring 36, 45, 90, 283, 290, 291, 303, 311, 325, 330

Oberkommando des Heeres (OKH) 63
OEC-Temple, England 340
Opel, Rüsselsheim 14, 41, 67
Ostwest-Zuverlässigkeitsfahrt 34
Otto Landgraf Motorradbau, München 17

Pagusa-Schwingsattel 182
Paris-Dakar-Wüstenrennen 104, 105, 212, 358-367
Pariser Motorradausstellung 27, 102, 130
»Patent-Motorwagen« 8
Pawi, Berlin 30
Pax-Motorrad 17
Peugeot, Frankreich 101
Pininfarina, Italien 98
Porsche, Zuffenhausen 92
Prager Motorradausstellung 283
Pratt & Whitney-Flugmotoren 41, 289
Preußisches Kriegsministerium 13, 15
Puch, Österreich 96

Radfahr-Chronik 8
Rapp Motorenwerke GmbH, München 12, 13
Reichsluftfahrtministerium (RML) 64, 66
Reichspost 52, 62, 166
Reichswehr 39, 51, 62, 151, 165, 347
»Reitwagen« 8
Renault, Frankreich 11
Rheinische Gasmotorenfabrik Benz & Cie, Mannheim 8
Rolls-Royce-Automobile 89
Rotax, Österreich 112, 113, 114, 117
Royal-Seitenwagen 31, 47, 48, 62, 66, 67, 155, 242, 243, 318
Rudge, England 38
Rumpler Flugzeugwerke, Berlin 12
Ruselbergrennen 19, 273

Sachs, Schweinfurt 53, 96
Sachsenring Hohenstein-Ernstthal 294, 297, 300
»Sascha«-Kleinwagen 22
Sawe-Vergaser 177
Schapiro-Konzern 41
Schauinsland-Bergrennen 324
Scheid-Henninger, Karlsruhe 30
Schleicher-Nockenwellen 71
Schleizer Dreiecksrennen 276, 277, 279
Schottenring 303, 304, 305, 306, 308, 310, 311, 322, 324, 326, 327, 329
Schubert, Braunschweig 117
Scott, England 52
Sedlbauer-Motoren (WSM) 22, 23
Seidel & Naumann, Dresden 11
Siemens 64, 94
Silverstone 314
Showa, Japan 112, 232
Skorpil BMW-Import Österreich 35, 36, 62
Solituderennen 25, 29, 80, 87, 272, 273, 274, 276, 278, 303, 307, 309, 311, 313, 319, 326

Sopwith, England 24
Spa-Francorchamps 297, 311, 313, 326, 327, 332
Standard, Ludwigsburg 55, 290
Steib-Seitenwagen 62, 67, 77, 78, 83, 92, 242, 244
Steyr-Automobile 67
Stoye-Seitenwagen 45, 62, 67, 242, 244
St. Wendel 312
Südbremse AG, München 21
Süddeutsche Zeitung 93
Sum-Vergaser 45, 147, 149, 151, 152, 157, 163
Sunbeam, England 38
Suzuki, Japan 110

Tabel, Creußen 67
Targa Florio 282, 285
Tatra, Tschechoslowakei 22, 24
Tauernrennen 280, 281, 282
Technische Hochschule München 28, 58
Technisches Büro Burg KG, München 21
The Motor Cycle 17, 32, 74, 82, 85
Thruxton 314
Triumph, England 11, 28, 80, 82
Triumph, Nürnberg 55, 72
Troika-Seitenwagengespanne 244

Ulster Grand Prix Belfast 295, 296, 300, 312, 327
Ural, Rußland 246, 247
URS-Fath 332, 334, 335
UT, Möhringen 55, 84

Vandervell-Gleitlager 92
Velocette, England 58, 84, 299
Vespa-Piaggio 84
Victoria, Nürnberg 18, 19, 21, 22, 23, 25, 29, 30, 36, 52, 61, 72, 73, 121, 272, 288, 319
Vincent, England 80
Volkswagen 63, 67, 78

Wanderer, Chemnitz 11, 29, 49, 52
Wasp-Flugmotor 41
Watsonian, England 328
Wehrmacht 61, 62, 65, 66, 67, 155, 156
Windhoff, Berlin 49

Yamaha, Japan 110, 112, 116, 337
Yangtze, China 246, 247

Zenith, England 340
Zoller-Kompressor 288
Zündapp, Nürnberg 14, 49, 51, 61, 62, 63, 65, 71, 73, 246, 352,
Zweirad Union, Nürnberg 89

MOTORRAD
DIE GANZE WELT DES MOTORRADS!
Entdecken Sie Europas größte Motorradzeitschrift!

In **MOTORRAD** erleben Sie die einzigartige Motorrad-Faszination und den puren Fahr-Spaß.

Rasante Reportagen und traumhafte Touren, Tests, Tips, Technik und brandaktuelle Sportergebnisse – in **MOTORRAD**, Europas größter Motorradzeitschrift.

Holen Sie sich die aktuelle Ausgabe!

Alle 14 Tage neu am Kiosk!

BMW – und andere gute Seiten

Andy Schwietzer
BMW – Die Einzylinder
Die F 650 wurde nach ihrer Vorstellung auf Anhieb zum Erfolg. Neben dieser Maschine werden in diesem Buch auch die anderen Einzylinder von BMW ausführlich beschrieben: von der R 39 über die R 2 und R 4, die R 20 und die R 23 bis hin zur legendären R 25 und ihrer Nachfolgerin, der R 27 aus dem Jahr 1966.
128 Seiten, 100 sw-Abb.,
12 Farbabb., geb.
Bestell-Nr. 01746
DM 39,80/sFr 37,90/öS 291,–

Hans-Joachim Mai
1000 Tricks für schnelle BMWs
Hans-Joachim Mai nimmt sich in diesem Buch alle Zwei-, Drei-, und Vierzylinder von BMW vor. Er beschreibt ihre Entwicklung und gibt umfangreiche Tuning- und Reparaturtips. Ein guter Ratgeber für Fahrer und Bastler, wenn die Maschine schlecht anspringt, die Hinterradbremse verölt ist, wenn Räder verzogen sind oder die Elektrik streikt.
322 Seiten, 500 Abb., geb.
Bestell-Nr. 01117
DM 39,80/sFr 37,90/öS 291,–

Dieter Korp/Hans-Joachim Mai
BMW-Motorräder mit Boxer-Motoren
Dieser Sonderband aus der Reihe »Jetzt helfe ich mir selbst« behandelt alle BMW-Boxer-Motorräder der Baujahre 1969 bis 1989 und ist das ideale Hand-, Fach- und Reparaturbuch für alle Fahrer dieser Maschinen. Zahlreiche Abbildungen, Detailzeichnungen, Maß- und Einstelltabellen beschreiben sämtliche Arbeitsvorgänge.
264 Seiten, 364 Abb., brosch.
Bestell-Nr. 01129
DM 36,–/sFr 34,50/öS 263,–

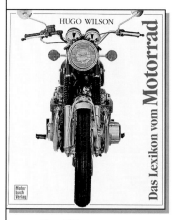
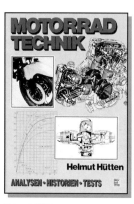

Hugo Wilson
Das Lexikon vom Motorrad
Ein Nachschlagewerk über alle Motorradhersteller der Welt, von den japanischen Giganten wie Honda und Yamaha über die traditionsreichen europäischen Hersteller wie BMW und Ducati bis zu kleinsten Hinterhofbastlern wie Bodo oder Titania, von denen kaum mehr als nur der Name bekannt ist. Dazu alle Modelle dieser Firmen, von den Anfängen bis heute.
320 Seiten, 1000 Farbabb., geb.
Bestell-Nr. 01719
DM 69,–/sFr 63,50/öS 504,–

Helmut Hütten
Motorradtechnik
In dieser aktualisierten und erweiterten Neuauflage seines Standardwerkes analysiert der Autor im ersten Teil die neuesten Entwicklungen im Motorradbau. Im zweiten Teil folgen zahlreiche überzeugende Fahrberichte und Vergleichstests. Dieses Buch ist ein ebenso fachkundiger wie kritischer Gesamtüberblick über die Motorrad-Entwicklung.
430 Seiten, 476 Abb., geb.
Bestell-Nr. 01175
DM 59,–/sFr 54,50/öS 431,–

Ernst Leverkus
Die schönsten Motorräder des Jahrhunderts
Allein in Deutschland gab es rund 700 Firmen, die Motorräder bauten – von den meisten kennt man nicht einmal mehr die Namen. Das ist jetzt vorbei: Ernst Leverkus erzählt alles über diese vielen Marken und Modelle, über Typen und Erfinder, über Rennen und Rennmaschinen.
348 Seiten, 100 sw-Abb.,
100 Farbabb., geb.
Bestell-Nr. 01744
DM 39,80/sFr 37,90/öS 291,–

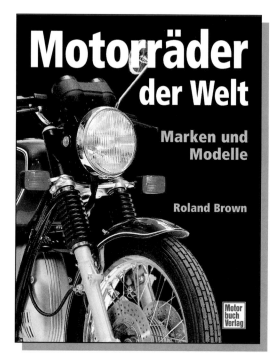

Roland Brown, **Motorräder der Welt**
Ein Motorrad ist seit über 100 Jahren immer gleich aufgebaut: Motor, zwei Räder, Sattel drauf und fertig ist die Laube. Trotzdem gibt's heute so viele Zweiräder auf dem internationalen Markt, daß man leicht den Überblick verliert. Dieses Buch schafft Ordnung im Dschungel der Hersteller und Marken.
256 Seiten, 696 Farbabb., geb.
Bestell-Nr. 01830
DM 49,80/sFr 47,50/öS 364,–

IHR VERLAG FÜR
MOTORRAD-BÜCHER

Postfach 10 37 43 · 70032 Stuttgart
Telefon (0711) 21 80 65
Telefax (0711) 21 80 70

Stand Oktober 1997 – Änderungen in Preis und Lieferfähigkeit vorbehalten